EN 1993-2 设计指南
Eurocode 3：钢结构设计

第2部分：钢结构桥梁

[英]C . R . 亨迪
[英]C . J . 墨菲

欧洲结构设计标准译审委员会 **组织翻译**
常 江 贺 君 蒋垠茏 **译**
栗怀广 卫 星 肖 林 **一审**
杨国涛 **二审**

人民交通出版社股份有限公司
北 京

图书在版编目(CIP)数据

EN 1993-2 设计指南 Eurocode 3:钢结构设计. 第 2 部分:钢结构桥梁 / (英) C. R. 亨迪, (英) C. J. 墨菲著; 常江, 贺君, 蒋根茏译. — 北京:人民交通出版社股份有限公司, 2019. 11

ISBN 978-7-114-16204-6

Ⅰ. ①E… Ⅱ. ①C… ②C… ③常… ④贺… ⑤蒋… Ⅲ. ①钢结构—结构设计—建筑规范—欧洲②桥梁结构—钢结构—结构设计—建筑规范—欧洲 Ⅳ. ①TU391.04 ②U443

中国版本图书馆 CIP 数据核字(2019)第 295750 号

著作权合同登记号:图字 01-2019-7663

EN 1993-2 Sheji Zhinan Eurocode 3:Gang Jiegou Sheji Di 2 Bufen:Gang Jiegou Qiaoliang

书　　名:EN 1993-2 设计指南　Eurocode 3:钢结构设计　第 2 部分:钢结构桥梁
著 作 者:[英]C. R. 亨迪　[英]C. J. 墨菲
译　　者:常　江　贺　君　蒋根茏
总 策 划:朱伽林　韩　敏　孙　玺
责任编辑:任雪莲　卢俊丽
责任校对:刘　芹
责任印制:张　凯
出版发行:人民交通出版社股份有限公司
地　　址:(100011)北京市朝阳区安定门外外馆斜街 3 号
网　　址:http://www.ccpress.com.cn
销售电话:(010)59757973
总 经 销:人民交通出版社股份有限公司发行部
经　　销:各地新华书店
印　　刷:北京虎彩文化传播有限公司
开　　本:880 × 1230　1/16
印　　张:21.25
字　　数:562 千
版　　次:2019 年 11 月　第 1 版
印　　次:2020 年 6 月　第 2 次印刷
书　　号:ISBN 978-7-114-16204-6
定　　价:1400.00 元
(有印刷、装订质量问题的图书,由本公司负责调换)

出 版 说 明

包括本指南在内的欧洲结构设计标准(Eurocodes)及其英国附件、法国附件和配套设计指南的中文版,是2018年国家出版基金项目“土木工程欧洲规范翻译与比较研究出版工程(一期)”的成果。

在对欧洲结构设计标准及其相关文本组织翻译出版过程中,考虑到指南的特殊性、用户基础和应用程度,我们在力求翻译准确性的基础上,还遵循了一致性和有限性原则。在此,特就有关事项作如下说明:

1. 本指南中文版根据托马斯·特尔福德有限公司(Thoms Telford Ltd.)提供的英文版进行翻译,仅供参考之用,如有异议,请以原版为准。

2. 中文版的排版规则原则上遵照外文原版。

3. Eurocode(s)是个组合再造词。本指南范围内,Eurocodes特指一系列共10部欧洲标准(EN 1990 ~ EN 1999),旨在为房屋建筑和构筑物及建筑产品的设计提供通用方法;Eurocode与某一数字连用时,特指EN 1990 ~ EN 1999中的某一部,例如,Eurocode 8指EN 1998结构抗震设计。经专家组研究,确定Eurocode(s)宜翻译为“欧洲结构设计标准”,但为了表意明确并兼顾专业技术人员用语习惯,在正文翻译中保留Eurocode(s)不译。

4. 书中所有的插图、表格、公式的编排以及与正文的对应关系等与外文原版保持一致。

5. 书中所有的条款序号、括号、函数符号、单位等用法,如无明显错误,与外文原版保持一致。

6. 在不影响阅读的情况下书中涉及的插图均使用英文原版插图,仅对图中文字进行必要的翻译和处理;对部分影响使用的英文原版插图进行重绘。

7. 书中涉及的人名、地名、组织机构名称以及参考文献等均保留外文原文。

特别致谢

本标准的译审由以下单位和人员完成。中铁城市规划设计研究院的常江、长沙理工大学的贺君、上海市政工程设计研究总院(集团)有限公司的蒋埌茏承担了主译工作,青岛理工大学的杨国涛,西南交通大学的栗怀广、卫星、肖林承担了主审工作。他(她)们分别为本标准的翻译工作付出了大量精力。在此谨向上述单位和人员表示感谢!

欧洲结构设计标准译审委员会

欧洲结构设计标准译审委员会总体组

组　　　　长：余顺新（中交第二公路勘察设计研究院有限公司）
成　　　　员：（按姓氏笔画排序）
王敬烨（中国铁建国际集团有限公司）
车　轶（大连理工大学）
卢树盛［长江岩土工程总公司（武汉）］
吕大刚（哈尔滨工业大学）
任青阳（重庆交通大学）
刘　宁（中交第一公路勘察设计研究院有限公司）
宋　婕（中国建筑标准设计研究院）
李　顺（天津水泥工业设计研究院有限公司）
李亚东（西南交通大学）
李志明（中冶建筑研究总院有限公司）
李雪峰［上海市城市建设设计研究总院（集团）有限公司］
张　寒（中国建筑科学研究院有限公司）
张春华（中交第二公路勘察设计研究院有限公司）
狄　谨（重庆大学）
胡大琳（长安大学）
姚海冬（中国路桥工程有限责任公司）
徐晓明（航天建筑设计研究院有限公司）
郭　伟（中国建筑标准设计研究院）
郭余庆（中国天辰工程有限公司）
黄　侨（东南大学）
谢亚宁（中设设计集团股份有限公司）
秘　　　　书：李　喆（人民交通出版社股份有限公司）
卢俊丽（人民交通出版社股份有限公司）

Eurocode 设计指南系列

Eurocode 设计指南:结构设计基础　EN 1990 (第 2 版). H. 古尔班尼西亚,J. -A. 卡尔加罗, M. 霍利基. 彭君义,郭骞,译. ISBN 978-7-114-16202-2. 2020 年 4 月出版.

Eurocode 1 设计指南:桥梁上的作用　EN 1991-2,EN 1991-1-1、-1-3 至 -1-7 和 EN 1990 附录 A2. J. -A. 卡尔加罗, M. 楚米,H. 古尔班尼西亚. 任青阳,刘浪,译. ISBN 978-7-114-16210-7. 2020 年 4 月出版.

EN 1991-1-4 设计指南　Eurocode 1:结构上的作用　第 1-4 部分:一般作用——风荷载. N. 库克. 管青海,都浩,译. ISBN 978-7-114-16203-9. 2020 年 4 月出版.

EN 1992-1-1 和 EN 1992-1-2 设计指南　Eurocode 2:混凝土结构设计　一般规定、房屋建筑规定和结构防火设计. A. W. 毕比,R. S. 纳拉亚南. 李元松,孙莉,刘波,译. ISBN 978-7-114-16211-4. 2020 年 4 月出版.

EN 1992-2 设计指南　Eurocode 2:混凝土结构设计　第 2 部分:混凝土桥梁. C. R. 亨迪, D. A. 史密斯. 徐腾飞,胡志坚,冀伟,勾红叶,译. ISBN 978-7-114-16212-1. 2020 年 4 月出版.

Eurocode 3 设计指南:房屋建筑钢结构设计　EN 1993-1-1,-1-3 和 -1-8(第 2 版). L. 加德纳, D. A. 内瑟科特. 王敬烨,黄羿,译. ISBN 978-7-114-16213-8. 2020 年 4 月出版.

EN 1993-2 设计指南　Eurocode 3:钢结构设计　第 2 部分:钢结构桥梁. C. R. 亨迪, C. J. 墨菲. 常江,贺君,蒋垠茏,译. ISBN 978-7-114-16204-6. 2020 年 4 月出版.

Eurocode 4 设计指南:钢与混凝土组合结构设计　EN 1994-1-1(第 2 版). 罗杰 · P. 约翰逊. 赵灿晖,占玉林,译. ISBN 978-7-114-16205-3. 2020 年 4 月出版.

EN 1994-2 设计指南 Eurocode 4:钢与混凝土组合结构设计　第 2 部分:一般规定和桥梁规定. C. R. 亨迪,罗杰 · P. 约翰逊. 狄谨,秦凤江,徐骁青,译. ISBN 978-7-114-16206-0. 2020 年 4 月出版.

Eurocode 5 设计指南:房屋建筑木结构设计　EN 1995-1-1. 杰克 · 波蒂厄斯,彼得 · 罗斯. 杨会峰,凌志彬,译. ISBN 978-7-114-16214-5. 2020 年 4 月出版.

EN 1997-1 设计指南 Eurocode 7:岩土工程设计　第 1 部分:一般规定. R. 费兰克, C. 鲍德温,R. 德里斯科尔, M. 卡瓦达斯, N. 克富布斯 · 奥维森, T. 奥尔, B. 舒伯纳. 张寒,等,译. ISBN 978-7-114-16215-2. 2020 年 4 月出版.

Eurocode 8 设计指南:桥梁抗震设计　EN 1998-2. 巴兹尔 · 科里亚斯,麦克 · N. 法迪斯,阿兰 · 派克. 卫璞,王巍, 徐良晋,译. ISBN 978-7-114-16217-6. 2020 年 4 月出版.

EN 1998-1 和 EN 1998-5 设计指南　Eurocode 8:结构抗震设计:一般规定、地震作用、房屋建筑规定、基础和支挡结构. 麦克 · 法迪斯, E. 卡瓦略, A. 尔纳斯海, E. 费西奥利, P. 平托, A. 普鲁米尔. 沈文爱,译. ISBN 978-7-114-16216-9. 2020 年 4 月出版.

前言

本指南的宗旨和目的

本指南的主要目的是为用户提供有关 EN 1993-2 的解释和使用指导,并提供工作实例。它涵盖了典型钢桥设计中涉及的主题,并解释 EN 1993-2 和其他 Eurocodes 之间的关系 。

EN 1993-2 不是一个"独立的"文件,其广泛地引用了其他 Eurocodes。它的格式基于 EN 1993-1-1,通常采用一致的条款编号方式。它定义了 EN 1993-1-1 与桥梁设计相关的部分,并添加了针对桥梁的其他条款。因此,单独制定 EN 1993-2 的指南是没有用的。本指南还涵盖了桥梁设计所需的 Eurocode 3 中其他部分的材料。

本书还提供了背景信息和参考资料,使 Eurocode 3 的用户能够理解其条款的起源和目标。

本书的主要内容

EN 1993-2 包括前言,10 个章节和 5 个附录。本指南的引言对应于 EN 1993-2 的前言,第 1 ~ 10 章对应于 EN 1993-2 的第 1 ~ 10 章,附录 A ~ E 对应于 EN 1993-2 的附录 A ~ E。

该指南通常遵循 EN 1993-2 中的章节编号和第一个小标题,以便逐段地对代码进行指导。该指南也遵循 EN 1993-2 的格式,在可以方便地完成并且有足够的材料值得这样做的情况下降低小标题的级别。使用许多 Eurocode 部分的需要最初使得按照真实设计所需的定位信息成为一项艰巨的任务。因此,在某些地方,本指南中包含了其他子章节,以便将各个单元的相关设计规则(例如横向加强筋)汇总在一起。其他子部分在子部分标题中标识。

钢桥设计通常还需要使用 Eurocode 3 的以下部分:

EN 1993-1-1:一般规定和房屋建筑规定

EN 1993-1-5:板结构

EN 1993-1-8:节点设计

EN 1993-1-9:抗疲劳设计

EN 1993-1-10:材料韧性和厚度方向性能

可能还需要以下部分:

EN 1993-1-7:承受面外荷载的板结构

EN 1993-1-11:受拉构件的设计

在本指南中,上面提到的 EN 1993 有时用"EC3"表示,因此 EN 1993-1-1 称为 EC3-1-1。文中提到 EN 1993 各个部分的条款编号前缀,为 EN 1993 的相关部分。因此:

- 3-1-1/条款 5.2.1(3) 表示 EN 1993-1-1 中的条款 5.2.1(3);

- 3-1-5/式 (3.1) 表示 EN 1993-1-5 中的式 (3.1);
- 3-2/条款 3.2.3 表示 EN 1993-2 中的条款 3.2.3。

注意,与本系列中的其他指南不同,EN 1993-2 的条款都以"3-2"为前缀。本指南引用了很多 Eurocode 3 其他部分的要求,不标注前缀会引起混淆。

拷贝自 EN 的表达式保留了它们的编号并被称为表达式。在指南中提供了附加的公式,它们在每节中按顺序编号,例如,6.1 节中的第三个附加公式将表达为式(D6.1-3)。附加的图和表遵守相同的规则。例如,6.4 节中的第二个附加图将表示为图 6.4-2。

致谢

Chris Hendy 感谢他的妻子 Wendy 和两个儿子,Peter Edwin Hendy 和 Matthew Philip Hendy。感谢妻子和儿子对他请求完成"再多一节"的耐心和宽容。他还要感谢 Jessica Sandberg 和 Rachel Jones 检查许多工作实例付出的努力。

Chris Murphy 要感谢他的妻子 Nicky,感谢在本指南编写过程中她不曾间断的耐心和理解。

两位作者还要感谢他们的雇主 Atkins,为本指南的编写提供了设施和时间。

C. R. 亨迪

C. J. 墨菲

目录

引言

EN 1993-2 设计条款前有一个前言,其中大多数条款是所有 Eurocodes 共有的。前言中包含以下条款:

- Eurocode 计划的编制背景
- Eurocodes 的地位和应用领域
- 执行 Eurocodes 的国家标准
- Eurocodes 和产品统一技术规则之间的联系
- EN 1993-2 的补充规定
- EN 1993-2 的国家附件

关于通用文本的指导意见《Eurocode:结构设计基础》(EN 1990)[1] 的前言,这里仅给出与 EN 1993-2 用户相关的背景信息。

每个国家标准机构都有责任将每个 Eurocode 作为国家标准实施。这将包括由欧洲标准化委员会,CEN(源于法文标题)出版的不作任何修改的 Eurocode 及其附录的全文。通常其文前可加上国家版书名页和国家前言页,另可配套国家附件。

Eurocode 认可国家监管部门有权确定与安全事项有关的参数。由国家自行选择或确定的取值、类别或方法称为国家定义参数(NDPs)。EN 1993-2 中与此有关的条款在前言中列出。

在相关条款之后以注的形式说明 NDPs,并且给出了推荐值。预计 CEN 的大多数成员国将指定推荐值,因为在起草过程中进行的许多校准研究中都假定使用推荐值。本指南中使用了推荐值,因为在编写本书时英国国家附件尚未发布。本书对可能采用的不同值展开了评论。

每个国家附件将提供或交叉引用在相关国家使用的 NDP。否则,国家附件可能仅包含以下内容[2]:

- 关于使用资料性附录的决定。
- 非矛盾性补充信息的参考文献,以协助用户应用 Eurocode。

这套 Eurocodes 将替代英国桥梁标准 BS 5400,并且 BS 5400 将在 2010 年前废止(作为 BSI 成为 CEN 成员的条件),因为它是一个“存在冲突的国家标准”。

EN 1993-2 的补充规定

EN 1993-2 的具体信息强调该标准将与其他 Eurocode 一起使用。该标准包括许多对 EN 1993 其他部分的交叉引用,并且本身不重现出现在 EN 1993 其他部分的材料。然而本指南旨在独立为钢桥设计提供指导,因此,会在必要时提供 EN 1993 其他部分的注释。

前言列出了 EN 1993-2 中允许国家自行选择的条款。在其他地方存在对其他标准中 NDPs 条款的交叉引用。否则,如果设计要符合 Eurocodes,则必须遵循标准中的规范性规定。

在 EN 1993-2 中,第 1 ~ 10 章是规范性规定。附录 A,B,C,D 和 E 是资料性规定,在这些情况下可以使用备选方法。附录 A 和 B 分别涉及支座和伸缩缝,计划在不久的将来将这部分内容移至 EN 1990,因为这些规定并非专门针对钢结构桥梁。国家附件可以使资料性规定在相关国家具有规范性,并且在该国是规范性的,但在其他地方则不是。上面提到的非矛盾性补充信息包括,例如,参考基于 BS 5400 规定的文件,涵盖 Eurocodes 中未处理的事项。每个国家都可以这样做,因此桥梁设计的某些方面会一直取决于它的建造地点。

第1章　总则

本章涉及《Eurocode 3:钢结构设计,第2部分:钢结构桥梁》(EN 1993-2)的一般规定。本章中所述的资料内容见 EN 1993-2 的第1章,包括下列条款:

- 适用范围　*条款1.1*
- 规范性引用文件　*条款1.2*
- 假定　*条款1.3*
- 原则性规定与应用性规定的区别　*条款1.4*
- 术语与定义　*条款1.5*
- 符号　*条款1.6*
- 构件轴线的规定　*条款1.7*

1.1　适用范围

1.1.1　Eurocode 3 的适用范围

参考3-1-1/条款1.1.1,EN 1993 的适用范围在3-2/条款1.1.1中进行了概述。它将与 Eurocode 的主要标准并且包含附录 A2"桥梁应用"的《Eurocode:结构设计基础》(EN 1990)一起使用。***3-1-1/条款1.1.1(2)***强调 Eurocodes 涉及结构性能,并且不考虑其他要求,例如隔热和隔音。　***3-1-1/条款1.1.1(2)***

验证安全性和适用性的基础是分项系数法。EN 1990 推荐了荷载分项系数的值,并提供了作用组合的各种可能性。分项系数值及组合的选择将由建造结构所在国家的国家附件给出规定。

Eurocode 3 还与《Eurocode 1:结构上的作用》(EN 1991)及其国家附件一起使用,以确定荷载特征值及名义值。当在地震区建造钢结构时,需要考虑《Eurocode 8:结构抗震设计》(EN 1998)。

3-1-1/条款1.1.1(3)作为意向声明,主要提供了无日期标注的引用文件。它补充了3-2/条款1.2中给出的关于标注日期的参考标准的规范性规定,其中解释了有日期标注的标准与无日期标注的标准之间的区别。Eurocodes 主要涉及设计而非施工,但为确保设计假定有效,还给出了必须满足的工艺和材料的最低标准。因此,3-1-1/条款1.1.1(3)列出了欧洲钢产品标准和钢结构施工标准。3-1-1/条款1.1.1的其余段落列出了 EN 1993 的各个部分。　***3-1-1/条款1.1.1(3)***

1.1.2　Eurocode 3 第2部分的适用范围

EN 1993-2 涵盖钢结构桥梁和组合结构桥梁钢构件的结构设计,其格式基于

EN 1993-1-1,并且保持与 EN 1993-1-1 相同的条款编号。

EN 1993-2 明确了 EN 1993-1-1 中与桥梁设计相关的部分以及需要修订的部分。它还增加了桥梁的特有条款。*3-2/条款1.1.2* 中主要内容再次强调了上述1.1.1中讨论的要求。

3.2/条款1.1.2

1.2 规范性引用文件

参考其他欧洲标准,所有这些标准都将打包使用。通常,国际标准化组织(ISO)的标准只在 EN ISO 指定的情况下适用。如果与相关的欧洲标准冲突,设计和产品的国家标准将不适用。由于 Eurocodes 不能与国家标准交叉引用,因此正在用 EN 或 ISO 标准替换国家标准,其时间范围与欧洲规范相似。

在向 Eurocodes 和欧洲标准过渡期间,所涉及的欧洲标准或其国家附件可能不完整。参考国家标准的设计师应考虑两套标准中设计理念与安全系数之间的差异。

从 EN 1993-2 到 EN 1993-1 的交叉引用

表 1.2-1 列出了钢桥设计中最可能引用的 EN 1993 的各部分。关于正常使用极限状态的一般规定及其验算参考 EN 1990。

EN 1993, Eurocode 3:钢结构设计的引用文件 表 1.2-1

标 题 部 分	EN 1993-2 引用的主题
EN 1993-1-1,一般规定和房屋建筑规定	钢材应力-应变特性;钢材 γ_M
	非加劲钢结构的一般设计
	截面的分类与抗力
	非线性整体分析
	构件和框架的屈曲;柱子曲线
EN 1993-1-5,板结构	3 类或 4 类截面设计
	钢板单元剪力滞对刚度的影响
	横向、纵向或支承加劲肋位置的设计
	宽翼缘应力横向分布
	剪切屈曲;翼缘引起的腹板屈曲
	腹板面内横向力
EN 1993-1-7,承受面外荷载的板结构	横向荷载作用下桥面板的设计(这部分需要补充指南—见本指南6.5.2节)
EN 1993-1-8,节点设计	分析中柔性节点的模拟
	钢与组合构件节点设计
	桥梁主梁连接设计
	结构空心截面设计

续上表

标 题 部 分	由 EN 1993-2 引用的主题
EN 1993-1-9，抗疲劳设计	疲劳荷载
	疲劳细节分类
	限制应力幅验算等效损伤应力
	焊缝和连接件疲劳验算
EN 1993-1-10，材料韧性和厚度方向性能	钢材牌号的选择（夏比试验，Z 向性能）
EN 1993-1-11，受拉构件的设计	预应力或缆索支承桥梁设计，如斜拉桥

1.3　假定

在使用 EN 1993-2 时，假定遵循《Eurocode：结构设计基础》（EN 1990）的规定。同时还必须注意 Eurocode 3 中的各种条款假定在制造和安装过程中遵循 EN 1090。这对于细长构件的设计尤其重要，因为细长构件的缺陷分析和屈曲承载力公式取决于 EN 1090 中规定的制造与安装引起的初始缺陷值。因此，如果桥梁的制作与安装未按照 EN 1090 相关标准进行，且未仔细比较相应的容差和工艺要求，不能采用 EN 1993-2 来进行设计。

1.4　原则性规定与应用性规定的区别

必须参考 EN 1990，来区分"原则性规定"和"应用性规定"。原则性规定包括必须遵循的一般声明和要求，应用性规定则是符合这些原则的规定。然而，遵循原则性规定也可能存在其他方式，如果证明这些方法在安全性、适用性和耐久性方面至少等同于应用性规定，则可以采用这些备选方法。但是，这会带来设计不完全符合 Eurocodes 的问题。

根据 EN 1990，原则性规定应该在段落号后边加上"P"来标记。Eurocode 3 并不总是遵循此要求，因此，根据 EN 1990，原则性规定和应用性规定之间的区别消失了。原则性规定通常通过在条款中使用"须"来识别，而"应"和"可"通常用于应用性规定，但这并不完全统一。

1.5　术语与定义

参考 EN 1990 和 EN 1993-1 的条款 1.5 中给出的定义，并且进一步提供了桥梁特有的定义。

EN 1990 的条款 1.5.6 中定义了许多类型的分析。应该注意的是，基于结构或构件在荷载作用下变形后的几何形状进行的分析称为"二阶"分析，而不是"非线性"分析。后一术语指的是在结构分析中对材料特性的处理。因此，根据 EN 1990，"非线性分析"包括"刚-塑性分析"。除了通过国家附件参考 EN 1993-1-1 以应对意外情况,没有关于在桥梁中使用“非线性”条款的规定。

关于术语的一般用法,与英国标准存在显著差异。这些差异是由于在起草过程中使用英语作为基本语言,因此需要提高术语含义的准确性,以便于翻译成其他欧洲语言。特别是:

- “作用”表示荷载和/或施加的变形。
- “作用效应”:任何由作用引起的变形或内力或内力矩。
- “抗力”用于与强度有关的事项,例如:抗剪承载力。
- “能力”用于与挠度或变形有关的事项,例如:剪力连接件的滑移能力。

1.6　符号

Eurocodes 中的符号均基于 ISO 标准 3898:1997[3]。每个标准都有适用于自身的符号列表。某些符号具有多个含义,特定含义会在条款中说明。与英国以往的做法相比,有一些重要的变化,例如,截面模量为 W,下标表示弹性或塑性行为。

对材料的 γ 系数使用大写下标意味着给出的值考虑了两种类型的不确定性,即材料特性的不确定性和抗力模型的不确定性。

1.7　构件轴线的规定

3-1-1/条款1.7(2)

与英国以前的做法相比,有一个重要的变化。x-x 轴沿构件方向,y-y 轴平行于钢截面的翼缘(***3-1-1/条款1.7(2)***)。y-y 轴通常表示强主轴,如图 1.7-1a)和 b)所示。与之前英国桥梁标准相比,该构件轴线的规定同大多数商用分析软件更加兼容。英国桥梁标准中当 y-y 轴不是主轴时,强主轴和弱主轴分别表示为 u-u 和 v-v,如图 1.7-1c)所示。

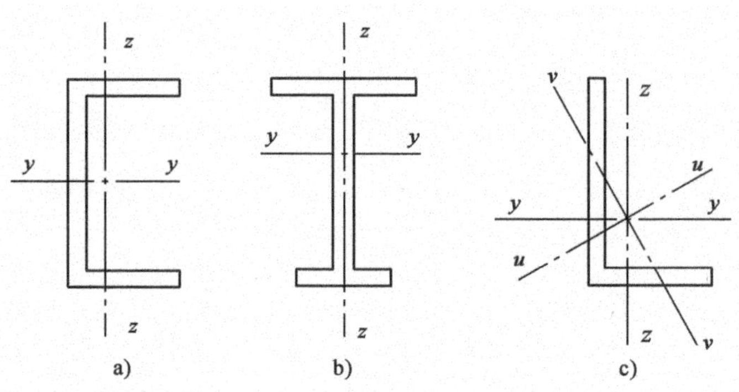

图 1.7-1　构件轴线符号规定

第 2 章　设计原则

本章在下列条款中讨论了 EN 1993-2 第 2 章中所涉及的设计原则：

- 要求　*条款2.1*
- 极限状态设计原则　*条款2.2*
- 基本变量　*条款2.3*
- 采用分项系数法验算　*条款2.4*
- 试验辅助设计　*条款2.5*

2.1　要求

3-2/条款2.1.1 参考 EN 1990 确定钢桥设计过程的基本原则和要求。这些基本原则和要求包括要考虑的极限状态和作用组合，以及每个极限状态下桥梁的性能要求。如果桥梁设计采用 EN 1991 规定的作用、EN 1990 规定的各种极限状态下的作用组合和荷载系数以及 EN 1993 关于抗力、耐久性和适用性的规定，这些基本性能要求将得到满足。　***3-2/条款2.1.1***

3-2/条款2.1.2，参考 3-1-1/条款 2.1.2(1)，确定不同类型的结构需要不同的可靠度水平。所需的可靠度水平取决于结构倒塌的后果。例如，一座大桥倒塌造成的人员伤亡可能要比农业建筑倒塌严重得多。鉴于此 EN 1990 确定了 4 个“执行等级”(1～4)，1～4 反映结构所需的可靠度水平的提高。大多数桥梁需要执行 3 级或 4 级。在 EN 1090-2 中引用执行等级，其决定了测试级别和制造所需的验收标准。　***3-2/条款2.1.2***

3-2/条款2.1.3.2 给出了设计使用年限、耐久性和鲁棒性的要求。桥梁和桥梁部件的设计使用年限也涵盖于 EN 1990 中。这主要影响防腐蚀系统的细节、维护检测的要求(***3-1-1/条款2.1.3.1(1)***)和疲劳计算(***3-2/条款2.1.3.1(2)P***)。临时性结构(不会被拆除和重复使用)建议的设计年限为 10 年，而支座的设计年限为 10～25 年，永久桥梁设计年限为 100 年。临时性桥梁和永久桥梁的设计年限可按照 ***3-2/条款2.1.3.2(1)*** 的规定在具体项目和国内附件中进行改变。出于政治因素，英国对永久性桥梁采用 120 年的设计年限，从而与之前的国家设计标准保持一致。　***3-2/条款2.1.3.2***　***3-1-1/条款2.1.3.1(1)***　***3-2/条款2.1.3.1(2)P***　***3-2/条款2.1.3.2(1)***

3-2/条款2.1.3.3(1)～3-2/条款2.1.3.3(3) 涵盖了一般耐久性要求，在3-2/条款 4 中对其进行阐述，并在本指南第 4 章中进行更详细的讨论。一般而言，为　***3-2/条款2.1.3.3(1)～3-2/条款2.1.3.3(3)***

了满足设计使用年限，桥梁和桥梁部件应设计得能够防腐蚀、抗疲劳和耐磨损，并定期检测和维护。当桥梁部件不能满足整个设计使用年限的要求，则应设计为可更换部件。为了防止连接板件间滑移、磨损和水分进入，***3-2/条款2.1.3.3(4)*** 要求使用下列之一的永久连接：

3-2/条款 2.1.3.3(4)

- B 类预紧螺栓（在正常使用极限状态（SLS）下无滑移）
- C 类预紧螺栓（在承载能力极限状态（ULS）下无滑移）
- 配合螺栓
- 铆钉
- 焊接

3-2/条款 2.1.3.3(5)

3-2/条款2.1.3.3(5) 涵盖了在方向支座（如支座加劲肋底部）中传递荷载的情况。这意味着只要连接焊缝可承受疲劳荷载，承载能力极限状态下将以该方式承担荷载。通常在疲劳计算中忽略支座中任意力的传递。

3-2/条款2.1.3.4

根据 EN 1991-1-7 的规定，还应考虑偶然作用。作为一般原则，桥梁支承防护装置（如护栏）的部分应设计得比防护装置更强，以便桥梁本身不会在冲击中受损。***3-2/条款2.1.3.4*** 要求在结构构件（如斜拉索）由于偶然作用而损坏的情况下，剩余的桥梁结构应该能够承担偶然组合中的相关作用。在本指南的5.1.4中进一步讨论了缆索支承结构。

2.2　极限状态设计原则

3-2/条款2.2(1)

3-2/条款2.2(1) 指出，EC3 中给出的材料抗力公式假定，延性、断裂韧性和 Z 向性能等材料性能是满足条件的。具体见 EN 1993-2 的第 3 章。假定满足 EN 1090中的要求，例如制造和安装过程中的容差，因为这些假定出现于一些抗力公式中，例如屈曲公式。

3-2/条款2.2(3)
3-2/条款2.2(4)

桥梁设计一般采用弹性整体分析（***3-2/条款2.2(3)***），但偶然情况下可采用塑性分析，如对护栏的冲击。进一步讨论见本指南5.4.1。***3-2/条款2.2(4)***，以及 3-2/条款 9.2.1(1) 表明在没有计算的情况下，通过“适当的细部设计”可以获得足够的疲劳寿命，并以 3-2/ 附录 C 正交异性桥面板为例。“适当的细部设计”指的是该细节在类似结构满足服役性能或通过试验测试表明其有足够的疲劳寿命。虽然 3-2/条款 9.1.2(1) 允许成员国指定不需要疲劳验算的情况，英国国家附件仍然要求对所有承受循环加载的部件进行疲劳验算，并且不采用上述视为满足的方法。特别在英国，不认为附录 C 中的细节被充分证明可取代确切的疲劳计算。

2.3　基本变量

作用组合

3-2/条款2.3.1(1)

3-2/条款2.3.1(1) 引用 EN 1990 附录 A2 中的作用组合。对于每一种永久作

用，例如自重，**在计算每个特定的作用效应**时，不利（加重）或有利（缓解）荷载分项系数通常可以在整个结构中使用。但是，EN 1990 的条款 6.4.3.1(4) 提出了一些特例，如：验算结果对于结构中各处永久作用的大小变化非常敏感，作用的不利与有利部分需考虑作为单独的作用。注：这特别适用于静力平衡极限状态和类似极限状态的验算。其中一个例外是验算连续梁支座的抬升，当施加不利荷载和有利荷载时，每一跨将单独处理。同样的处理适用于压紧螺栓。EC3 在 3-1-1/条款 2.4.4 中对此提出具体建议。

3-1-1/条款2.3.1(4) 要求将不均匀沉降、施加变形和预应力（用“P”表示）的效应与其他永久作用“G”组合形成一个永久作用“G + P”。然后适当地将有利的或不利的荷载系数应用于该单个作用，而不考虑分别对施加的变形和永久荷载应用荷载系数的差别。将“G” + “P”组合为单个永久作用“G + P”并非总是适当的，且与 EN 1990 中作用组合的一般格式相矛盾，该格式要求 ***3-2/条款2.3.1(4)***

$$\sum_{j}\gamma_{G,j}G_{k,j}+\gamma_{p}P+\cdots$$

1. 对于不均匀沉降，EN 1990 附录 A2 将不均匀沉降定义为永久作用 G_{set}，并给出单独的分项系数 $\gamma_{G,set}$。线弹性分析时，其推荐值为 1.2，小于其他永久作用的推荐值 1.35。在此情况下，使用单个永久荷载系数会更加保守。

2. 对于施加变形（例如，在连续梁施工中降低支座），施加变形的效应与桥梁自重的大小无关，因此似乎没有理由将它们组合在一起，并对两者应用相同的有利或不利的系数。因此，不允许考虑它们之间存在差异效应的可能性。

本指南的 5.1.4 中讨论了在缆索承重桥梁中安装缆索、更换缆索或意外移除缆索的作用组合。对于缆索结构，指出了将“G” + “P”组合为单个永久作用“G + P”的类似问题。

要考虑的作用

EN 1991 中给出了要考虑的作用。在 EN 1991-1-6 中给出了安装阶段要考虑的作用。在横截面有足够的延性，整个构件受到约束不会屈曲的情况下，施加变形（如不均匀沉降）的作用而不是施加力的作用有时可以忽略不计。具体讨论见本指南的 5.4.3。

2.4　采用分项系数法验算

一般来说，用于建模和截面分析的结构“公称”尺寸可以假定与工程图纸上或在产品标准中引用的尺寸相等，具体参考 ***3-1-1/条款2.4.2(1)***。当 EN 1993-2 要求在屈曲承载力公式中或整体分析中考虑等效几何缺陷时，***3-1-1/条款2.4.2(2)*** 指出，EN 1993 中提供的缺陷考虑了几何公差、结构缺陷、残余应力和屈服应力的变化。进一步讨论见本指南的 5.3 节。 ***3-1-1/条款 2.4.2(1)*** ***3-1-1/条款 2.4.2(2)***

3-1-1/条款2.4.3(1) 指出，截面抗力是基于上述公称尺寸以及 EN 1993 相关章节中规定的材料特性的名义值或标准值。特定效应的设计抗力 R_d 由标准或名 ***3-1-1/条款 2.4.3(1)***

义抗力 R_k 确定,如下所示:

$$R_d = R_k / \gamma_M \qquad 3\text{-}1\text{-}1/(2.1)$$

式中:γ_M——EC3 中计算抗力的相关材料系数。

对于永久荷载计算,有利或不利的荷载分项系数通常可用于整个结构,但是如 2.3 节所讨论的,类似于静力平衡极限状态(EQU)的验算例外。这一问题在

3-1-1/条款 2.4.4(1)

3-1-1/条款2.4.4(1) 中也有提及。

2.5 试验辅助设计

理论上,EN 1993 中的抗力标准值采用 EN 1990 的附录 D 推导求得。EN 1990允许计算抗力设计值的两种替代方法。一种是首先确定抗力标准值,然后采用适当的分项系数确定抗力设计值。另一种直接确定抗力设计值。EN 1993

3-1-1/条款 2.5(2)

采用后一种方法,***3-1-1/条款2.5(2)*** 计算抗力标准值如下所示:

$$R_k = R_d \gamma_{Mi} \qquad 3\text{-}1\text{-}1/(2.2)$$

式中,γ_{Mi}为相关的材料系数;R_k代表了无穷试验中小于 5% 的分位值。当需要确定预制产品的抗力标准值时,必须使用相同的方法确定 R_k。讨论 EN 1990 的使用超出了本指南的范围,不再进一步展开。

第 3 章　材料

本章在下列条款中讨论了 EN 1993-2 第 3 章中所涉及的材料：

- 一般规定　*条款3.1*
- 结构用钢　*条款3.2*
- 连接件　*条款3.3*
- 缆索及其他受拉构件　*条款3.4*
- 支座　*条款3.5*
- 其他桥梁构件　*条款3.6*

3.1　一般规定

3-1-1/条款3.1(1) 规定在所有设计计算中采用 EN 1993-1-1 第 3 章中提供材料特性的名义值作为标准值。EN 1993-2 和 EN 1993-1-1 中的抗力和计算方法仅适用于 3-1-1/表 3.1 中列出的钢材牌号，其涵盖屈服强度达到 460MPa 的钢材，见 ***3-1-1/条款3.1(2)*** 。某个国家的国家附件可对使用非 3-1-1/表 3.1 中的钢材提供相关指南。使用屈服强度大于 460MPa 的钢材用于结构设计，包括桥梁设计，可参考 EN 1993-1-12；其通过对 EN 1993 其他部分的规定提供进一步的要求和修改来指导屈服强度大于 460MPa 钢材的使用。

3-1-1/条款 3.1(1)

3-1-1/条款 3.1(2)

3.2　结构用钢

3.2.1　材料特性

由于 EN 1993 中的规定同时采用钢材的屈服强度(f_y)和极限抗拉强度(f_u)，设计者必须为两者选择合适的数值。对于商用钢材，强度随板厚变化，且这种变化必须在抗力计算中考虑。***3-1-1/条款3.2.1(1)*** 中提供钢材强度的两种选项：

3-1-1/条款 3.2.1(1)

1. 从所用材料等级的产品标准中获取 f_y 和 f_u 值。得到的 f_y 作为 R_{eH} 值，f_u 作为 R_m 值。应选择实际板厚对应的值。

2. 使用 3-1-1/表 3.1 中提供的 f_y 和 f_u 的简化值。厚度达到 40mm 板材的 f_y 和 f_u 可供设计人员使用，这种方法通常会比使用产品标准得到的抗力保守。对于厚度超过 16mm 的板材，产品标准倾向于降低 f_y 和 f_u 的允许值。国家附件可以规定应该采用哪个选项。（英国国家附件规定采用选项 1。）

3.2.2　延性要求

EC3 中的许多设计条款假设钢构件中使用的材料具有足够的延性,以便在屈服后实现应力重分布和延性行为。*3-1-1/条款3.2.2(1)*规定了最低可接受的延性,并建议如下:

3-1-1/条款 3.2.2(1)

(i)规定的最小极限抗拉强度 f_u 与规定的最小屈服强度 f_y 之比 f_u/f_y 应大于或等于某一限值,推荐为 1.10。

(ii)标距长度为 5.65 $\sqrt{A_0}$(其中 A_0 是试样的截面积)的试样上的失效延伸率不应小于某一限值,推荐为 15%。

(iii)极限应变 ε_u(其中 ε_u 对应于达到极限强度 f_u 时的应变)应大于或等于 $15\varepsilon_y$(其中 ε_y 为屈服应变)。

3-1-1/表 3.1 中的钢材牌号将自动提供上述要求的延性水平。

上述延性建议可以通过国家附件修改。在过去的英国,f_u/f_y 比率的最小值设定为 1.2,以防止脆性断裂并提供足够的延性。然而,较少证据说明这个比率对这些特性很重要,或者此比率需高于推荐的1.1,特别是必须对脆性断裂(2-2/条款 3.2.3)和延性(上述第(ii)项)进行单独验算。但应注意的是,塑性抗剪承载力(在本指南6.2.6.1中讨论)考虑了一定程度的应变硬化,因此实际提供的比率 f_u/f_y 不允许太低。后者显然与延性规定无关。比率 f_u/f_y 最小值为 1.2 的规定将有效地禁止使用 S500 ~ S700 钢种,尽管可以在 EN 1993-1-12 的国家附件中重新设定使用这些钢材牌号的比率限值。本指南未涉及 S500 ~ S700 钢种的使用。

3.2.3　断裂韧性

3-2/条款 3.2.3(1)

3-2/条款 3.2.3(2)

*3-2/条款3.2.3(1)*要求所有钢材应具备足够的韧性,以防止在桥梁结构的设计使用年限内出现脆性断裂。*3-2/条款3.2.3(2)*规定根据 EN 1993-1-10 选择所需要的具有足够韧性的钢材牌号,并认为合适的钢材牌号能够防止脆性断裂。3-2/条款3.2.3(2)的注 2 作为德国意见包含在内,以确保在焊接细节处,母材在韧性-温度曲线的上层区域具有足够的韧性。这表明在焊接接头处应具备比 EN 1993-1-10更高的用夏比要求,以保证足够的延性。3-2/表 3.1 给出了焊接结构的建议附加要求,但这些要求并非强制性要求,可以在国家附件中改变。英国国家附件中尚未采用这些附加建议。下面讨论 EN 1993-1-10 的规定。

根据 EN 1993-1-10 评估脆性断裂抗力的主要因素是钢构件在使用中可能经历的最低温度以及在该温度下部件中可能出现的最大拉应力。EN 1993-1-10 通过在 3-1-10/表 2.1 中列出不同牌号钢构件的最大允许厚度与其最低温度和相关应力水平的关系来处理这些主要因素。这些绝不是影响脆性断裂的唯一因素。

对于每个钢桥构件,一般的设计方法是计算基准最低温度 T_{Ed} 和构件在 T_{Ed} 时应力 σ_{Ed}。然后设计者可以从 3-1-10/表 2.1 中为构件选择合适的钢材牌号。影响构件脆性断裂抗力的其他参数，如裂纹类型、构件形状、应变率、残余应力和冷成型程度，在 EN 1993-1-10 中通过将每个参数转换成对基准最低温度的修正来处理。

EN 1993-1-9 中的细部构造疲劳等级涵盖了钢构件的所有疲劳细节，在 EN 1993-1-10的简单脆性断裂评估中不必考虑具体细节本身。对于细部构造疲劳等级较低的细节这可能不够保守，因为这些细节更容易引发脆性断裂。BS 5400：第 3 部分：2000[4] 中确认，英国国家附件在 ΔT_R 参数中考虑了该影响。EN 1993-1-10 也来考虑总应力集中（例如，特定细节附近的截面突然改变）。英国国家附件再次对 ΔT_R 参数中的总应力集中进行了特殊规定。

EN 1993-1-10 中的方法仅用于新建结构的钢材选择，并不包括服役期钢材的脆性断裂评估。EN 1993-1-10 还给出了用断裂力学方法评估脆性断裂抗力的指南。在没有焊接、拉伸或疲劳荷载的情况下，该指南可能有效，因为 3-1-10/表 2.1 中的最大允许厚度可能在这些情况下偏保守。

EN 1993-1-10 中的流程

计算 T_{Ed}：

T_{Ed}由 ***3-1-10/条款2.2(5)*** 中给出的下列公式计算得到： ***3-1-10/条款2.2(5)***

$$T_{Ed} = T_{md} + \Delta T_r + \Delta T_\sigma + \Delta T_R + \Delta T_{\dot{\varepsilon}} + \Delta T_{\varepsilon_{cf}} \qquad 3\text{-}1\text{-}10/(2.2)$$

式中：T_{md}——EN 1991-1-5 中定义的指定重现期的最低气温。EN 1991-1-5 使用年超越概率 0.02 作为默认值。EN 1991-1-5 没有直接给出不同位置的等温线，必须参考国家附件或其他数据。

ΔT_r——考虑辐射损失的修正温度。虽可参考 EN 1991-1-5 进行确定，但在那里没有定义。辐射损失考虑遮荫处气温和桥梁有效温度之间的差异以及横截面上的任意温差。后者在 EN 1991-1-5 中通过横截面上的非线性温度变化表示，参考 1-1-5/条款 6.1.4.2。此温度变化，还包括一小部分均匀温度分量[1-1-5/条款 6.1.4.2(1)注 2]。因此，将该温度变化完全叠加于桥梁最小均匀温度过于保守。相反，忽略非线性温度变化，偏于不安全。但是，考虑到除去均匀温度分量时，温差分布的实际贡献很小，因此忽略其贡献是合理的。因此，将 ΔT_r 简单地确定为最低气温 T_{min}与 EN 1991-1-5 中定义的最小桥梁均匀温度 $T_{e,min}$之间的差值是合理的，即 $T_{md} + \Delta T_r = T_{e,min}$。对于钢桥面，$\Delta T_r$ 通常为负值，从而将温度降低至气温以下。对于混凝土桥面，ΔT_r 通常为正值，从而将温度升高至气温以上。这里建议 ΔT_r 不大于零。

ΔT_σ——考虑应力、屈服强度、裂缝缺陷类型、钢构件的形状和尺寸等因素的修正温度。如果依据 3-1-1/表 2.1 确定板件最大允许厚度，EN 1993-1-10 建议 ΔT_σ 的值为 0 K。

ΔT_R——允许设计者考虑不同可靠度水平的修正温度。同样,如果依据 3-1-10/表 2.1 确定板件最小允许厚度,EN 1993-1-10 建议 ΔT_R 值为 0 K。然而,英国国家附件使用 NDP 考虑包括疲劳细节类型和总应力集中的影响,这在 EN 1993-1-10 中没有得到解决。英国国家附件也使用 ΔT_R 来修正 S355 以上的钢材。通过 ΔT_σ 修正更合适,但它本身不是 NDP。

3-1-10/条款 2.3.1(2)

$\Delta T_{\dot{\varepsilon}}$——考虑异常加载速率的修正温度。***3-1-10/条款2.3.1(2)***指出大多数短暂和持久设计状况都适用 4×10^{-4}/s 的参考应变率($\dot{\varepsilon}_0$)。对于其他应变率$\dot{\varepsilon}$(例如冲击荷载)下的应变率,$\Delta T_{\dot{\varepsilon}}$ 可以通过以下公式计算:

$$\Delta T_{\dot{\varepsilon}} = \frac{1440 - f_y(t)}{550} \times \left(\ln \frac{\dot{\varepsilon}}{\dot{\varepsilon}_0}\right)^{1.5} [℃] \quad 3\text{-}1\text{-}10/(2.3)$$

式中,$\dot{\varepsilon}$ 为由冲击荷载引起的预期应变率,$f_y(t)$取相关钢构件的屈服应力。$f_y(t)$取相关产品标准的 R_{eH} 值或$f_y(t) = f_{y,nom} - 0.25(t/t_0)$,其中,$f_{y,nom}$为相关产品标准中规定的最小厚度板件的屈服强度;$t$ 为钢板厚度(mm);$t_0 = 1$mm。

应注意 $\Delta T_{\dot{\varepsilon}}$ 的符号。如果$\dot{\varepsilon}$大于$\dot{\varepsilon}_0$,3-1-10/式(2.3)中 $\Delta T_{\dot{\varepsilon}}$ 取正值。与 3-1-10/式(2.2)中使用的符号约定相反,$\Delta T_{\dot{\varepsilon}}$ 正值需从 3-1-10/式(2.2)中的 T_{Ed}中扣除,因为增加的加载速率将对构件抵抗脆性断裂的能力产生不利影响。最好在 3-1-10/式(2.3)前添加负号以与 3-1-10/式(2.2)保持一致。冲击的应变率通常比普通荷载的$\dot{\varepsilon}_0$ 值高两个数量级,但显然计算复杂且涉及考虑撞击车辆和被撞击结构部分的变形特征。在无冲击荷载应变率的情况下,可以按照BS 5400:第 3 部分:2000[4] 中的方法。首先忽略冲击作用,计算允许的钢材厚度,然后考虑冲击将其厚度减半。

$\Delta T_{\varepsilon_{cf}}$——考虑钢构件冷成型加工影响的修正温度。由下式计算:

$$\Delta T_{\varepsilon_{cf}} = 3\varepsilon_{cf} [℃] \quad 3\text{-}1\text{-}10/(2.4)$$

式中,ε_{cf}为冷成型加工的永久应变,用百分比表示。

计算 $\boldsymbol{\sigma_{Ed}}$**:**

在参考温度下,构件中的应力 σ_{Ed}应严格基于主应力(尽管未说明),并应按照以下作用组合计算:

$$E_d = E(A[T_{Ed}]\text{“}+\text{”}\sum G_K\text{“}+\text{”}\psi_1 Q_{K1}\text{“}+\text{”}\sum\psi_{2,i}Q_{Ki}) \quad 3\text{-}1\text{-}10/(2.1)$$

式中,“$A[T_{Ed}]$”为主要作用,通常是温度 T_{Ed}。3-1-10/式(2.1)基本上是以温度作为主要作用的偶然组合。温度作用 $E(A[T_{Ed}])$的影响应包括对温度变形的约束。正常使用极限状态应采用合适的组合和荷载系数。$\sum G_K$ 为永久作用,$\psi_1 Q_{K1}$是最繁重的可变作用(例如,汽车)的频遇值,$\sum\psi_{2,i}Q_{Ki}$是其他可变作用的准永久值。

在起草过程中,英国对 3-1-10/表 2.1 在施加应力较低时允许的潜在超限表示关注。出现这种担忧是因为制造时的残余应力在施加应力较低时处于主导地位，但 3-1-10/表 2.1 通过继续减少施外加应力未满足要求。因此，英国国家附件要求 σ_{Ed} 始终取 $0.75f_y(t)$，但实际施加的拉应力小于 $0.5f_y(t)$ 可以通过提高 ΔT_R 的值来补偿。这与之前在 BS 5400：第 3 部分中使用的方法基本一致。

3-1-10/条款 2.1(2) 的注释允许不验算受压单元的断裂韧性。这是错误的，因为在安装和制造时的残余应力和锁定应力通常会产生净拉应力。另外，由于初始弯曲缺陷的增长，受压的细长构件可能在一侧纤维处产生拉力。正是由于这些二次拉应力，***3-2/条款 3.2.3(3)*** 建议使用 $\sigma_{Ed} = 0.25f_y(t)$ 检查桥梁结构中受压构件的断裂韧性。这个应力值在国家附件中可以改变。 *3-1-10/条款 2.1(2)* *3-2/条款 3.2.3(3)*

英国的另一个担忧是 3-1-10/表 2.1 在某些情况下允许 T_{Ed} 与测定夏比能量的测试温度之间出现 70℃ 的温差。因此，在 3-1-10/条款 2.2(5) 注 3 中添加了国家附件规定，允许各国限制该温差。EN 1993-1-10 的英国国家附件规定桥梁结构测试温度与应用温度 $T_{md} + \Delta T_r$ 之间的限值为 20℃。

实例 3.2-1：为桥梁下翼缘选择合适的钢材

为英国某个地区的高速公路桥梁的下翼缘选择合适的钢材，其中 $T_{md} + \Delta T_r = -20℃$（参见正文中辐射损失）。不考虑冲击荷载与总应力集中。建议的翼缘厚度如下：

桥 1 = 20mm　$\sigma_{Ed} = 259\text{MPa}$　$f_y(t) = 345\text{MPa}$，20mm

桥 2 = 30mm　$\sigma_{Ed} = 259\text{MPa}$　$f_y(t) = 345\text{MPa}$，30mm

桥 3 = 40mm　$\sigma_{Ed} = 259\text{MPa}$　$f_y(t) = 345\text{MPa}$，40mm

桥 4 = 50mm　$\sigma_{Ed} = 251\text{MPa}$　$f_y(t) = 335\text{MPa}$，50mm

桥 5 = 60mm　$\sigma_{Ed} = 251\text{MPa}$　$f_y(t) = 335\text{MPa}$，60mm

桥 6 = 63mm　$\sigma_{Ed} = 251\text{MPa}$　$f_y(t) = 335\text{MPa}$，63mm

根据正文中的建议，下翼缘中的应力 σ_{Ed} 均等于 $0.75f_y(t)$。根据 3-1-10/式(2.2)：

$\Delta T_\sigma = 0℃$（3-1-10/条款 2.2(5) 注 2，根据 3-1-10/条款 2.3 使用列表值）。

$\Delta T_R = 0℃$（3-1-10/条款 2.2(5) 注 1）。

$\Delta T_{\dot{\varepsilon}} = 0℃$（不考虑冲击荷载）。

$\Delta T_{\varepsilon_{cf}} = 0℃$（不使用冷成型钢部件）

$T_{Ed} = (T_{md} + \Delta T_r) + \Delta T_\sigma + \Delta T_R + \Delta T_{\dot{\varepsilon}} + \Delta T_{\varepsilon_{cf}}$

$T_{Ed} = -20℃ + 0℃ + 0℃ + 0℃ + 0℃ = -20℃$

由 3-1-10/(表 2.1) 可知，各牌号钢材最大允许厚度如下（$T_{Ed} = -20℃$，$\sigma_{Ed} = 0.75f_y(t)$）：

S355JR = 20mm，S355J0 = 35mm，S355J2 = 50mm，S355K2 = 60mm，S355NL = 90mm。

因此,EN 1993-1-10 允许使用以下钢材:

桥 1 = 20mm 使用 S355JR

通过 3-1-10/条款 2.2(5)的注 3 在测试温度(此处为 20℃)和应用温度 $T_{md}+\Delta T_r$(在这种情况下为 −20℃)之间设定 20℃的限值,英国国家附件禁止桥梁使用 JR 等级钢材。因此,桥 1 采用 S355J0。

桥 2 = 30mm 使用 S355J0

桥 3 = 40mm 使用 S355J2

桥 4 = 50mm 使用 S355J2

桥 5 = 60mm 使用 S355K2

桥 6 = 63mm 使用 S355NL

应进一步参考国家附件,以确保钢材满足焊接细节等其他附加要求。

实例 3.2-2:为承受冲击荷载的桥梁下翼缘选择合适的钢材

为某天桥的下翼缘选择合适的钢种,该桥对超高车辆的冲击荷载敏感。下翼缘厚度 = 40mm,不考虑总应力集中,$T_{md}+\Delta T_r=-12℃$。

项目规定的冲击荷载应变率 = 1.7×10^{-2}/s(具体见关于冲击荷载的讨论)。

根据正文中的建议,下翼缘中的应力 σ_{Ed} 均为 $0.75f_y(t)$。

根据 3-1-10/条款 2.2:

$\Delta T_\sigma=0℃$(3-1-10/条款 2.2(5)注 2,根据 3-1-10/条款 2.3 使用列表值)

$\Delta T_R=0℃$(3-1-10/条款 2.2(5)注 1)

$\Delta T_{\dot\varepsilon}=\dfrac{1440-f_y(t)}{550}\times\left(\ln\dfrac{\dot\varepsilon}{\dot\varepsilon_0}\right)$[℃]其中,对于 40mm 厚的板,$f_y(t)=345\text{MPa}$

式中:$\dot\varepsilon$ = 冲击应变率 = 1.7×10^{-2}/s

$\dot\varepsilon_0$ = 参考应变率 = 4.0×10^{-4}/s (3-1-10/条款 2.3.1)

$$\Delta T_{\dot\varepsilon}=\frac{1440-345}{550}\times\left(\ln\frac{1.7\times10^{-2}}{4\times10^{-4}}\right)=14.5℃$$

$\Delta T_{\varepsilon_{cf}}=0℃$(不使用冷成型钢部件)

$$T_{Ed}=(T_{md}+\Delta T_r)+\Delta T_\sigma+\Delta T_R+\Delta T_{\dot\varepsilon}+\Delta T_{\varepsilon_{cf}}$$

$$T_{Ed}=-12℃+0℃+0℃-14.5℃+0℃=-26.5℃$$

由 3-1-10/(表 2.1),从表格中内插最大允许厚度(t)。例如,S355J2:

$\sigma_{Ed}=0.75f_y(t)$, $T_{Ed}=-20.0℃$, $t=50\text{mm}$

$\sigma_{Ed}=0.75f_y(t)$, $T_{Ed}=-30.0℃$, $t=40\text{mm}$

通过插值,$\sigma_{Ed}=0.75f_y(t)$,$T_{Ed}=-26.5℃$,$t=43.5\text{mm}>40\text{mm}$,因此 S355J2 满足要求。

应进一步参考国家附件,以确保钢材还需满足焊接细节的其他附加要求。

3.2.4　厚度方向性能

在制造过程中，快速冷却和收缩的焊缝金属会导致板厚方向上产生较大的拉伸应变，其大小与焊缝尺寸、焊缝方向、板厚、收缩约束程度以及焊接过程预热量有关。钢中含有夹杂物特别是硫化物的细微缺陷，会在厚度方向拉力的作用下产生裂纹，导致如图 3.2-1所示的撕裂。这种现象被称为“层状撕裂”。在产生层状撕裂之前，细微缺陷太小，无法通过超声波检测，因此在焊接之前无法通过超声检查获得细微缺陷。然而，在焊接之后可以使用超声波检测来确认没有发生层状撕裂。

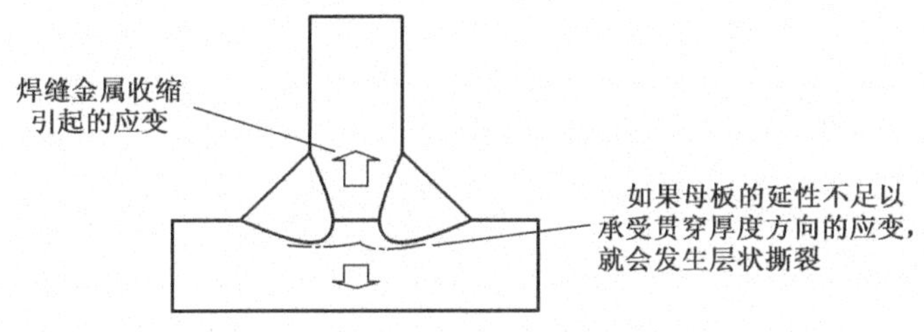

图 3.2-1　层状撕裂

为了成功地抑制焊缝收缩应变从而不发生层状撕裂，钢板必须在整个厚度方向上具有足够的延性。垂直于钢板平面的延性被称为“厚度方向延性”。

为了评估给定结构形式的板材厚度方向性能是否满足要求，*3-2/条款3.2.4(1)* 参考 EN 1993-1-10。厚度方向延性的指标为“Z”值。“Z”值本质上是厚度方向拉伸试验样品失效时的断面收缩率。　*3.2/条款3.2.4(1)*

按照 EN 1993-1-10 评估厚度方向延性

由 3-1-10/条款 3.2 可知，如果 $Z_{Ed} \leq Z_{Rd}$，可忽略层状撕裂：

Z_{Ed}为考虑焊接尺寸、焊接方向、板厚、约束和预热程度影响后的厚度方向延性（“Z 值”）。

Z_{Rd}为母板的厚度方向延性（EN 10164 中的“Z”值）。

Z_{Ed}通过 $Z_{Ed} = Z_a + Z_b + Z_c + Z_d + Z_e$ 计算。

式中：Z_a——取自 3-1-10/表 3.2(a)的 Z 值，表示角焊缝深度的影响。

Z_b——取自 3-1-10/表 3.2(b)的 Z 值，表示焊缝形状和分布的影响。表 3.2 没有明确地给出十字形接头的 Z_b 值。十字形接头应根据 T 形接头的几何形状确定（如果不对称，则基于 T 形接头的最不利侧）。在 Z_d 值中应当考虑可能导致十字形接头收缩的更大约束。

Z_c——取自 3-1-10/表 3.2(c)的 Z 值，表示母板厚度对发生层状撕裂概率的影响。对于十字形和 T 形接头，可采用较薄的板连续通过以减小该值。通常不采用这种做法，而是将较厚的板连续通过，将较薄的板断开，以尽量减少所需的焊缝尺寸。

Z_d——取自 3-1-10/表 3.2(d)的 Z 值，考虑焊缝金属的自由收缩受到的约束量。

Z_e——取自 3-1-10/表 3.2(e)中的 Z 值,考虑焊接前预热对板件层状撕裂发生概率的影响。EN 1993-1-10 中,发现预热的影响有利。然而,英国钢铁行业表达了一种担忧,即预热实际上会增加层状撕裂的敏感性,因此这里建议不要考虑预热的有利影响。

计算出 Z_{Ed}后,EN 10164 所需的厚度方向延性可通过 EN 1993-2 表 3.2 获得。表 3.2 的限值可依据国家附件修改。

钢铁行业内部担心,EN 1993-1-10 中的规定可能导致需要满足厚度方向性能钢材数量出现不必要的增加。应该记住:最重要的考虑因素是提供不容易发生厚度方向问题的好的细部设计,例如将较厚的板连续穿过较薄的板以减小所需的焊缝尺寸。3-1-10/表 3.1 介绍了两个质量等级:1 级和 2 级。1 级要求在所有情况下都满足厚度方向性能来控制层状撕裂。2 级要求仅针对最高风险的细部构造满足厚度方向性能,并且在加工后检查是否发生层状撕裂。在大多数情况下,由制造商选择控制层状撕裂最适合的方法,英国国家附件选择 2 级,仅要求某些容易发生层状撕裂的细部构造满足厚度方向性能,例如具有大焊缝的十字形接头。

实例 3.2-3:评估是否需要在半贯穿节点细节中指定具有增强厚度方向性能钢的钢材(符合 EN 10164)

图 3.2-2 中,中间翼缘板围绕梁腹板开槽。尽管通常较好的做法是将较厚的板通过较薄的板,但在该情况下,腹板中的应力很高,如果腹板开槽,将需较大的焊缝连接。

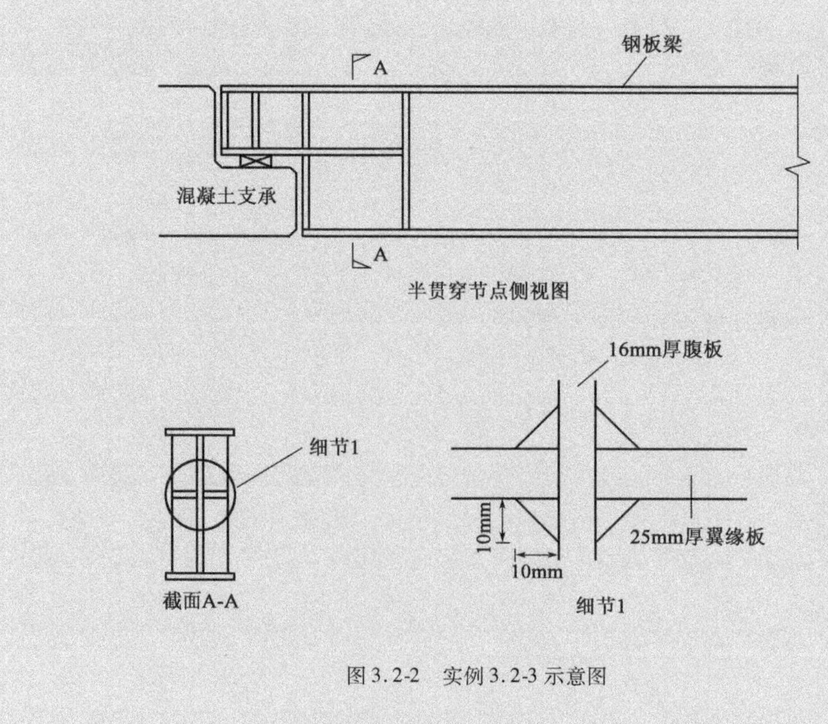

图 3.2-2 实例 3.2-3 示意图

(i) a_{eff} = 10 mm (3-1-10/图 3.2),因此 Z_a = 3(3-1-10/表 3.2)。

(ii) Z_b = 0 (多道角焊缝)。

(iii) Z_c = 4 (半贯穿节点腹板厚度为 16 mm)。

(iv) Z_d = 0 (自由收缩)。

(v) Z_e = 0 (无预热过程)。

由 3-1-10/3.2 节可知:$Z_{Ed} = Z_a + Z_b + Z_c + Z_d + Z_e$,因此,$Z_{Ed} = 3 + 0 + 4 + 0 + 0 = 7$

根据 3-2/表 3.2,当 $Z_{Ed} \leq 10$ 时,无须按照 EN 10164 规定的厚度方向性能指定钢材。

3.2.5 公差

3-2/条款3.2.5(1)规定轧制型钢、空心型钢和板材的尺寸公差应满足相关产品标准中的要求。这样做是为了确保公称尺寸的变化充分满足 EC3 中的材料分项系数。对于焊接型材,EN 1090-2 及***3-2/条款3.2.5(2)***中提出了额外的公差要求。根据***3-1-1/条款3.2.5(3)***,结构分析不需要考虑板厚和横截面尺寸的公差。EN 1090 也规定了其他制造公差,如支柱的直线度和支撑的垂直度。这些制造缺陷与横截面尺寸公差不同,如本指南 5.2 节和 5.3 节所述的那样,如二阶效应显著,必须在结构分析中考虑。3-2/条款 5.3 中给出的用于结构分析的等效几何缺陷大于 EN 1090 中规定的允许几何缺陷,因为其中包括焊接残余应力的影响。

3-2/条款3.2.5(1)

3-2/条款3.2.5(2)

3-2/条款3.2.5(3)

3-2/附录 C 提供了关于正交异性钢桥面板的允许公差和检测要求的补充指南。

3.2.6 材料系数的设计值

3-1-1/表 3.1 中列出了钢结构计算中需要的材料系数,如下:

弹性模量	$E = 2.10 \times 10^6$ MPa
剪切模量	$G = 8.10 \times 10^5$ MPa
泊松比	$\nu = 0.3$
线性热膨胀系数	$\alpha = 12 \times 10^{-6}$/℃

为了简化,EN 1994 通常允许组合结构桥梁中钢材的线性热膨胀系数取 $\alpha = 10 \times 10^{-6}$/℃,与混凝土的线性热膨胀系数相同。这避免了均匀温度变化下计算内部约束应力的需要,否则由于钢和混凝土的不同热膨胀系数将引起内部约束应力。但是,应该采用 $\alpha = 12 \times 10^{-6}$/℃来计算由均匀温度变化(或由于位移约束产生的力)引起的整体位移。

本条款不涵盖不同类型的拉杆和拉索的“E”值,其值参见本指南的 3.4.2。

3.3 连接件

3.3.1 紧固件

本指南 8.1 节介绍了螺栓连接和铆钉连接的设计。

3.3.1.1　螺栓、螺母和垫圈

EC3-2 中螺栓设计的相关规定假定螺栓,螺母和垫圈符合 3-1-8/条款 2.8 及

3-2/条款3.3.1.1(1) ***3-2/条款3.3.1.1(1)***中的产品标准(第 4 组)。列表很长,这里不再赘述,包含了过去英国最常用的组件。

3-2/条款3.3.1.1(2) ***3-2/条款3.3.1.1(2)***规定 EC3-2 中螺栓等级仅限于 3-2/表 3.3 中的,如表 3.3-1所示。

EC3-2 中不同等级螺栓的强度　　表 3.3-1

螺栓等级	4.6	5.6	6.8	8.8	10.9
f_{yb}[MPa]	240	300	480	640	900
f_{ub}[MPa]	400	500	600	800	1000

3-2/条款3.3.1.1(3) 表 3.3-1 列出屈服强度f_{yb}和极限抗拉强度f_{ub}的名义值。***3-2/条款3.3.1.1(3)***规定该值作为设计计算中的标准值。

3.3.1.2　预紧螺栓

只要 8.8 级和 10.9 级高强度预紧螺栓其符合 3-1-8/条款 2.8 中第 4 组的参考标准,也可按照 EN 1993-1-8 使用。紧固过程必须按照 EN 1090 进行。

3.3.1.3　铆钉

如果设计者选择铆钉替代螺栓,则可按照EN 1993-1-8进行设计,前提是铆钉符合 3-1-8/条款 2.8 中第 6 组的参考标准。

3.3.1.4　锚固螺栓

根据 EN 1993-1-8 设计的锚栓必须符合 EN 10025 或 3-1-8/条款 2.8 第 4 组

3-2/条款3.3.1.4(1) 的参考标准。加强筋也可用作锚栓,前提是其符合 EN 10080。***3-2/条款3.3.1.4(1)***要求锚栓的名义屈服强度不超过 640MPa(3-1-8/条款 3.3 限制剪切屈服强度为 640MPa,但其他屈服强度限值为 900MPa)。

3.3.2　焊接材料

本指南 8.2 节介绍焊接连接的设计。按照 EN 1993-1-8 设计的焊接连接假定所

3-2/条款3.3.2(1) 有焊接材料符合 3-1-8/条款 2.8 中第 5 组的参考标准。这是***3-2/条款3.3.2(1)***的

3-2/条款3.3.2(2) 规定。此外,***3-2/条款3.3.2(2)***要求焊缝的所有机械性能不低于母材。这样确保在钢板和轧制型钢之间的对接焊接设计不需特殊考虑。对于屈服强度大于 460MPa 的高强钢,EN 1993-1-12 对这一规定进行了修改,给出了强度低于母材的焊缝的设计方法。

3.4　缆索及其他受拉构件

3-2/条款3.4(1) ***3-2/条款3.4(1)***参考 EN 1993-1-11 进行受拉构件的设计。相关的条款在下面的附加小节中讨论。

3.4.1　涵盖的缆索种类(附加小节)

EN 1993-1-11 涵盖了具有可调节和可更换受拉钢构件的桥梁。所涵盖的受

拉构件类型分为以下三组：

1. 拉杆系统（A 组）。这组通常包括通过螺纹连接到端部锚固件的实心圆形截面的预应力杆。这是一个专有系统，典型的用途是抵抗梁承受的上拔力。

2. 绳索（B 组）。这组包括螺旋钢丝绳、全锁钢丝绳和由锚定在托座或其他端部的钢丝组成的钢绞线。

- 螺旋钢丝绳包含一系列圆形钢丝，这些钢丝围绕中心螺旋式地布置成两层或更多层。其直径范围为 5 ~ 160mm，并且通常用作桥梁的斜拉索和吊杆。
- 全锁钢丝绳由一系列围绕中心螺旋式布置成两层或更多层的钢丝组成，其中心通常为某一钢丝及其外层锁定的 Z 形钢丝。其直径范围为 20 ~ 180mm，主要用作桥梁的斜拉索、悬索和吊杆。
- 钢绞线由一系列围绕中心螺旋式布置的多股钢丝绳组成。它们主要用作悬索桥的吊杆。

3. 平行钢丝束或钢绞线束（C 组）。这组包括成束的平行钢丝和平行钢绞线，需要单束或整体锚固以及单束或整体防护。它们主要用作斜拉索和体外索。平行钢丝束也用作悬索桥的主缆。

这些不同类型索的典型横截面详见 3-1-11/附录 C，此处不再重复。

3.4.2　缆索刚度（附加小节）

对于缆索支承桥梁，索的刚度根据 EN 1993-1-11 确定。3-1-11/条款3.2给出了弹性模量“E”的指南，以便于分析。针对上述三种不同索，E 值确定如下：

1. 拉杆系统（A 组）。E 取 210000 MPa。

2. 绳索（B 组）。E 随应力水平和重复荷载而变化。割线值应通过测试桥梁缆索预期的应力范围来确定。对于初步设计，E 可从3-1-11/表 3.1 取值。注：其“E”值远低于拉杆。

3. 平行钢丝束或钢绞线束（C 组）。E 可根据 EN 10138 或 3-1-11/表 3.1 取值。后者规定平行钢丝束的 E 值为 205000MPa ± 5000MPa，平行钢绞线束的 E 值为 195000MPa ± 5000MPa。

EN 1993-1-11 还涵盖了缆索支承桥梁的结构分析，包括荷载组合和非线性效应的处理。这些内容在本指南 5.1.4 中讨论。索垂度的非线性效应无须进行非线性分析便可以考虑在内，只要通过采用折减的弹性模量 E_t。根据 Ernst 方程计算 E_t，见式 3-1-11/（5.1）：

$$E_t = \frac{E}{1 + \frac{w^2 l^2 E}{12\sigma^3}} \qquad 3\text{-}1\text{-}11/(5.11)$$

式中：E——真实弹性模量；

w——索的单位重量（见 3-1-11/表 2.2）；

l——索的水平跨度；

σ——索的应力。

对于短索,除非索承受特别大或特别小的应力,其等效模量通常非常接近材料模量。

3.4.3　其他材料特性和防腐措施(附加小节)

其他材料特性与防腐措施分别详见 3-1-11/条款 3 和 3-1-11/条款 4,此处不再赘述。

3.5　支座

3-2/条款3.5(1)

3-2/条款3.5(1) 规定所有的钢桥支座应符合 EN 1337。EN 1337 包含 11 个部分。第 1 部分为"一般设计规定",提出所有支座的共同要求。其余部分涵盖了不同类型支座的设计和对其保护、安装、检测和维护的要求。

3.6　其他桥梁构件

为了保证质量可靠,所有附属设施(如防水层、伸缩缝、护栏、防撞栏)都应符合相关的技术规范和产品标准。国家附件对采用的构件类型进行限定。业主可对各自项目按此限定进行选择。

第 4 章　耐久性

本章讨论 EN 1993-2 第 4 章中论述的耐久性问题，包含以下两节：

- 耐久细节。　*条款 4.1*
- 可更换性。　*条款 4.2*

桥梁必须足够耐用，以便在整个设计使用年限内正常运营。***3-2/条款 4(1)*** 指导设计者通过 EN 1993-1-1 参考 EN 1990 条款 2.4(1)P 中如下要求：　***3-2/条款 4(1)***

结构设计应确保其设计使用年限内，结构性能退化不低于预期水平，同时充分考虑环境与预期的维护水平。

钢构件的设计或者可以保证整个设计使用年限内桥梁功能满足要求，并按设计规定进行适当程度的检测和维护，或者可以按 3-2/条款 4(6) 的要求进行更换，参见下面的 4.1 节第 6 项。为了实现前者，易受腐蚀、机械磨损或疲劳影响的部件应能进行与设计假定相符的检测和维护——参见 ***3-1-1/条款 4(3)***。理想情况下，所有构件应具有可达性，但如果某构件不能通过检查确定其是否有腐蚀迹象，则应按照 ***3-2/条款 4(4)*** 的规定增加构件厚度，以留出腐蚀余量，并进行适当的疲劳验算，参见下面的 4.1 节（第 4 项）。但是，***3-2/条款 4(5)*** 要求检查所有部件是否疲劳，无论检查是否可行。　***3-1-1/条款 4(3)***　***3-2/条款 4(4)***　***3-2/条款 4(5)***

4.1　耐久细节（附加小节）

为了满足耐久性要求，提出以下建议：

1. 指定无需涂装的钢种。 由于大多数钢桥的耐久性问题源于涂装防护系统失效后钢的腐蚀，“耐候钢”通常可有效替代普通涂装钢。“耐候钢”是一种低合金钢，其腐蚀速度远低于标准等级钢材。腐蚀形成一种稳定的细颗粒锈斑，该锈斑仍然附着在基材上，使得腐蚀速度降低，从而可在标准大气环境不涂装使用。但仍需依据不同环境对板厚腐蚀容许限值进行规定。

耐候钢具有健康安全（避免高处或箱梁内部涂装的维护风险）、环境友好（避免涂装时溶剂排放到大气中）以及降低成本（减少了使用年限内结构反复涂装的维护成本）的优点。但是，其不适于沿海或侵蚀性化学环境或含高浓度氯离子的区域，因为氧化层的功能会受到抑制。

有关使用耐候钢的指南可直接从生产商处获得，也可见参考文献 5。

与耐候钢相比，更有效但非常昂贵的替代钢种为不锈钢。

2. 在细节上避免腐蚀诱因。耐久性问题通常始于钢结构的腐蚀诱因。如果构造细节能够尽可能避免腐蚀诱因,则可以大大提高耐久性。这个问题对于无涂装的耐候钢尤其重要。此外,建议通过有效的排水系统,使受除冰盐污染的水远离钢构件。

3. 避免不易涂装的细节。对于需要涂装的钢结构,可以通过确保没有难以涂装区域来避免耐久性问题。

4. 对于不可达的构件牺牲厚度并进行疲劳验算。对于在设计年限内完全无法到达的区域,则可以增加厚度,以便截面因腐蚀而减小时不会应力超限。如果 EC3 没有提供相关指南(国家附件可能提供指南),建议设计人员参考 BS 5400 第 3 部分的规定。对于 120 年的设计年限,根据不具可达性的表面的不同,给出相应的牺牲厚度建议值,如下所示:

(i)工业或海洋地区 6mm。

(ii) 其他内陆地区 4mm。

(iii)不能自由排水的地区,需在(i)和(ii)规定的基础上增加 1mm。

此外,EN 1993-1-9 要求对于不具可达性的构件使用安全寿命的概念检查其疲劳性能。对于无法检查的构件可能需要更复杂的分项系数进行疲劳验算,尽管安全寿命方法在英国可用于所有细节,无论能否进行检查,详见本指南第 9 章。

5. 认真规范涂装系统。建议设计人员确保严格准确地指定涂装防护系统。特别重要的是规范初始表面处理工作,因为该工作为涂装系统其余部分的基础。

6. 认真规范制造与安装。一些耐久性问题可能是由于不当的制造和安装过程造成的。根据 EN 1993-2 设计的钢桥结构应按照 EN 1090-2 制造,其制作过程应确保钢构件经久耐用。

7. 消除节点中的滑移。为了防止连接中板件之间滑移、磨损和水分进入,3-2/条款 2.1.3.3 要求使用下列之一的永久连接:

- B 类预紧螺栓(在正常使用极限状态(SLS)下无滑移)。
- C 类预紧螺栓(在承载能力极限状态(ULS)下无滑移)。
- 配合螺栓。
- 铆钉。
- 焊接。

4.2　可更换性(附加小节)

3-2/条款4(6)

3-2/条款4(6)要求,若构件设计无法确保在设计使用年限内具有足够可靠性,应将构件设计为可更换构件。可更换的典型构件,应符合 3-2/条款 4(6)的如下要求:

1. 防腐蚀系统。确保防腐蚀系统在设计年限末期时可以安全地更换。

2. 撑杆、缆索、吊杆。进行设计验算,以确保如果缆索被移除,结构仍然足够安全。确保缆索连接构造允许将来缆索被替换。详见本指南的5.1.4。

3. 支座。确保支座的构造,以便无须费力从结构中移除。设置顶升加劲肋确保结构安全顶升,方便支座更换。

4. 伸缩缝。确保可以在不损坏桥面的情况下更换伸缩缝。

5. 沥青层和防水层。确保结构可以承受沥青层与防水层的更换。

6. 护栏、护墙、风障和声障。确保这些构件能够容易地从结构中移除,而不会对主桥造成损坏。诸如护墙等容易受到车辆撞击的构件,其基础(如桥面悬臂板)和锚固装置的设计强度应高于护墙柱。因此,如需维修,只需维修护墙,而非桥面结构,参见3-2/条款2.1.3.3(2)。

7. 排水设施。通过在可到达的地点提供足够的通管孔,确保排水系统能够定期清理。如果需要,确保排水系统可容易地更换。

第 5 章　结构分析

本章在下列条款中讨论 EN 1993-2 第 5 章中的结构分析:

- 结构分析模型　*条款5.1*
- 整体分析　*条款5.2*
- 初始缺陷　*条款5.3*
- 考虑材料非线性的分析方法　*条款5.4*
- 截面分类　*条款5.5*

EN 1993-2 的第 5 章涵盖了桥梁结构的简化方法以及在不同情况下采用的分析方法,包括截面特性。它还涵盖了 3-2/条款 6 中方便截面验算的构件截面分类。为了汇总分析所需的所有相关信息,必须大量参考 EN 1993 的其他部分。特别要参考 EN 1993-1-5 中关于剪力滞和板件屈曲影响的内容。

5.1　结构分析模型

5.1.1　结构建模和基本假定

3-2/条款5.1.1(1)
3-2/条款5.1.1(4)

3-2/条款5.1.1(1) 中分析的基本要求是真实地模拟实际行为。***3-2/条款5.1.1(4)*** 的注释指出为了实现这一点需要参考 EN 1993 的其他部分。由于剪力滞或板件屈曲效应可能影响分析中的刚度,因此需要参考 3-1-5/条款 2.2。这一条款规定何时考虑以及如何考虑上述影响。对于纯钢结构桥梁,通常只需对使用正交异性桥面板的箱梁或使用普通钢上翼缘板的其他钢梁考虑上述影响。对于钢和混凝土组合构件,对混凝土翼缘剪力滞效应的规定略有不同,详见 EN 1994-2。

3-2/条款 5.1.1(4)的注释也参考 EN 1993-1-11 中关于缆索支承结构的设计。下面的5.1.2 ~ 5.1.4 中分别给出节点、土体-结构相互作用与缆索支承结构建模的具体指南。

剪力滞

在宽翼缘中,平面内剪切挠曲导致弯曲应力沿翼缘宽度不均匀分布,这种效应被称为剪力滞,如图 5.1-1 所示的在跨中施加集中荷载的简支箱梁。如图 5.1-1 所示,箱顶翼缘剪应力的弹性分布导致翼缘横向条带变形。因此,箱顶翼缘的自由端由于剪切变形和压缩弯曲应力引起的轴向缩短而产生类似的挠曲形状。变形的箱顶翼缘沿腹板处比沿其中心处短,因此腹板处的轴向压应力高于翼缘中部的轴向压应力。腹板附近的翼缘应力大于全截面分析预测值,而远离腹板的翼缘应力低于预测值。在反弯点处出现最大面内剪切滞后位移的连续梁,也出现了类似的结果。该剪力滞也导致截面弯曲刚度损失,这对分析中确定内力矩实际分布非常重要。

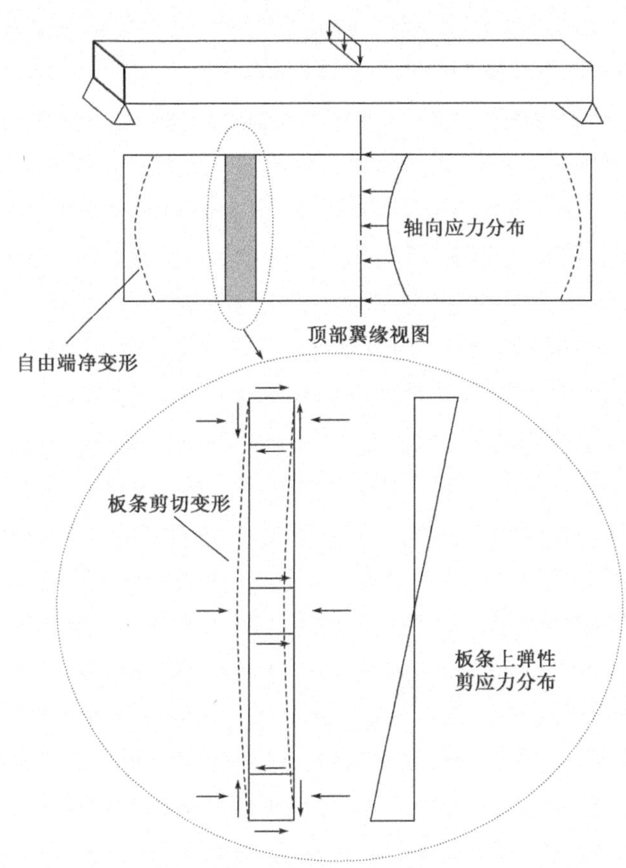

图5.1-1 简支箱梁剪力滞图式

确定应力的实际分布是一个复杂的问题,它取决于加载模式、翼缘的加劲肋和出现的任意塑性。正常使用极限状态下的应力分布可以使用壳单元进行弹性有限元分析模拟。在承载能力极限状态下,通常会出现塑性,需要进行非线性有限元分析才能准确模拟其应力分布。

Eurocodes 通过采用比实际翼缘宽度小的有效翼缘宽度,同时考虑翼缘的刚度损失及翼缘应力的局部增加。有效翼缘宽度概念是人为的,但当其与工程弯曲理论一起使用时,在整个减小的翼缘宽度上产生均匀的应力,这相当于真实情况下腹板附近处的应力峰值。由此可知,如果对翼缘进行有限元建模,且翼缘单元足够精细,则可考虑剪力滞效应,无须根据本条款使用有效翼缘宽度。

对于整体分析,***3-1-5/条款2.2(3)***允许作用在腹板两侧的翼缘有效宽度取全宽、$L/8$(L为跨度或悬臂长度的2倍)两者中较小值。这一宽度在整跨可取为常数。或者,可以采用3-1-5/条款3中正常使用极限状态(SLS)横截面设计值。详见6.2.2.3,并附有实例。 ***3-1-5/条款2.2(3)***

板屈曲

细长板(采用 3-1-1/条款 5.5 规定的 4 类截面的板)在荷载作用下也会出现刚度损失。当达到弹性临界屈曲荷载时,理想平板的刚度突然降低。在有缺陷的板件中,由于荷载作用下几何缺陷的增长,根据板总面积预测的刚度会立即降低。随着荷载的增加刚度继续减小。这是因为在整个宽度范围内产生不均匀的应力,如图 5.1-2 所示。应力不均匀的产生是因为沿着板中心的屈曲发展导致板沿其中心线的长度大于沿其边缘的长度。因此由于薄膜应力引起的缩短,以及薄膜应力本身沿板中心线较小。

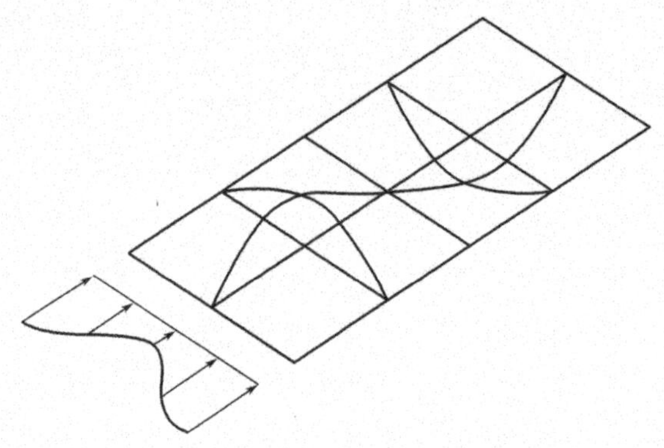

图 5.1-2　细长板沿宽度方向的应力分布

在整体分析中,必须考虑这种刚度损失,这种损失非常显著,也可以用板的有效宽度来表示。极限强度的降低(由图 5.1-2 中变形导致不均匀的轴向薄膜应力和平面外弯曲应力而引起)同样通过采用板的有效宽度考虑,但是该宽度小于整体分析中考虑刚度损失的有效宽度。由板屈曲引起的强度损失大于刚度损失。

3-1-5/条款2.2(4) 然而,用于强度计算的有效宽度可以用于整体分析(***3-1-5/条款2.2(4)***),或根据 3-1-5/附录 E 确定整体分析中更准确的有效宽度。或者,当承载能力极限状态下

3-1-5/条款2.2(5) 受压单元的有效面积大于总面积的 $\rho_{\lim}$ 倍时,***3-1-5/条款2.2(5)*** 允许在整体分析中忽略板件屈曲的影响。$\rho_{\lim}$ 为本指南 6.2.2.5 规定的承载能力极限状态(ULS)板件屈曲折减系数的极值,是一个国家定义参数,推荐值为 0.5。这个值将确保在整体分析中不需考虑板件屈曲效应。

任何纵向加劲肋的弯曲都会产生类似的刚度损失,对有效面积的进一步修正可模拟该影响。具体规定见 3-1-5/条款 4.3,本指南 6.2.2.5 和 6.2.2.6 将对此进行讨论,同时这两节也讨论强度的问题。

剪力滞与板件屈曲的组合效应

由于剪力滞有效宽度和板件屈曲有效宽度的概念可能混淆,EN 1993-1-5 使用以下符号区分剪力滞有效宽度和板件屈曲有效宽度以及组合有效宽度:

有效^{p}——考虑板件屈曲的有效宽度;

有效^{s}——考虑剪力滞的有效宽度;

有效——考虑板件屈曲和剪力滞效应的有效宽度。

两种效应的组合是通过首先计算板件屈曲的有效宽度,然后仅考虑其处于剪力滞效应有效宽度的区域来实现的。

5.1.2　节点建模

3-2/条款5.1.2(1) 参考 EN 1993-1-1 和 EN 1993-1-8。***3-1-1/条款5.1.2(1)*** 和***3-1-1/条款5.1.2(2)***规定,通常桥梁分析中不详细考虑节点的刚度,将节点视为铰接或固接。一个例外是,采用 EN 1993-1-8 中定义的“半连续”节点。该节点既非固接也非铰接,受力时具有一定的刚度。带端板螺栓连接节点为该型节点的一个典型例子,其中端板弯曲提供节点柔度,但节点仍能够承受弯矩。建议桥梁结构不使用半连续节点,因此可采用 EN 1993-1-9 中的细节类别进行疲劳评估。这是***3-2/条款5.1.2(5)***注释的理由。但在某些情况下,不可避免要采用半连续节点,如 U 形框架桥梁的端板连接。在后一种特殊情况下,在推导 U 形框架对受压翼缘产生的约束时,必须考虑节点的刚度。EN 1993-1-8提供了确定节点刚度的方法。 *3-2/条款5.1.2(1)* *3-1-1/条款5.1.2(1)* *3-1-1/条款5.1.2(2)* *3-2/条款5.1.2(5)*

上述规定的另一特例,节点性能必须考虑的情况是本指南 5.2.1 中讨论的螺栓滑移。

5.1.3　土体-结构相互作用

3-1-1/条款5.1.3(1)涉及“支承的变形特征”,因此在分析时必须考虑支座、桥墩、桥台和地基的刚度。确定屈曲的有效长度或计算屈曲荷载也要考虑刚度的影响。关于后者的进一步指导详见本指南 5.2 节。 *3-1-1/条款5.1.3(1)*

5.1.4　缆索支承桥梁(附加小节)

对缆索支承桥梁设计的详细规定超出了本指南的范畴,此处仅提出要点,相关内容详见本指南 5.2 ~5.4 节。

分析

EN 1993-1-11 涵盖了缆索支承桥梁的设计。缆索支承桥梁的分析需要考虑由轴向荷载作用下的二阶效应、大变形导致的整体桥梁几何形状改变和索的垂度效应等导致的非线性。如本指南 3.4 节所讨论的,索的垂度效应可以通过对索的弹性模量值进行简单修正来考虑。如果存在显著的非线性效应,承载能力极限状态设计需将系数荷载施加于分析模型,与 5.2 节对二阶效应的处理方法类似。

一般来说,分析应考虑整个施工过程中荷载效应的累积。分析应采用作用的标准值来确定预期的设计构形。这允许现场检测结构变形并在必要时调索来实现预期构形。因此,必须对需要现场调索后达到设计构形的桥梁与不需要进行调索的桥梁进行区分,如下所述。

服役状态设计

3-1-11/条款5.3 指出,如果需要通过调索达到设计构形,自重与索力将组成 *3-1-11/条款5.3*

永久作用“$G+P$”,施加于桥梁结构,对应于桥梁的永久构形。对于承载能力极限状态,该永久作用通过乘以有利或不利的荷载系数 γ_G 确定作用效应。然而通过该方式进行作用组合,必要时必须在现场调索以达到设计构形。这是因为恒载与索预加力(如:弯矩)组合效应是由两个反向作用的差值形成的,而各自的净效应通常在整个桥梁设计中尽可能接近零。几乎为零的作用效应乘以某荷载系数显然在承载能力极限状态下同样得到几乎为零的作用效应。如未通过调索控制挠度,上述两作用效应的实际差异(与计算相反)将非常大,例如桥的自重大于设计中假设的标准值。

然而,该方法在某些结构中存在一些问题,此外它还与本指南 2.3 节引用 EN 1990中的作用效应的一般格式相矛盾。在某些情形,所需的挠度控制将通过正常的现场构形控制自动实现。例如,在含柔性桥面的大型斜拉桥中,“G”和“P”之间不可能产生巨大的差异,因为施工期间的挠度过大而必须调索。在此情况下, 将有利和不利的荷载分项系数分别应用于自重和预应力是不现实的,因为通过现场线形控制,从分析中发现的挠度和应力实际上不会存在。

然而,如果桥面与索相比刚度非常大,比如含刚性混凝土桥面的短跨斜拉桥,“G”和“P”效应的差别不再明显,因为与预测挠度的差别很小几乎测量不到。同样,设置体外预应力的桥梁,在任意情况下都不太可能调索力。后两种情形中,将“$G+P$”乘以同一荷载系数形成的荷载组合是不安全的。

作者指出最初的假定应基于单独的组合,除非有其他明显的理由不这样做。因此,给出以下注意事项。对于某些结构类型,将 P 和 G 组合为单个作用($G+P$)是不合适的,因为通过现场变形监测与调索并不足以保证 G 和 P 之间不出现明显的意外失衡。例如,对于 P 和 G 间意外失衡引起挠度很小的结构,其桥面同索提供的支承相比,刚度很大,或者其结构构形不受预应力影响。这种结构包括具有刚性桥面的斜拉桥、后张体外预应力桥梁、拉线塔和桅杆。在这种情况下,作用 P 和 G 应分别施加荷载分项系数。在所有情形下,施加分项系数的方法应与相应监督机构达成一致。

3-1-11/条款 2.3.5(3)规定,如果不打算调索,则应考虑预应力变化的影响。但是,没有提供数据参考,因此建议采用上述方法。

施工设计

在上述讨论的基础上,也有必要用单独的有利和不利荷载系数分别处理自重和索预拉力,以便在调索之前或在无法检测差异效应的情况下,确定施工阶段的极限状态可能存在的差异效应。这是 ***3-1-11/条款5.2(3)*** 的基础,该条款要求在国家附件中为预应力定义分项系数 γ_P。

3-1-11/条款5.2(3)

拉索更换

拉索通常应该具有可更换性,并且在设计时应考虑可控更换和意外移除。可控更换的荷载组合由 EN 1993-1-11 的国家附件条款 2.3.6 定义。通常情况下,这些条件是根据具体项目确定的。意外移除的荷载组合在偶然组合中考虑,但国家附件可重新定义相关的荷载。

索意外移除需考虑其动力效应。***3-1-11/条款2.3.6(2)***建议通过计算缆索就位时的结构设计效应 E_{d1} 和移除时的结构设计效应 E_{d2},求得动力设计效应: ***3-1-11/条款2.3.6(2)***

$$E_{d} = kE_{d2} - E_{d1} \qquad 3\text{-}1\text{-}11/(2.4)$$

EN 1993-1-11 中 k 取1.5。

该公式可能得到不正确的结果,特别是对于远离移除缆索的缆索,其不受缆索拆除的影响,因此 $E_{d1} = E_{d2}$。在这种情况下,依据上式得到要考虑的附加动力为 $0.5E_{d2}$。建议更合理的公式为:

$$E_{d} = k(E_{d2} - E_{d1}) \qquad (D5.1\text{-}1)$$

这确保了系统设计的附加效应等于由缆索移除引起的静态内力效应的变化,乘以动力系数。对于零阻尼系统,$k=2$,对于大多数要考虑一定阻尼的结构,$k=1.8$ 是一个合理值,采用 $k=1.5$计算过于乐观。

5.2 整体分析

5.2.1 结构几何变形效应

轴力二阶效应

3-2/条款5.2中的二阶效应是由轴力和荷载作用下挠度相互作用引起的附加作用效应。一阶挠度导致轴力偏心,产生附加弯矩,附加弯矩进一步加速挠度增长。该效应有时也被称为 P-Δ 效应,因为附加力矩是由轴向荷载与单元或系统挠度的乘积产生的。最简单的例子是在顶部施加轴向荷载和水平荷载的悬臂梁,如图5.2-1所示。二阶效应可以通过考虑该附加变形的二阶分析来确定,详见***3-1-1/条款5.2.1(1)***。 ***3-1-1/条款5.2.1(1)***

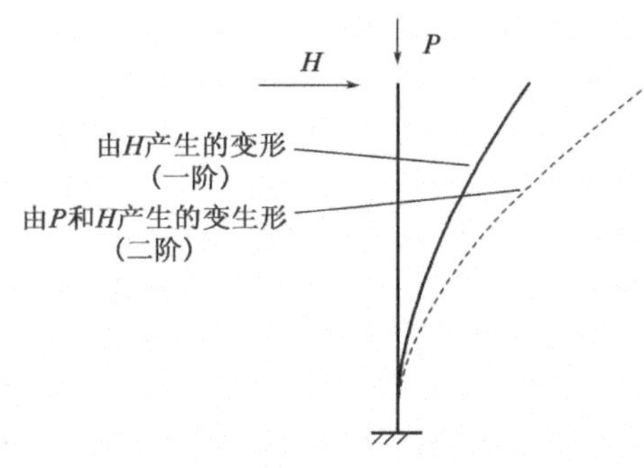

图5.2-1 横向荷载作用下直墩的变形

二阶效应适用于平面内和平面外的屈曲模式,包括横向扭转屈曲。后者的行为更为复杂,需要利用壳单元进行有限元分析,以准确模拟二阶效应与失稳。在这种情况下,由初始缺陷和/或横向荷载引起的受压翼缘的横向位移会因梁整体弯曲引起的翼缘压缩而增加。EN 1993-1-1 条款6.3.4 给出一种面外失稳的验算方法,仅需模拟面内二阶效应。

二阶效应既适用于“独立”构件(如图 5.2-1 或图 5.2-2a)所示),也适用于存在相互影响的多个构件组成的整体桥梁(图 5.2-2b))。***3-1-1/条款5.2.1(2)*** 规定,如果二阶效应显著增加结构中的作用效应,则必须考虑二阶效应。3-2/条款 5.2.1(4)明确了“显著”的内涵。

3-1-1/条款 5.2.1(2)

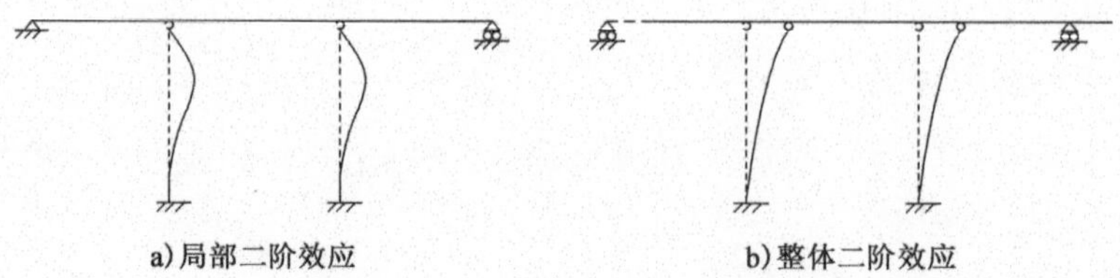

图 5.2-2　局部失稳和整体失稳的例子

Eurocodes 默认必须进行二阶分析。只有在 3-2/条款 5.2.1(4)条件放宽时,才能使用一阶分析。进行二阶分析的缺点是叠加原理不再适用,并且所有荷载必须按照其各自的荷载和组合系数进行组合并施加于桥梁结构。因此,通常仍然需要首先使用一阶理论确定影响线(或影响面)和临界荷载工况,以便应用于二阶分析。幸运的是,大多数情况下不需要进行上述分析,本节提出了相应替代方法,并且在任何情况下,二阶效应通常都很小,因此可以忽略。

3-2/条款5.2.1(4)

3-2/条款5.2.1(4)(参考 EN 1993-1-1)给出了可忽略整体二阶效应的标准:

$$\alpha_{cr} = \frac{F_{cr}}{F_{Ed}} \geqslant 10 \qquad 3\text{-}2/(5.1)$$

式中,F_{cr}为结构的弹性屈曲临界荷载;F_{Ed}为结构设计荷载。该比率是通过增加所有荷载导致结构失稳的系数。3-2/条款 5.2.1(4)也规定该标准可适用于桥梁的各个构件,F_{Ed}和 F_{cr}为构件中相应的荷载。然而,对于大多数桥梁,应该可以避免验证这个标准与使用二阶分析,而只需要进行一阶分析再通过考虑桥梁局部与整体有效长度来检查构件稳定性。详见本指南 5.2.2 的讨论。

尽管可能很少需要使用 3-2/式(5.1),但如果需要,可能会给弹性临界失稳分析带来不便。EN 1993-2 的早期草案认识到这一点并提出下式:

$$\alpha_{cr} = M_1 / \Delta M_1 \geqslant 10 \qquad (D5.2\text{-}1)$$

式中,M_1 为一阶分析的弯矩,考虑初始缺陷的影响;ΔM_1 为通过一阶分析得到的挠度(P-Δ 弯矩)计算的弯矩增量。该准则避免了进行弹性临界屈曲分析。对于具有正弦形初始变形的铰接支柱,其与 3-2/式(5.1)相同。

一阶分析的额外变形计算如下:

$$\Delta v = a_0 F_{Ed} / F_{cr} \qquad (D5.2\text{-}2)$$

因此,由一阶挠度产生的附加弯矩为:

$$\Delta M_1 = F_{Ed}(a_0 F_{Ed} / F_{cr}) \qquad (D5.2\text{-}3)$$

将式(D5.2-3)代入式(D5.2-1)得到 3-2/式(5.1)

$$\alpha_{cr}=\frac{M_I}{\Delta M_I}=\frac{F_{Ed}a_0}{F_{Ed}(a_0F_{Ed}/F_{cr})}=\frac{F_{cr}}{F_{Ed}}\geqslant 10$$

等效性仅适用于具有正弦弯曲、正弦曲率的铰接支柱，但通常具有足够的精度。对于恒定曲率（相等端力矩）

$$\frac{M_I}{\Delta M_I}=\frac{8}{\pi^2}\frac{F_{cr}}{F_{Ed}}$$

对于除铰接端支柱或静定结构以外的任何结构，通过一阶分析得到的挠度很难确定 ΔM_I。这是因为在超静定结构中，由于需要保持如图 5.2-3 所示的协调条件，不能直接从局部"$P\times\Delta$"来计算所有截面上的附加弯矩。（这与预应力结构中预应力的二次效应类似）。图 5.2-3 中，如果未能根据一阶分析的挠度得到附加弯矩的实际分布，当计算中间高度处的 α_{cr}时，将 ΔM_I 作为 $P\Delta$，过于保守。在超静定结构中，在反弯点附近不能应用式（D5.2-1）。为了避免该问题，式（D5.2-2）应该只在相邻反弯点之间的峰值弯矩位置上应用。ΔM_I 可偏保守地根据构件最大 P-Δ 确定。这些问题导致 EN 1993-2 删除式（D5.2-1），但 EN 1994-2 的条款 5.2.1(3) 列出了其等效表达式。

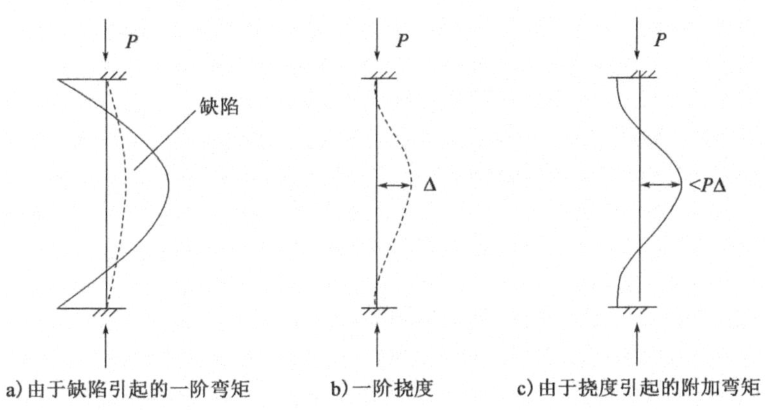

图 5.2-3 初始弓形支柱挠度引起的附加弯矩

螺栓滑移

根据 ***3-1-1/条款5.2.1(6)*** 的规定，结构分析必须包含螺栓滑移，无论是一阶还是二阶分析。但是，EN 1993-2 中没有给出具体的规定。 ***3-1-1/条款5.2.1(6)***

建议在支撑系统分析中考虑支撑构件的螺栓滑移。这是因为螺栓滑移导致刚度瞬间损失，引起主构件的挠度增加以及支撑构件中力的增加，从而可能导致整体失效。因此，理想状态下，设计支撑构件应保证承载能力极限状态不产生滑移（符合 EN 1993-1-8 的 C 类）。

滑移也可能发生在主梁接头处。英国的做法是考虑螺栓在承载能力极限状态下滑移（EN 1993-1-8 的 B 类），而在整体分析不考虑滑移。这是合理的，因为尽管滑移可能改变梁中弯矩分布，但接头通常位于反弯点附近，因此滑移不会对相邻的正或负弯矩区域产生明显的力矩。而且，在接头处产生最大力矩的荷载将不会与相邻区域的最大正弯矩或最大负弯矩的荷载同时出现。

5.2.2 框架结构稳定性和二阶分析

为了方便起见,本节分为三个部分。

5.2.2.1 一般规定

3-1-1/条款 5.2.2(3) *3-3-1/条款 5.2.2(7)*

二阶效应和缺陷可以通过 ***3-1-1/条款5.2.2(3)*** 和 ***3-1-1/条款5.2.2(7)*** 中的三种方式之一进行考虑:

1. 采用二阶分析,考虑"整体"系统缺陷和"局部"构件缺陷,如 5.3 节所述。当梁容易发生弯扭失稳时,还必须对该屈曲模式缺陷引起的二阶效应进行建模,如 5.3.4 所述。如果采用该方法,则不需要使用 3-2/条款 6.3 对构件稳定性进行验算,仅需验算构件的截面承载力。不是将局部缺陷与整体缺陷简单叠加,而是根据结构最低阶屈曲模式的形状对结构施加独特的整体缺陷。该方法详见3-1-1/条款 5.3.2(11)以及本指南 5.3.2 的讨论。

2. 采用二阶分析,考虑"整体"系统缺陷,仅根据 3-2/条款 6.3 进行稳定性验算,随后利用分析中得到的端弯矩和轴向荷载对单个构件进行验算。由于构件端弯矩和力矩包含由整体行为导致的二阶效应,单个构件的有效长度通过其实际长度计算,而不是考虑整体侧移变形的更大有效长度。当采用 3-1-1/条款 6.3.3 进行构件验算时,构件的弯矩需乘以"k_{ij}"参数。由于二阶分析已经放大该弯矩(假设在分析模型中沿构件方向提供足够的节点),这将偏保守,并且规定参数"k_{ij}"计算值不超过 1。然而,二阶分析没有考虑或放大构件内部的缺陷。构件缺陷通过本条款公式中的第一项来考虑,如下所示:

$$\frac{N_{Ed}}{\chi N_{Rk}/\gamma_{M1}}$$

3. 采用一阶分析时,不考虑缺陷。然后依据 3-2/条款 6.3 使用适当的有效长度来验算构件,有效长度涵盖了要考虑构件所在桥梁的最低阶屈曲模态。所有二阶效应通过 3-1-1/条款 6.3 中的相关抗力公式来考虑。英国桥梁工程师最熟悉后一种方法,因为具有不同转动约束条件和位置固定条件构件的有效长度表经常被使用。

3-1-1/条款 5.2.2(4)

二阶分析可以通过考虑变形后的几何形状直接进行分析(计算机程序容易实现)或通过放大一阶分析(包括缺陷的影响)得到的力矩来实现,详见 ***3-1-1/条款5.2.2(4)*** 的讨论。采用任何一种方法,只能由有经验的工程师或在其指导下执行,因为 EC3 中关于缺陷形状、组合和施加方向等方面的规定并不全面,需要判断。

5.2.2.2 利用弯矩放大系数进行二阶分析

3-2/条款 5.2.2(5)

虽然弹性临界屈曲荷载或力矩本身与实际构件强度几乎没有直接关系,但其对二阶效应敏感,可作为根据一阶分析结果来确定二阶效应的参数。***3-2/条款5.2.2(5)*** 中的方法基于弹性理论,两端铰接支柱包含二阶效应的总弯矩,可通过一阶弯矩（考虑初始缺陷引起的弯矩）乘以放大系数来得到，放大系数取决于构件的轴向荷载与欧拉屈曲荷载。最简单的一个例子就是两端铰接柱，其长度为 L，含最大位移为 a_0 的初始正弦缺陷并承受轴向荷载作用。欧拉屈曲荷载计算如下：

$$F_{cr} = \pi^2 EI/L^2$$

如果轴向荷载为 F_{Ed}，则最终挠度为：

$$a = a_0\left[\frac{1}{1-(F_{Ed}/F_{cr})}\right]$$

这个公式通过简单弹性理论求解下式得到：

$$EI\frac{d^2(v-v_0)}{dx^2} + F_{Ed}v = 0$$

式中，v 是侧向位移，为高度 x 的函数，$v_0 = a_0\sin\pi x/L$。

相应的极限弯矩，包括二阶效应，$M_{ED}^{II} = F_{Ed}a$，为：

$$M_{Ed}^{II} = F_{Ed}\left[\frac{a_0}{1-(F_{Ed}/F_{cr})}\right] = M_{Ed}^{I}\left[\frac{1}{1-(F_{Ed}/F_{cr})}\right] \qquad (D5.2\text{-}4)$$

其中，$M_{Ed}^{I} = F_{Ed}a_0$ 为一阶弯矩。放大系数为 $1/(1-F_{Ed}/F_{cr})$，假设初始缺陷为正弦形式。对于端弯矩或横向荷载作用下两端铰接支柱的增大力矩，得到类似的结果，但放大系数根据一阶弯矩的分布而变化。对于均匀分布的弯矩，上面的放大系数偏于不保守，但通常具有足够的精度。

两端铰接支柱的情况本身并没有很大的实际价值，因为其二阶效应和缺陷包含在 3-1-1/条款 6.3 中的弯曲屈曲抗力公式中。然而，它是 3-2/式(5.2)的基础，该表达式允许通过增加一阶弯矩（考虑所有缺陷的影响）来计算桥梁和桥梁构件的总力矩，包括二阶效应，如下：

$$M_{II} = M_{I}\left[\frac{1}{1-(1/\alpha_{cr})}\right] \qquad 3\text{-}2/(5.2)$$

其中，$\alpha_{cr} = F_{cr}/F_{Ed}$ 在上面 5.2.1.1 中定义。对于均匀构件，$\alpha_{cr} = F_{cr}/F_{Ed}$ 可偏安全地使用正弦或三角分布曲率，而使用均匀分布曲率偏不安全。EN 1992-1-1 中给出类似表达式：

$$M_{II} = M_{I}\left[1 + \frac{\beta}{1-(F_{cr}/F_{Ed})-1}\right] \qquad (D5.2\text{-}5)$$

M_{II} 取决于弯矩的分布、β、F_{cr} 和柱的曲率。其中，$\beta = \pi^2/c_0$，$F_{cr} = \pi^2 EI/L_{cr}^2$。对于均匀曲率，$c_0 = 8$。对于正弦曲率（对于三角曲率或抛物线曲率类似），$c_0 = \pi^2$，弯矩表达式简化为 3-1-1/式(5.4)的简单形式。L_{cr} 是屈曲的有效长度，根据下面 5.2.2.3 的讨论确定。或者，F_{cr}/F_{Ed} 可以通过计算机进行弹性临界屈曲分析直接确定。

上述表达式均假设一阶弯矩与 P-Δ 效应的弯矩峰值位置相同。以端部受到转动约束的整体式桥墩为例，一端连接到基础、另一端连接到桥跨结构，图 5.2-4 显示 P-Δ 弯矩实际上降低了顶部的一阶弯矩峰值。EN 1992 通过允许使用等效的一阶弯矩来解决对混凝土构件的保守预测，但仅适用于在柱高度方向**没有施加横**

向荷载且构件不能摇摆的情况。详见 EN 1992-2 的设计指南的讨论。

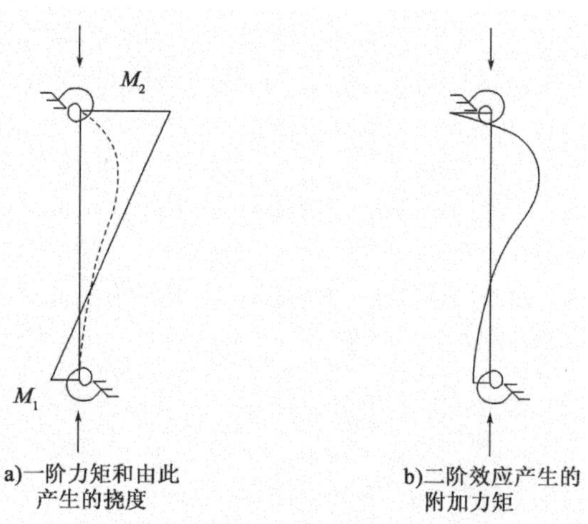

图 5.2-4 一阶力矩(为了清楚起见,未示出缺陷)的放大

该方法在使用及准确性方面的局限性意味着通常最好使用计算机进行弹性二阶分析,其中需要考虑二阶效应,或者利用适当的有效长度和抗力公式来考虑二阶效应。

5.2.2.3 有效长度

当需要考虑二阶效应但不希望进行二阶分析时,有效长度的概念可以与 3-1-1/条款 6.3 中的抗力公式、相互作用一起使用。在这种情况下,如果在 3-1-1/条款 6.3.3(3)和 ***3-1-1/条款 5.2.2(8)*** 规定的有效长度中涵盖局部和整体效应,则不需要对缺陷进行建模。英国桥梁工程师最熟悉这种方法。有效长度也可以用于上述的弯矩放大方法。

3-1-1/条款 5.2.2(8)

3-2/附录 D 给出了计算桁架梁中构件失稳和拱桥失稳的有效长度的方法。(并给出二阶分析中拱的缺陷。)

有关轴向受力构件有效长度的更多相关指南参考 EN 1992-1-1。单独构件的典型示例包括:

- 顶部设置自由滑动支座的桥墩[图 5.2-5b)],假定荷载与桥墩一起移动。
- 顶部设置固定支座的桥墩,但桥面本身没有限位约束可随桥墩移动[图 5.2-5b)]。
- 顶部设置固定(铰接)支座的桥墩,通过桥面与刚性桥台或其他刚性桥墩连接限位[图 5.2-5c)]。

图 5.2-5a) ~ e)中给出的有效长度是建立在提供转动约束(或其他约束)的基础刚度无穷大的假定基础上。在实际中,不可能存在此情形,有效长度总是略大于刚性约束的理论值,3-1-1/条款 5.2.2(8)要求考虑任意柔度。2-1-1/条款 5.8.3 提出一种考虑转动柔度的有效长度的计算方法,对支撑构件[图 5.2-5f)]采用式(D5.2-6),对无支撑构件[图 5.2-5g)]采用式(D5.2-7):

$$L_{cr} = 0.5l\sqrt{\left(1+\frac{k_1}{0.45+k_1}\right)\left(1+\frac{k_2}{0.45+k_2}\right)} \quad (D5.2\text{-}6)$$

$$L_{cr}=l\max\left\{\sqrt{1+10\times\frac{k_1k_2}{k_1+k_2}};\left(1+\frac{k_1}{1+k_1}\right)\left(1+\frac{k_2}{1+k_2}\right)\right\}\qquad(D5.2\text{-}7)$$

式中，k_1 和 k_2 分别是端部1和2处的转动约束引起的柔度相对于构件本身弯曲刚度的比值：

$$k=(\theta/M)(EI/l)$$

式中：θ——约束力矩 M 的转角；

EI——受压构件的抗弯刚度；

l——受压构件在端部约束之间的净高。

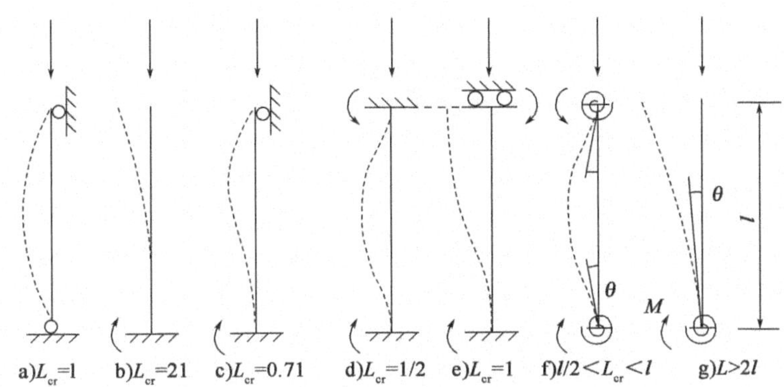

图5.2-5　单独构件不同屈曲模式和相应有效长度的实例

从公式中可以看出式(D5.2-7)也可以用于两端转动约束不同但顶部没有侧向约束的构件。其可适用于桥跨结构与桥墩整体连接且可摇摆的整体桥墩。对式(5.2-7)的快速检查表明，两端刚性嵌入以承受力矩($k_1=k_2=0$)，但一端无位置约束可自由摆动构件的理论情况给出了预期的有效长度 $L_{cr}=1$。整体式桥墩的端部刚度值可由平面框架模型确定，通过在桥墩上施加与屈曲模式相关的挠度，并确定桥跨结构在桥墩连接处产生的弯矩和转角。或者，可以使用如下分析方法。当推导地基或其他相关构件的刚度时应考虑混凝土的开裂。2-1-1/条款5.8.3.2(3)注释中建议 k 值不小于0.1。

对于图5.2-5中的摇摆情况，不考虑由于位移约束引起的任何刚度。如果存在明显的侧向约束，如某桥墩的刚度远大于其他桥墩的整体式桥梁，忽略该约束将非常保守，因为大多柔性桥墩实际上由刚性桥墩"支撑"。在此情形下，采用计算机进行弹性临界屈曲分析将得到较小的有效长度值。(但是，在许多情况下，可以通过检查发现桥墩是有支撑的。)

对于更复杂的情况(例如沿其长度方向变截面的构件)，最好直接从 F_{cr} 开始分析。F_{cr} 可以通过计算机进行弹性临界屈曲分析得到，然后使用3-2/式(5.2)计算弯矩放大系数，或者根据3-1-1/式(6.50)确定长细比，以用于3.2/条款6.3.1中的构件抗力曲线。

对于整体式桥梁和不同刚度桥墩与同一桥跨结构连接的其他桥梁中的桥墩也可以推导有效长度。该情形下，任何一个桥墩的屈曲荷载和有效长度取决于荷载和其他桥墩的几何形状。所有桥墩都可能同时摇摆且视为无支撑[图5.2-6b)]或者单个刚度较大的桥墩或桥台可能会阻止摇摆并为其他桥墩提供支撑[图 5.2-6a)]。上述分析方法也可用于此情形下,通过对所有桥墩施加共同荷载并按比例增加所有荷载,直到获得感兴趣的桥墩屈曲模式,求得精确的有效长度。P_{cr}即为感兴趣构件屈曲时的轴向荷载。

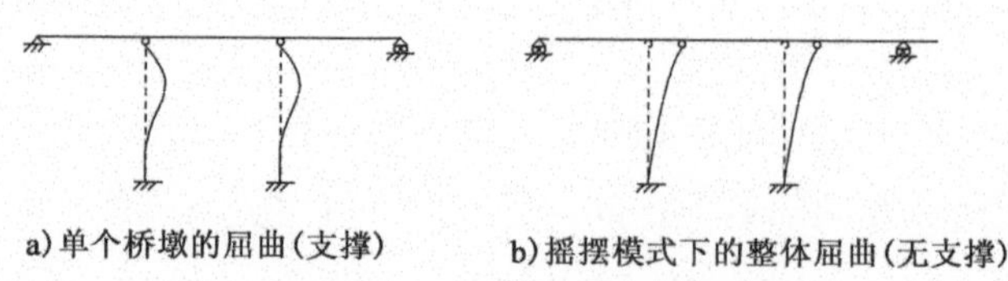

图 5.2-6　“局部”和“整体”屈曲模态

5.3　初始缺陷

5.3.1　一般规定

3-1-1/条款 5.3.1(1) 缺陷包括几何缺陷和残余应力,见 ***3-1-1/条款5.3.1(1)***。术语“几何缺陷”用于描述在制造和安装过程中出现的偏离图纸上所示精确中心线放样尺寸的情况。这是不可避免的,因为所有的施工均容许一定的误差。几何缺陷包括缺乏垂直度、缺乏平直度、装配偏差和较小的节点偏心。荷载作用下构件的行为还受到残余应力的影响。残余应力可以导致在外加荷载低于应力分析预测值时构件屈服,其中应力分析忽略了残余应力的影响。残余应力的影响可以通过额外的等效几何缺陷来模拟。因此,***3-1-1/条款5.3.1(2)*** 中提到的等效几何缺陷涵盖几何缺陷和残余应力。

3-1-1/条款 5.3.1(2)

3-1-1/条款 5.3.1(3) ***3-1-1/条款5.3.1(3)*** 规定缺陷可以应用于整体结构几何形状(整体缺陷)或构件局部(局部缺陷)。整体分析必须考虑缺陷,除非验算构件时,采用了条款 6.3中合适的抗力公式,详见 5.2 节的讨论。例如,3-1-1/图 6.4 中提供的弯曲屈曲曲线包括构件屈曲有效长度内的所有缺陷。

5.3.2　用于框架整体分析的初始缺陷

3-1-1/条款 5.3.2(1) 作为一般方法,***3-1-1/条款5.3.2(1)*** 允许通过弹性屈曲模态形状推导缺陷的形状。平面内和平面外屈曲模态,包括对称和非对称模态,应按 ***3-1-1/条款5.3.2(2)*** 的要求考虑。应考虑几种模态而不仅仅是荷载系数最低的模态。EN 1993-1-1 中的规定仅涵盖采用梁单元进行的整体分析,未考虑局部板件屈曲。EN 1993-1-5 给出了板单元缺陷模拟的其他规定。这将在 5.3.5 中讨论。本指南 5.3.2 的其余部分分为两个附加小节,分别讨论如何使用独特的整体缺陷叠加局部缺陷以及如何使用局部和整体缺陷的组合。

3-1-1/条款 5.3.2(2)

5.3.2.1　基于整体屈曲模态形状的缺陷

3-1-1/条款 5.3.2(11) ***3-1-1/条款5.3.2(11)*** 允许整体和局部缺陷采用同一分布,基于桥梁具有相同形状的屈曲模式并可使用 3-1-1/式(5.9)和式(5.10)。将式(5.9)和式(5.10)作为一

个公式复制到这里：

$$\eta_{\text{init}}=\frac{\alpha(\bar{\lambda}-0.2)}{\bar{\lambda}^2}\frac{1-\dfrac{\chi\bar{\lambda}^2}{\gamma_{\text{M1}}}}{1-\chi\bar{\lambda}^2}\frac{M_{\text{Rk}}}{EI\eta''_{\text{cr,max}}}\eta_{\text{cr}} \tag{D5.3-1}$$

式中，η_{cr}为模态形状的局部坐标，而 η''为由模态形状产生的曲率，$EI\eta''_{\text{cr,max}}$为临界截面处 η_{cr}产生的最大弯矩。α 为取自 3-1-1/表 6.1 和表 6.2 相关屈曲模态的缺陷因子。对于不同的截面，可以保守取最大值。$\bar{\lambda}=\sqrt{\alpha_{\text{ult,k}}/\alpha_{\text{cr}}}$ 中，$\alpha_{\text{ult,k}}$ 为最大轴向应力截面压溃荷载标准值 N_{Rk}的荷载放大系数，α_{cr}为弹性临界屈曲荷载放大系数。χ 通过适用于 α 的相关屈曲曲线确定上述长细比的折减系数。

式(D5.3-1)的缺陷是基于 3-1-1/条款 6.3.1.2 支柱设计公式中的相同缺陷。该式的使用和推导通过考虑两端铰接的支柱来说明，如图 5.3-1 所示，对于两端铰接的支柱，使用式(D5.3-1)进行弹性分析会产生相同的结果。

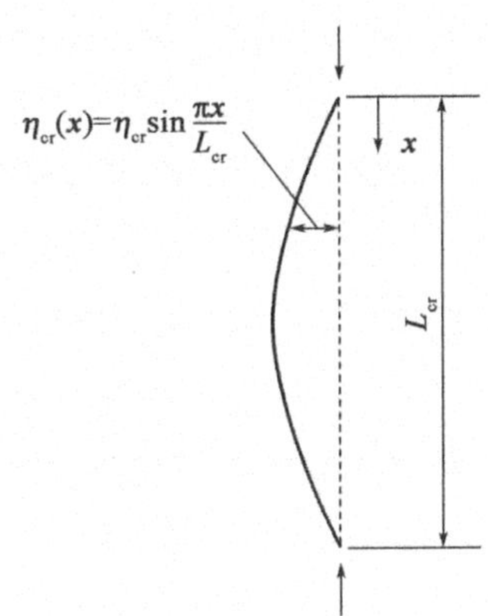

图 5.3-1　两端铰接受压支柱的屈曲模态形状

如本指南 6.3.1.2 所述，Perry-Robertson 分析中的缺陷参数为 $y\bar{\eta}_{\text{init}}/i^2$，其中，$\bar{\eta}_{\text{init}}$是假定初始弯曲缺陷的幅值，$y$ 为相关形心轴到最外层纤维的距离。EC3 规定该缺陷参数等于 $\alpha(\bar{\lambda}-0.2)$。因此，使 $y\bar{\eta}_{\text{init}}/i^2$ 等于 $\alpha(\bar{\lambda}-0.2)$，则分析中缺陷的幅值为：

$$\bar{\eta}_{\text{init}}=\alpha(\bar{\lambda}-0.2)\frac{i^2}{y} \tag{D5.3-2}$$

对于长度为 L_{cr}的支柱，回转半径计算如下：

$$i^2=\frac{\sigma_{\text{crit}}L_{\text{cr}}^2}{\pi^2E} \tag{D5.3-3}$$

对于弹性抗弯承载力 M_{Rk}通过以下公式给出 y：

$$y=\frac{If_{\text{yd}}}{M_{\text{Rk}}} \tag{D5.3-4}$$

轴向荷载作用下的长细比计算如下：

$$\bar{\lambda}^2=\frac{\alpha_{\text{ult,k}}}{\alpha_{\text{cr}}}=\frac{f_{\text{yd}}}{\sigma_{\text{crit}}} \quad \text{(D5.3-5)}$$

将式(D5.3-3)~式(D5.3-5)代入式(D5.3-2)中,消去 i 和 y 得到:

$$\bar{\eta}_{\text{init}}=\frac{\alpha(\bar{\lambda}-0.2)}{\bar{\lambda}^2}\frac{M_{\text{Rk}}}{\pi^2 EI/L_{\text{cr}}^2} \quad \text{(D5.3-6)}$$

对于两端铰接支柱,模态形状如下:

$$\eta_{\text{cr}}(x)=\bar{\eta}_{\text{cr}}\sin\frac{\pi x}{L_{\text{cr}}} \quad \text{(D5.3-7)}$$

式中,$\bar{\eta}_{\text{cr}}$为模态形状的最大幅值,通常取为 1。

模态形状的曲率通过微分得到:

$$|\eta''_{\text{cr}}|=\frac{\pi^2}{L_{\text{cr}}^2}\bar{\eta}_{\text{cr}}\sin\frac{\pi x}{L_{\text{cr}}} \quad \text{(D5.3-8)}$$

因此

$$\eta''_{\text{cr,max}}=\frac{\pi^2}{L_{\text{cr}}^2}\bar{\eta}_{\text{cr}} \quad \text{(D5.3-9)}$$

将式(D5.3-9)代入式(D5.3-6)得到幅值表达式如下:

$$\bar{\eta}_{\text{init}}=\frac{\alpha(\bar{\lambda}-0.2)}{\bar{\lambda}^2}\frac{M_{\text{Rk}}}{EI\eta''_{\text{cr,max}}}\bar{\eta}_{\text{cr}} \quad \text{(D5.3-10)}$$

因此,该缺陷分布为:

$$\eta_{\text{init}}=\frac{\alpha(\bar{\lambda}-0.2)}{\bar{\lambda}^2}\frac{M_{\text{Rk}}}{EI\eta''_{\text{cr,max}}}\eta_{\text{cr}} \quad \text{(D5.3-11)}$$

上式与式(D5.3-1)基本相同,但没有以下项:

$$\frac{1-\dfrac{\chi\bar{\lambda}^2}{\gamma_{\text{M1}}}}{1-\chi\bar{\lambda}^2}$$

该项为考虑材料因子 γ_{M1} 的修正系数,EN 1993-2 中取 1.1。这是必须的,因为 γ_{M1} 需要在 3-1-1/条款 6.3 抗力曲线计算中使用,而 γ_{M0} 用于截面承载力验算。

因此,一般该程序为首先确定模态形状,假设某个最大纵坐标(通常为 1.0,便于模态标准化),然后通过具有相同最大纵坐标的模态确定最大力矩。随后根据式(D5.3-1)计算缺陷,假定其分布与屈曲形状相同。

对于拱桥,可以直接使用 3-2/条款 D.3.5 中规定的缺陷。

5.3.2.2 局部和整体缺陷

3-1-1/条款 5.3.2(3)

一般而言,可将整体摇摆缺陷和局部构件缺陷进行组合来施加,见 ***3-1-1/条款 5.3.2(3)***。

摇摆缺陷通过倾斜角 ϕ 来施加,ϕ 由 3-1-1/式(5.5)给出:

$$\phi=\phi_0\alpha_{\text{h}}\alpha_{\text{m}} \quad \text{(D5.3-12)}$$

式中:ϕ_0——倾斜角的基本值 1/200;

α_{h}——高度 h 的折减系数,$\alpha_{\text{h}}=2\sqrt{h}$,但不小于 2/3 或大于 1.0;

α_m——所有桥墩向同一方向倾斜的概率降低的折减系数，$\alpha_m = \sqrt{0.5(1+1/m)}$。其中 m 为能够实际抵抗摇摆并且承受不小于平均桥墩荷载50%的轴向荷载的桥墩数量。

局部构件缺陷将以弓形缺陷沿梁长 L 方向施加，其幅值为 e_0/L。根据3-1-1/表6.2中定义的横截面类型，由3-1-1/表5.1确定 e_0。在某些情形下，如果禁止摇摆，建议局部缺陷分布与构件屈曲模态的形状相同，尽管3-1-1/表5.1中的缺陷偏保守在某种程度上降轻了此要求。如此，屈曲半波长 L_{cr} 的幅值 $e_{0,mod}$（反弯点的连线）可依据3-1-1/表5.1的 $e_{0,mod}/L_{cr}$ 确定。端部转动约束刚度无穷大的极端情形如图5.3-2所示。在这种情形下，显示的缺陷可能导致比使用单半波弓形缺陷更大的弯矩，所有情形下都应关注局部弓形缺陷的施加方向以确保得到局部和整体缺陷的最大组合效应。

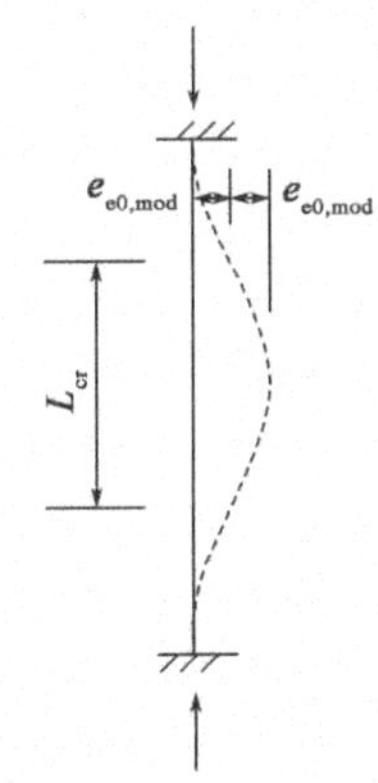

图5.3-2 考虑端部转动约束情形的附加局部缺陷示例

如 ***3-1-1/条款5.3.2(7)*** 所述，上述缺陷可以通过直接在结构系统中模拟或通过施加等效力进行考虑。后者是一种有效的备选方法，因为可以采用相同的模型施加不同的缺陷，但其不足在于计算等效力之前必须首先知道构件中的轴力。等效力如3-1-1/图5.4所示，这里不再赘述。 ***3-1-1/条款5.3.2(7)***

3-1-1/条款5.3.2(8) 要求在所有相应方向都考虑摇摆缺陷，但不必考虑它们同时作用于多个方向。这说明在确定缺陷的临界分布时，始终需要进行判断。 ***3-1-1/条款5.3.2(8)***

5.3.3 用于支撑体系分析的初始缺陷

本节仅涉及梁的平面支撑系统，尽管3-2/条款5.3.3涉及梁和受压构件。扭转（垂直）支撑的分析参考本指南6.3.4.2的讨论。对于平面支撑系统，其分析时的相应缺陷不必与桥梁主梁的缺陷相同。桥梁主梁的受压翼缘通常需要支撑。其可能为如3-1-1/图5.6所示的单独的平面支撑，或者为平面支撑和扭转支撑的组合。后者通常出现在钢-混凝土组合桥负弯矩区，其中桥面板形成受拉翼缘的平面支撑，下翼缘与桥面平面支撑通过扭转支撑连接。平面支撑与扭转支撑相结合的设计详见6.3.4.2的讨论。

平面支撑系统可以通过对支撑构件（如果构件受压）或对支撑翼缘（如果构件受弯）施加幅值 $e_0 = \alpha_m L/500$ 的弓形缺陷来分析——参考 ***3-1-1/条款5.3.3(1)***。L ***3-1-1/条款5.3.3(1)***

为支撑系统的跨度；α_m为考虑所有翼缘向同一方向弯曲相同最大程度的概率降低的折减系数，$\alpha_m = \sqrt{0.5(1+1/m)}$；$m$ 是支撑翼缘的数量。作为替换方案，***3-1-1/条款5.3.3(2)*** 允许等效均布力通过每个翼缘施加到支撑系统，其幅值为沿梁每单位长度 $8N_{Ed}(e_0+\delta_q)/L_2$，其中 N_{Ed}为 3-1-1/条款5.3.3(3) 中规定的最大翼缘力。沿梁每单位长度施加在支撑上的总侧向力计算如下式：

3-1-1/条款 5.3.3(2)

$$q = \sum N_{Ed} 8 \frac{e_0 + \delta_q}{L^2} \quad 3\text{-}1\text{-}1/(5.13)$$

其中 δ_q 为由一阶分析计算得到的荷载 q 或其他外加荷载作用下支撑系统的面内挠度。由于施加的力取决于一阶挠度，该计算是迭代计算，除非采用二阶分析，因此 3-1-1/条款 5.3.3(2) 的注释允许 δ_q 为零。

3-1-1/条款 5.3.3(3)

对于受压翼缘的支撑系统，***3-1-1/条款5.3.3(3)*** 允许 N_{Ed}取 M_{Ed}/h，其中 M_{Ed}是最大梁弯矩，h 是梁的总体高度。但该条款的注释补充说明如果梁受压，翼缘承担的压力应在 N_{Ed}的计算中考虑。

支撑系统的设计详见本指南 6.3.4.2.6 的讨论。

5.3.4 构件初始缺陷

3-1-1/条款 5.3.4(1)
3-1-1/条款 5.3.4(2)

3-1-1/条款5.3.4(1) 提醒设计者，3-1-1/条款 6.3 中稳定承载力公式考虑了构件缺陷的影响。相反，***3-1-1/条款5.3.4(2)*** 规定，如果二阶分析中考虑了构件缺陷，则无须根据 3-1-1/条款 6.3 进行额外的构件稳定性验算。通常可以采用构件有效长度并同时参考 3-1-1/条款 6.3，避免采用如上所述的二阶分析。

3-1-1/条款 5.3.4(3)

如果二阶分析中考虑弯扭失稳，***3-1-1/条款5.3.4(3)*** 建议沿梁弱轴方向施加的弓形缺陷为 $0.5e_0$，其中 e_0 取自 3-1-1/表5.1。如果想完全通过二阶分析考虑弯扭失稳，需要建立合理的模型进行有限元分析。通常采用壳单元模拟主梁，除非有简化模型，如同 3-2/条款 6.3.4.2(2) 提出的方式那样考虑刚性约束受压弦杆的屈曲。

5.3.5 有限元模拟板单元的初始缺陷（附加小节）

EN 1993-2 没有规定板单元屈曲验算采用的缺陷。3-1-5/条款 C.5 对缺陷给出相关规定，附录 C 给出板单元建模的相关建议。

通常，确定缺陷分布（或形状）可采用以下四种方法之一：

1. 采用与弹性临界屈曲分析模态相同的分布。 通过弹性临界屈曲分析可确定独特的缺陷分布，其形式与屈曲模态相同，方式同 5.3.2.1 讨论的一样。通常认为这种施加缺陷的方法可以最大限度地减少抗力，但有时并非如此，且难以实施。缺陷分布将随荷载工况而变化，并且很难确定加劲板整体屈曲与子板局部屈曲耦合模态的缺陷幅值。具有最低荷载系数的屈曲模式也可能不是降低极限强度的临界模态形状。通常，使用方法(4)会得到更低的抗力。

2. 基于直接应力作用下屈曲的假定缺陷形状。 缺陷分布可以基于纵向受压板局部和整体屈曲模态形状。该方法不一定能最大程度减少抗力，但得到的抗力通常与真实值相差无几，并且通过使用分项系数可以证明该方法的合理性。

3. 施加横向荷载。与(2)不同的是施加横向荷载，该荷载的一阶效应与缺陷的一阶效应相同。

4. 施加失效时的变形。该方法将之前分析结构失效时的变形作为初始缺陷。这经常得出最小抗力(但很少明显低于其他方法)。该方法缺点是需要迭代，需要通过对结构失效进行初步分析确定缺陷形状。

EN 1993-1-5 基于方法(2)给出关于缺陷的建议，但是在 3-1-5/条款 C.5(2)的注1中对缺陷建模方法的一般规定是基于方法(1)。EN 1993-1-1，***3-1-5/条款C.5(1)***要求同时考虑几何缺陷和结构缺陷(残余应力)，根据 ***3-1-5/条款C.5(2)***，可采用包含这两种缺陷类型的等效几何缺陷。这些内容可参见3-1-5/表 C.2 和 3-1-5/图 C.1。其中包括横向加劲肋间的加劲肋面外屈曲的弓形缺陷，基于弹性临界屈曲模态形状的子区格板缺陷以及外伸加劲肋扭转屈曲的扭转缺陷。整体构件的弓形缺陷参考3-1-1/表5.1。 *3-1-5/条款C.5(1)* *3-1-5/条款C.5(2)*

子区格板屈曲和加劲肋面外屈曲的缺陷如图5.3-3所示。对于子区格板屈曲，推荐的最大缺陷幅值 e_0 取 $a/200$ 或 $b/200$ 中的较小值，分布为双向正弦分布，如图5.3-3a)所示。对于纵向加劲肋，推荐中的较大整体弓形缺陷幅值 e_0 取 $a/400$ 或 $b/400$ 中的较小值。$b/400$ 的限值不容易证明合理，因为 EN 1090 中纵向加劲肋的实际几何容差为 $a/500$，且与 b 无关。对于长度略大于宽度的加劲板，例如 $a<2b$，板不太可能对加劲肋产生明显的横向约束效应。因此，建议加劲肋的缺陷幅值一般取 $a/400$，如图5.3-3b)所示。在板很长的情况下，横向加劲肋之间的加劲肋，可能出现多个半波长度的屈曲，但这一点并未被建议的缺陷涵盖。需要进行弹性临界屈曲分析，以检查该模式是否在较低的荷载系数下发生。

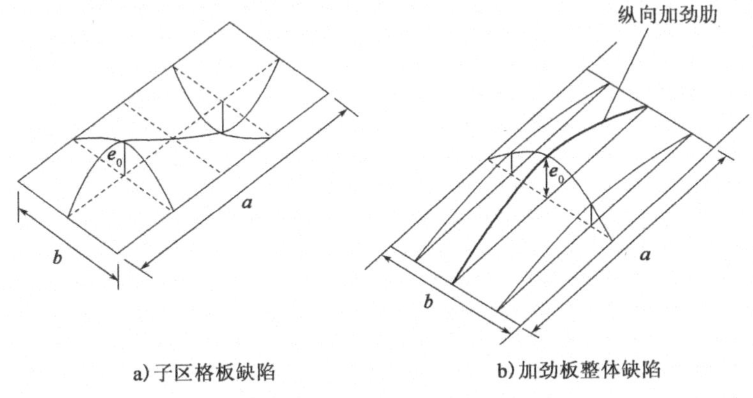

图5.3-3 板件的等效几何缺陷

必须选择缺陷形状的施加方向使抗力最小，参考***3-1-5/条款C.5(3)***。通常对于纵向加劲肋非对称有效截面的受压，这一点尤为重要，因此由轴力和缺陷产生的弯矩在最外侧纤维处产生不同的应力。 *3-1-5/条款C.5(3)*

除了上面提到的板件缺陷外,还应考虑整个结构和整个构件的整体缺陷,以便正确地模拟系统的行为。当各种不同类型的板件缺陷和整体结构与构件缺陷结合起来,根据 ***3-1-5/条款 C.5(5)***,一个缺陷被指定为"主导缺陷",其他缺陷取其列表值的 70%。

3-1-5/条款 C.5(5)

5.4　考虑材料非线性的分析方法

5.4.1　一般规定

3-2/条款 5.4.1(1)

3-2/条款 5.4.1(1) 要求通过弹性分析确定所有非偶然情况下的内力和力矩。因此,桥梁通常需要进行弹性整体分析。这与建筑的规定不同,在铰的位置构件为 1 级且满足 3-1-1/条款 5.6 规定的其他要求的情况下,可采用刚性-塑性整体分析。

对于偶然情况,例如车辆撞击桥墩或栏杆,国家附件规定何时采用"塑性"整体分析。产生疑惑的原因是 EN 1993-1-1 中"塑性分析"包含条款 5.4.3(1)中的非线性分析和刚性-塑性分析;且并未区分这两种非常不同的分析类型。

EN 1993-1-5 附录 C 给出板的非线性有限元建模规定。为了确定板的抗力,必须考虑缺陷并进行二阶(几何非线性)分析。由 3-1-5/表 C.1 可知,材料性能可以是弹性的,在该情形下板中某处首先发生屈服破坏,或者材料性能也可以是非线性的,在该情形下可以发生应力重分布并承受更大的荷载。3-2/条款 5.4.1(1)禁止将后者用于桥梁的非偶然情况,因为其基于"塑性分析",尽管这不是上述塑性分析的全方位定义的意图和结果。3-1-5/条款 4.4 中板的抗力反映了这种非线性行为。然而,在设计中很少采用该分析。对 3-1-5/附录 C 进一步考虑超出了本指南的范畴。

3-1-1/条款 5.4.3 和 3-1-1/条款 5.6 中给出刚性-塑性分析的规定。两个基本的标准是构件必须为 1 类截面(除非明确验算扭转能力) 并且构件不得发生整体失稳,例如弯曲失稳或弯扭失稳。

5.4.2　整体弹性分析

3-1-1/条款 5.4.2(1)

3-1-1/条款 5.4.2(1) 要求基于条款 3 指定的钢材特性进行线弹性整体分析,无论构件中的应力水平如何。

3-1-1/条款 5.4.2(2)

这甚至适用于局部截面的截面承载力基于其塑性抗力的情况——参见 ***3-1-1/条款 5.4.2(2)***。这与英国的做法基本一致,但在使用弹性分析时应注意桥梁中的混合截面类别。例如,如果连续梁桥的中跨截面按 2 类截面设计,而中支点截面按 3 类截面设计,当塑性截面抗力发展,刚度损失时,3 类截面可能由于跨中的弹性力矩产生过大的应力,如图 5.4-1 所示。

混合截面类别设计很少发现是一个问题,因为在中跨和支点处同时产生最大弯矩的荷载工况很少出现,除非相邻的跨度远小于关心的跨度。为了防止该问题,EN 1994-2 条款 6.2.1.3(2)规定,当 3 类或 4 类相邻截面的弯矩符号相反时,1 类或 2 类截面的弯矩不应超过其塑性弯矩抗力的 90%,除非考虑到由于非弹性行为导致相邻截面力矩重新分布。建议依据 EN 1993-2 设计的桥梁进行类似的限制。

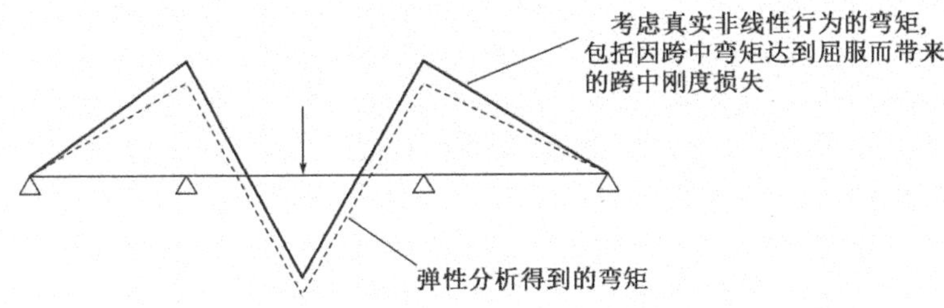

图 5.4-1 混合截面类别设计的影响

如果要明确验算重分布，保守的方法如图 5.4-2 所示。在实例中，中跨跨中采用 2 类截面，支点截面为 3 类。采用如图 5.4-2 所示的简化荷载工况以产生最大正弯矩。采用弹性分析直到 2 类截面首先屈服，此时的荷载为全部荷载的 2 倍。然后将剩下的 $(1-\alpha)$ 倍荷载施加于屈服位置形成塑性铰的模型上，所产生的弯矩加到第一部分分析的弯矩中。然后根据总弯矩验算相邻支点 3 类截面的抗力。实际上通常不需要进行此分析，因为通常可以通过"提升"弹性弯矩图重新分配力矩，使得首次屈服弯矩不超过 2 类截面弯矩，然后检查支点截面没有超过弹性弯矩承载力。

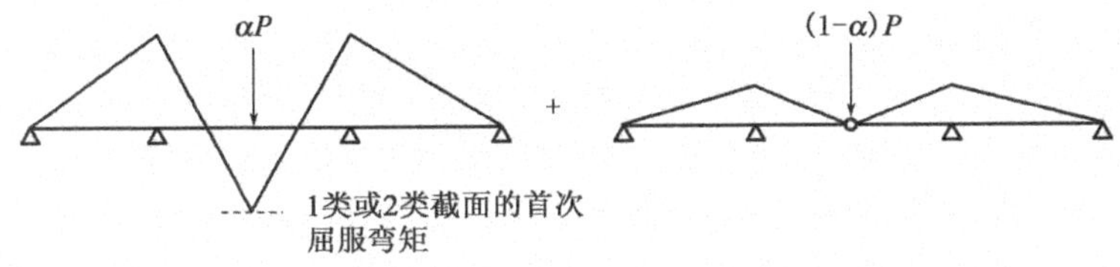

图 5.4-2 由于跨中弯矩减小引起的支点总力矩确定图解

当局部横截面易发生局部屈曲时，也可以采用弹性整体分析，参见 ***3-1-1/条款5.4.2(3)***。但是局部板件屈曲导致的弹性刚度损失需要考虑，参见本指南 5.1.1的讨论。对于剪力滞效应也有类似的考虑，参见 5.1.1 的讨论。 ***3-1-1/条款5.4.2(3)***

根据 ***3-2/条款5.4.2(4)***，允许忽略承载能力极限状态下某些作用的效应，详见下面 5.4.3 的讨论。 ***3-2/条款5.4.2(4)***

5.4.3 承载能力极限状态下可忽略的效应(附加小节)

整体分析中的效应

1 类截面的梁中可能存在大塑性应变。这一点为形成塑性铰提供条件，并允许采用刚性-塑性整体分析。间接作用(施加位移和/或转角)的弹性效应可通过 1 类截面的塑性变形得到减缓。因此，3-2/条款 5.4.2(4) 允许所有 1 类截面在承载能力极限状态下忽略某些效应。这些效应包括：

- 温差。
- 不均匀收缩。

- 不均匀沉降。

同样的塑性应变能力也意味着在承载能力极限状态下可以安全地忽略分期施工的效应,尽管 EN 1993 中没有明确规定。但是,这样做并不常见,因为在正常使用极限状态下需要进行考虑分期施工的单独分析。

3-2/条款 5.4.2(4)不允许忽略所有 2 类截面外加变形的效应。2 类截面具有足够的塑性应变达到塑性截面抗力,但转动能力有限。然而,通常认为这足够降低外加变形的效应。EN 1994-2 确实允许所有 1 类或 2 类截面忽略这些影响,因此这是一个矛盾的地方。

如果忽略间接作用的效应,且梁易发生整体失稳,如弯扭失稳等,那么梁所有截面不足以达到 1 类。在此情形下,由外施加变形产生的力可能导致屈曲而过早失效。因此,上述效应只在梁不易发生弯扭失稳的条件下才能忽略。EN 1993-2 没有规定此效应这是一个疏忽。建议通过确保 3-1-1/条款 6.3.2.2 中弯扭失稳折减系数χ_{LT}小于 0.2 来实现该条件。

局部分析中的效应

在截面设计中,根据 3-1-1/条款 6.2.7(7),承载能力极限状态下箱形截面可以忽略扭转翘曲的约束。这是因为箱形截面的扭转翘曲不利于承载扭矩,所以可以通过局部屈服来减小此影响,参见本指南 6.2.7。但是,在正常使用极限状态下必须考虑此效应。

对于开口截面,3-1-1/条款 6.2.7(7)允许在承载能力极限状态下忽略圣维南扭转。这是因为通过翘曲扭转来承担施加的扭转荷载通常更为有效。然而不允许忽略翘曲扭转似乎不合逻辑,而翘曲扭转通常是在设计中进行的。如果在开口截面中忽略圣维南扭转的效应,则施加的扭转荷载必须通过翘曲扭转来承担。通常,扭转必须由某一抗力或组合抗力来承担。

5.5　截面分类

5.5.1　一般规定

受压腹板和翼缘的局部屈曲承载力对构件所能承受的荷载和转角具有重要影响。钢受压构件抵抗局部屈曲的能力依据其"截面类型"进行分类。截面分类是考虑受压钢构件局部屈曲设计而建立的方法。其规定了整体分析的可用方法和抗弯承载力的基础。截面分类与截面几何(板边缘支承条件和 b/t 比值)、板应力分布和板屈服强度密切相关。

5.5.2　分类

3-1-1/条款 5.5.2(1)

根据 ***3-1-1/条款5.5.2(1)***,钢构件分为以下四类:

- **1 类**截面可以形成塑性铰并继续转动而不丧失承载力。EN 1993-1-1 规定刚性-塑性整体分析中所有塑性铰截面属于 1 类。对于钢桥,除偶然组合外,EN 1993-2 不允许进行刚性-塑性分析。

- **2类**截面指能够发展其塑性抗弯承载力的截面，但在达到塑性抗弯承载力后由于局部屈曲转动能力有限。当塑性铰发展时，极限状态假定出现在完全约束的2类截面，因此刚性-塑性分析不再适用。
- **3类**截面是假定钢构件最外侧受压纤维的应力满足弹性应力分布，在塑性弯矩发展之前可达到屈服强度，但易发生局部屈曲的截面。当边缘受压纤维发生屈服时，承载能力极限状态出现在完全约束的3类截面中。
- **4类**截面是在截面的一个或多个部分达到屈服应力之前已发生局部屈曲的截面。当局部屈曲发生时，承载能力极限状态出现在4类截面中。依据EN 1993-1-5确定4类构件中板的有效宽度，如本指南6.2.2.5讨论的，参见***3-1-1/条款5.5.2(2)***。 *3-1-1/条款5.5.2(2)*

图5.5-1仅说明了受弯的四类理想行为。实际上，在1类和2类截面中，由于应变硬化，力矩继续上升至峰值并超过塑性力矩M_{pl}，且一旦达到弹性力矩M_{el}，刚度就会减小。截面的分类是根据3-1-1/表5.2规定腹板和翼缘受压时的宽厚比限值确定的——参见***3-1-1/条款5.5.2(3)***。***3-1-1/条款5.5.2(4)***指出受压部分指的是全部或局部受压的任何部分。如果钢构件的腹板和翼缘具有不同的截面分类，则截面应根据其最不利的受压部分类别进行分类——参见***3-1-1/条款5.5.2(6)***。 *3-1-1/条款5.5.2(3)* *3-1-1/条款5.5.2(4)* *3-3-1/条款5.5.2(6)*

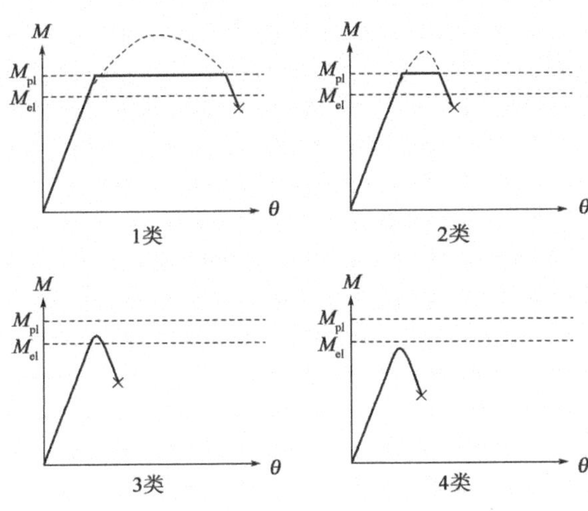

图5.5-1 1类至4类截面的理想弯矩-转角关系

3-1-1/表5.2的使用不言自明。采用塑性应力块验算确定是否满足1类或2类要求，如果无法证明这一点，则采用弹性应力块来验算该截面是否为3类而非4类，参见***3-1-1/条款5.5.2(8)***。在同时存在轴向荷载和力矩的情况下，在推导塑性应力块时需要将它们组合起来，或者腹板等级可偏保守地单独根据轴向荷载来确定。确定轴向荷载作用下截面分类的例子详见本指南6.2.10和6.2.11。 *3-1-1/条款5.5.2(8)*

3-1-1/表5.2中的数值与BS 5400:第3部分:2000[4]中的不同，因为考虑屈服强度的系数ε在Eurocodes中被定义为$\sqrt{(235/f_y)}$，在BS 5400为$\sqrt{(355/f_y)}$。参考到这一点，腹板2类-3类边界的限值与BS 5400中基本一致，但翼缘有所不同。

对于外伸翼缘,EN 1993 在 2 类-3 类边界限制较为宽松,但 3 类-4 类边界更为严格。对于箱梁内部翼缘,EN 1993 对于所有类别均更为宽松。

根据 EN 1993-1-5 确定 4 类构件中板的有效宽度。如果构件纵向加劲,则应归为 4 类,除非通过忽略纵向加劲可将其归为更高类别。本指南 6.2.2.5.2.1 指出,按 3-1-1/表 5.2 和 EN 1993-1-5 进行评估,内部受压板的 3 类-4 类边界出现细微不连续。前者导致比后者稍微细长的部分被归为 3 类。或者,4 类构件可被视为 3 类,并且可以采用 6.2.2.6 中讨论的限制应力方法。

3-1-1/条款5.5.2(9)

如果总截面上计算的最大设计应力 $\sigma_{com,Ed}$ 小于屈服应力并且截面宽厚比满足该条款允许的增加限值,***3-1-1/条款5.5.2(9)*** 提出一种采用计算应力 $\sigma_{com,Ed}$ 将 4 类截面作为等效 3 类截面的方法。如果二阶效应是显著的,当确定 $\sigma_{com,Ed}$ 时,整体分析中必须考虑二阶效应,或按照 EN 1993-2 条款 6.3 的构件规定进行截面验算,

3-1-1/条款5.5.2(9)

依据 3-1-1/条款 5.5.2(10),构件归为 4 类,不参考 ***3-1-1/条款 5.5.2(9)***。3-1-1/条款 5.5.2(9)中有效 3 类方法不能同 3-2/条款 6.3 一起使用,因为通过抗力公式考虑的二阶效应可能导致应力超过 $\sigma_{com,Ed}$。

将 4 类截面视为等效 3 类截面的另一种方法是在所有计算中用折减应力 σ_{limit} 代替屈服应力。该方法详见本指南 6.2.4、6.2.5 和 6.2.10 的讨论,分别涉及抗压承载力、抗弯承载力、抗压和抗弯承载力的组合。

5.5.3 翼缘引起的腹板失稳(附加小节)

值得注意的是,翼缘引起的屈曲,也可能对腹板的细长度带来进一步的限制。本指南 6.10 节对此进行了讨论。

第 6 章　承载能力极限状态

本章在下列条款中讨论了 EN 1993-2 第 6 章中的承载能力极限状态。

- 一般规定 *条款6.1*
- 截面承载力 *条款6.2*
- 构件屈曲承载力 *条款6.3*
- 格构式受压构件 *条款6.4*
- 板件屈曲 *条款6.5*

本指南中增加以下几节来论述特定单元和状况，相关规定散落在 Eurocode 3 的不同部分中：

- 中间横向加劲肋 *6.6* 节
- 支承加劲肋和梁体扭转约束 *6.7* 节
- 施加于 U 形框架横梁处的荷载 *6.8* 节
- 加劲肋扭转屈曲——外伸限值 *6.9* 节
- 翼缘诱导型屈曲和曲率效应 *6.10* 节

6.1　一般规定

3-2/条款6.1(1)P 中规定的材料分项系数考虑了材料强度的变化以及设计抗力模型(例如剪切屈曲模型)测试结果的离散性。因此，不同的抗力机制采用不同的系数。EN 1993-2 推荐了考虑不同破坏模式的七种不同材料分项系数。推荐值见 3-2/表 6.1，复制至此作为表 6.1-1。可在国家附件中对其进行修改。材料分项系数已根据本指南 2.5 节已推导求得。 ***3-2/条款6.1(1)P***

一个值得注意的要点是，构件的截面承载力采用材料系数 $\gamma_{M0}=1.00$。之所以出现这种情况是因为对按照欧洲标准生产的钢材的研究表明，其实际标准强度远远超过所需值。然而，情况并非总是如此。在某些情形下，钢材应变硬化也意味着抗力可以超过基于屈服强度得到的值。这为统一材料系数提供了进一步的理由，但仅限于抗力模型不考虑应变硬化时。

EN 1993-2 表 6.1 指出系数 γ_{M1} 与构件稳定强度有关。然而，它也适用于剪切屈曲(3-1-5/条款 5)、局部压力作用下的抗力(3-1-5/条款 6)以及采用极限应力法得到的截面抗力(3-1-5/条款 10)。

材料分项系数　　表 6.1-1

抗力类型	系　数	推 荐 值
(a)构件和截面抗力		
—截面过度屈服(含局部屈曲)的抗力	γ_{M0}	1.00
—构件验算得到的失稳抗力	γ_{M1}	1.10
—截面受拉断裂的抗力	γ_{M2}	1.25
(b)节点的抗力		
—螺栓抗力	γ_{M2}	1.25
—铆钉抗力		
—销钉抗力		
—焊缝抗力		
—板件弯曲抗力		
—滑移抗力		
—承载能力极限状态	γ_{M3}	1.25
—正常使用极限状态	$\gamma_{M3,ser}$	1.10
—注脂螺栓的抗力	γ_{M4}	1.10
—空心截面格构梁节点抗力	γ_{M5}	1.10
—正常使用极限状态销钉的抗力	$\gamma_{M6,ser}$	1.00
—高强螺栓预紧	γ_{M7}	1.10

6.2　截面承载力

6.2.1　一般规定

使用 EN 1993 中相关规定对构件的验算通常分两部分进行。首先,验算构件关键截面的承载力。尽管被称为“截面验算”,不但针对单个截面,截面承载力规定同样对影响构件有限长度的局部屈曲效应提出要求。其次,采用 6.3 节中的屈曲规定检查整体构件的稳定性。除此之外,还有二阶分析,考虑构件和整体缺陷确定构件的效应。在此情形下只需进行本节的截面验算。

6.2 节给出不同应力结果(如弯矩、剪力和轴向荷载)组合的规定。EN 1993-2 通常参考 EN 1993-1-1 中荷载相互作用的相应章节。然而,当截面为 4 类或存在剪切屈曲、横向荷载时,***3-1-1/条款6.2.1(2)***要求参考 EN 1993-1-5。相互作用公式大多涉及通过试验验证某种程度的塑性重分布。当应力结果未知时,如直接取有限元模型应力,可以采用 ***3-1-1/条款 6.2.1(5)*** 中 Von Mises 等效应力准则进行替代验算。

3-1-1/条款 6.2.1(2)

3-1-1/条款 6.2.1(5)

$$\left(\frac{\sigma_{x,Ed}}{f_y/\gamma_{M0}}\right)^2+\left(\frac{\sigma_{z,Ed}}{f_y/\gamma_{M0}}\right)^2-\left(\frac{\sigma_{x,Ed}}{f_y/\gamma_{M0}}\right)\left(\frac{\sigma_{z,Ed}}{f_y/\gamma_{M0}}\right)+3\left(\frac{\tau_{Ed}}{f_y/\gamma_{M0}}\right)^2\leqslant 1.0$$

3-1-1/(6.1)

式中,$\sigma_{x,Ed}$为纵向正应力;$\sigma_{z,Ed}$为横向正应力;τ_{Ed}为板平面内的剪切应力。

这个准则总可以用于没有局部屈曲(包括剪切屈曲)的情形,有时也有必要在没提供合适的相互作用公式情形下使用。然而,当与弹性应力一起使用时,该等效应力准则没有考虑塑性重分布且对应于首次屈服。因此,与 EN 1993 提出的其他相互作用公式相比,相对保守。BS 5400:第 3 部分[4] 在其 Von Mises 方程中,通过将纵向应力分解为弹性轴向分量和弯曲分量，并对弯曲分量进行折减，从而考虑弯曲塑性。

如果希望4类构件使用3-1-1/式(6.1)（而不是使用4类截面的相互作用公式），则可以采用两种方法。一种方法在计算应力时使用有效截面特性（详见本指南6.2.2.5的讨论），但该截面不得发生3-1-1/式(6.1)未考虑的剪切屈曲。另外，采用3-1-5/条款10中的方法验算全截面应力，但3-1-1/式(6.1)中的容许应力经过修改可以考虑局部屈曲。后一种方法中，剪切屈曲的影响可以通过减少容许应力进行考虑。详见本指南6.2.2.6的讨论。

某些情况下可能需要3-1-1/式(6.1)更一般的形式，例如，当箱梁扭曲时，会产生贯穿厚度的应力或者多个平面剪应力：

$$\frac{\sqrt{2}}{2f_y/\gamma_{M0}}[(\sigma_{x,Ed}-\sigma_{y,Ed})^2+(\sigma_{y,Ed}-\sigma_{z,Ed})^2+(\sigma_{z,Ed}-\sigma_{x,Ed})^2+$$
$$6(\tau_{xy,Ed}^2+\tau_{yz,Ed}^2+\tau_{xz,Ed}^2)]^{1/2}\leqslant 1.0 \qquad \text{(D6.1-1)}$$

式中，$\sigma_{x,Ed}$为纵向正应力；$\sigma_{z,Ed}$为横向正应力；$\sigma_{y,Ed}$为贯穿厚度的应力；$\tau_{xy,Ed}$为板平面内的剪应力；$\tau_{yz,Ed}$和$\tau_{xz,Ed}$为与板平面垂直的两个面上的剪应力。

3-1-1/条款6.2.1(7)中提供了3-2/条款6.2中提出的相互作用的另一个方便的备选方案： *3-1-1/条款 6.2.1(7)*

$$\frac{N_{Ed}}{N_{Rd}}+\frac{M_{y,Ed}}{M_{y,Rd}}+\frac{M_{z,Ed}}{M_{z,Rd}}\leqslant 1.0 \qquad \text{3-1-1/(6.2)}$$

其中N_{Rd}，$M_{y,Rd}$和$M_{z,Rd}$为单独作用的各种效应的设计抗力，但剪力足够大时要进行折减。上式可用于1、2和3类截面，尤其适用于1类和2类截面受轴向荷载，剪力和弯矩（单向或双向）的情况。在该情形下，使用3-1-1/式(6.2)不必计算轴向荷载和弯矩作用的塑性应力块。该相互作用的应用详见本指南6.2.10和6.2.11的讨论。

对于截面验算，材料分项系数的相应推荐值通常为$\gamma_{M0}=1.0$，包括受弯和受压的4类截面（除非使用3-1-5/条款10的折减应力法）。但是，对剪力和横向荷载，由于局部屈曲会减小截面的抗力，建议材料系数取$\gamma_{M1}=1.1$。根据3-2/条款6.3，构件屈曲验算的材料系数建议为$\gamma_{M1}=1.1$。

此外，根据***3-1-1/条款6.2.1(9)***，3类截面验算的“极限纤维”可取翼缘的中心，而非实际的外部纤维。这种差异对于薄的构件可能十分显著。3类截面仅在其极限纤维处受压屈服，但如果受压屈服进一步扩展至截面内，则会局部屈曲失效。因此，当极限受压纤维屈服时，抗力最大。在设计中，3类截面的抗弯承载力通常取纤维屈服时的弯矩。但是，如果受拉纤维首先屈服，而在受压纤维屈服之前，在受拉区域会产生塑性应力块，因此，假定完全弹性行为过于保守。***3-1-1/条款6.2.1(10)***称该效应为受拉区的“部分塑化”，并允许在确定3类截面的抗力时进行考虑。这将在本指南的6.2.5中进一步讨论。 *3-1-1/条款 6.2.1(9)* *3-1-1/条款 6.2.1(10)*

6.2.2　截面特性

6.2.2.1　毛截面

3-2/条款 6.2.1.1(1)

3-2/条款6.2.1.1(1)将毛截面定义为忽略螺栓孔但考虑较大孔(如排水管的切口)的整个截面。

6.2.2.2　净面积

3-1-1/条款 6.2.2.2(1)

3-1-1/条款 6.2.2.2(2)

某些抗力需要考虑净截面。钢构件的"净"面积在***3-1-1/条款6.2.2.2(1)***中定义为其毛面积减去所有孔和其他开口。孔的面积是从钢构件的横截面中减去的最大面积。***3-1-1/条款6.2.2.2(2)***提醒设计者,如果沉头螺栓用作紧固件,也应扣除沉孔部分,如图 6.2-1 所示。

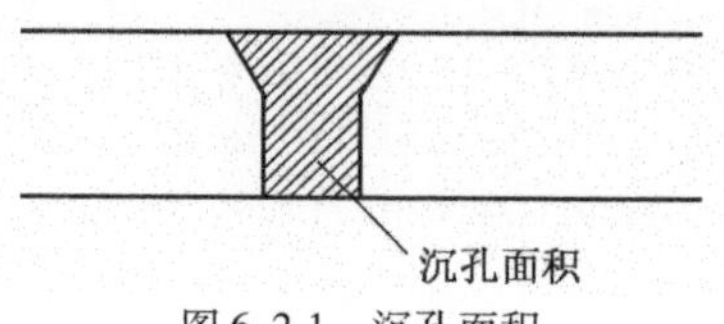

图 6.2-1　沉孔面积

3-1-1/条款 6.2.2(3)

3-1-1/条款 6.2.2(4)

如果紧固件孔没有错开,则钢构件的净面积为总面积减去该部分所有孔的面积,参见***3-1-1/条款6.2.2(3)***。如果紧固件是交错的,按照***3-1-1/条款6.2.2(4)***,钢构件的净面积为以下两者的较大者:

1. 钢构件的总面积减去垂直于构件轴线任何横截面上的孔面积(例如图 6.2-2中的 1-1 截面)。

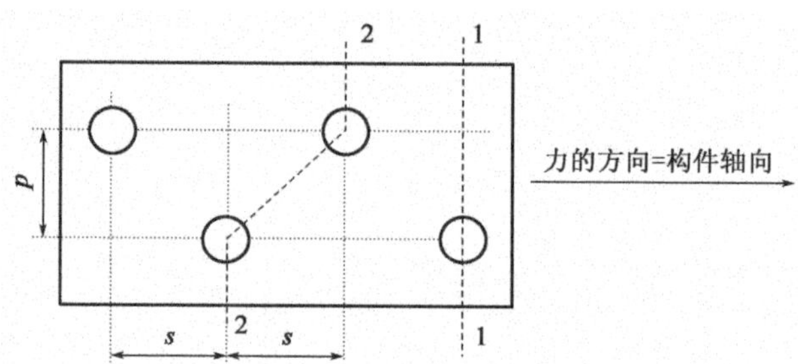

图 6.2-2　3-1-1/式(6.3)中的参数

2. 钢构件的总面积减去考虑交错孔的有效面积如下:

$$t\left(nd - \Sigma\frac{s^2}{4p}\right) \qquad 3\text{-}1\text{-}1/(6.3)$$

式中:s ——交错孔沿平行构件轴线的间距;

p——垂直于杆件轴线的两孔的中心距离;

t——钢构件的厚度;

n——构件上沿任意对角线或 Z 字形线延伸的孔的数量;

d——孔的直径。

图 6.2-2 中 2-2 面为 3-1-1/式(6.3)中$n=2$的情形。通过 3-1-1/式(6.3)得到的净面积不应大于毛面积,尽管其他抗力验算可有效防止其发生。

3-1-1/条款 6.2.2.2(5)

如果将 3-1-1/式(6.3)应用于角钢或在多个面上有孔的其他构件,***3-1-1/条款6.2.2.2(5)***要求当尺寸在拐角处延伸时,沿着板的厚度中心测量 p。如果某构件偏心连接,则需要考虑该偏心。EN 1993-1-8 给出了一种抗拉连接的方法,本指南 6.2.3 对此进行了讨论。当不等边角钢仅通过较小肢上的孔连接时,3-1-8/条款 3.10.3 要求抗拉计算的净面积基于虚拟的等边角钢,其肢尺寸取实际非等边角钢较小肢尺寸。

6.2.2.3 剪力滞有效宽度

6.2.2.3.1 正常使用极限状态和承载能力极限状态下受弯构件的剪力滞(附加小节)

本指南 5.1.1 中给出了剪力滞效应的原因和理想化的描述。本节描述正常使用极限状态(SLS)和承载能力极限状态(ULS)下确定剪力滞有效宽度的计算流程。***3-2/条款6.2.2.3(1)*** 直接或通过 EN 1993-1-1 进行计算时参照 EN 1993-1-5。 ***3-2/条款6.2.2.3(1)***

剪力滞效应在翼缘内力快速变化的高剪力区最大,因此,中间支承处剪力滞的有效宽度要小于跨间剪力滞有效宽度。EN 1993 中正常使用极限状态与承载能力极限状态的截面设计必须考虑剪力滞效应。与 BS 5400:第 3 部分的设计不同,其允许在承载能力极限状态下忽略剪力滞,因为应力会在稍微进入塑性的横截面内重新分布。然而,EN 1993-1-5 在承载能力极限状态和正常使用极限状态下,可求得不同的有效宽度,承载能力极限状态下剪力滞的折减通常非常小,因为 EN 1993-1-5 规定考虑塑性重分配。

有效宽度与实际宽度、主梁零弯矩点与考虑位置之间的距离以及加劲肋数量有关。正常使用极限状态下有效宽度参考 ***3-1-5/条款3.2.1(1)***: ***3-1-5/条款3.2.1(1)***

$$b_{\mathrm{eff}} = \beta b_0 \qquad \text{3-1-5/(3.1)}$$

其中 b_0 为实际宽度,等于外伸的整个宽度加腹板之间内板宽度的一半,如图 6.2-3所示。β 为考虑宽跨比和加劲肋影响的系数,见 3-1-5/表 3.1,复制至此,作为表 6.2-1,其取决于:

$$k = \alpha_0 b_0 / L_e \text{ 且 } \alpha_0 = \sqrt{1 + \frac{A_{sl}}{b_0 t}}$$

3-1-5/表 3.1 中的有效宽度系数 β 表 6.2-1

k	弯曲位置	β 值
0.02		$\beta = 1.0$
$0.02 < k < 0.70$	正弯矩区	$\beta = \beta_1 = \frac{1}{1 + 6.4k^2}$
	负弯矩区	$\beta = \beta_2 = \frac{1}{1 + 6.0\left(k - \frac{1}{2500k}\right) + 1.6k^2}$
> 0.07	正弯矩区	$\beta = \beta_1 = \frac{1}{5.9k}$
	负弯矩区	$\beta = \beta_2 = \frac{1}{8.6k}$
所有 k	端部支承	$\beta_0 = (0.55 + 0.025/k)\beta_1$ 但 $\beta_0 < \beta_1$
所有 k	悬臂	$\beta = \beta_2$ 支点和端点

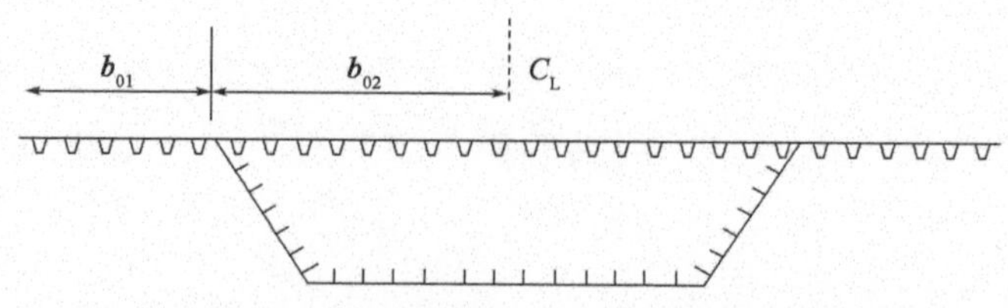

图 6.2-3　内部翼缘与外伸翼缘 b_0 的定义

其中 L_e 表示零弯矩点之间的距离,根据 3-1-5/图 3.1(复制在此作为图 6.2-4)确定,前提是相邻的中跨距离相差不超过 50% 且悬臂梁跨度不超过相邻跨度的一半,参见 ***3-1-5/条款3.2.1(2)***。A_{si} 是宽度为 b_0 的纵向加劲肋的总面积。图 6.2-4 还示出了有效宽度的分布。

3-1-5/条款
3.2.1(2)

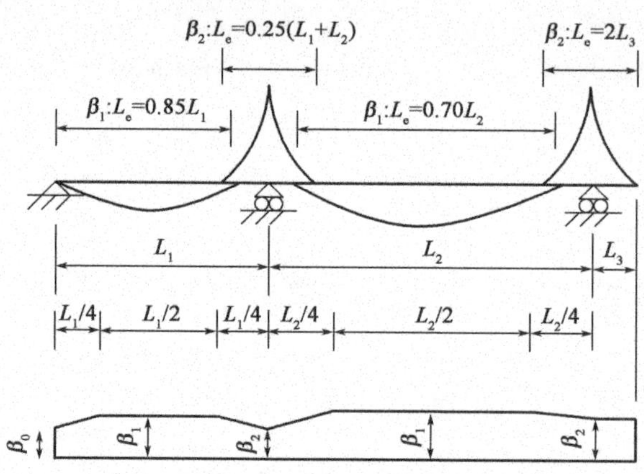

图 6.2-4　连续梁的有效长度 L_e 和有效宽度的分布

对图 6.2-4 使用的跨长比进行限制,使跨间的弯矩分布与图 6.2-4 类似。该简单的规则不适用于其他情形,例如一直承受正弯矩的桥跨。如果跨度或弯矩分布不满足上述要求,零弯矩点之间的距离 L_e 应该根据实际弯矩分布进行计算。这对设计不便,因为首先必须利用毛截面特性进行分析,确定弯矩可能的分布。

对于承载能力极限状态,由于会产生一定的塑性重分布,有效宽度远大于正常使用极限状态下的有效宽度,通常接近典型宽跨比全宽。(因此,与之前英国做法的差异小于首次出现的差异。)承载能力用极限状态下有效宽度可以保守地取正常使用极限状态下的值,或者根据 ***3-1-5/条款3.3(1)*** 的注 3 进行计算:

3-1-5/条款
3.3(1)

$$A_{eff} = \beta^{\kappa} A_{e,eff} \geq \beta A_{e,eff} \qquad 3\text{-}1\text{-}5(3.5)$$

式中使用 A_{eff} 而不是 b_{eff} 来考虑板件屈曲效应面积折减的影响(参见本指南的 6.2.2.5和 6.2.2.6),但该式具有与 3-1-5/式(3.1)相同的减小可用宽度的效应,因此 $b_{eff} = \beta^{\kappa} b_0$。同时考虑板件屈曲和剪力滞的有效面积是宽度 b_{eff} 范围内的板件有效面积。

图 6.2-5 和图 6.2-6 显示了相同跨径 L 的多跨连续梁的支座和跨中区域的全部可用宽度。对于无纵向加劲肋的情况(图6.2-5)和设置一定数量面积等同于桥面板的纵向加劲肋的情况(图 6.2-6),从结果可以看出,承载能力极限状态下的可用宽度比正常使用极限状态大得多。此外,剪力较大的支承区,其有效性大大降低。b_0/L 的典型值不可能超过 0.1,因此剪力滞通常不会对承载能力极限状态产

生很大影响。除了加劲箱梁或带有正交异性板的钢梁桥，大多数桥梁承载翼缘宽度不太可能减小，因为翼缘通常不会很宽。正常使用极限状态下的计算值实际上与按照BS 5400：第 3 部分[4] 求得的值非常类似。

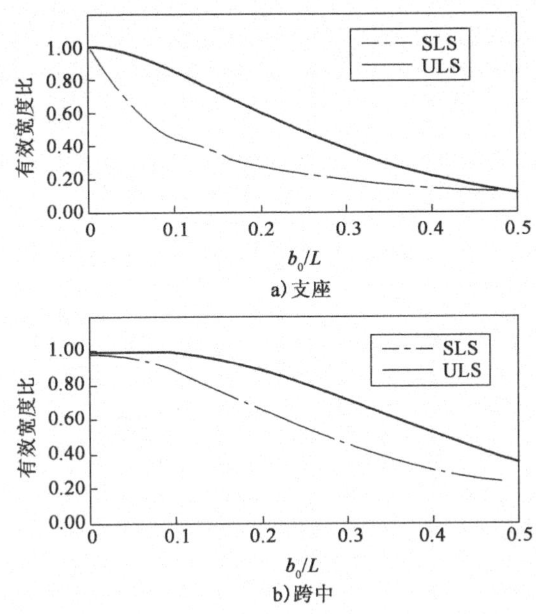

图 6.2-5　无纵向加劲肋（$\alpha_0 = 1$）

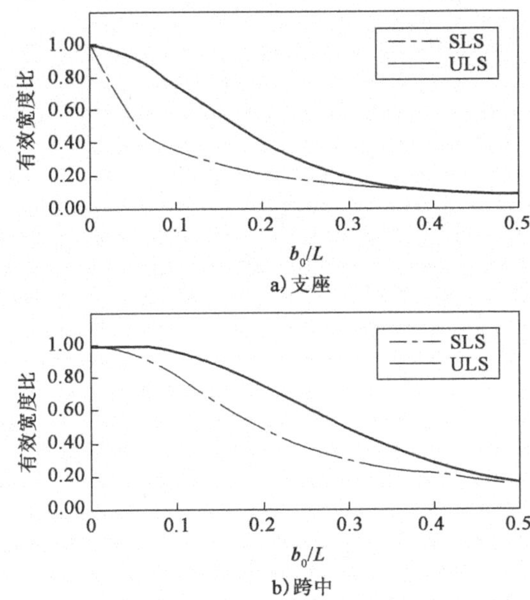

图 6.2-6　等效纵向加劲肋和板面积相同（$\alpha_0 = 1.41$）

当需要确定沿翼缘宽度方向的纵向应力的真实分布时，如在验算桥面板局部和整体耦合效应时，可以使用 3-1-5/条款 3.2.2 中的公式（此处未列）来估计应力。在主梁间的横隔板处的桥面板，是可能需要验算的典型位置，此处桥面板存在整体弯曲的纵向正应力，且承担车轮荷载产生的局部正弯矩。可采用 EN 1993-1-5 中的公式进行计算，因为桥面板的整体和局部效应不在同一位置发生，最大的局部效应发生在远离腹板的板中部，而整体纵向应力在腹板的附近最大。

实例 6.2-1:箱梁有效宽度

某箱梁桥的跨径布置和横截面如图 6.2-7 所示。顶部翼缘板布置槽型加劲肋,因此 $A_{sl}/b_0t = 0.5$。确定正常使用极限状态和承载能力极限状态下在跨中和主跨支座处每个腹板处顶部翼缘板的有效宽度。

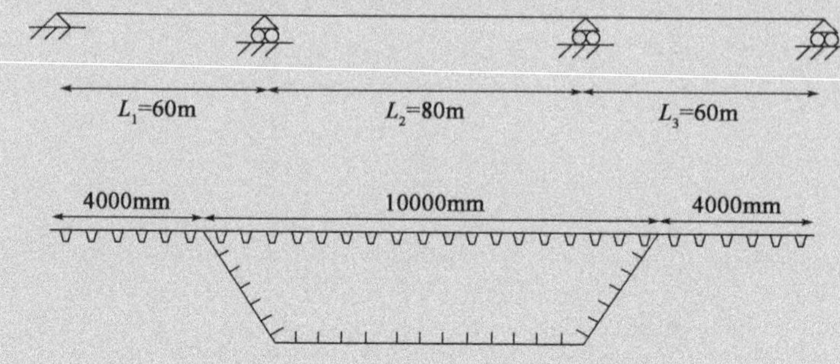

图 6.2-7　实例 6.2-1 中的主梁截面

首先计算跨中:

正常使用极限状态

由 3-1-5/图 3.1, $L_e = 0.7L_2 = 0.7 \times 80000 = 56000\text{mm}$

由 3-1-5/表 3.1,悬臂部分的有效宽度计算如下:

$$\alpha_0 = \sqrt{1 + \frac{A_{sl}}{b_0t}} = \sqrt{1 + 0.5} = 1.225$$

$$k = \frac{\alpha_0 b_0}{L_e} = \frac{1.225 \times 4000}{56000} = 0.0875$$

$$\beta = \beta_1 = \frac{1}{1 + 6.4k^2} = \frac{1}{1 + 6.4 \times 0.0875^2} = 0.953$$

由 3-1-5/式(3.1): $b_{eff} = \beta \times b_0 = 0.953 \times 4000 = 3813\text{mm}$

由 3-1-5/表 3.1,箱内部分翼缘的有效宽度计算如下:

$$\alpha_0 = \sqrt{1 + \frac{A_{sl}}{b_0t}} = \sqrt{1 + 0.5} = 1.225$$

$$k = \frac{\alpha_0 b_0}{L_e} = \frac{1.225 \times 5000}{56000} = 0.1094$$

$$\beta = \beta_1 = \frac{1}{1 + 6.4k^2} = \frac{1}{1 + 6.4 \times 0.1094^2} = 0.929$$

由 3-1-5/式(3.1): $b_{eff} = \beta \times b_0 = 0.929 \times 5000 = 4645\text{mm}$

因此,正常使用极限状态下附加到每个腹板处翼缘的总有效宽度 = 3813 + 4645 = **8458mm**。

承载能力极限状态

悬臂部分,由 3-1-5/式(3.5): $b_{eff} = \beta^k \times b_0 = 0.953^{0.0875} \times 4000 = 3983\text{mm}$

箱内部分,由 3-1-5/式(3.5): $b_{eff} = \beta^k \times b_0 = 0.929^{0.1094} \times 5000 = 4959\text{mm}$

因此，承载能力极限状态下附加到每个腹板处翼缘的总有效宽度 = 3983 + 4959 = **8942mm**

计算中部支座：

正常使用极限状态

由 3-1-5/图 3.1，$L_e = 0.25(L_1 + L_2) = 0.25(60000 + 80000) = 35000\text{mm}$

由 3-1-5/表 3.1，悬臂部分的有效宽度计算如下：

$$\alpha_0 = \sqrt{1 + \frac{A_{sl}}{b_0 t}} = \sqrt{1 + 0.5} = 1.225$$

$$k = \frac{\alpha_0 b_0}{L_e} = \frac{1.225 \times 4000}{35000} = 0.140$$

$$\beta = \beta_2 = \frac{1}{1 + 6.0\left(k - \frac{1}{2500k}\right) + 1.6k^2}$$

$$= \frac{1}{1 + 6.0\left(0.140 - \frac{1}{2500 \times 0.140}\right) + 1.6 \times 0.140^2} = 0.539$$

由 3-1-5/式(3.1)：$b_{eff} = \beta \times b_0 = 0.539 \times 4000 = 2157\text{mm}$

由 3-1-5/表 3.1，箱内部分的有效宽度计算如下：

$$\alpha_0 = \sqrt{1 + \frac{A_{sl}}{b_0 t}} = \sqrt{1 + 0.5} = 1.225$$

$$k = \frac{\alpha_0 b_0}{L_e} = \frac{1.225 \times 5000}{35000} = 0.1750$$

$$\beta = \beta_2 = \frac{1}{1 + 6.0\left(k - \frac{1}{2500k}\right) + 1.6k^2}$$

$$= \frac{1}{1 + 6.0\left(0.175 - \frac{1}{2500 \times 0.175}\right) + 1.6 \times 0.175^2} = 0.480$$

由 3-1-5/式(3.1)：$b_{eff} = \beta \times b_0 = 0.480 \times 5000 = 2398\text{mm}$

因此，正常使用极限状态下附加到每个腹板处翼缘的总有效宽度 = 2157 + 2398 = **4555mm**

承载能力极限状态

悬臂部分，由 3-1-5/式(3.5)：$b_{eff} = \beta^k \times b_0 = 0.539^{0.140} \times 4000 = 3668\text{mm}$

箱内部分，由 3-1-5/式(3.5)：$b_{eff} = \beta^k \times b_0 = 0.480^{0.1750} \times 5000 = 4397\text{mm}$

因此，承载能力极限状态下附加到每个腹板处翼缘的总有效宽度 = 3668 + 4397 = **8065mm**

6.2.2.3.2　集中荷载的分散(附加小节)

根据 3-1-5/式(3.1)计算得到的翼缘有效宽度不适用于集中轴向力作用下的

应力分散计算。剪力滞影响局部集中荷载的分散速率,但此速率与弯矩图无关。因此,当集中轴向荷载施加到某截面,例如某斜拉桥,必须单独计算该力作用在桥跨每个横截面上的有效面积。

3-1-5/条款 3.2.3(1)

3-1-5/条款3.2.3(1) 中式(3.2)规定集中荷载的应力分散。主要用于确定翼缘承受局部集中荷载时腹板的应力分布(例如,局部车轮荷载或桥梁建设过程中的反力),但也可用于确定纵向轴力的应力分散,例如预应力。对于局部荷载,根据式(3.2)荷载以 $1H:1V$ 的比例在翼缘内分散,比之前英国做法假定的稍慢。计算分散宽度 b_{eff} 不是扩展的全部范围,而是等效宽度,因此用此宽度计算的平均应力等于"实际"分布中弹性应力峰值。因为 3-1-5/式(3.2)为应力的弹性分布,所以其亦可用于疲劳计算以及承载能力极限状态计算。

对于非加劲翼缘,通过翼缘施加荷载,分散宽度简化为:

$$b_{eff}=\sqrt{s_e^2+(z/0.636)^2} \tag{D6.2-1}$$

在受荷翼缘下方深度 z 处的设计横向应力为:

$$\sigma_{z,Ed}=\frac{F_{Ed}}{b_{eff}t} \tag{D6.2-2}$$

其中 s_e 是受荷翼缘下腹板顶部的受荷宽度,t 是腹板厚度。远离受荷区域(其距离大约等于翼缘水平受荷宽度的两倍)时通过未加劲腹板的分散角度趋于恒定值 $0.785H:1V$,如图 6.2-8 所示。然而翼缘下方的初始应力轨迹是垂直的,不能始终采用如同之前英国做法一样简单的理想分散角。

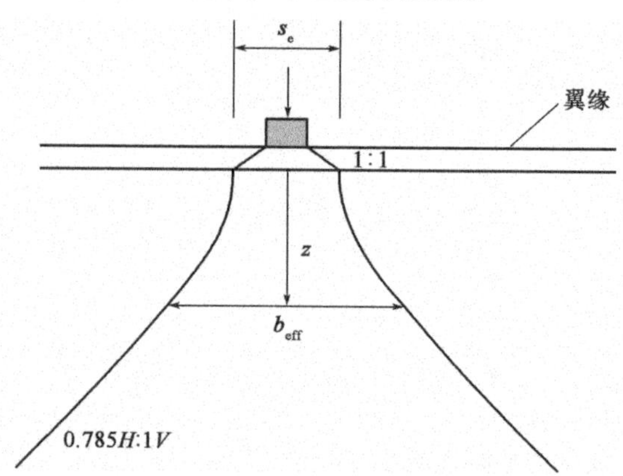

图 6.2-8 非加劲腹板的理想分散模式

加劲板间距比受荷宽度大的加劲板使用 3-1-5/式(3.2)时,需格外注意,因为该公式是在加劲肋间距很小并且均匀分布的假定下导出的。因此,3-1-5/条款 3.2.3(1)的注释限制其适用条件为 $s_{st}/s_e \leq 0.5$,其中 s_{st} 是加劲肋间距。除此限制外,应针对非加劲板采用式(D6.2-2)。

6.2.2.4 具有 3 类腹板和 1 类或 2 类翼缘的截面的有效特性

3-1-1/条款 6.2.2.4(1)

3-1-1/条款6.2.2.4(1) 中给出的方法通常称为"腹板开孔"法。在承受负弯矩作用的梁中,通常底部翼缘为 1 类或 2 类,腹板为 3 类截面。腹板局部屈曲的初始效应将稍微减小截面的抗弯承载力。假定腹板的定义深度"孔"在弯曲时无效,该假定使得折减截面从 3 类升级到 2 类,并避免了会发生的抗弯承载力突然变

化。该方法类似于使用4类截面的有效面积来考虑允许局部屈曲。该方法及其使用实例详见EN 1994-2[7]的设计指南。

值得注意的是，如果截面设计将3类截面视为等效2类截面，则在考虑其设计中的作用时，仍应将其视为3类。间接作用，例如不均匀沉降，对于实际的2类截面可以忽略，而对有效2类截面不能忽略。当间接作用包含主要和次要部分时，例如作用于超静定结构的不均匀收缩，可合理地忽略主要的自平衡应力，但不能忽略次要效应。

6.2.2.5 4类构件——一般规定和有效截面法

6.2.2.5.1 实现方法

由于局部屈曲，4类构件为在荷载作用下不能达到屈服应力的构件。板件屈曲见5.1.1的讨论。EN 1993-1-5给出处理4类截面的相关方法，包括两种方法，***3-2/条款6.2.2.5(1)***要求采用其中之一： *3-2/条款6.2.2.5(1)*

(i)使用基于有效宽度的截面特性来考虑板件和加劲肋屈曲，3-1-5/条款4采用该方法。

(ii)使用毛截面的截面特性，但折减容许应力限值(小于屈服应力)，3-1-5/条款10采用该方法。

EN 1993-2允许国家附件选择使用任一方法，但EN 1993-1-5对在某些情况下使用方法(i)给出了限制。因此，允许使用这两种方法是合理的。在本指南中，有效截面法详见6.2.2.5，折减应力法见6.2.2.6，下面给出两种方法的简单对比。

(i)EN 1993-1-5条款4中的有效截面

第一种方法与迄今为止的英国做法明显不同。这是因为采用腹板和翼缘的有效宽度允许在所有不同构件之间减载，从而使其组合强度得到最佳利用。

EN 1993-1-5中有效宽度模型隐含的减载意味着具有足够的屈曲后强度和延性进行应力重分布。图6.2-9给出了板组件的定义。未加劲板和子板由于应变继续增加，可以在达到最大抗力后，保持抗力峰值，所以这种减载是可能的。屈曲后强度源于未加劲板在弹性屈曲后荷载沿其纵向支撑边缘集中的能力。加劲板发生整体屈曲，通常具有较小的屈曲后强度，并且对于较短的宽板，屈曲主要是柱状的，弹性临界荷载为抗力的上限。有效宽度法还假定有足够的变形能力确保减载到其他板单元。本指南的作者不知道EN 1993-1-3项目组在校准该方法时使用的测试数据细节。它代表了与英国以往做法的重大变化。

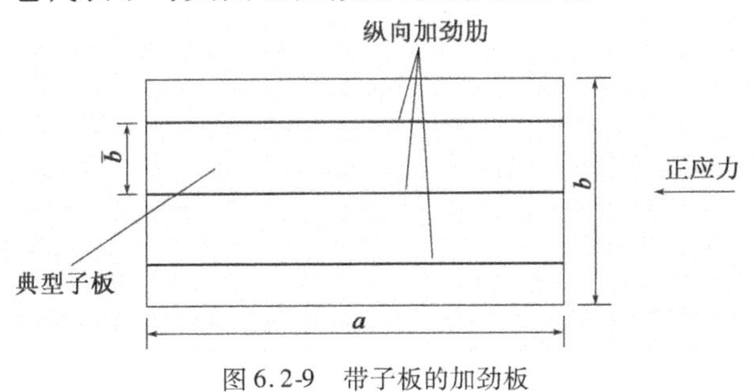

图6.2-9 带子板的加劲板

上述屈曲后强度和延性的假设当然不适用于开口加劲肋出现的局部扭转屈曲(有时称为脱扣),因为这种具有自由边的构件屈曲后强度不足以维持应变增加之后的荷载。屈曲时荷载迅速下降,可能导致连续失效。因此,使用有效截面的方法时,必须防止扭转屈曲。3-1-5/条款 9.2.1 提出一种预防方法。扭转屈曲详见本指南 6.9 节的讨论。

3-1-5/条款4.1(1) ***3-1-5/条款4.1(1)***给出了对方法(i)的进一步限制:

(a)板名义上应为矩形,翼缘应平行(或夹角小于 10°)。但是,可将板考虑为边长为最大尺寸的正方形板,并计算有效宽度比值 ρ 的下限,克服该限制。

(b)加劲肋必须沿纵向和/或横向设置,不得倾斜设置。

(c)板上未加劲开孔的直径不超过板宽度 b 的 5%。因为大开孔将限制板的屈曲后强度和延性。还需考虑二次弯曲应力,特别是在腹板开口周围。没有规定开孔必须设置多强的(横向和纵向)加劲的从而允许放宽该限制或如何考虑二次弯曲应力。因此,这需要设计师自己判断。

(d)构件必须具有统一的截面。腋角小于 10°的加腋构件可被视为满足(a)的统一截面。如果翼缘在高度方向连续弯曲,则可按照 3-1-5/条款 8 计算施加在腹板上的压力,但 EN 1993 没提供考虑与其他效应耦合的方法。因此,如果没有判断,对连续弯曲翼缘的梁采用有效截面法非常困难,参见本指南 6.10.1.1 的讨论。

(e)腹板应足以防止受压翼缘在腹板平面内屈曲。3-1-5/条款 8 给出相关规定,详见本指南 6.10 节的讨论与延伸。

EN 1993-1-5 中没有特别提到的另一限制是,纵向应力伴随均匀横向正应力时,不能使用有效截面法(未经修改)。3-1-5/条款 6 和 3-1-5/条款 7 中横向加载的规定和相互作用可适用于集中荷载,但需要使用 3-1-5/条款 10 中应力折减的方法评估更均匀横向应力的影响。

3-1-5/条款4.3(6) 如果翼缘比腹板具有更高的屈服应力,且翼缘屈服应力不超过腹板的推荐限值的 2 倍,则可以使用有效截面法,参见***3-1-5/条款4.3(6)***。腹板应力必须不超过腹板的屈服强度,并且应使用更高的翼缘屈服强度来确定腹板的有效宽度。

(ii) EN 1993-1-5 条款 10 中折减应力法的限制

如果不满足上述使用有效宽度法的条件,可根据 3-1-5/条款 10 使用基于毛截面特性的应力分析和随后的板屈曲验算的方法。该方法经常可以代替有效宽度法,但没有考虑过载板件减载的有利影响。该方法详见本指南的 6.2.2.6 的进一步讨论。

为满足结构最大经济性,一般最好使用 3-1-5/条款 4,尽管 6.2.2.6 讨论了一些特例。

6.2.2.5.2 有效截面法

3-1-5/条款4.3(3)
3-1-5/条款4.3(4)
基于截面各部分的应力分布确定有效宽度。***3-1-5/条款4.3(3)***和***3-1-5/条款4.3(4)***允许分别基于轴力和弯矩确定截面特性,或基于轴力与弯矩组合产生

的总应力分布。后者不太方便,因为截面特性会随荷载工况发生变化。

3-1-5/条款4.4(3) 中概述的基本流程是首先根据毛截面特性计算的应力确定翼缘的有效截面,如有必要还需考虑剪力滞。腹板有效截面采用包括总腹板和有效翼缘(考虑剪力滞效应)的截面特性进行计算。如果截面布置纵向加劲肋,则有效截面的推导必须考虑子区格板的局部屈曲和加劲板的整体屈曲。如果截面中的应力随截面变化分阶段累积(如钢-混凝土组合结构施工过程),***3-1-5/ 条款4.4(3)*** 规定采用有效翼缘和总腹板计算应力,然后根据腹板总应力分布确定腹板有效截面,得到的有效截面可用于所有施工阶段,最终求出累积应力。该近似方法可解决腹板的有效截面在整个施工过程中不断变化的问题。 *3-1-5/条款4.4(3)*

当双向受弯时,未定义翼缘或腹板如何构成。但是,同 BS 5400:第 3 部分有关规定相比,EN 1993-1-5 对腹板和翼缘采用统一方法进行精确分类并不那么重要。

6.2.2.5.2.1　未加劲板和子区格板的有效宽度

未加劲板(包括加劲板之间的子区格板)的有效宽度,按照 3-1-5/ 条款 4.4 计算。根据 ***3-1-5/条款4.4(1)***,板的有效面积计算如下: *3-1-5/条款4.4(1)*

$$A_{c,eff} = \rho A_c \qquad 3\text{-}1\text{-}5(4.1)$$

其中 ρ 为折减系数,取决于板处于内部(两边均进行加劲)或者外伸(仅有一边进行加劲)。板内部单元和外伸单元有效面积的分布分别根据 3-1-5/表 4.1 或表 4.2 的规定确定。***3-1-5/条款4.4(2)*** 提出的折减系数公式复制如下: *3-1-5/条款4.4(2)*

对于内部单元:

$$\rho = \frac{\overline{\lambda}_p - 0.055(3+\psi)}{\overline{\lambda}_p^2} \leqslant 1.0 \quad 但当 \overline{\lambda}_p \leqslant 0.673 时, \quad \rho = 1.0$$

3-1-5/(4.2)

对于外伸单元:

$$\rho = \frac{\overline{\lambda}_p - 0.188}{\overline{\lambda}_p^2} \leqslant 1.0 \quad 但当 \overline{\lambda}_p \leqslant 0.748 时, \quad \rho = 1.0 \qquad 3\text{-}1\text{-}5/(4.3)$$

其中 ψ 为 3-1-5/表 4.1 和表 4.2 中板的应力比。纯压($\psi=1$)作用下的 3-1-5/式(4.2)最初由 Winter 提出[8]。长细比 $\overline{\lambda}_p$ 的定义 ,遵循 Eurocodes 通常表达形式,即屈服承载力与弹性屈曲临界力之比的平方根,因此:

$$\overline{\lambda}_p = \sqrt{\frac{f_y}{\sigma_{cr}}} = \sqrt{\frac{f_y}{\left(\frac{k_\sigma \pi^2 E t^2}{12(1-\nu^2)b^2}\right)}} = \frac{\overline{b}/t}{28.4\varepsilon\sqrt{k_\sigma}}$$

式中,$\varepsilon=\sqrt{235/f_y}$;$k_\sigma$ 为屈曲系数,依据 3-1-5/表 4.1 和表 4.2 确定,取决于应力分布和板边缘支承条件;$\overline{b}/t$ 为板件宽厚比。k_σ 值假定简支边缘(除自由边缘),但当边缘具有明显转动刚度时,k_σ 可得到更高的值。板亦可假定无限长,具体讨论见后续章节。

由图 6.2-10 可得:由于缺陷和全塑性的出现,低长细比情形下,实际板强度小于弹性临界荷载。但高长细比情形下,由于板靠近支承边缘部分的屈曲后强度,实际板强度超过弹性临界荷载。

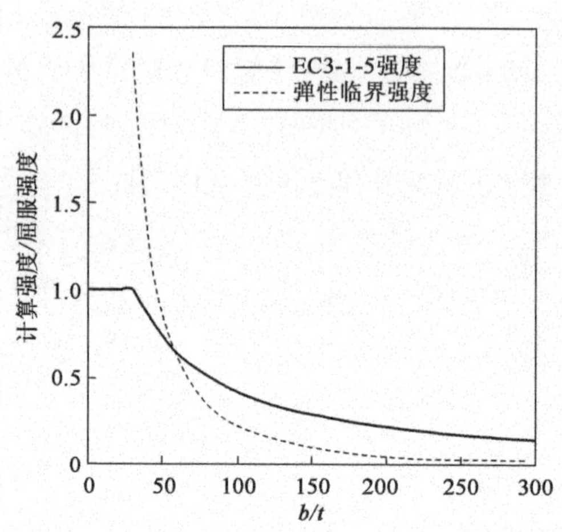

图 6.2-10 S355 钢材内板弹性临界强度与实际强度的比较

3-1-5/条款 4 中规定的弹性屈曲临界值假定板长远大于板宽。对于内板,最低屈曲模态为一个横向半波屈曲和多个纵向半波屈曲。当板的长度是宽度的整数倍时,产生最小屈曲荷载,如图 6.2-11所示。对于均匀受压,当 $a/b=1$、2、3…时,$k_{\sigma}=4$。当长宽比 $1<a/b<3$ 时,屈曲荷载受到 a/b 非整数值的影响,当 $a/b=1.42$ 时,k_{σ} 约为 4.5。当 a/b 大于 3 且为非整数时,屈曲荷载波动最小。

当板长度小于宽度时,屈曲荷载开始上升(尽管 EN 1993-1-5 未提供 k_{σ} 的公式),并且屈曲模态变得越来越像没有横向边界约束板条的柱型屈曲。当$a/b<1$ 时,板横向弯曲的约束很小,理想的柱型屈曲模态非常准确,且临界应力 $\sigma_{cr,c}$ 大致与板屈曲应力 $\sigma_{cr,p}$ 相同。当 a/b 增加并趋近 1 时,随着板的横向弯曲约束增加,该近似变得更为保守,且 $\sigma_{cr,p}$ 大于柱型屈曲临界应力 $\sigma_{cr,c}$。

对于给定的长细比,柱型屈曲所需的折减系数大于板型屈曲(因为板具有超出弹性临界荷载一定量的强度储备,而对于柱,弹性临界荷载是其强度的上限),因此当 $a/b<1$ 时,必须考虑这两种情况。但是,当 a/b 很小时,使用长板的长细

3-1-5/条款4.4(6) 比计算 ρ,忽略柱型屈曲行为总是安全的。***3-1-5/条款4.4(6)*** 允许采用 3-1-5/条款 4.5.3(2)考虑板的柱型屈曲,其中未加劲板的柱型屈曲荷载计算如下:

$$\sigma_{cr,c}=\frac{\pi^{2}Et^{2}}{12(1-\nu^{2})a^{2}} \qquad \text{3-1-5/(4.8)}$$

如果短板长度对增加稳定承载力有利,必须根据 3-1-5/条款 9.2.1 验算长度减小后的横向加劲肋提供此类支撑的能力。详见本指南 6.6 节的讨论。

3-1-5/条款4.5.3(4) ***3-1-5/条款4.5.3(4)*** 规定柱型屈曲的长细比:

$$\bar{\lambda}_c = \sqrt{\frac{f_y}{\sigma_{cr,c}}} \quad 3\text{-}1\text{-}5/(4.10)$$

根据***3-1-5/条款4.5.3(5)***,使用缺陷参数$\alpha = 0.21$,由3-1-1/条款6.3.1.2中弯曲屈曲曲线确定柱型屈曲折减系数χ_c。然后,根据***3-1-5/条款4.5.4(1)***的要求在板行为折减系数ρ和柱行为折减系数ρ_c之间进行插值: ***3-1-5/条款 4.5.3(5)*** ***3-1-5/条款 4.5.4(1)***

$$\rho_c = (\rho - \chi_c)\xi(2-\xi) + \chi_c \quad 3\text{-}1\text{-}5/(4.13)$$

式中,$\xi = \sigma_{cr,p}/\sigma_{cr,c} - 1$ $(0 \leqslant \xi \leqslant 1)$;$\sigma_{cr,p}$是板行为的弹性屈曲临界应力;$\sigma_{cr,c}$是柱行为的弹性屈曲临界应力。$\rho_c$可通过假定$\sigma_{cr,p} = \sigma_{cr,c}$,保守地取为$\chi_c$。EN 1993-1-5的应用性规定中,由于缺乏考虑板行为的短板公式,保守近似采用$\rho_c = \chi_c$,如图6.2-11所示。然而,可以找到解决方案,例如参考Bulson[9]或IDWR[10](图6.2-17),其中给出了短板的k_σ值。仅对于纯压和$a/b<1$,以下公式可用于确定短内板的板型屈曲系数k_σ:

$$k_\sigma = \left(\frac{b}{a} + \frac{a}{b}\right)^2 \quad (D6.2\text{-}3)$$

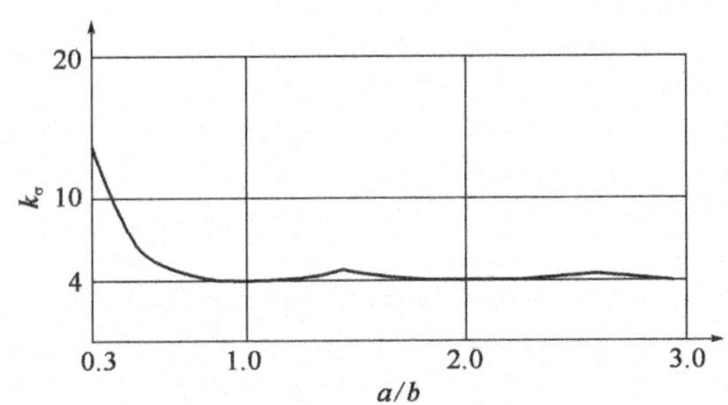

图6.2-11 纯压作用下k_σ随a/b的变化示意

3-1-5/式(4.13)中总体折减系数不应小于对应的长板折减系数。因此,子板无须采用3-1-5/式(4.13),除非短板更为有利。通常不值得这么做(如实例6.2-2中所示),除了验算非常高应力的区域,该区域密布横向加劲肋防止屈曲。

纯压作用下的内板(翼缘的典型情形),当S355钢完全有效时,板$\bar{b}/t$的限值是31。这一限值高于使用BS 5400:第3部分[4]中的比值24。B. Johansson和M. Veljkovic[11]进行非线性有限元研究表明,EN 1993-1-5中纯压板折减系数可准确预测无明显残余应力的板,但会高估存在应力未释放的大型焊缝的板强度。结果如图6.2-12所示,该结果支持采用EN 1993-1-5折减系数,原因如下:

1. 在残余应力低的情况下,对强度稍微过高预测可以通过以下事实来证明,非线性分析的结果与等效试件的实际试验结果相比较,本身是保守的。

2. 加劲结构中板的焊缝通常是小的角焊缝,不会产生大的残余应力,并且板的对接焊缝通常间隔较宽。因此,可忽略少量较高残余应力数据。当大焊缝非常靠近时,采用EN 1993-1-5相关规定需注意,该情形下折减有效宽度比较适合。

轴向应力(但不是弹性临界应力)作用下板的极限承载力受板纵向边缘是否能在平面内波动的影响。被纵向加劲肋及其周围板限制的加劲板,其面内位移,自动受到“约束”。与翼缘相邻的腹板只有在翼缘具有足够的抗弯刚度和强度(绕其弱轴)以阻止平面内位移时才被“约束”。EN 1993 没有区分“受约束”和“不受约束”的条件。EN 1993-1-5 中内板的有效宽度基于方形箱梁试验,其中板基本上“不受约束”。

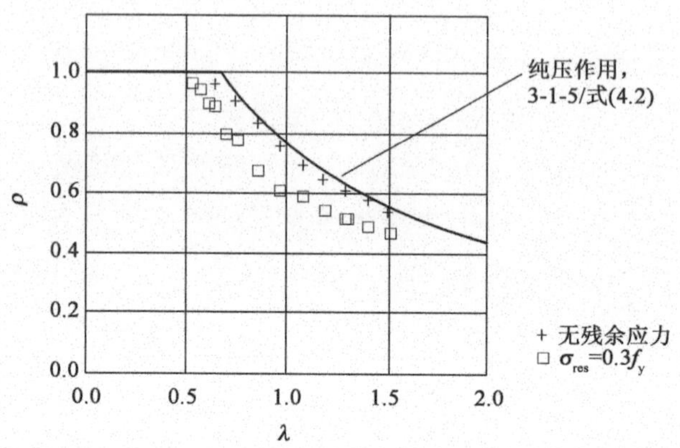

图 6.2-12 纯压内板有限元模拟与 EN 1993-1-5 公式的比较

值得注意的是,根据 3-1-1/表 5.2,S355 钢在 3 类-4 类边界处 $\bar{b}/t$ 的极限值是 $42\varepsilon = 34 > 31$,因此设计规定不一致。而外伸单元不存在不一致,纯压作用下两种方法均给出 14ε。

当按照有效截面的分析得出的板中最大应力小于屈服应力时,可以通过使用

3-1-5/条款4.4(4) **3-1-5/条款4.4(4)**的迭代推导长细比的折减值,以得到更大的有效宽度:

$$\bar{\lambda}_{p,red} = \bar{\lambda}_p \sqrt{\frac{\sigma_{com,Ed}}{f_y/\gamma_{M0}}} \qquad \text{3-1-5/(4.4)}$$

首先根据 $\bar{\lambda}_p$ 计算有效宽度上的应力,然后计算 $\bar{\lambda}_{p,red}$ 得到修正的有效宽度。这个迭代过程一直持续到 $\sigma_{com,Ed}$ 收敛。这种方法有利于减少正应力与剪切和横向荷载相互作用下的使用。但是,当根据 3-2/条款 6.3 验算整体构件屈曲时不能使用,因为定义的屈曲限制荷载将导致截面外侧纤维屈服。然而,如果进行含缺陷的二阶分析来考虑构件屈曲效应,则仍然允许使用 $\bar{\lambda}_{p,red}$,但是如果没有专门开发的软件,则所需的迭代将更加困难。

不考虑板中的双轴应力(除了 3-1-5/条款 6 中的横向加载规定和 3-1-5/条款 7 中的相互作用)。如果出现均匀的横向应力(例如在支座处的横隔区域),则必须包含在纵向正应力折减系数的计算中(但没有给出方法)或者必须使用 3-1-5/条款 10 中单个板验算的方法,如本指南 6.2.2.6 所述。

对于长内板的简单情况,图 6.2-13 给出了不同应力比 ψ 下折减系数与 $(\bar{b}/t)\sqrt{f_y/235}$ 的关系。

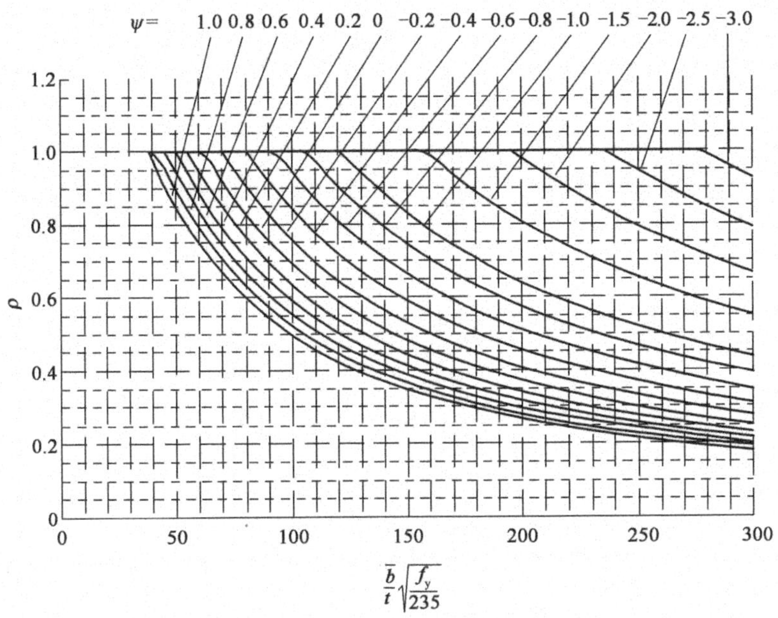

$\frac{\bar{b}}{t}\sqrt{\frac{f_y}{235}}$

图 6.2-13　内侧受压单元的折减系数

实例 6.2-2：子区格板的屈曲

厚度为 10mm 的 S355 钢板中有一 600mm 宽的子板，均匀受压。设置一道横向加劲肋将子板长度减小至 300mm。计算设置与不设置横向加劲肋时该板的有效宽度。

对于长面板，折减系数如下

由 3-1-5/式(4.2)可知：

$$\bar{\lambda}_p = \frac{\bar{b}/t}{28.4\varepsilon\sqrt{k_\sigma}} = \frac{600/10}{28.4\times0.81\times\sqrt{4}} = 1.304$$

$$\rho = \frac{\bar{\lambda}_p - 0.055(3+\psi)}{\bar{\lambda}_p^2} = \frac{1.304-0.055(3+1)}{1.304^2} = \mathbf{0.64}$$

当设置一道横向加劲肋，限制板长为 300 mm 时，还应验算柱型屈曲。

由 3-1-5/式(4.8)可知：

$$\sigma_{ar,c} = \frac{\pi^2 Et^2}{12(1-\nu^2)a^2} = \frac{\pi^2\times210\times10^3\times10^2}{12(1-0.3^2)\times300^2} = 210.9\text{MPa}$$

$$\bar{\lambda}_c = \sqrt{\frac{f_y}{\sigma_{ar,c}}} = \sqrt{\frac{355}{210.9}} = 1.297$$

由 3-1-1/图 6.4 的曲线 $a(\alpha=0.21)$ 可知，柱型屈曲的折减系数 $\chi_c = \mathbf{0.47}$。

由于计算 $a/b<1$ 板的屈曲临界应力没有相关规定，计算通常会停在此处，长板的折减将限制为 0.64。但是当 $a/b<1$ 时，通过使用板型屈曲公式，一些改进论证如下。

对于 $a/b=300/600=0.5$，根据式(D6.2-3)，板型屈曲行为给出 $k_\sigma=(b/a+a/b)^2=6.25$。

$$\sigma_{\mathrm{cr,p}} = \left(\frac{k_{\sigma}\pi^2 E t^2}{12(1-\nu^2)\overline{b}^2}\right) = \left(\frac{6.25\pi^2 \times 210 \times 10^3 \times 10^2}{12(1-0.3^2) \times 600^2}\right) = 330\mathrm{MPa}$$

$$\overline{\lambda}_{\mathrm{p}} = \frac{\overline{b}/t}{28.4\varepsilon\sqrt{k_{\sigma}}} = \frac{600/10}{28.4 \times 0.81 \times \sqrt{6.25}} = 1.043$$

$$\rho = \frac{\overline{\lambda}_{\mathrm{p}} - 0.055(3+\psi)}{\overline{\lambda}_{\mathrm{p}}^2} = \frac{1.043 - 0.055(3+1)}{1.043^2} = 0.757$$

根据 3-1-5/式(4.13),在板行为和柱行为之间插值,最终折减系数为:

$\rho_{\mathrm{c}} = (\rho - \chi_{\mathrm{c}})\xi(2-\xi) + \chi_{\mathrm{c}} = (0.757 - 0.47) \times 0.564 \times (2 - 0.564) + 0.47 =$ **0.70**

其中 $\xi = \sigma_{\mathrm{cr,p}}/\sigma_{\mathrm{cr,c}} - 1 = 330/211 - 1 = 0.564$。

因此,使用式(D6.2-3)计算短板的屈曲临界荷载,证明了有效宽度的小幅改善。它还说明横向加劲肋必须密布,优势才能明显。

6.2.2.5.2.2 加劲板

3-1-5/条款 4.5.1(1) *3-1-5/条款 4.5.1(2)*

对于加劲板,根据 ***3-1-5/条款4.5.1(1)*** 对受压区面积进行整体折减,以满足子区格板的局部屈曲和加劲板的整体屈曲。该有效面积是按照 ***3-1-5/条款4.5.1(2)*** 中的两个步骤对总面积进行折减后获得,详见 3-1-5/条款 4.5.2(1)。首先,根据上面讨论的非加劲板的规定,推导子区格板和任何细长闭口加劲肋的有效面积,考虑局部屈曲。开口加劲肋还必须满足防止扭转屈曲的限值,参考本指南的 6.9 节。对于平板加劲肋,当根据 3-1-5/式(4.3)(S355 钢,$b/t = 11.3$)或根据 6.9 节讨论的扭转屈曲规则(S355 钢,$b/t = 10.5$)作为外伸板件计算时,b/t 的容许值是相似的。强烈建议所有开口加劲肋的外伸部分都应满足 3-1-5/表 4.2 中板完全有效时的外伸限制,因为外伸部分几乎没有屈曲后强度,并且开口加劲肋的屈曲会导致突然破坏。第二,确定整个加劲板的整体屈曲折减系数,然后根据***3-1-5/条款4.5.1(3)*** 和 ***3-1-5/条款4.5.1(4)*** 确定加劲板受压区的有效截面面积:

3-1-5/条款 4.5.1(3) *3-1-5/条款 4.5.1(4)*

$$A_{\mathrm{c,eff}} = \rho_{\mathrm{c}} A_{\mathrm{c,eff,loc}} + \sum b_{\mathrm{edge,eff}} t \qquad \text{3-1-5/(4.5)}$$

与

$$A_{\mathrm{c,eff,loc}} = A_{\mathrm{sl,eff}} + \sum_{\mathrm{c}} \rho_{\mathrm{loc}} b_{\mathrm{c,loc}} t \qquad \text{3-1-5/(4.6)}$$

式中:$A_{\mathrm{sl,eff}}$——受压区所有纵向加劲肋(不包括附属的腹板或翼缘板)的有效截面面积的总和,如果发生板型屈曲(闭口加劲肋可能发生)还应进行折减。

$\sum \rho_{\mathrm{loc}} b_{\mathrm{c,loc}} t$——受压区所有子板的有效截面面积,如上所述。若局部板件屈曲则进行折减,除去由腹板或翼缘板支撑的子板有效部分($\sum b_{\mathrm{edge,eff}} t$),

如图 6.2-14 和图 6.2-15 所示。这些是 EN 1993-1-5 中图 4.4 的更通用版本。从 3-1-5/式(4.6)中去除边缘部分,因为其不会受到整体板屈曲的显著影响。图 6.2-15 中,如果出现应力反转的情况,可认为毛面积取到距受压区的最后一个加劲肋 $0.4b_c$ 处,并且有效面积同样取到距该加劲肋$0.4b_{eff3}$处。但是,EN 1993-1-5 明确规定了该区域。

ρ_c——加劲板整体屈曲的折减系数,忽略子板的局部屈曲。

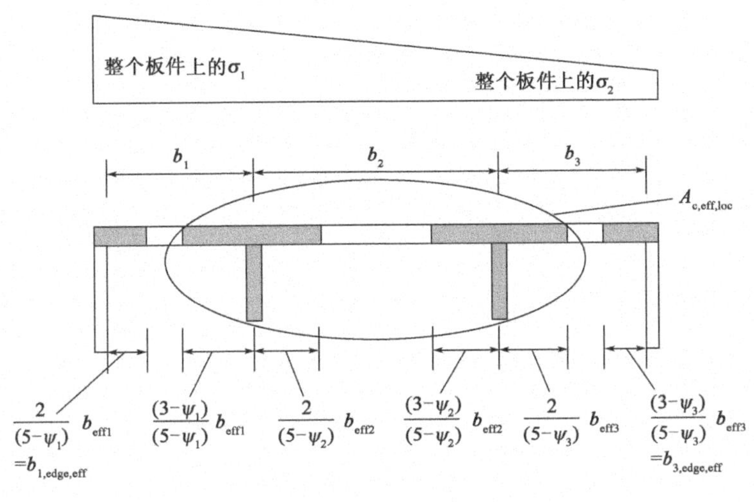

a)有效面积$A_{c,eff,loc}$

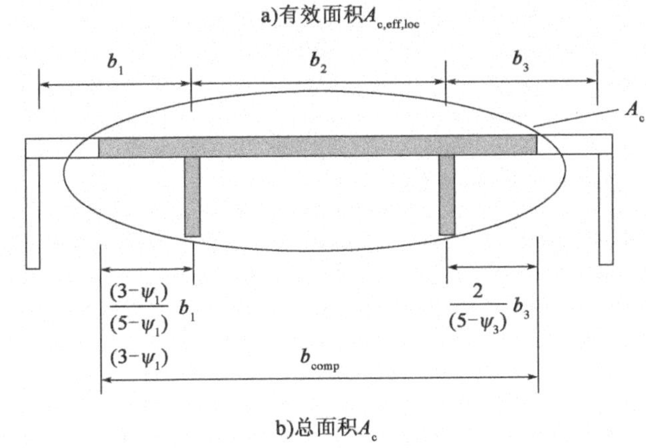

b)总面积A_c

图 6.2-14　可变压力(无拉力)作用的加劲板

在对应力反转并变为拉力的板进行此计算时,重要的是不要忘记在截面特性中包括受拉区域。

3-1-5/条款4.5.1(8) 和 ***3-1-5/条款4.5.1(9)*** 指出,可能需要进一步减少有效面积来考虑剪力滞以符合 3-1-5/条款 3.3。如果需要,进一步折减最好在求得板屈曲的有效面积 $A_{c,eff}$之后进行。 *3-1-5/条款4.5.1(8)* *3-1-5/条款4.5.1(9)*

整体屈曲的折减系数通过柱型屈曲的折减系数和整体加劲板(与非加劲板相同)屈曲之间的经验插值来确定的,这是因为对于柱型屈曲,给定长细比对应的折减系数更大。使用 ***3-1-5/条款4.5.4(1)*** 中的公式: *3-1-5/条款4.5.4(1)*

$$\rho_c = (p - \chi_c)\xi(2 - \xi) + \chi_c \qquad 3\text{-}1\text{-}5/(4.13)$$

式中:ρ——根据 3-1-5/式(4.2)或 3-1-5/或(4.3),为计算 3-1-5/条款 4.5.2(1)中的长细比$\overline{\lambda}_p$ 而确定的整体加劲板屈曲折减系数。为了确定 $\overline{\lambda}_p$,还需要计算 $\sigma_{cr,p}$,$\sigma_{cr,p}$的计算方法取决于纵向加劲肋的数量。

χ_c——根据 3-1-5/条款 4.5.3,柱型屈曲的折减系数(将加劲板视为纵向边缘支承移除的支柱),如下所述。

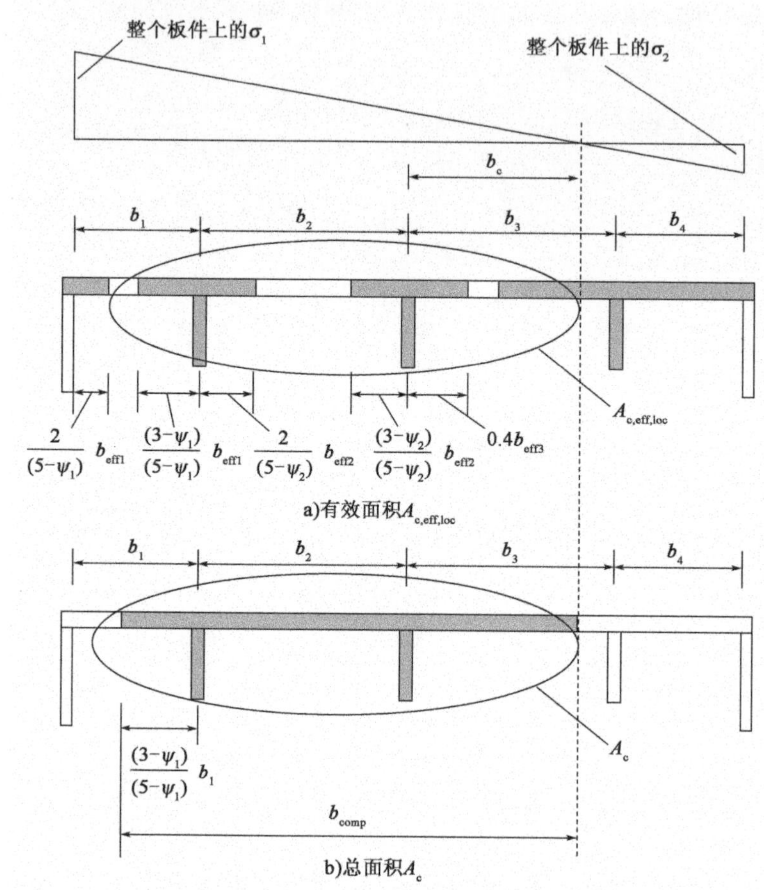

图 6.2-15 可变压力(有应力反转)作用下的加劲板

$\xi = \sigma_{cr,p}/\sigma_{cr,c} - 1$,其中 $\sigma_{cr,p}$为加劲板的弹性屈曲临界应力,$\sigma_{cr,c}$是柱型屈曲的弹性屈曲临界应力。由于 $\sigma_{cr,p}$不应小于 $\sigma_{cr,c}$,所以将 ξ 的下限设为 0。还进一步给出 1.0 的上限,以确保当 $\sigma_{cr,p}/\sigma_{cr,c} > 2$ 时,加劲板折减系数达到上限。

往往不值得费力计算 $\sigma_{cr,p}$,因为其仅略大于 $\sigma_{cr,c}$,除非板长度明显长大于宽度。因此,$\sigma_{cr,p}$通常可以保守认为与 $\sigma_{cr,c}$相等,除非横向约束间隔很大,在此情形下结果将过于保守。这实际上是 BS 5400:第 3 部分[4] 中的假定。建议首先确定柱型屈曲的折减系数,因为当折减系数$\chi_c = 1.0$ 时,任何情况下都没有必要考虑板的作用。另外,对于外伸的加劲板,加劲板的作用非常小,因为只有一侧有纵向边缘支承,因此只需在推导整体屈曲的折减系数时计算柱屈曲荷载。

(a)加劲板的屈曲临界应力

3-1-5/附录A

3-1-5/附录A 涵盖 $\sigma_{cr,p}$的计算。根据加劲板是否满足以下情况,使用不同的

方法来确定 $\sigma_{cr,p}$；

(i)受压区设置许多同样的加劲肋；

(ii)受压区设置一道或两道加劲肋。

在第一种方法中,加劲肋等效为正交异性(正交各向异性的简称)板。设置三道或更多加劲肋已经足够,但将较少的加劲肋进行均匀化不太准确且必须考虑它们的实际位置。第二种方法考虑不同尺寸非均匀布置加劲肋。两种方法都假定横向加劲肋是"刚性的",如果其设计符合 3-1-5/条款 9 则自动满足。EN 1993-1-5 中没有给出设置柔性横向加劲肋的设计规定;并未禁止其使用,但也不鼓励。采用柔性加劲肋时的屈曲临界应力,必须参考标准正文。

(i)大量加劲肋——等效正交异性板

该方法将加劲板视为加劲肋均匀化的正交各向异性板。***3-1-5/附录 A.1*** 给出正交异性板的公式: ***3-1-5/附录 A.1***

$$\sigma_{cr,p}=k_{\sigma,p}\frac{\pi^2Et^2}{12(1-\nu^2)b^2} \qquad \text{3-1-5/(A.1)}$$

其中 $k_{\sigma,p}$为根据正交各向异性板理论得到的系数,通过忽略子区格板屈曲来确定,因此 $\sigma_{cr,p}$为最大压应力板边缘处的临界应力。$\sigma_{cr,p}$ 的计算基于图 6.2-14 和图 6.2-15中的加劲板面积 A_c 总惯性矩(见 3-1-5/条款 4.5.2(1)的讨论)。然而,通过假设板均匀受压确定有效截面总偏于保守。临界应力可以通过标准正文或计算机模拟确定,但任何一种方法都必须忽略子区格板屈曲。后者为使用有限元模型的问题。

3-1-5/附录 A.1 给出 $k_{\sigma,p}$的公式:

$$k_{\sigma,p}=\frac{2((1+a^2)^2+\gamma-1)}{\alpha^2(\psi+1)(1+\delta)} \quad \text{当 } \alpha\leqslant\sqrt[4]{\gamma}\text{时}$$

$$k_{\sigma,p}=\frac{4(1+\sqrt{\gamma})}{(\psi+1)(1+\delta)} \quad \text{当 } \alpha>\sqrt[4]{\gamma}\text{时} \qquad \text{3-1-5/(A.2)}$$

$k_{\sigma,p}$的值考虑了加劲肋的均匀化,因此可以直接使用 3-1-5/式(A.1),将 t 作为母板厚度。其仅适用于间隔均匀的(或大致均匀)相同加劲肋。公式仅限于长宽比 $\alpha=a/b\geqslant0.5$,但这一限制并不太严格,因为当 $a/b<0.5$ 时正交各向异性的益处通常可以忽略不计,$\sigma_{cr,p}$趋近于柱型屈曲临界应力。公式也限制应力比 $\psi=\sigma_2/\sigma_1\geqslant0.5$。

3-1-5/式(A.2)中忽略了加劲肋的扭转惯性矩,对于设置开口加劲肋的板,其影响可忽略不计,但对于设置闭口加劲肋的板,其影响显著,例如桥面板的槽型加劲肋。算例 6.2-4 中说明该方法的使用。A_p(整个母板面积 $=bt$),$\sum I_{sl}$(整个加劲板的二阶矩)和 I_p(整个母板的二阶矩 $=bt^3/10.92$)的定义与 3-1-5/式(4.7)长细比计算中一致 ,最好只参考图 6.2-14 所示的加劲板部分(即毛面积,但不包括由腹板支承的部分)。实例 6.2-4 中采用此修正,但效果不明显。其他定义:$\sum A_{sl}$是所有加劲肋外伸部分的总面积,$\gamma=\sum I_{sl}/I_p$,$\delta=\sum A_{sl}/A_p$。

基于 IDWR [10]的方法也可以用于未设置中间柔性横向加劲肋的情况。该方法也适用于加劲肋间距和尺寸不均匀时,板上存在应力反转时,以及考虑加劲肋的扭转惯性时。使用与 EN 1993-1-5(见图 6.2-9)相同的符号,计算具有最大压应力的板边缘处屈曲临界应力:

$$\sigma_{cr,p}=\frac{\pi^2\sqrt{D_xD_y}}{b^2t_{eff}}\left[k_0+\frac{(k_i-k_0)H}{\sqrt{D_xD_y}}\right] \quad (D6.2\text{-}4)$$

$$H=\frac{Gt^3}{6}+\frac{GI_T}{2\bar{b}}$$

其中 I_T 为开口加劲肋外伸部分的圣维南扭转惯矩,或者是由闭口加劲肋和母板形成的口箱形截面的圣维南扭转惯矩。$\bar{b}$为加劲肋间距。

$$D_x=\frac{E\sum I_{sc}}{b_{comp}}$$

$$D_y=\frac{Et^3}{12(1-\nu\nu_y)}$$

式中:$\sum I_{sc}$——受压区加劲肋有效截面的二阶矩总和,包括加劲肋及其涂层,其中加劲肋间隔均匀且尺寸相等。与加劲板的整个受压区惯性矩类似,不包括由腹板或翼缘支承的子区格板部分,如图 6.2-14 和图 6.2-15 所示。随后讨论加劲肋间距不等的情形。

b_{comp}——加劲板受压区的宽度,不包括由腹板或翼缘支承的子板部分,如图 6.2-14 和图 6.2-15 所示。

$$\nu_y=0.3\left(\frac{\bar{b}t}{A_s+\bar{b}t}\right)$$

$t_{eff}=t\left(1+\frac{\sum A_s}{b_{comp}t}\right)$,即宽度 b_{comp}范围内的有效厚度。

A_s——单个加劲肋的毛面积,不包括母板。

$\sum A_s$——宽度 b_{comp}范围内受压区中,加劲肋本身的毛面积(不包括母板)的总和。

k_i——未加劲板的屈曲系数,板的纵横比为 $\varphi'=(a/b)(D_y/D_x)^{0.25}$,由应力比 $\psi=\sigma_2/\sigma_1$ 确定,如图 6.2-16 所示。

k_0——平面内弯矩和轴力作用下正交各向异性板的屈曲系数,扭转刚度为零,纵横比 $\varphi'=(a/b)(D_y/D_x)^{0.25}$,通过应力比 $\psi=\sigma_2/\sigma_1$ 确定,如图 6.2-17 所示。

当加劲肋间距和尺寸变化时,可推导受压区各加劲肋及其母板的等效刚度

$I_{s,eff}$。然后可以将 D_x 确定为 $E\sum I_{s,eff}/b_{comp}$。

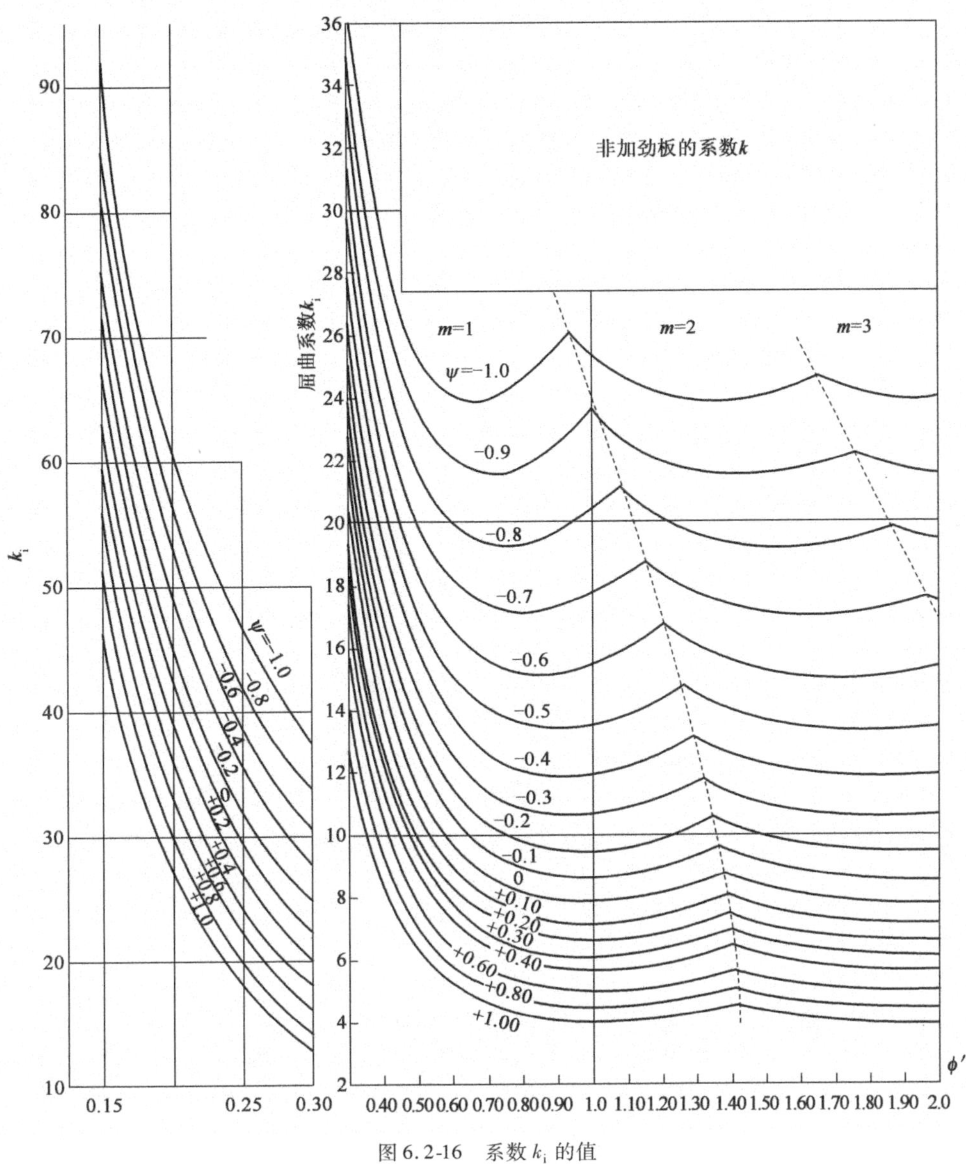

图 6.2-16　系数 k_i 的值

对均匀受压：

$$I_{s,eff}=1.5I_{sc}\left(1-\frac{4y_s^2}{b^2}\right)\left(\frac{N+1}{N+2}\right)$$

式中，N 为纵向加劲肋的数量；y_s 为加劲板中心到加劲肋的距离；I_{sc} 为加劲肋有效截面面积的二阶矩，包括加劲肋及其涂层，如图 6.2-18 所示。

纯弯作用下或板截面上会出现拉应力的压弯作用下，对于每个加劲肋，$I_{s,eff}=\beta I_{sc}$。β 为加劲肋位置影响系数，中性轴与板最外侧受压纤维处为 0，假设中性轴与最外侧受压力的距离为 h_c，则距中性轴 $0.8h_c$ 处取 2.0，其间线性变化，如图 6.2-19所示。板截面上全部为压应力的压弯作用下，则可以推导出类似的权重，或者保守地使用压应力分布，前提是加劲肋布置间距不是很宽且/或其小于板受压最严重的部分。或者，最简单的方法是在加劲肋尺寸和间距变化的所有情况下，

刚度 D_x 基于板最柔的部分确定。

3-1-5/条款4.5.2(1)

无论采用什么方法确定临界应力,根据 ***3-1-5/条款 4.5.2(1)*** 确定长细比如下:

$$\bar{\lambda} = \sqrt{\frac{\beta_{A,c} f_y}{\sigma_{cr,p}}} \qquad \text{3-1-5/(4.7)}$$

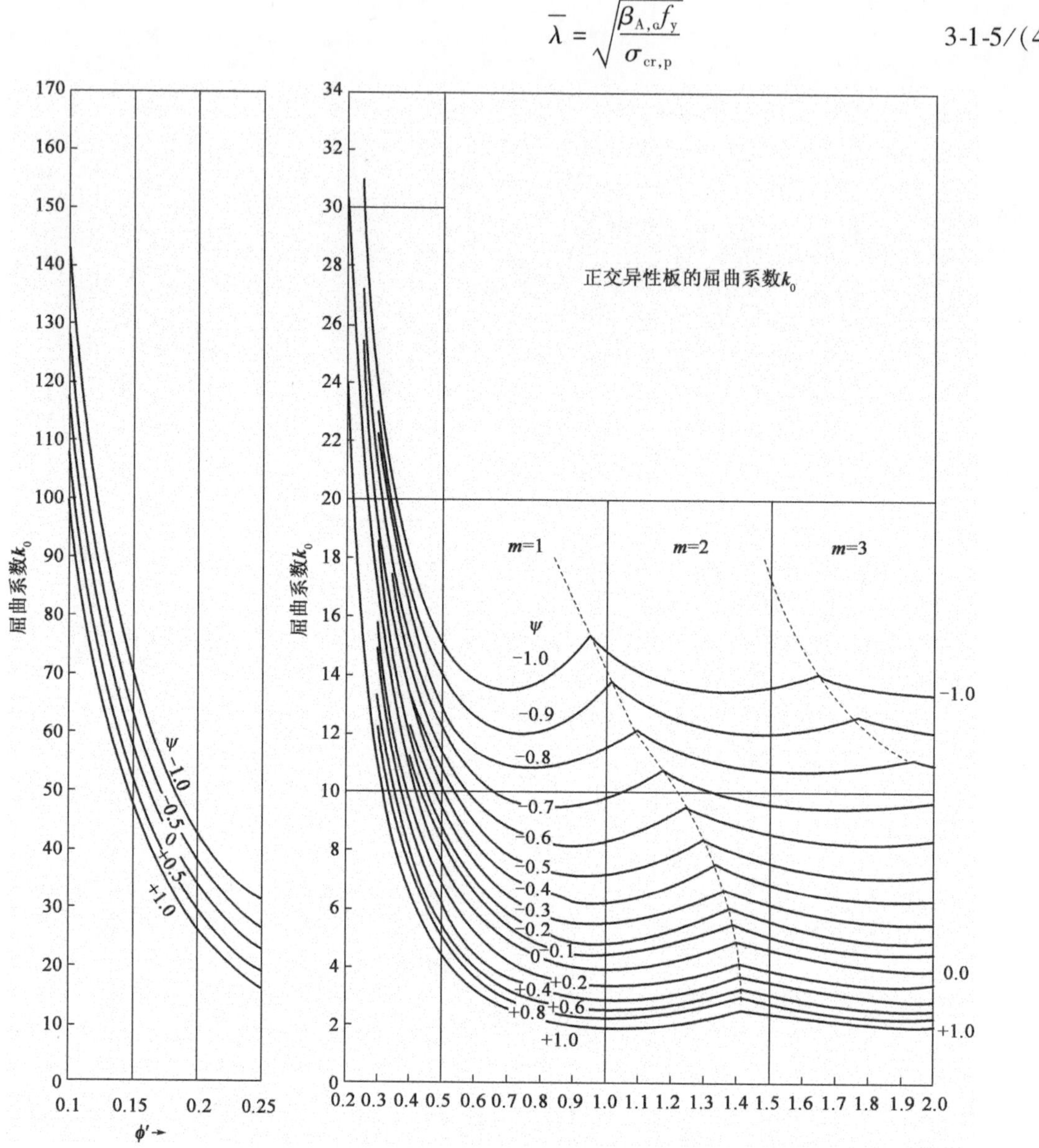

图 6.2-17 系数 k_0 的值

其中 $\beta_{A,c} = A_{c,eff,loc}/A_c$,$A_c$ 为加劲板受压区的总面积,不包括由腹板或翼缘支承的子区格板部分,如图 6.2-14 和图 6.2-15 所示。通过系数 $\beta_{A,c} = A_{c,eff,loc}/A_c$,长细比实际上为加劲板的压溃荷载(考虑子板区格屈曲)除以整个加劲板弹性临界荷载的平方根。后者采用总面积旨在说明局部屈曲截面的刚度大于抗力计算的有效面积的刚度,即刚度损失小于抗力损失。与使用有效面积(考虑子板区格屈曲)计算整体屈曲荷载相比,采用这种方法会得到较小长细比,但差异不太大。在起草过程中,面对某些方面的批评,后一个事实进一步证明使用总面积是合理的。最重要的是 $\beta_{A,c}$ 中使用的面积应该与推导屈曲临界应力或板的临界力的面积一致,否则板的临界力可能是不正确的。此同样适用于3-1-5/条款4.5.2(1)考虑剪力滞对 A_c 和 $A_{c,eff,loc}$ 进行的修正。剪力滞的折减对于两个区域应该基本相同,因此在长细比计算时这些面积通常不需要考虑。

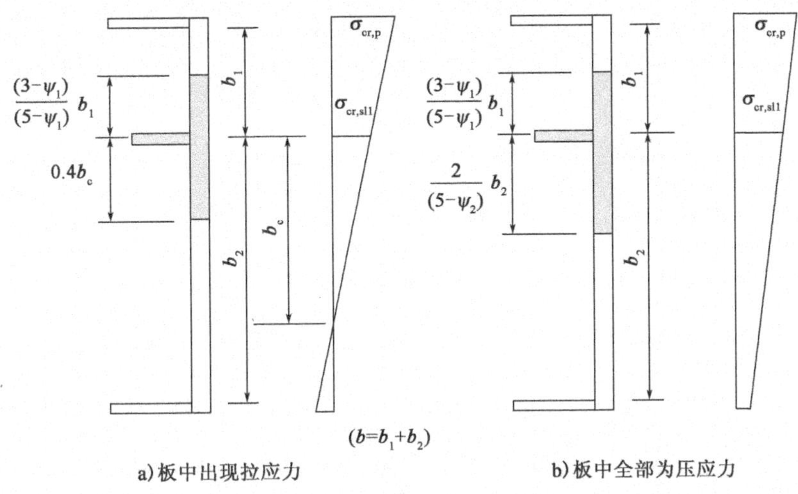

图6.2-18　虚拟柱法的加劲肋面积 $A_{sl,1}$

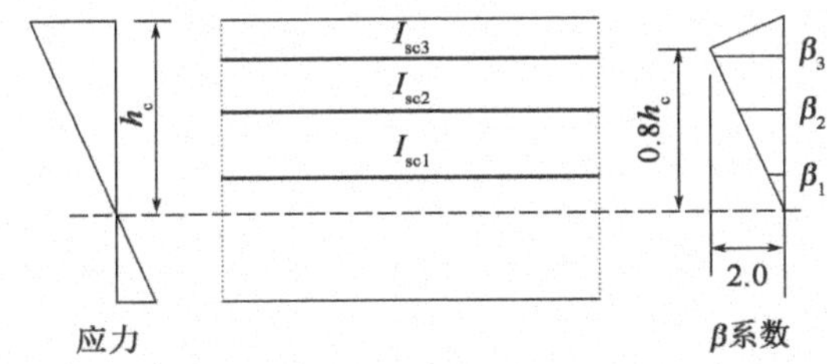

图6.2-19　纯弯作用下或出现拉应力的压弯作用下加劲肋惯性矩影响系数

而3-1-5/条款4.5.2(1)和3-1-5/附录A.1都规定了计算临界应力的毛截面面积,3-1-5/条款4.5.1(2)的措辞引起了一些疑惑。它指出,“整体屈曲应验算考虑加劲肋有效截面面积的加劲板……”这仅仅意味着对于整体屈曲,应进一步减小有效的子区格板面积和加劲肋用于整体屈曲的计算,而不是在确定临界应力时使用有效面积。

关于临界应力计算中使用毛截面面积的进一步评论为:如果加劲肋的间距非常大且跨径较短,局部剪力滞会限制涂层作用于加劲肋的效果,因此使用完整的总板宽度可能会过高估计弯曲刚度和临界力。屈曲临界应力计算采用的折减面积二阶矩可以通过对加劲板施加横向荷载与产生的挠度反向计算确定。然而,对于实际几何形状,这种效应的刚度降低很小,通常使用毛截面特性是合理的。规范中未提出考虑该效应的要求。

根据3-1-5/式(4.2)和式(4.3)中未加劲板的公式,利用3-1-5/式(4.7)中的长细比得到加劲板性能的折减系数。

(ii)受压区内布置一道或两道加劲肋

3-1-5/附录A.2 中给出的方法基于这样一种模型,其中加劲肋被视为假想柱,　***3-1-5/附录A.2***

假定该柱受到由板条构成的弹性弹簧的约束,该弹性弹簧像梁一样作用于加劲肋直角处。该方法保守地忽略了板的扭转。

EN 1993-1-5 涵盖了受压区中布置一道和两道加劲肋这两种不同情形。在任何一种情形下,忽略受拉区的加劲肋。对于受压区中设置两道以上加劲肋的腹板,如果几何形状适当,腹板可以理想化为正交异性板,或者板屈曲荷载可保守地视为柱屈曲荷载。

一道加劲肋

3-1-5/条款A.2.2 当受压区中仅设置一道加劲肋时,板屈曲应临界力应根据 ***3-1-5/条款A.2.2*** 计算:

当 $a \geqslant a_c$ 时, $$\sigma_{cr,sl} = \frac{1.05E}{A_{sl,1}} \frac{\sqrt{I_{sl,1} t^3 b}}{b_1 b_2}$$

3-1-5/(A.4)

当 $a \leqslant a_c$ 时, $$\sigma_{cr,sl} = \frac{\pi^2 E I_{sl,1}}{A_{sl,1} a^2} + \frac{E t^3 b a^2}{4\pi^2 (1-\nu^2) A_{sl,1} b_1^2 b_2^2}$$

其中,$a_c = 4.33\sqrt[4]{\dfrac{I_{sl,1} b_1^2 b_2^2}{t^3 b}}$为屈曲波长,假定移除刚性横向加劲肋(并且刚性横向加劲肋之间不存在柔性横向加劲肋)。b_1、b_2 为从加劲肋到各板边缘的距离,它们的和 b 等于整个加劲板的宽度(或高度)。在整体屈曲计算中完全忽略受拉区中的纵向加劲肋。

$A_{sl,1}$为加劲肋及其涂层的总面积,忽略图 6.2-18 所示的局部板件屈曲。在 3-1-5/附录 A.1 中给出类似的图。$I_{sl,1}$为相同面积对应的二阶矩,其目的是,将附加板的面积归于加劲肋,其比例与 3-1-5/表 4.4 中考虑板件屈曲的有效宽度相同。因此,加劲肋较高应力侧的$[(3-\psi)/(5-\psi)]b_1$ 的附属宽度与 3-1-5/表 4.4 中的值 b_{e2}类似,即$[1-2/(5-\psi)]\ b_1$。对于同时出现拉、压应力的板件,应力较低侧的附加宽度为 $0.4b_c$,与 3-1-5/表 4.4 中的值 b_{e1}成正比。

如在腹板中存在应力梯度,板边界处的峰值压应力 $\sigma_{cr,p}$超过加劲肋有效截面($\sigma_{cr,sl}$)处的计算值,如图 6.2-18 所示,则 $\sigma_{cr,p}$可通过图 6.2-18,用与下面讨论的柱屈曲相同的方式求得以避免保守。

两道加劲肋

当受压区中设置两道加劲肋时,可将一道加劲肋的流程重复三次,同样完全忽略受拉区的纵向加劲肋。首先,假设每道加劲肋各自屈曲,其他加劲肋视为刚性,提供刚性板件边界。在这种情况下,b 值等于所考虑的加劲肋每侧板宽之和。然后将两道加劲肋视为一个组合加劲肋,其截面特性等于两个单独加劲肋特性之和,根据两力的中心计算出其位置。流程如 3-1-5/图 A.3 所示,但此处不再赘述。

如果存在应力梯度,则 $\sigma_{cr,p}$ 由 $\sigma_{cr,sl}$ 导出,如同上面讨论的单个加劲肋的情况。

对于设置一道或两道加劲肋的情形,根据 3-1-5/式(4.7)计算板型屈曲长细比。

(b)加劲板的柱屈曲荷载

柱屈曲荷载始终可以单独用于确定折减系数(ρ_c)的保守值,这避免了确定加劲板临界屈曲荷载;但在许多情形下优势有限。

考虑移除板纵向边缘的支承,首先按照***3-1-5/条款4.5.3***采用有效截面计算压应力最大的加劲肋的弹性柱屈曲临界应力: *3-1-5/条款4.5.3*

$$\sigma_{cr,sl} = \frac{\pi^2 EI_{sl,1}}{A_{sl,1} a^2} \qquad 3\text{-}1\text{-}5/(4.9)$$

式中,$A_{sl,1}$为图6.2-18所示加劲肋及其涂层的总面积,对应于仅设置一道加劲肋的加劲板屈曲情形;$I_{sl,1}$是相应面积的二阶面积矩。

如果板中存在应力梯度(如腹板中),则加劲肋有效截面位置处的压应力并非峰值压应力$\sigma_{cr,c}$。为避免过于保守,将上述临界应力外推至板边缘处(与图6.2-18中的方法相同),得到如下峰值应力:

$$\sigma_{cr,c} = \sigma_{cr,sl}\frac{b_c}{b_{sl,1}}$$

其中,b_c为零正应力处至板上压应力最大的纤维处的距离;$b_{sl,1}$为零正应力处到加劲肋的距离。注意,此处与图6.2-18中b_c的定义不同,因为EN 1993-1-5中其用于指代子板和整体板中的应力分布,设计者需要仔细考虑每种情形相应的定义,直至文档通过编辑改进。对于应力变化但始终受压的板,b_c将大于板深度b。同样不幸的是,3-1-5/式(4.9)中使用$\sigma_{cr,sl}$表示忽略母板横向约束的柱屈曲荷载,而在3-1-5/式(A.4)中,采用相同的符号来表示考虑母板横向约束的屈曲荷载。

根据***3-1-5/条款4.5.3(4)***计算相对长细比如下: *3-1-5/条款4.5.3(4)*

$$\bar{\lambda} = \sqrt{\frac{\beta_{A,c} f_y}{\sigma_{cr,c}}} \qquad 3\text{-}1\text{-}5/(4.11)$$

其中,$\beta_{A,c} = A_{sl,1,eff}/A_{sl,1}$。这里使用的面积$A_{sl,1}$必须与上面提到的加劲板屈曲中计算柱屈曲应力时假定的面积相匹配。注意$A_{sl,1,eff}$的定义为一道加劲肋和有效板的有效面积而不是整个板的有效面积。应始终检查$\beta_{A,c}$中两个面积是否对应,即它们都指代整个受压区或仅一道加劲肋。

使用EN 1993-1-1中的柱屈曲公式计算上述长细比的折减系数χ_c,但是根据***3-1-5/条款4.5.3(5)***增加了缺陷系数,以考虑假定初始不平直度,这里初始不平直度取长度/500而非EN 1993-1-1规定的长度/1000。EN 1090允许加劲肋具有更大的公差。缺陷系数计算如下: *3-1-5/条款4.5.3(5)*

$$\alpha_e = \alpha + \frac{0.09}{i/e} \qquad 3\text{-}1\text{-}5/(4.12)$$

其中,i为加劲肋及其涂层的回转半径;e为加劲板的质心到板中心的距离(e_2)或加劲板的质到纵向加劲肋质心的最大距离(e_1),如EN 1993-1-5图A.1所示。对于闭口加劲肋,取$\alpha = 0.34$,对于开口加劲肋,取$\alpha = 0.49$。

实例 6.2-3:纵向加劲人行天桥有效截面的计算

由 S355 钢制成的人行天桥的横截面如图 6.2-20 所示。计算正弯矩作用下有效截面特性。在 2000mm 中心处设置了翼缘横梁和腹板横向加劲肋。(注意,对于该几何形状下的腹板,设置纵向加劲肋通常不经济。此处设置仅用来说明设计过程。)

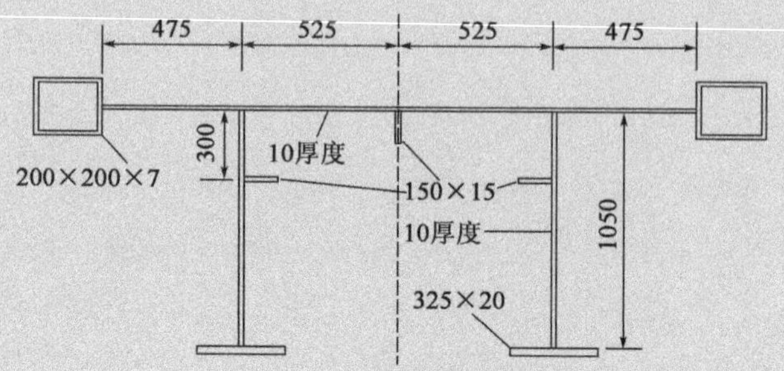

图 6.2-20 实例 6.2-3 中的钢制人行天桥(尺寸单位:mm)

腹板间的上翼缘

主梁间均匀受压的板:

$$\bar{\lambda}_p = \frac{\bar{b}/t}{28.4\varepsilon\sqrt{k_\sigma}} = \frac{525/10}{28.4 \times 0.81 \times \sqrt{4}} = 1.141$$

(保守地使用板中心线尺寸而不是腹板净宽度)

$$\rho = \frac{\bar{\lambda}_p - 0.055(3+\psi)}{\bar{\lambda}_p^2} = \frac{1.141 - 0.055(3+1)}{1.141^2} = 0.71$$

150 × 15 的加劲肋 $h/t = 10 < 10.5$,该值是防止扭转屈曲的限值,参见本指南 6.9 节的讨论。

首先计算柱屈曲荷载:

由于应力均匀分布,加劲肋有效截面为加劲肋加上每侧板宽的一半。桥面板上加劲肋有效截面对应的桥面板宽度 = 525mm。因此 $A_{sl,1} = 525 \times 10 + 150 \times 15 = 7500\text{mm}^2$,$I_{sl,1} = 1.434 \times 10^7\text{mm}^4$,有效截面的质心距翼缘顶部为 29mm。由 3-1-5/式(4.9)可得:

$$\sigma_{cr,c} = \sigma_{cr,sl} = \frac{\pi^2 E I_{sl,1}}{A_{sl,1} a^2} = \frac{\pi^2 \times 210 \times 10^3 \times 1.434 \times 10^7}{7500 \times 2000^2} = 991\text{MPa}$$

相同加劲肋有效截面但考虑板屈曲的有效面积为 $A_{sl,1,eff} = 0.71 \times 525 \times 10 + 150 \times 15 = 5978\text{mm}^2$。

$$\beta_{A,c} = \frac{A_{sl,1,eff}}{A_{sl,1}}$$

$$\bar{\lambda}_c = \sqrt{\frac{\beta_{A,c} f_y}{\sigma_{cr,c}}} = \sqrt{\frac{5978 \times 355}{7500 \times 991}} = 0.534$$

然后使用缺陷通过柱稳定曲线计算折减系数:

$$\alpha_e = \alpha + \frac{0.09}{i/e} = 0.49 + \frac{0.09}{43.7/56} = 0.61$$

式中：$i = \sqrt{\frac{I_{sl,1}}{A_{sl,1}}} = \sqrt{\frac{1.434 \times 10^7}{7500}} = 43.7\text{mm}$；

$e = 150/2 + 10 - 29.0 = 56\text{mm}$（加劲肋外伸部分质心至加劲板质心的距离）；

对于开口加劲肋，$\alpha = 0.49$。

根据3-1-1/式(6.49)：

$$\Phi = 0.5[1 + \alpha_e(\bar{\lambda} - 0.2) + \bar{\lambda}^2] = 0.5[1 + 0.61(0.534 - 0.2) + 0.534^2]$$
$$= 0.744$$

$$\chi_c = \frac{1}{\Phi + \sqrt{\Phi^2 - \lambda^2}} = \frac{1}{0.744 + \sqrt{0.744^2 - 0.534^2}} = \mathbf{0.80}$$

接下来，使用3-1-5/条款A.2.2中的一道加劲肋法计算加劲板的整体屈曲折减系数。由于应力是均匀分布的，加劲肋有效截面为加劲肋加上每边板宽的一半，同上述柱屈曲验算一样。

因此，$A_{sl,1} = 525 \times 10 + 150 \times 15 = 7500\text{mm}^2$、$I_{sl,1} = 1.434 \times 10^7\text{mm}^4$。

未设置横向加劲肋的屈曲波长为：

$$a_c = 4.33\sqrt[4]{\frac{I_{sl,1}b_1^2b_2^2}{t^3b}} = 4.33\sqrt[4]{\frac{1.434 \times 10^7 \times 525^2 \times 525^2}{10^3 \times 1050}}$$
$$= 4370\text{mm} > a = 2000\text{mm}（实际板长度）$$

这里预期横向加劲肋不太可能将屈曲波长限制到如此短的长度。因此，临界应力为：

$$\sigma_{cr,p} = \sigma_{cr,sl} = \frac{\pi^2 EI_{sl,1}}{A_{sl,1}a^2} + \frac{Et^3ba^2}{4\pi^2(1-\nu^2)A_{sl,1}b_1^2b_2^2}$$
$$= \frac{\pi^2 \times 210 \times 10^3 \times 1.434 \times 10^7}{7500 \times 2000^2} + \frac{210 \times 10^3 \times 10^3 \times 1050 \times 2000^2}{4\pi^2(1-0.3^2)7500 \times 525^2 \times 525^2}$$
$$= 991 + 43 = 1034\text{MPa}$$

该值不会明显高于柱型屈曲应力。计算$\beta_{A,c} = A_{c,eff,loc}/A_c$时，总受压区和考虑板件屈曲有效受压区的有效面积与此例中设置一道加劲肋的相应情形类似。

因此，长细比为：

$$\bar{\lambda}_p = \sqrt{\frac{\beta_{A,c}f_y}{\sigma_{cr,p}}} = \sqrt{\frac{5978 \times 355}{7500 \times 1034}} = 0.523$$

长细比小于临界值0.673，因此板型屈曲不需要折减，即$\rho = 1.0$。根据3-1-5/式(4.13)，整体屈曲的最终折减系数为：

$$\rho_c = (\rho - \chi_c)\xi(2 - \xi) + \chi_c = (1.0 - 0.80) \times 0.04 \times (2 - 0.04) + 0.80$$
$$= \mathbf{0.82}$$

式中：$\xi = \frac{\sigma_{cr,p}}{\sigma_{cr,c}} - 1 = \frac{1034}{991} - 1 = 0.04$

该折减系数基本等同于柱型屈曲折减系数,说明通常不值得费力考虑板型屈曲。

因此,有效的板面积和加劲肋面积需要通过系数 0.82 进行折减。

$$A_{c,eff,loc} = A_{sl,eff} + \sum_c \rho_{loc} b_{c,loc} t = 150 \times 15 + 0.71 \times 525 \times 10 = 5978\text{mm}^2$$

$$A_{c,eff} = \rho_c A_{c,eff,loc} + \sum b_{edge,eff} t = 0.82 \times 5978 + 0.71 \times 525/2 \times 2 \times 10 = \mathbf{8629mm^2}$$

加劲肋每一侧附属部分的有效宽度为 525 ×0.71 ×0.82/ 2 =153mm。每个腹板附近附属部分的宽度 =525/2 ×0.71 =186mm。加劲肋折减后面积为 =150 ×15 × 0.82 =1845mm^2,如图 6.2-21 所示。

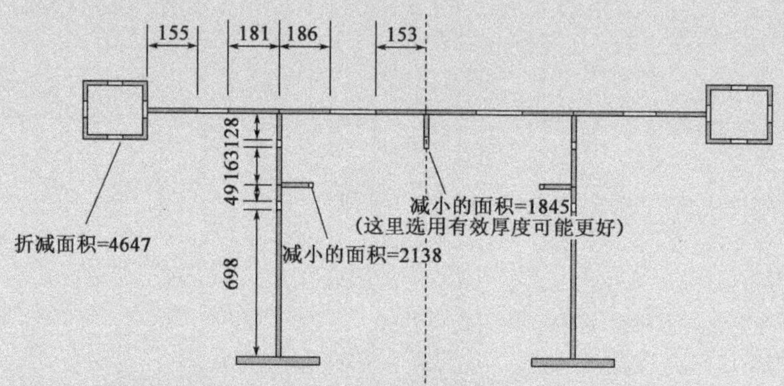

图 6.2-21　实例 6.2-3 中截面的最终有效截面(尺寸单位:mm)

上翼缘悬臂

悬臂板边缘处通过空心型钢加劲,因此可被视为内部板单元。

$$\bar{\lambda}_p = \frac{\bar{b}/t}{28.4\varepsilon\sqrt{k_\sigma}} = \frac{475/10}{28.4 \times 0.81 \times \sqrt{4}} = 1.032$$

(保守采用板中心线尺寸)

$$\rho = \frac{\bar{\lambda}_p - 0.055(3+\psi)}{\bar{\lambda}_p^2} = \frac{1.032 - 0.055(3+1)}{1.032^2} = 0.76$$

200 ×200 ×7 边缘空心型钢加劲肋中 $\bar{b}/t = 27 < 31$(S355 钢内板完全有效的限制比值),因此不易产生局部板屈曲。

由于加劲板仅沿一个纵向边缘支撑,因此上翼缘悬臂不会对柱型屈曲产生任何显著的约束。因此,整体屈曲的屈曲荷载将简单地认为是柱型屈曲的屈曲荷载。

对于均匀受压,总板宽的一半附属在加劲肋上,因此,$A_{sl,1} = 475/2 \times 10 + 4 \times 193 \times 7 = 7779\text{mm}^2$,$I_{sl,1} = 3.36 \times 10^7\text{mm}^4$

$$\sigma_{cr,c} = \sigma_{cr,sl} = \frac{\pi^2 E I_{sl,1}}{A_{sl,1} a^2} = \frac{\pi^2 \times 210 \times 10^3 \times 3.36 \times 10^7}{7779 \times 2000^2} = 2238\text{MPa}$$

相同加劲肋有效截面但考虑板件屈曲的有效面积为 $A_{sl,1,eff} = 0.76 \times 475/2 \times 10 + 4 \times 193 \times 7 = 7209\text{mm}^2$。

$$\beta_{A,c}=\frac{A_{sl,1,eff}}{A_{sl,1}}$$

$$\overline{\lambda}_c=\sqrt{\frac{\beta_{A,c}f_y}{\sigma_{cr,c}}}=\sqrt{\frac{7209\times355}{7779\times2238}}=0.383$$

然后使用缺陷 $\alpha_e=\alpha+0.09/(i/e)$，根据柱屈曲曲线计算折减系数。通过检查，得到的缺陷位于 3-1-1/图 6.4 中的曲线"c"和"d"之间的某值，所以保守地采用曲线"d"，于是：

$\chi_c=\mathbf{0.86}$

因此，有效板面积和加劲肋面积考虑系数 0.86 进行折减。

$$A_{c,eff,loc}=A_{sl,eff}+\sum_c\rho_{loc}b_{c,loc}t=4\times193\times7+0.76\times475/2\times10$$
$$=7209\text{mm}^2$$

$$A_{c,eff}=\rho_cA_{c,eff,loc}+\sum b_{edge,eff}t=0.86\times7209+0.76\times475/2\times10$$
$$=8005\text{mm}^2$$

空心型钢附属部分的有效宽度为 475 ×0.76 ×0.86/ 2 = 155mm，腹板附属部分的有效宽度为 475 ×0.76/ 2 = 181mm，空心型钢的有效面积 = 4 ×193 ×7 ×0.86 = 4647 mm²，如图 6.2-21 所示。

腹板

为了确定有效腹板，首先确定有效上翼缘和总腹板构成的桥梁截面的中性轴。中性轴高度距离下翼缘底部 639mm，如图 6.2-22 所示。

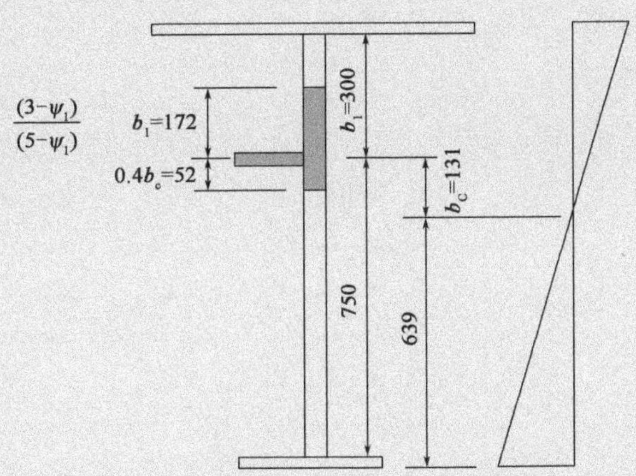

图 6.2-22　腹板加劲肋有效截面(尺寸单位：mm)

对于顶板，$\psi_1=131/431=0.30$

考虑顶板均匀受压，$b_1/t=300/10=30<31$，因此顶板不需要考虑板件屈曲折减。

对于底板，$\psi_2=-619/131=-4.73$

根据 3-1-5/表 4.1，将 ψ 限制为 −3.0，$k_\sigma=5.98(1-\psi)^2=5.98(1+3)^2=95.68$

$$\overline{\lambda}_p = \frac{\overline{b}/t}{28.4\varepsilon\sqrt{k_\sigma}} = \frac{750/10}{28.4 \times 0.81 \times \sqrt{95.68}} = 0.333 < 0.673$$

因此底板不需要考虑板件屈曲折减。

因为考虑,加劲板的性能对上翼缘的分析几乎没有好处,仅需确定柱屈曲荷载。柱的有效截面如图 6.2-22 所示。

$$上附宽度 = [(3-\psi_1)/(5-\psi_1)]\,b_1$$

$$= [(3-0.30)/(5-0.30)] \times 300 = 172 \text{ mm}$$

$$下附宽度 = 0.4b_c = 0.4 \times 131 = 52\text{mm}$$

因此,$A_{sl,1} = (172 + 52) \times 10 + 150 \times 15 = 4490\text{mm}^2$,$I_{sl,1} = 1.142 \times 10^7\text{mm}^4$,质心距腹板的背面 45.1mm。

$$\sigma_{cr,sl} = \frac{\pi^2 EI_{sl,1}}{A_{sl,1}a^2} = \frac{\pi^2 \times 210 \times 10^3 \times 1.142 \times 10^7}{4490 \times 2000^2} = 1318\text{MPa}$$

因此,基于极限受压纤维的临界应力为:

$$\sigma_{cr,c} = \sigma_{cr,sl}\frac{b_c}{b_{sl,1}} = 1318 \times 431/131 = 4336\text{MPa}$$

注意此处 b_c 的定义与图 6.2-22 定义不同。

由于不发生板件屈曲,$A_{sl,1,eff} = A_{sl,1} = 4490\text{mm}^2$,所以

$$\beta_{A,c} = \frac{A_{sl,1,eff}}{A_{sl,1}} = 1.0$$

$$\overline{\lambda}_c = \sqrt{\frac{\beta_{A,c} f_y}{\sigma_{cr,c}}} = \sqrt{\frac{355}{4336}} = 0.286$$

然后使用如下缺陷,根据柱屈曲曲线计算折减系数。

$$\alpha_e = \alpha + \frac{0.09}{i/e} = 0.49 + \frac{0.09}{50.5/40} = 0.56$$

式中:$i = \sqrt{\dfrac{I_{sl,1}}{A_{sl,1}}} = \sqrt{\dfrac{1.142 \times 10^7}{4490}} = 50.5\text{mm}$;

$e = 150/2 + 10 - 45.1 = 40\text{mm}$;

对于开口加劲肋,$\alpha = 0.49$。

$$\Phi = 0.5[1 + \alpha_e(\overline{\lambda} - 0.2) + \overline{\lambda}^2]$$

$$= 0.5[1 + 0.56(0.286 - 0.2) + 0.286^2] = 0.565$$

$$\chi = \frac{1}{\Phi + \sqrt{\Phi^2 - \lambda^2}} = \frac{1}{0.565 + \sqrt{0.565^2 - 0.286^2}} = \mathbf{0.95}$$

必须根据板件屈曲的附加宽度的位置以及加劲肋面积对腹板进行折减。

在加劲肋上方，有效宽度 $=172\times0.95=163\text{mm}$。附属在桥面板的腹板没有折减。

在加劲肋下方，有效宽度 $=52\times0.95=49\text{mm}$。附属在下翼缘的腹板没有折减。

加劲肋本身折减后的面积 $=150\times15\times0.95=2138\ \text{mm}^2$。

弯曲应力计算的最终有效截面如图 6.2-21 所示。

实例 6.2-4：加劲宽翼缘的截面特性

钢箱梁的底部翼缘宽 4000mm，厚 12mm，设置 9 道 150mm × 15mm 的板式加劲肋，其中心间距为 400mm。因此，所有子板宽 400mm。箱内 4000mm 中心处设置横隔板。计算均匀受压时底部翼缘的有效面积。（剪力滞效应尽管显著，在该算例中忽略不计，因此考虑剪力滞的有效面积需要进一步折减。）

首先计算局部子区格板屈曲的折减系数：

$$\bar{\lambda}_{\text{p}}=\frac{\bar{b}/t}{28.4\varepsilon\sqrt{k_{\sigma}}}=\frac{400/12}{28.4\times0.81\times\sqrt{4}}=0.725$$

$$\rho=\frac{\bar{\lambda}_{\text{p}}/t-0.055(3+\psi)}{\bar{\lambda}}=\frac{0.725-0.055(3+1)}{0.725^2}=0.96\text{，即最小折减系数}$$

150 × 15 加劲肋中 $h/t=10<10.5$，如本指南 6.9 节讨论的那样是防止扭转屈曲的限值，因此可以防止扭转屈曲。对于整体屈曲，需要计算柱屈曲荷载和正交各向异性板屈曲荷载。首先计算柱屈曲荷载：

$I_{\text{sl},1}$ 简单地等于一道加劲肋的惯性矩，板的总附属宽度等于加劲肋间距 $\bar{b}=400\text{mm}$（如图 6.2-23 所示）。$A_{\text{sl},1}$ 是上述截面的面积。

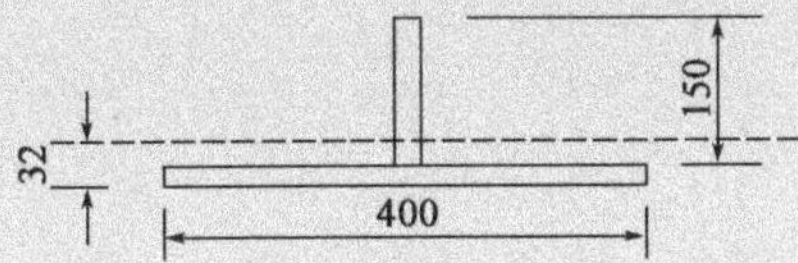

图 6.2-23　实例 6.2-4 中总加劲肋的有效截面（尺寸单位：mm）

$I_{\text{sl},1}=1.433\times10^{7}\text{mm}^4$ 且 $A_{\text{sl},1}=150\times15+400\times12=7050\text{mm}^2$

$$\sigma_{\text{cr,sl}}=\frac{\pi^2EI_{\text{sl},1}}{A_{\text{sl},1}a^2}=\frac{\pi^2\times210\times10^3\times1.433\times10^7}{7050\times4000^2}=\mathbf{263.3MPa}$$

$$\beta_{\text{A,c}}=\frac{A_{\text{sl},1,\text{eff}}}{A_{\text{sl},1}}$$

其中 $A_{\text{sl},1,\text{eff}}$ 为一道加劲肋及其附属板考虑板件屈曲的有效面积。每个加劲肋板的有效宽度 $=0.96\times400=384\text{mm}$，因此

$$A_{\text{sl},1,\text{eff}}=384\times12+150\times15=6858\text{mm}^2$$

$$\bar{\lambda}_{\text{c}}=\sqrt{\frac{\beta_{\text{A,c}}f_{\text{y}}}{\sigma_{\text{cr,c}}}}=\sqrt{\frac{6858\times355}{7050\times263.3}}=1.145$$

然后使用以下缺陷,根据柱稳定曲线计算折减系数:

$$\alpha_e = \alpha + \frac{0.09}{i/e} = 0.49 + \frac{0.09}{45.1/55} = 0.60$$

式中:$i = \sqrt{\frac{I_{sl,1}}{A_{sl,1}}} = \sqrt{\frac{1.433 \times 10^7}{7050}} = 45.1\text{mm}$;

由图 6.2-23 可知,$e = 150/2 + 12 - 32 = 55\text{mm}$;

对于开口截面加劲肋,$\alpha = 0.49$。

$$\Phi = 0.5[1 + \alpha_e(\bar{\lambda} - 0.2) + \bar{\lambda}^2]$$

$$= 0.5[1 + 0.60(1.145 - 0.2) + 1.145^2] = 1.439$$

$$\chi = \frac{1}{\Phi + \sqrt{\Phi^2 - \lambda^2}} = \frac{1}{1.439 + \sqrt{1.439^2 - 1.145^2}} = \mathbf{0.433}$$

接下来计算加劲板性能的折减系数:

对于均匀受压,可以使用 3-1-5/附录 A.1 的方法或采用式(D6.2-4)确定加劲板整体屈曲荷载。这里使用两种方法进行计算。

式(*D6.2-4*):

$$I_T = \frac{150 \times 15^3}{3} = 1.6875 \times 10^5\text{mm}^4$$

$$H = \frac{Gt^3}{6} + \frac{GI_T}{2\bar{b}} = \frac{81 \times 10^3 \times 12^3}{6} + \frac{81 \times 10^3 \times 1.6875 \times 10^5}{2 \times 400}$$

$$= 4.041 \times 10^7\text{N} \cdot \text{mm}$$

由于加劲肋具有相同的间距和尺寸,每米总加劲板的刚度 $\sum I_{sc}/b_{comp}$ 简单地等于一个加劲肋间距 $\bar{b} = 400\text{mm}$(如图 6.2-23 所示)的有效截面刚度 I_{sc} 除以加劲肋间距 $\bar{b} = 400\text{mm}$。

$$I_{sc} = 1.433 \times 10^7\text{mm}^4$$

$$\frac{\sum I_{sc}}{b_{comp}} = \frac{I_{sc}}{\bar{b}} = \frac{1.433 \times 10^7}{400} = 35825\text{mm}^3$$

$$D_x = \frac{E\sum I_{sc}}{b_{comp}} = 210 \times 10^3 \times 35825 = 7.522 \times 10^9\text{N} \cdot \text{mm}$$

$$D_y = \frac{Et^3}{12(1 - \nu\nu_y)} = \frac{210 \times 10^3 \times 12^3}{12(1 - 0.3 \times 0.204)} = 3.221 \times 10^7\text{N} \cdot \text{mm}$$

式中:$\nu_y = 0.3\left(\frac{\bar{b}t}{A_s + \bar{b}t}\right) = 0.3\left(\frac{400 \times 12}{2250 + 400 \times 12}\right) = 0.204$

单个外伸加劲肋面积 $A_s = 150 \times 15 = 2250\text{mm}^2$。

$$t_{\mathrm{eff}} = t\left(1 + \frac{\sum A_s}{b_{\mathrm{comp}} t}\right) = 12.0\left(1 + \frac{9 \times 2250}{9 \times 400 \times 12}\right) = 17.63\mathrm{mm}$$

长宽比 $\varphi' = \frac{a}{b}\left(\frac{D_y}{D_x}\right)^{0.25} = \frac{4000}{4000}\left(\frac{3.221 \times 10^7}{7.522 \times 10^9}\right)^{0.25} = 0.26$

对于均匀受压,应力比 $\psi = 1.0$。因此：

由图 6.2-16 可知，$k_i = 17.3$。

由图 6.2-17 可知，$k_0 = 15.3$。

$$\sigma_{\mathrm{cr,p}} = \frac{\pi^2 \sqrt{D_x D_y}}{b^2 t_{\mathrm{eff}}}\left[k_0 + \frac{(k_i - k_0) H}{\sqrt{D_x D_y}}\right]$$

$$= \frac{\pi^2 \sqrt{7.522 \times 10^9 \times 3.221 \times 10^7}}{4000^2 \times 17.63} \times$$

$$\left[15.3 + \frac{(17.3 - 15.3) \times 4.041 \times 10^7}{\sqrt{7.522 \times 10^9 \times 3.221 \times 10^7}}\right] = \mathbf{266.4kPa}$$

附录A.1 方法：

板长宽比 $\alpha = a/b = 4000/4000 = 1.0$

整个加劲板的面积二阶矩 $\sum I_{sl}$ 与单独母板的面积二阶矩 I_p 之比,与该例中基于一个加劲肋有效截面的比值大致相同,因此基于一个有效截面指定比值 γ。(参见正文中的讨论,因为该方法在任何情况下都与另外规定一致,而不是使用整个板,其包括腹板附属的子板部分。)

$$\gamma = \frac{\sum I_{sl}}{I_p} = \frac{1.433 \times 10^7}{400 \times 12^3/10.92} = 226.4$$

同样,δ 也基于有效截面确定：

$$\delta = \frac{\sum A_{sl}}{A_p} = \frac{2250}{400 \times 12} = 0.469$$

$\alpha = 1.0, \sqrt[4]{\gamma} = \sqrt[4]{226.4} = 3.88 > 1.0$,所以,第一个公式是合适的：

$$k_{\sigma,p} = \frac{2[(1 + \alpha^2)^2 + \gamma - 1]}{\alpha^2(\psi + 1)(1 + \delta)} = \frac{2[(1 + 1.0^2)^2 + 226.4 - 1]}{1.0^2(1.0 + 1)(1 + 0.469)} = 156.2$$

由 3-1-5/式(A.1)可知：

$$\sigma_{\mathrm{cr,p}} = k_{\sigma,p} = \frac{\pi^2 E t^2}{12(1 - \nu^2) b^2} = 156.2 \times \frac{\pi^2 \times 210 \times 10^3 \times 12^2}{12(1 - 0.3^2) \times 4000^2} = 266.8\mathrm{MPa}$$

答案与前述方法基本一致。

板型屈曲的临界应力略高于柱型屈曲。因此,通常情况下,无需额外进行计算。只有在整个板宽大幅减小时,效果才显著。说明如下。

通过式 3-1-5/式(4.7)计算板型屈曲的长细比:

$$\bar{\lambda}=\sqrt{\frac{\beta_{A,c}f_y}{\sigma_{cr,p}}}=\sqrt{\frac{0.973\times355}{266.8}}=1.138$$

式中,$\beta_{A,c}=A_{c,eff,loc}/A_c$ 涉及整个加劲板受压区宽度,但由于加劲肋均匀分布,其值可取柱行为验算中单一加劲肋的比值。因此,$\beta_{A,c}=6858/7050=0.973$。

$$\rho=\frac{\bar{\lambda}0.005(3+\psi)}{\bar{\lambda}_p^2}=\frac{1.138-0.055(3+1)}{1.138^2}=0.71$$

整体行为的最终折减系数由 3-1-5/式(4.13)得到:

$$\rho_c(\rho-\chi_c)\xi(2-\xi)+\chi_c=(0.71-0.433)\times0.01\times(2-0.01)+0.433=0.44$$

其中 $\xi=\frac{\sigma_{cr,p}}{\sigma_{cr,c}}-1=\frac{266.8}{263.3}-1=0.01$

根据预测,该折减系数与柱型屈曲时的值基本相同。

最终,依据 3-1-5/式(4.5)与 3-1-5/式(4.6),采用局部屈曲截面折减系数计算整个受压区的有效截面:

$$A_{c,eff,loc}=9\times6858=61722\text{mm}^2$$

其中包含腹板附属的子区格板部分,由式 3-1-5/(4.5)可知:

$$A_{c,eff}=\rho_c A_{c,eff,loc}=0.44\times61722+0.96\times12\times400=31766\text{mm}^2$$

上述翼缘板长宽比的正交异性作用没有任何效果。如果板宽减小至2000mm,效果更显著,如下所示。

式(*D6.2-4*):

板的基本各向同性特性保持不变,仅长宽比发生变化。

新的长宽比 $\varphi=\frac{a}{b}\left(\frac{D_y}{D_x}\right)^{0.25}=\frac{4000}{2000}\left(\frac{3.221\times10^7}{7.522\times10^9}\right)=0.51$

对于均匀受压,应力比,$\psi=1.0$。因此:

由图 6.2-16 可知:$k_i=6.1$。

由图 6.2-17 可知:$k_0=4.1$。

$$\sigma_{cr,p}=\frac{\pi^2\sqrt{D_xD_y}}{b^2t_{eff}}\left[k_0+\frac{(k_i-k_0)H}{\sqrt{D_xD_y}}\right]$$

$$=\frac{\pi^2\sqrt{7.522\times10^9\times3.221\times10^7}}{2000^2\times17.63}\left[4.1+\frac{(6.1-4.1)\times4.041\times10^7}{\sqrt{7.522\times10^9\times3.221\times10^7}}\right]$$

$$=\mathbf{293.7MPa}$$

附录A.1方法：

同样只有长宽比改变：

$\alpha = a/b = 4000/2000 = 2.0$

$\alpha = 2.0 < \sqrt[4]{\gamma} = \sqrt[4]{226.4} = 3.88$，所以

$$k_{\sigma,p} = \frac{2[(1+\alpha^2)^2+\gamma-1]}{\alpha^2(\psi+1)(1+\delta)} = \frac{2[(1+2.0^2)^2+226.4-1]}{2.0^2(1.0+1)(1+0.469)} = 42.6$$

由 3-1-5/式(A.1)可知：

$$\sigma_{cr,p} = k_{\sigma,p}\frac{\pi^2 Et^2}{12(1-\nu^2)b^2} = 42.6 \times \frac{\pi^2 \times 210 \times 10^3 \times 12^2}{12(1-0.3^2) \times 2000^2}$$

$$= \mathbf{291.1MPa}$$

两种应力都比 4000mm 宽翼缘的应力大 10% 左右，因此正交各向异性作用在此情形有利，但程度有限。

6.2.2.6　EN 1993-1-5 条款 10 对 4 类构件的应力限值

6.2.2.6.1　概述

6.2.2.5 针对 4 类构件，采用有效截面考虑子区格板的局部屈曲和加劲板的整体屈曲。然后将该有效截面的容许应力取为屈服应力。该方法中假定有足够的屈曲后强度来实现必要的应力重分布，使所有部件达到各自的承载力。因此，在缺乏足够的屈曲后强度或构件的几何形状超出试验方法限值的情形下，不允许（或不适合）采用该方法。例外情形见本指南 6.2.2.5.1 的讨论。

如果不满足上述使用有效宽度的条件，则可根据 3-1-5/条款 10 采用基于毛截面特性和折减应力限值的方法。这种方法是德国代表团在相对较晚的时期提出的，所以，可能未如预期那样阐述清楚。这导致一些模棱两可的情况，因此，为了解清楚，本指南的此部分提出一些新的术语。

采用 3-1-5/条款 10 替代有效宽度方法，但是没有考虑到过载板的有效减载。因此，相比之下这种方法偏于保守，尽管在手算时并不总偏于保守，详见 6.2.2.6.3的讨论。此外，由于该方法直接考虑剪应力和横向正应力，因此不需要考虑这些不同效应之间的相互作用。这是另一个潜在保守的地方，因为剪应力和横向正应力，无论大小如何，都会对正应力抗力产生直接影响，然而当采用基于相互作用的有效截面方法时，情况并非如此。翼缘上局部荷载引起的横向应力可采用本指南 6.2.2.3.2 讨论的 3-1-5/条款 3.2.3 中的方法进行估算。

EN 1993-2 的其他部分参考本节，推导折减极限应力 σ_{limit}，以用于弯矩和轴荷载作用下的验算。一般情况下，最好按照本节进行全面验算，而不是将推导 σ_{limit} 作为额外步骤，因为可以同时考虑剪力相互作用。但是，如果评估 σ_{limit} 单独进行弯矩和轴向力验算，则仅需要对受压区进行如下验算，即 $\alpha_{ult,k}$ 仅基于受压区，即使受拉纤维的拉应力值更大。详见下面关于 3-1-5/条款 10(5)b)的注 2 的讨论和

相关的图 6.2-27。

如果整个构件容易出现整体屈曲,例如弯曲屈曲或弯扭屈曲,这些影响必须通过二阶分析来计算,并且在根据 3-1-5/条款 10(如下所述)验算板时需要考虑附加应力,或者在根据 3-2/条款 6.3 进行屈曲验算时采用极限应力 σ_{limit}。对于弯曲屈曲,根据下面讨论的 3-1-5/条款 10 中的验算公式,σ_{limit}的计算基于导致最弱子区格板或整个板屈曲失效的最小轴压应力 $\sigma_{x,Ed}$。然后使用 σ_{limit}值来代替屈曲验算的所有部分中的f_y。该做法偏保守,特别是确定 σ_{limit}的关键板件不在极端受压纤维截面,该截面最大正应力随屈曲发生而增大。对于弯扭屈曲,σ_{limit}可以确定为在最薄弱板中引起屈曲所需的极限受压纤维处的弯曲应力。基于以上原因,通过不在极端纤维处的腹板屈曲来确定 σ_{limit}将非常保守的;腹板应力不会在屈曲期间增加很多。

为了与 EN 1993 中其他地方构件屈曲验算方法保持一致,构件屈曲验算中推导 σ_{limit}可不考虑剪力效应。截面抗力验算则须考虑剪力效应,如本节剩余部分所述。或者,在 σ_{limit}的推导中考虑剪力效应,可较为保守地进行构件屈曲验算和截面验算。

另一种考虑整体屈曲与局部屈曲相结合的方法在 3-1-5/条款 B.2 中进行了说明。这里不再进一步讨论,但实质上是 3-1-5/条款 10 中规定的扩展,在整体强度折减系数中考虑整体屈曲。

6.2.2.6.2 基本方法

该方法与本指南 6.3.4 中弯矩和轴力作用下的框架面外屈曲承载力的验算方法非常相似。

通过确定所有应力(如正应力和剪应力)共同作用下每一块板单元屈曲的整体长细比来进行基本验算。通常需要计算板型屈曲和柱型屈曲的整体长细比。通过满足本指南 6.9 节中的要求来防止扭转屈曲,因为该方法不容易解决扭转屈曲问题。***3-1-5/条款10(3)***中的长细比定义采用 Eurocode 惯用形式,如下:

3-1-5/条款10(3)

$$\bar{\lambda} = \sqrt{\frac{\alpha_{ult,k}}{\alpha_{cr}}} \qquad (D6.2\text{-}5)$$

其中,$\alpha_{ult,k}$为忽略任何屈曲效应,设计荷载达到“板关键点”标准抗力时的最小荷载系数。当板一部分受拉时,该定义不令人满意,需要单独验算受拉和受压区,如本节末尾所述。

α_{cr}为考虑板件在所有应力共同作用下产生弹性屈曲时设计荷载的最小荷载系数。对于加劲板,最低阶临界屈曲模态可以是整体板件屈曲、局部子区格板屈曲或耦合模态。α_{cr}需要考虑如下所述的板型屈曲和柱型屈曲,分别计算长细比$\bar{\lambda}_p$与$\bar{\lambda}_c$。

式(D6.2-5)与 3-1-5/条款 10(3)中提供的表达式$\bar{\lambda}_p = \sqrt{\alpha_{ult,k}/\alpha_{cr}}$略有不同,因为后者仅用于板型屈曲。

可以使用两种方法来确定长细比并计算屈曲折减系数:(i)采用有限元模型

进行弹性屈曲临界分析或(ii)手算。两者讨论如下,方法(ii)通常更实用,并且可以采用电子表格来实现。实例 6.2-5 和实例 6.2-6 采用手算方法。

(i)采用有限元模型的弹性临界屈曲分析

该方法可用于含开孔或设置不规则加劲肋的非均匀板。首先通过毛截面特性确定各板(腹板,翼缘等)中的应力 $\sigma_{x,Ed}$、$\sigma_{z,Ed}$和 τ_{Ed}。(如果手算,腹板的剪切应力可以基于平均值和由经典弹性理论确定的翼缘剪应力。)然后建立各板的有限元模型,其边缘支承由横向加劲肋与腹板-翼缘连接提供,并且将计算的一般应力场施加于各板的边缘。简化情形如图 6.2-24 所示，其中正应力和剪应力始终保持不变。

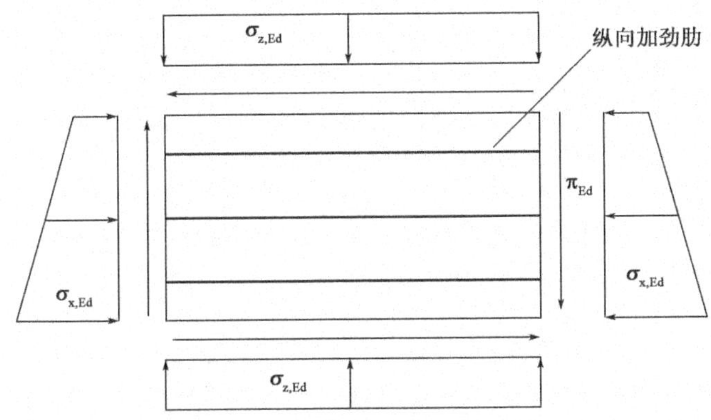

图 6.2-24　典型加劲板中的应力

第一阶段的计算需要确定 $\alpha_{ult,k}$。***3-1-5/条款 10(4)*** 建议达到标准抗力的准则为 Von Mises 屈服准则: ***3-1-5/条款10(4)***

$$\frac{1}{\alpha_{ult,k}^2}=\left(\frac{\sigma_{x,Ed}}{f_y}\right)^2+\left(\frac{\sigma_{z,Ed}}{f_y}\right)^2-\left(\frac{\sigma_{x,Ed}}{f_y}\right)\left(\frac{\sigma_{z,Ed}}{f_y}\right)+3\left(\frac{\tau_{Ed}}{f_y}\right)^2 \qquad 3\text{-}1\text{-}5/(10.3)$$

其中,$\sigma_{x,Ed}$、$\sigma_{z,Ed}$和 τ_{Ed}分别为板中 $\alpha_{ult,k}$最小处的纵向正应力、横向正应力和剪应力。(当板部分受拉时这偏于保守,详见下面手算部分的讨论。)3-1-5/式(10.3)通过手算或在有限元软件计算。

$$\alpha_{ult,k}=\frac{f_y}{\sigma_{eff}}$$

其中,σ_{eff}为 Von Mises 等效应力,$\sigma_{eff}(\sigma_{x,Ed}^2+\sigma_{z,Ed}^2-\sigma_{x,Ed}\sigma_{z,Ed}+3\tau_{Ed}^2)^{0.5}$。

第二阶段是确定在相同的应力场下导致弹性屈曲的最低荷载系数 α_{cr}。需确定板型屈曲和柱型屈曲两者的荷载系数。

板型屈曲的临界放大系数可以通过在上述完整应力场($\sigma_{x,Ed}$,$\sigma_{z,Ed}$和 τ_{Ed})作用下采用将所有边缘支承简化为铰支承的模型来确定,求得其荷载系数 $\alpha_{p,cr}$。采用式(D6.2-5)中长细比定义,必须确定板型屈曲的折减系数。

$\rho_{p,x}$是根据 3-1-5/条款 4.4(2)确定的纵向正应力的板型屈曲折减系数,通过下式确定:

$$\bar{\lambda}=\sqrt{\frac{\alpha_{ult,k}}{\alpha_{p,cr}}}$$

$\rho_{p,z}$是根据 3-1-5/条款 4.4(2)确定的横向正应力板型屈曲折减系数,通过下式确定:

$$\overline{\lambda}_p = \sqrt{\frac{\alpha_{ult,k}}{\alpha_{p,cr}}}$$

对于 3-1-5/条款 5.2(1)中的剪应力,χ_w 通过下式确定:

$$\overline{\lambda}_p = \sqrt{\frac{\alpha_{ult,k}}{\alpha_{p,cr}}}$$

还必须确定柱型屈曲的临界放大系数。对于 x 方向上的柱型屈曲,必须去除模型中沿 x 方向的边缘支承并且在完整应力场下重复屈曲分析,求得其荷载系数 $\alpha_{cx,cr}$。对于 z 方向上的柱型屈曲,必须去除沿 z 方向的边缘支承并重复屈曲分析,求得其荷载系数 $\alpha_{cz,cr}$。通过长细比 $\overline{\lambda}_{cx} = \sqrt{\alpha_{ult,k}/\alpha_{cx,cr}}$,纵向正应力的柱式折减系数$\chi_{c,x}$根据 3-1-5/条款 4.5.3(3)确定,类似地,通过 $\overline{\lambda}_{cz} = \sqrt{\alpha_{ult,k}/\alpha_{cz,cr}}$确定横向正应力折减系数$\chi_{c,z}$。

按照 3-1-5/条款 4.5.4(1),正应力最终折减系数 ρ_x 和 ρ_z通过在板型屈曲和柱型屈曲之间插值得到,如下:

$$\rho_x = (\rho_{p,x} - \chi_{c,x})\xi_x(2 - \xi_x) + \chi_{c,x}$$
$$\rho_z = (\rho_{p,z} - \chi_{c,z})\xi_z(2 - \xi_z) + \chi_{c,z}$$

式中:$\xi_x = \dfrac{\alpha_{p,cr}}{\alpha_{cx,cr}} - 1(0 \leqslant \xi_x \leqslant 1)$且 $\xi_z = \dfrac{\alpha_{p,cr}}{\alpha_{cz,cr}} - 1(0 \leqslant \xi_z \leqslant 1)$。

最终验算可以用独立于截面验算的方法编写,如下所示:

$$\frac{\rho\alpha_{ult,k}}{\gamma_{M1}} \geqslant 1.0 \qquad 3\text{-}1\text{-}5/(10.1)$$

3-1-5/条款10(5)

3-1-5/条款10(5)提供了该验算的两种方法。最简单的方法是,ρ 保守地取剪应力或正应力的最低折减系数(即 ρ_x、ρ_z 和 χ_w 的较低值),因此:

$$\left(\frac{\sigma_{x,Ed}}{f_y/\gamma_{M1}}\right)^2 + \left(\frac{\sigma_{z,Ed}}{f_y/\gamma_{M1}}\right)^2 - \left(\frac{\sigma_{x,Ed}}{f_y/\gamma_{M1}}\right)\left(\frac{\sigma_{z,Ed}}{f_y/\gamma_{M1}}\right) + 3\left(\frac{\tau_{Ed}}{f_y/\gamma_{M1}}\right)^2 \leqslant \rho^2$$

3-1-5/(10.4)

或者,不那么保守,将每种效应的折减系数分别应用于相应的应力:

$$\left(\frac{\sigma_{x,Ed}}{\rho_x f_y/\gamma_{M1}}\right)^2 + \left(\frac{\sigma_{z,Ed}}{\rho_z f_y/\gamma_{M1}}\right)^2 - \left(\frac{\sigma_{x,Ed}}{\rho_x f_y/\gamma_{M1}}\right)\left(\frac{\sigma_{z,Ed}}{\rho_z f_y/\gamma_{M1}}\right) + 3\left(\frac{\tau_{Ed}}{\chi_w f_y/\gamma_{M1}}\right)^2 \leqslant 1.0$$

3-1-5/(10.5)

正应力作用下对局部屈曲使用 γ_{M1}与 EN 1993 中其他地方使用 γ_{M0}不一致,但使用该方法时,必须提供足够的可靠性。如果按规定计算出的折减系数均不小于 1.0,通过 3-1-5/式(10.4)和 3-1-5/式(10.5)使用 γ_{M0} 是合理的,可避免与 EN 1993-1-1式(6.1)不一致。

(ii)手算

手算方法仍然可以通过基于最大板尺寸将其方形化来处理非均匀板。对于加劲板，最低临界屈曲模态可以是整体板屈曲、局部子区格板屈曲或荷载系数更低的整体和局部耦合模态。然而，如果式（D6.2-5）中的长细比通过手算确定，则无法确定耦合模态，然后只能分别确定整体板屈曲和各子区格板屈曲对应的长细比。然后根据 ***3-1-5/条款10（3）*** 的注 2，对每种情况单独验算抗力。这本身可能略 ***3-1-5/条款10(3)***
不保守，但计算的其他方面偏于保守。（值得注意的是，有效截面方法确实同时考虑了子区格板和整体屈曲的影响。）因此，下面讨论整板和子区格板的单独验算。

计算的第一阶段仍然需要确定 $\alpha_{ult,k}$。达到标准抗力的准则为 Von Mises 屈服准则，因此：

$$\frac{1}{\alpha_{ult,k}^{2}}=\left(\frac{\sigma_{x,Ed}}{f_{y}}\right)^{2}-\left(\frac{\sigma_{z,Ed}}{f_{y}}\right)^{2}-\left(\frac{\sigma_{x,Ed}}{f_{y}}\right)\left(\frac{\sigma_{z,Ed}}{f_{y}}\right)+3\left(\frac{\tau_{Ed}}{f_{y}}\right)^{2} \qquad \text{3-1-5/(10.3)}$$

其中，$\sigma_{x,Ed}$、$\sigma_{z,Ed}$和 τ_{Ed}分别为板中 $d_{ult,k}$最小处的纵向正应力、横向正应力和剪应力。如果板上同时出现了拉应力和压应力，基于以下原因需要对板的峰值受压和受拉区分别进行验算。考虑到本指南 6.2.2.3 讨论的分散性，可以保守地将横向正应力作为所考虑板的应力峰值。

第二阶段是确定所有应力作用下，弹性临界屈曲的最低荷载系数 α_{cr}。通常需要确定板型屈曲和柱型屈曲两者的最低荷载系数。在组合应力场下确定这些系数需要进行有限元分析。对于可能需要设计许多板以及每块板需要考虑多种荷载工况的桥梁，这通常不太实用。

当不进行有限元分析，屈曲的荷载系数仅适用于每个独立作用的应力分量，因为其可以通过标准正文或 EN 1993-1-5 中其他部分得到。例如，$\sigma_{x,Ed}$单独作用下的屈曲荷载系数为 $\alpha_{cr,x}=\sigma_{cr,x}/\sigma_{x,Ed}$。在此情形下，***3-1-5/条款10（6）*** 给出了一 ***3-1-5/条款10(6)***
个有用的公式，当所有效应一起施加时，将这些单独的系数组合为一个荷载系数：

$$\frac{1}{\alpha_{cr}}=\frac{1+\psi_{x}}{4\alpha_{cr,x}}+\frac{1+\psi_{z}}{4\alpha_{cr,z}}+\left[\left(\frac{1+\psi_{x}}{4\alpha_{cr,x}}+\frac{1+\psi_{z}}{4\alpha_{cr,z}}\right)^{2}+\frac{1-\psi_{x}}{2\alpha_{cr,x}^{2}}+\frac{1-\psi_{z}}{2\alpha_{cr,z}^{2}}+\frac{1}{\alpha_{cr,\tau}^{2}}\right]^{1/2} \qquad \text{3-1-5/(10.6)}$$

其中，ψ_x 为子区格板或整个加劲板的纵向正应力比 σ_2/σ_1，如图 6.2-25所示。对于横向正应力，ψ_z 具有相同的含义。对于受压纵向正应力，$\sigma_{x,Ed}$取子区格板或整个板（视情况而定）验算中的最大压应力来计算 $\alpha_{cr,x}$。

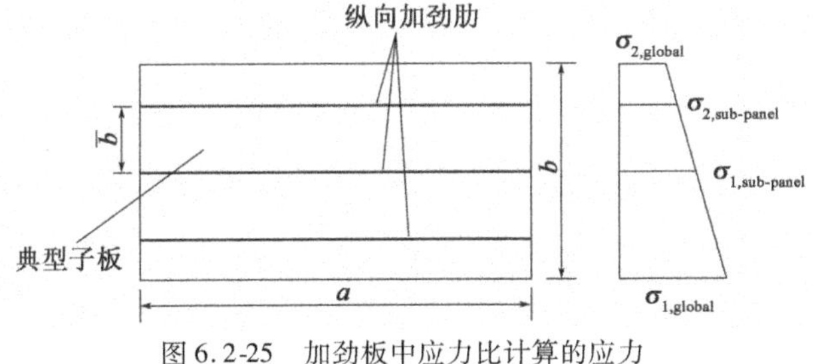

图 6.2-25　加劲板中应力比计算的应力

另一种更简单，更保守的相互作用为：

$$\frac{1}{\alpha_{cr}}=\frac{1}{\alpha_{cr,x}}+\frac{1}{\alpha_{cr,z}}+\frac{1}{\alpha_{cr,\tau}} \qquad \text{(D6.2-6)}$$

如果 $\sigma_{x,Ed}$是整个板上的拉应力,那么将 $\alpha_{cr,x}$视为无穷大(∞)。这看起来略为保守,因为它忽略了其他屈曲模态"矫直面板"的好处。但是,这间接在 $\alpha_{ult,k}$中考虑,因为其值因拉力折减,反过来又减小了长细比和折减系数。使用负值是不合适的,因为 3-1-5/式(10.6)对于 $\alpha_{cr,x}$的负值进行分解,例如由于式中平方的平方根,仅施加纵向应力时,α_{cr}不等于 $\alpha_{cr,x}$。应该指出,仍然必须验算完全受拉板是否屈曲,因为剪切屈曲仍然很重要。

如果验算翼缘,则整体和子板屈曲可采用与 3-1-5/条款 7 中相互作用验算相同的方式考虑在内。详见本指南 6.2.9.2.3的讨论。

当确定板型屈曲($\alpha_{p,cr}$)和柱型屈曲($\alpha_{c,cr}$)的 α_{cr}时,根据式(D6.2-5)确定每种行为的长细比,并确定每个应力分量的折减系数。两种屈曲类型的折减系数见本指南6.2.2.5 的讨论。在推导 $\alpha_{p,cr}$和 $\alpha_{c,cr}$时,剪力单独作用的临界荷载系数$\alpha_{cr,\tau}=\tau_{cr}/\tau_{Ed}$在每种情形下都是相同的。然后考虑板型屈曲和柱型屈曲相互作用,确定正应力的最终折减系数。该流程如图 6.2-26 所示;没有横向应力时的情形更简单,见实例 6.2-5。最终的折减系数为:

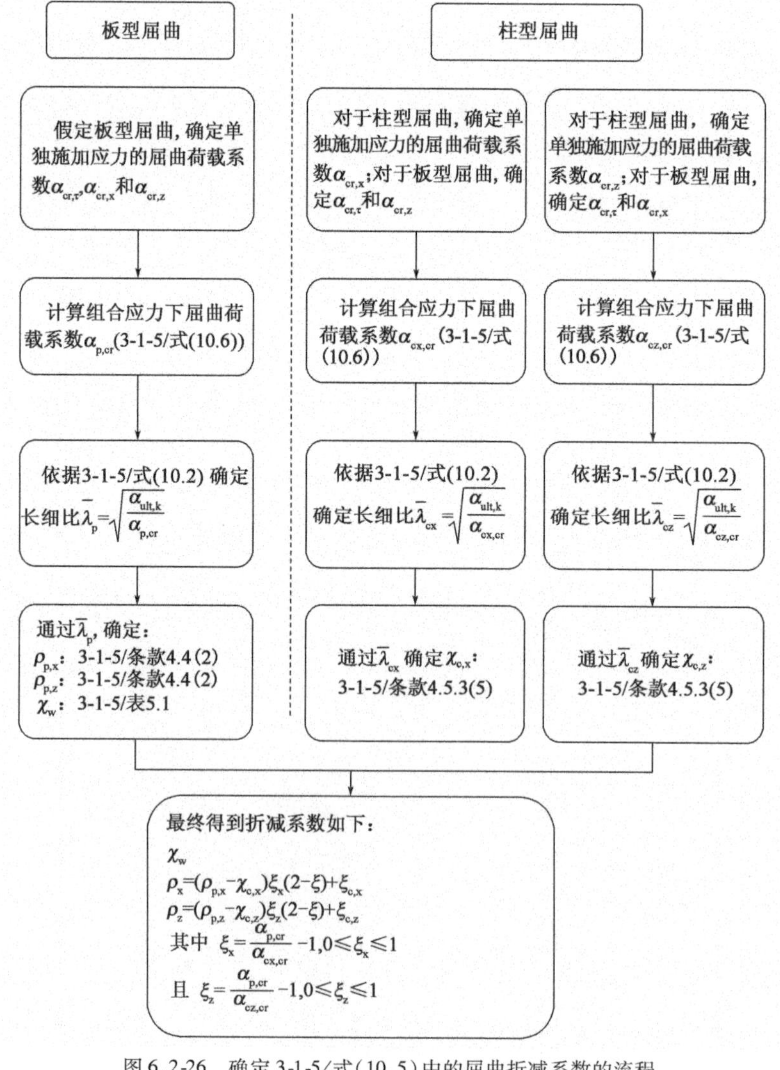

图 6.2-26 确定 3-1-5/式(10.5)中的屈曲折减系数的流程

纵向正应力的 ρ_x，根据 3-1-5/条款 4.5.4(1)通过板型屈曲和柱型屈曲折减系数之间的插值确定；

横向正应力的 ρ_z，根据 3-1-5/条款 4.5.4(1)通过板型屈曲和柱型屈曲折减系数之间的插值确定；

剪应力的 χ_w，根据 3-1-5/条款 5.2(1)采用板型屈曲的长细比确定。

对于子区格板屈曲，折减系数根据子区格板中的应力分布确定。在非加劲板中，如果对给定板推导临界应力大于同宽度但更长板的临界应力时已受益，才有必要根据表达式 3-1-5/式(4.13)对板型屈曲和柱型屈曲折减系数进行插值。如果使用 3-1-5/表 4.1 和表 4.2 确定临界应力，且假定长板几何形状，在推导 ρ_x 和 ρ_z 时只需考虑板型屈曲。如果考虑柱型屈曲，最终的折减系数 ρ_x 和 ρ_z 不应小于在所考虑的应力方向上通过推导无限长板的单个屈曲系数而获得的值。

对于整体屈曲，板型屈曲和柱型屈曲的临界正应力通常非常相似。因此，不值得额外计算板型屈曲的荷载系数；柱型屈曲荷载系数可以保守地用来确定折减系数。这一点通过实例 6.2-5 进行说明。在此情形下，剪应力的折减系数 χ_w 也通过使用在正应力下考虑柱型屈曲而得到的整体长细比来确定，并略微保守；严格来说，应该使用板型屈曲的长细比。当推导整体剪切屈曲的临界应力时，应按照 3-1-5/条款 10(3)注 1 中的要求，去除 6.2.6 中讨论的 3-1-5/条款 A.3 公式中加劲肋惯性矩的折减系数 3。

3-1-5/式(10.1)中使用的总体折减系数同样取决于屈曲模态是否主要由正应力或剪应力引起，因为相应的折减系数曲线不同。正应力和剪应力的折减系数应用于第一阶段的截面验算，但这次使用材料特性设计值：

$$\left(\frac{\sigma_{x,Ed}}{\rho_x f_y/\gamma_{M1}}\right)^2+\left(\frac{\sigma_{z,Ed}}{\rho_z f_y/\gamma_{M1}}\right)^2-\left(\frac{\sigma_{x,Ed}}{\rho_x f_y/\gamma_{M1}}\right)\left(\frac{\sigma_{z,Ed}}{\rho_z f_y/\gamma_{M1}}\right)+3\left(\frac{\tau_{Ed}}{\chi_v f_y/\gamma_{M1}}\right)^2\leqslant 1.0$$

3-1-5/(10.5)

当整个板受压应力，或者存在应力反向情形，某纤维处的压应力值小于对面纤维处的拉力值时，在板中使用 3-1-5/式(10.5)会出现问题。在后一种情形下，如果使用 $\sigma_{x,Ed}$ 拉应力值评估 $\alpha_{ult,k}$ 和进行 3-1-5/式(10.5)中的验算，则使用受压区的临界应力确定的折减系数可能最终将拉应力过度放大。这将是非常保守的。为了解决这个问题，***3-1-5/条款 10(5)b***的注 2 建议仅验算板的受压部分。该方法应用于受压构件符合逻辑。当只有正应力，但存在如图 6.2-27 所示的应力反向时，根据 3-1-5/条款 4.4(2)，长细比计算如下： ***3-1-5/条款 10(5)b***

$$\bar{\lambda}=\sqrt{\frac{f_y}{\sigma_{cr}}}$$

并且因为 $\sigma_{cr}=\alpha_{cr}\sigma_{comp}$，

$$\overline{\lambda}_p = \sqrt{\frac{f_y/\sigma_{comp}}{\alpha_{cr}}} = \sqrt{\frac{\alpha_{ult,k}}{\alpha_{cr}}} \text{且} \alpha_{ult,k} = f_y/\sigma_{comp}$$

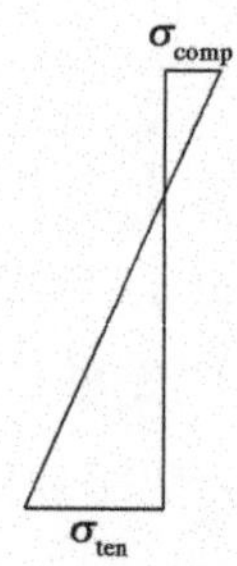

图 6.2-27　拉应力超过压应力时的应力反向情形

很明显,在此情形下,长细比取决于受压纤维,即使拉应力值更大。如果使用 3-1-5/条款 4 的有效截面法,仍然要验算受拉区的屈服,但是不会降低其有效性。由于受压区的截面损失,其中由毛截面计算的应力会稍增加。

尽管 3-1-5/条款 10(5)b)注 2 提出建议,但仍应检查受拉区,因为拉应力与剪应力相结合可能会导致屈服,并早于受压区屈曲引起的屈服。该验算有几种可选方法,并在实例 6.2-5 中详细说明。建议使用示例中的方法(d),因为它与使用有效截面法的结果具有更好的兼容性,但是没有直接等效的方法。如果在验算中整个板上 $\sigma_{x,Ed}$ 都是拉应力,折减系数 ρ_x 可以取为 1.0,尽管 EN 1993-1-5 没有明确规定。这一点同样适用于 $\sigma_{z,Ed}$。实例 6.2-6 演示了双向受压的情况。

虽然没有明确说明,但如果应力沿板长度变化,3-1-5/式(10.5)的验算可以在距板受力最大端 0.4a 或 0.5b(取两者较小值)处进行。这与 3-1-5/条款 4.6(3)中有效面积方法一致。如果这样做,则需要在板端处无折减系数的情况下重复屈服验算。之前讨论有限元方法时关于 γ_{M1} 使用的评论也适用于此。

实例 6.2-5:人行天桥

某钢制人行天桥的截面如图 6.2-28 所示。翼缘的横梁和腹板的横向加劲肋的中心间距为 2000mm。请对如图 6.2-29 所示的腹板正应力和同时存在的剪应力 τ_{Ed} = 100MPa 进行验算。

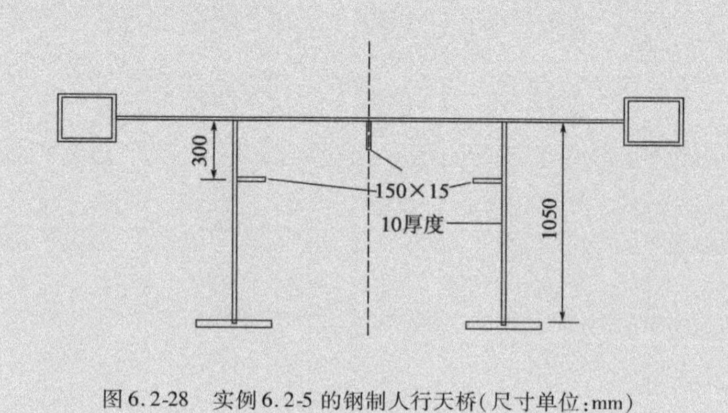

图 6.2-28　实例 6.2-5 的钢制人行天桥(尺寸单位:mm)

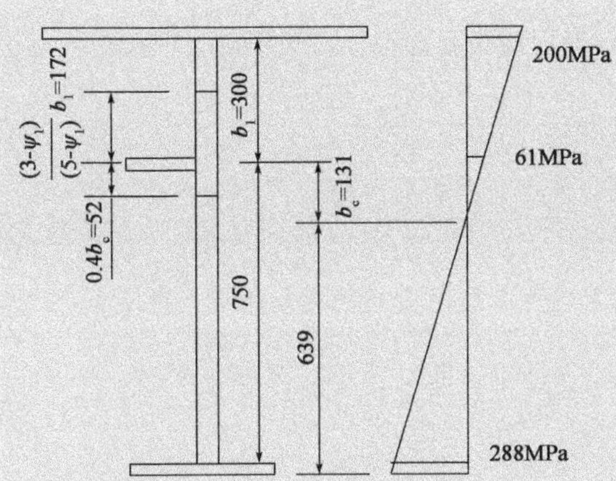

图 6.2-29　腹板应力和加劲肋有效截面(尺寸单位:mm)

采用计算机进行弹性屈曲临界分析不能确定所有应力共同作用下的屈曲荷载放大系数,因此分别确定每个应力分量的放大系数,然后进行组合。对于子区格板和腹板整体屈曲,还必须单独进行验算。

子板屈曲

首先验算最上面的腹板受压区域的子区格板屈曲。最大应力点达到子区格板的标准抗力时,荷载放大系数根据 3-1-5/式(10.3)进行计算:

$$\frac{1}{\alpha_{\mathrm{ult,k}}^2}=\left(\frac{\sigma_{\mathrm{x,Ed}}}{f_{\mathrm{y}}}\right)^2+3\left(\frac{\tau_{\mathrm{Ed}}}{f_{\mathrm{y}}}\right)^2=\left(\frac{200}{355}\right)^2+3\left(\frac{100}{355}\right)^2=0.555\text{,因此,}\alpha_{\mathrm{ult,k}}=1.342$$

接下来计算屈曲的荷载系数。通过检查,由于板很长,不需要考虑正文中讨论的柱型屈曲。

正应力:

对于顶部面板,$\psi=131/431=0.30$,所以根据 3-1-5/条款 4.4:

$$\sigma_{\mathrm{cr,x}}=\frac{k_\sigma\pi^2Et^2}{12(1-\nu^2)\bar{b}^2}=\frac{6.07\times\pi^2\times210\times10^3\times10^2}{12(1-0.3^2)\times300^2}=1280\mathrm{MPa}$$

其中根据 3-1-5/表 4.1,$k_\sigma=8.2/(1.05+\psi)=8.2/(1.05+0.3)=6.07$,保守地假定为长板。

剪应力:

依据 3-1-5/条款 5.3,

$$\tau_{\mathrm{cr}}=\frac{k_\tau\pi^2Et^2}{12(1-\nu^2)b^2}=\frac{5.43\times\pi^2\times210\times10^3\times10^2}{12(1-0.3^2)\times300^2}=1145\mathrm{MPa}$$

其中,$k_\tau=5.34+4.00\left(\frac{\bar{b}}{a}\right)^2=5.34+4.00\left(\frac{300}{2000}\right)^2=5.43$

对分别施加的应力:

$$\alpha_{cr,x}=\frac{\sigma_{cr,x}}{\sigma_{Ed,x}}=\frac{1280}{200}=6.40$$

$$\alpha_{cr,\tau}=\frac{\tau_{cr}}{\tau_{Ed}}=\frac{1145}{100}=11.45$$

对于共同施加的应力,根据 3-1-5/式(10.6)求得临界荷载系数:

$$\frac{1}{\alpha_{cr}}=\frac{1+0.3}{4\times6.4}+\left[\left(\frac{1+0.3}{4\times6.4}\right)^2+\frac{1-0.3}{2\times6.4^2}+\frac{1}{11.45^2}\right]^{1/2}$$

$=0.188$,因此 $\alpha_{cr}=5.327$

由式(D6.2-5),子区格板屈曲的长细比为:

$$\bar{\lambda}_p=\sqrt{\frac{\alpha_{ult,k}}{\alpha_{cr}}}=\sqrt{\frac{1.342}{5.327}}=0.502$$

由 3-1-5/条款 4.4(2),纵向正应力的折减系数为 $\rho_x=1.00$。由 3-1-5/表 5.1,该长细比下剪应力的折减系数为:

$$\chi_w=\frac{0.83}{\bar{\lambda}_w}=\frac{0.83}{0.502}=1.65>\eta=1.2 \quad 因此 \chi_w=1.2$$

因此,基本上只验算屈服这一项,因为没有折减系数 <1.00。因此,3-1-1/条款 6.2.1 中的 Von Mises 验算可以使用较低的材料系数 $\gamma_{M0}=1.0$。但是,此例按照 3-1-5/条款 10 的规定 $\gamma_{M1}=1.1$ 进行验算。

$$\left(\frac{200}{1.0\times355/1.1}\right)^2+3\left(\frac{100}{1.2\times355/1.1}\right)=0.58\leqslant1.0$$

接下来验算底部子区格板,因为此处显然比仅基于屈服的上部子区格板更为关键。

当受压区的最大应力点达到底部子区格板的标准抗力时,荷载放大系数计算如下:

$$\frac{1}{\alpha_{ult,k}^2}=\left(\frac{\sigma_{x,Ed}}{f_y}\right)^2+3\left(\frac{\tau_{Ed}}{f_y}\right)^2=\left(\frac{61}{355}\right)^2+3\left(\frac{100}{355}\right)^2=0.268 \text{ 因此 } \alpha_{ult,k}=1.933$$

正应力:

对于底板,$\psi=-619/131=-4.73$,因此,根据 3-1-5/条款 4.4:

$$\sigma_{cr,x}=\frac{k_\sigma\pi^2Et^2}{12(1-\nu^2)\bar{b}^2}=\frac{95.68\times\pi^2\times210\times10^3\times10^2}{12(1-0.3^2)\times750^2}=3228\text{MPa}$$

其中,根据 3-1-5/表 4.1,限制 ψ 为 -3.0,$k_\sigma=5.98(1-\psi)^2=5.98(1+3)^2=95.68$

剪应力:

依据 3-1-5/条款 5.3:

$$\tau_{cr}=\frac{k_\tau\pi^2Et^2}{12(1-\nu^2)\bar{b}^2}=\frac{5.90\times\pi^2\times210\times10^3\times10^2}{12(1-0.3^2)\times750^2}=199\text{MPa}$$

其中,$k_\tau=5.34+4.00\left(\frac{\bar{b}}{a}\right)=5.34+4.00\left(\frac{750}{2000}\right)^2=5.90$

对分别施加的应力

$$\alpha_{cr,x}=\frac{\sigma_{cr,x}}{\sigma_{Ed,x}}=\frac{3228}{61}=52.9$$

$$\alpha_{cr,\tau}=\frac{\tau_{cr}}{\tau_{Ed}}=\frac{199}{100}=1.99$$

由于 $\alpha_{cr,x}$ 过大，α_{cr} 接近于 $\alpha_{cr,\tau}$，所以 $\alpha_{cr}\approx 1.99$

由式(D6.2-5)，子区格板屈曲的长细比为：

$$\bar{\lambda}_p=\sqrt{\frac{\alpha_{ult,k}}{\alpha_{cr}}}=\sqrt{\frac{1.933}{1.99}}=0.99$$

因此，由 3-1-5/条款 4.4，纵向正应力的折减系数为：

$$\rho_x=\frac{\bar{\lambda}_p-0.055(3+\psi)}{\bar{\lambda}_p^2}=\frac{0.99-0.055(3-4.73)}{0.99^2}=1.11>1.0$$

取 $\rho_x=1.00$

该长细比下剪应力的折减系数为：

$$\chi_w=\frac{0.83}{\bar{\lambda}_w}=\frac{0.83}{0.99}=0.84$$

按照 3-1-5/条款 10 的规定，使用 $\gamma_{M1}=1.1$ 进行验算：

$$\left(\frac{61}{1.0\times355/1.1}\right)^2+3\left(\frac{100}{0.84\times355/1.1}\right)^2=0.44<1.0\quad 因此是满足的$$

虽然 EN 1993-1-5 建议仅对板的受压部分进行该验算，但仍然必须对受拉部分进行一些验算，因为应力(甚至忽略屈曲)可能超过屈服强度。受拉区验算内容如下：

(a)进行不考虑折减系数的 Von Mises 验算：

$$\left(\frac{288}{355/1.1}\right)^2+3\left(\frac{100}{355/1.1}\right)^2=1.08<1.0\quad 因此是不满足的$$

虽然 Von Mises 验算本身对应力组合偏保守，但该方法不考虑剪切屈曲效应，因此可能变得不保守。

(b)计算单独剪力作用下的剪力折减系数，对正应力应用 3-1-5/式(10.5)且不考虑折减系数，

$$\bar{\lambda}_w=0.76\sqrt{\frac{f_{yw}}{\tau_{cr}}}=0.76\sqrt{\frac{355}{199}}=1.02$$

$$\chi_w=\frac{0.83}{1.02}=0.81$$

$$\left(\frac{288}{1.0\times355/1.1}\right)^2+3\left(\frac{100}{0.81\times355/1.1}\right)^2=1.24>1.0\quad 因此是不满足的$$

其与 3-1-5/条款 7 中基于有效截面的验算方法更加兼容，但由于 Von Mises 验算偏保守，降低了在任何剪力存在情形下的容许正应力。

(c)使用与板受压侧计算相同的剪力折减系数重复验算 3-1-5/式(10.5),但正应力同样不考虑折减系数:

$$\left(\frac{288}{1.0\times355/1.1}\right)^2+3\left(\frac{100}{0.84\times355/1.1}\right)^2=1.20>1.0\quad 因此是不满足的$$

这不符合逻辑,具有与上述相同的保守性。

(d)使用 $\alpha_{ult,k}$ 重新计算受拉侧长细比,并将用上面计算的 α_{cr} 应用于整个应力场:

$$\frac{1}{\alpha_{ult,k}^2}=\left(\frac{\sigma_{x,Ed}}{f_y}\right)^2+3\left(\frac{\tau_{Ed}}{f_y}\right)^2=\left(\frac{288}{355}\right)^2+3\left(\frac{100}{355}\right)^2=0.896\quad 因此\ \alpha_{ult,k}=1.056$$

由前可知,$\alpha_{cr}=1.99$。

由式(D6.2-5)可知,子区格板屈曲的长细比为:

$$\bar{\lambda}=\sqrt{\frac{\alpha_{ult,k}}{\alpha_{cr}}}=\sqrt{\frac{1.056}{1.99}}=0.73$$

该长细比下剪应力的折减系数为:

$$\chi_w=\frac{0.83}{\bar{\lambda}_w}=\frac{0.83}{0.73}=1.14$$

然后使用 3-1-5/式(10.5)进行验算,但不考虑拉应力的折减系数:

$$\left(\frac{288}{1.0\times355/1.1}\right)^2+3\left(\frac{100}{1.14\times355/1.1}\right)^2=1.02<1.0\quad 几乎是满足的$$

这里推荐方法(d),因为它与 3-1-5/条款 7 中的相互作用最为吻合。如果 3-1-5/条款 7 单独应用于该板,但对正应力使用 $\gamma_{M1}=1.1$,对弹性应力使用 η_1,以便于进一步比较:

$$\eta_1+\left[1-\frac{M_{f,Rd}}{M_{pl,Rd}}\right](2\bar{\eta}_3-1)^2=\eta_1+(2\bar{\eta}_3-1)^2$$

$$=\frac{288}{355/1.1}\left(\frac{2\times100}{0.81\times355/\sqrt{3}}\right)^2$$

$$=1.00$$

与方法(d)的 1.02 基本一致。

整体板屈曲

正应力:

仅考虑柱型屈曲荷载,因为通过检查发现考虑加劲板性能几乎没有好处。这避免了考虑与正文中讨论的板型屈曲的相互作用。柱的有效截面如图 6.2-29所示。

由 3-1-5/图 A.1,上附宽度为:

$$\frac{3-\psi}{5-\psi}b_1=\frac{3-0.30}{5-0.30}\times300=172\text{mm}$$

下附宽度 $=0.4b_c=0.4\times131=52\text{mm}$

因此，$A_{sl,1}=(172+52)\times10+150\times15=4490\text{mm}^2$；$I_{sl,1}=1.142\times10^7\ \text{mm}^4$

由 3-1-5/条款 4.5.3：

$$\sigma_{cr,sl}=\frac{\pi^2 EI_{sl,1}}{A_{sl,1}}=\frac{\pi^2\times210\times10^3\times1.142\times10^7}{4490\times2000^2}=1318\text{MPa}$$

因此，基于极限受压纤维的临界应力为

$$\sigma_{cr,c}=\sigma_{cr,sl}\frac{b_c}{b_{sl,1}}=1318\times431/131=4336\text{MPa}$$

由 3-1-5/条款 4.5.3(3)，注意到该条款中 b_c 与图 6.2-29 中的定义不同；前者将 b_c 定义为从中性轴到腹板极限受压纤维的距离，而后者将 b_c 定义为中性轴到加劲肋约束的子板极限受压纤维的距离(临界应力计算见 6.2.2.5 的讨论)。

剪应力：

$\alpha=a/b=2000/1050=1.90<3$，因此剪切屈曲系数通过 3-1-5/式(A.6)求得，但在公式中隐含的加劲肋面积二阶矩的折减系数 3 应按照 3-1-5/条款 10(3)注 1 的要求去除。根据 3-1-5/图 5.3，每个纵向加劲肋都有 $30\varepsilon t$ 的附加腹板，加上加劲肋的厚度 $=30\times0.81\times10+10=253\text{mm}$。这与正应力计算中有效截面略有不同。因此，有效截面的惯性矩 $=1.186\times10^7\text{mm}^4$。为了进行这些计算，该惯性矩必须增大 3.0 倍，如上所述。由 3-1-5/附录 A.3：

$$k_\tau=4.1+\frac{6.3+0.18\dfrac{I_{sl}}{t^3\text{b}}}{\alpha^2}+2.2\sqrt[3]{\frac{I_{sl}}{t^3\text{b}}}$$

$$=4.1+\frac{6.3+0.18\times\dfrac{3\times1.186\times10^7}{10^3\times1050}}{1.90^2}+2.2\sqrt[3]{\frac{3\times1.186\times10^7}{10^3\times1050}}=14.65$$

$$\tau_{cr}=\frac{k_\tau\pi^2 Et^2}{12(1-\nu^2)b^2}=\frac{14.65\times\pi^2\times210\times10^3\times10^2}{12(1-0.3)^2\times1050^2}=252\text{MPa}$$

$$\alpha_{cr,\tau}=\frac{\tau_{cr}}{\tau_{Ed}}=\frac{252}{100}=2.52$$

$$\alpha_{cr,x}=\frac{\sigma_{cr,x}}{\sigma_{Ed,x}}=\frac{4336}{200}=21.68$$

整个板的应力比为：

$$\psi=\frac{200}{-288}=-0.694$$

由 3-1-5/式(10.6)可知：

$$\frac{1}{\alpha_{cr}}=\frac{1-0.694}{4\times21.68}+\left[\left(\frac{1-0.694}{4\times21.68}\right)^2+\frac{1-0.3}{2\times2\times21.68^2}+\frac{1}{2.52^2}\right]^{1/2}$$

$$=0.401$$

所以 $\alpha_{cr}=2.492$,接近明显占主导地位的剪力单独作用的值。

首先导出板受压部分的截面抗力荷载放大系数:

$$\frac{1}{\alpha_{ult,k}^{2}}=\left(\frac{\sigma_{x,Ed}}{f_y}\right)^2+3\left(\frac{\tau_{Ed}}{f_y}\right)^2=\left(\frac{200}{355}\right)^2+3\left(\frac{100}{355}\right)^2=0.555$$

$\alpha_{ult,k}=1.342$

根据式(D6.2-5),整体屈曲的长细比为:

$$\bar{\lambda}_c=\sqrt{\frac{\alpha_{ult,k}}{\alpha_{cr}}}=\sqrt{\frac{1.342}{2.490}}=0.734$$

然后使用如下缺陷,根据柱屈曲曲线计算纵向正应力的折减系数:

$$\alpha_e=\alpha+\frac{0.09}{i/e}=0.49+\frac{0.09}{50.5/40}=0.56$$

式中:$i=\sqrt{\frac{I_{st}}{A_{st}}}=\sqrt{\frac{1.142\times10^7}{4490}}=50.5\text{mm}$;

$e=150/2+10-45.1=40\text{mm}$;

对开口截面加劲肋,$\alpha=0.49$。

$$\Phi=0.5[1+\alpha_e(\bar{\lambda}-0.2)+\bar{\lambda}^2]$$

$$=0.5[1+0.56(0.734-0.2)+0.734^2]=0.919$$

$$\rho_x=\chi=\frac{1}{\Phi+\sqrt{\Phi^2-\lambda^2}}=\frac{1}{0.919+\sqrt{0.919^2-0.734^2}}=\mathbf{0.68}$$

该长细比下剪应力折减系数为:

$$\chi_w=\frac{0.83}{\bar{\lambda}_w}=\frac{0.83}{0.734}=1.13$$

该值偏保守,因为剪力长细比应根据考虑正应力作用下板型屈曲荷载放大系数确定。在此情形几乎没有差别,因为柱型屈曲和板型屈曲的屈曲荷载相同,并且在任何情形下,剪切屈曲主导荷载放大系数。

根据 3-1-5/式(10.5),对整体屈曲进行验算:

$\left(\frac{200}{0.68\times355/1.1}\right)^2+3\left(\frac{100}{1.13\times355/1.1}\right)^2=1.056>1.0$,所以整个腹板不满足

实际使用系数为 $\sqrt{1.056}=\mathbf{1.03}$

尽管 EN 1993-1-5 建议仅对板的受压部分进行此验算,但仍应对受拉部分进行验算,因为应力(甚至忽略屈曲)可能超过屈服强度。使用上述方法(d):

如前所述,使用 $\alpha_{ult,k}$ 对具有 α_{cr} 的受拉侧重新计算长细比

$$\frac{1}{\alpha_{ult,k}^{2}}=\left(\frac{\sigma_{x,Ed}}{f_y}\right)^2+3\left(\frac{\tau_{Ed}}{f_y}\right)^2=\left(\frac{288}{355}\right)^2+3\left(\frac{100}{355}\right)^2=0.896\quad 因此\ \alpha_{ult,k}=1.056$$

由前可知,$\alpha_{cr}=2.49$

根据式(D6.2-5),屈曲的长细比为:

$$\bar{\lambda}_c=\sqrt{\frac{\alpha_{ult,k}}{\alpha_{cr}}}=\sqrt{\frac{1.056}{2.49}}=0.65$$

该长细比下剪应力折减系数为：

$$\chi_w=\frac{0.83}{\bar{\lambda}_w}=\frac{0.83}{0.65}=1.28>1.2,\text{因此}\chi_w=1.2$$

按照3-1-5/条款10(5)的规定，对拉应力进行验算，且不考虑折减系数：

$$\left(\frac{288}{1.0\times355/1.1}\right)^2+3\left(\frac{100}{1.2\times355/1.1}\right)^2=1.00\quad\text{满足要求}$$

实例6.2-6：双向受压和剪切下的方形板

某未加劲板的尺寸为1000mm×1000mm，厚度10mm。$\sigma_{x,Ed}=\sigma_{z,Ed}=100MPa$，$\tau_{Ed}=100MPa$。确定以下情形下板的使用系数：

(i)仅$\sigma_{x,Ed}$作用；

(ii)仅$\sigma_{x,Ed}$与$\sigma_{z,Ed}$作用；

(iii)$\sigma_{x,Ed}$、$\sigma_{z,Ed}$与τ_{Ed}作用。

首先计算每一种应力单独作用下的临界应力。柱型屈曲的相互作用与方形板无关，但与其他长宽比的板有关。

正应力(3-1-5/条款4.4)：

$$\sigma_{cr,x}=\sigma_{cr,y}=\frac{k_\sigma\pi^2Et^2}{12(1-\nu^2)\bar{b}^2}=\frac{4\times\pi^2\times210\times10^3\times10^2}{12(1-0.3^2)\times1000^2}=75.9MPa$$

剪应力(3-1-5/条款5.3)：

$$\tau_{cr}=\frac{k_\tau\pi^2Et^2}{12(1-\nu^2)b^2}=\frac{9.43\times\pi^2\times210\times10^3\times10^2}{12(1-0.3^2)\times1000^2}=179MPa$$

式中：$k_\tau=5.34+4.00\left(\frac{\bar{b}}{a}\right)^2=5.34+4.00\left(\frac{1000}{1000}\right)^2=9.43$

(i)仅$\sigma_{x,Ed}$作用：

根据3-1-5/式(10.3)，达到标准抗力的荷载放大系数为：

$$\frac{1}{\alpha_{ult,k}^2}=\left(\frac{\sigma_{x,Ed}}{f_y}\right)^2+\left(\frac{\sigma_{z,Ed}}{f_y}\right)^2-\left(\frac{\sigma_{x,Ed}}{f_y}\right)^2\left(\frac{\sigma_{z,Ed}}{f_y}\right)^2+3\left(\frac{\tau_{Ed}}{f_y}\right)^2$$

因此 $\alpha_{ult,k}=\left(\frac{355}{100}\right)=3.55$

对于单独施加的应力：

$\alpha_{cr,x}=0.76$ 所以 $\alpha_{cr}=0.76$

子区格板屈曲的长细比根据式(D6.2-5)计算：

$$\bar{\lambda}_p=\sqrt{\frac{\alpha_{ult,k}}{\alpha_{cr}}}=\sqrt{\frac{3.55}{0.76}}=2.16$$

因此，根据3-1-5/式(4.2)，纵向正应力的折减系数为：

$$\rho_x = \frac{\bar{\lambda}_p - 0.055(3+\psi)}{\bar{\lambda}_p^2} = \frac{2.16 - 0.055(3+1)}{2.16^2} = 0.416$$

所以,由 3-1-5/式(10.5)可知:

$$\left(\frac{\sigma_{x,Ed}}{\rho_x f_y/\gamma_{M1}}\right)^2 + \left(\frac{\sigma_{z,Ed}}{\rho_z f_y/\gamma_{M1}}\right)^2 - \left(\frac{\sigma_{x,Ed}}{\rho_x f_y/\gamma_{M1}}\right)\left(\frac{\sigma_{z,Ed}}{\rho_z f_y/\gamma_{M1}}\right) + 3\left(\frac{\tau_{Ed}}{\chi_v f_y/\gamma_{M1}}\right)^2$$

$$= \left(\frac{100}{0.416 \times 355/1.1}\right)^2 = 0.55 < 1.0 \qquad \text{3-1-5/(10.5)}$$

实际使用系数为:$\sqrt{0.55} = 0.74$

(ii)仅 $\boldsymbol{\sigma_{x,Ed}}$ 与 $\boldsymbol{\sigma_{z,Ed}}$ 作用

达到标准抗力的荷载放大系数计算如下:

$$\frac{1}{\alpha_{ult,k}^2} = \left(\frac{\sigma_{x,Ed}}{f_y}\right)^2 + \left(\frac{\sigma_{z,Ed}}{f_y}\right)^2 - \left(\frac{\sigma_{x,Ed}}{f_y}\right)^2\left(\frac{\sigma_{z,Ed}}{f_y}\right)^2 + 3\left(\frac{\tau_{Ed}}{f_y}\right)^2$$

$$= \left(\frac{100}{355}\right)^2 + \left(\frac{100}{355}\right)^2 - \left(\frac{100}{355}\right)\left(\frac{100}{355}\right) = 0.079 \quad \text{因此 } \alpha_{ult,k} = 3.55$$

与单向受压相同。

对于单独施加的应力:

$$\alpha_{cr,x} = \alpha_{cr,z} = \frac{\sigma_{cr,x}}{\sigma_{Ed,x}} = \frac{75.9}{100} = 0.76$$

对于共同施加的应力,临界荷载系数通过 3-1-5/式(10.6)求得:

$$\frac{1}{\alpha_{cr}} = \frac{1+1}{4\times0.76} + \frac{1+1}{4\times0.76} + \left[\left(\frac{1+1}{4\times0.76} + \frac{1+1}{4\times0.76}\right)^2\right]^{1/2} = 2.632$$

因此 $\alpha_{cr} = 0.380$

子区格板屈曲的长细比根据式(D6.2-5)计算:

$$\bar{\lambda}_p = \sqrt{\frac{\alpha_{ult,k}}{\alpha_{cr}}} = \sqrt{\frac{3.55}{0.380}} = 3.056$$

因此,纵向和横向正应力的折减系数为:

$$\rho_x = \frac{\bar{\lambda}_p - 0.055(3+\psi)}{\bar{\lambda}_p^2} = \frac{3.056 - 0.055(3+1)}{3.056^2} = 0.304$$

所以,由 3-1-5/式(10.5)可知:

$$\left(\frac{\sigma_{x,Ed}}{\rho_x f_y/\gamma_{M1}}\right)^2 + \left(\frac{\sigma_{z,Ed}}{\rho_z f_y/\gamma_{M1}}\right)^2 - \left(\frac{\sigma_{x,Ed}}{\rho_x f_y/\gamma_{M1}}\right)\left(\frac{\sigma_{z,Ed}}{\rho_z f_y/\gamma_{M1}}\right) + 3\left(\frac{\tau_{Ed}}{\chi_v f_y/\gamma_{M1}}\right)^2$$

$$= \left(\frac{100}{0.304 \times 355/1.1}\right)^2 + \left(\frac{100}{0.304 \times 355/1.1}\right)^2 -$$

$$\left(\frac{100}{0.304 \times 355/1.1}\right)\left(\frac{100}{0.304 \times 355/1.1}\right) = 1.04 > 1.0$$

实际使用系数为:$\sqrt{1.04} = \mathbf{1.02}$

(iii)$\sigma_{x,Ed}$,$\sigma_{z,Ed}$与 τ_{Ed}作用

达到标准抗力的荷载放大系数计算如下：

$$\frac{1}{\alpha_{ult,k}^2}=\left(\frac{\sigma_{x,Ed}}{f_y}\right)^2+\left(\frac{\sigma_{z,Ed}}{f_y}\right)^2-\left(\frac{\sigma_{x,Ed}}{f_y}\right)\left(\frac{\sigma_{z,Ed}}{f_y}\right)+3\left(\frac{\tau_{Ed}}{f_y}\right)^2$$

$$=\left(\frac{100}{355}\right)^2+\left(\frac{100}{355}\right)^2-\left(\frac{100}{355}\right)\left(\frac{100}{355}\right)+3\left(\frac{100}{355}\right)^2=0.31\quad \text{因此}\ \alpha_{ult,k}=1.775$$

对于单独施加的应力：

$$\alpha_{cr,x}=\alpha_{cr,z}=\frac{\sigma_{cr,x}}{\sigma_{Ed,x}}=\frac{75.9}{100}=0.76$$

$$\alpha_{cr,\tau}=\frac{\tau_{cr}}{\tau_{Ed}}=\frac{179}{100}=1.79$$

对于共同施加的应力，临界荷载系数通过 3-1-5/式(10.6)求得：

$$\frac{1}{\sigma_{cr}}=\frac{1+1}{4\times0.76}+\frac{1+1}{4\times0.76}+\left[\left(\frac{1+1}{4\times0.76}+\frac{1+1}{4\times0.76}\right)^2+0+0+\frac{1}{1.79^2}\right]^{1/2}$$

$$=2.745$$

因此 $\alpha_{cr}=0.364$。

子区格板屈曲长细比根据式(D6.2-5)计算：

$$\bar{\lambda}_p=\sqrt{\frac{\alpha_{ult,k}}{\alpha_{cr}}}=\sqrt{\frac{1.775}{0.364}}=2.207$$

因此，纵向和横向正应力的折减系数为：

$$\rho_x=\frac{\bar{\lambda}_p-0.055(3+\psi)}{\bar{\lambda}_p^2}=\frac{2.207-0.055(3+1)}{2.207^2}=0.408$$

假设边界条件为刚性端柱，该长细比下剪应力折减系数为：

$$\chi_w=\frac{1.37}{(0.7+\bar{\lambda}_w)}=\frac{1.37}{(0.7+2.207)}=0.471$$，因此，由式 3-1-5/(10.5)：

$$\left(\frac{\sigma_{x,Ed}}{\rho_x f_y/\gamma_{M1}}\right)^2+\left(\frac{\sigma_{z,Ed}}{\rho_z f_y/\gamma_{M1}}\right)^2-\left(\frac{\sigma_{x,Ed}}{\rho_x f_y/\gamma_{M1}}\right)\left(\frac{\sigma_{z,Ed}}{\rho_z f_y/\gamma_{M1}}\right)+3\left(\frac{\tau_{Ed}}{\chi_w f_y/\gamma_{M1}}\right)^2$$

$$=\left(\frac{100}{0.41\times355/1.1}\right)^2+\left(\frac{100}{0.41\times355/1.1}\right)^2-$$

$$\left(\frac{100}{0.41\times355/1.1}\right)\left(\frac{100}{0.41\times355/1.1}\right)+3\left(\frac{100}{0.471\times355/1.1}\right)^2$$

$$=1.86>1.0$$

实际使用系数为：$\sqrt{1.86}=\mathbf{1.36}$

6.2.2.6.3　与 EN 1993-1-5 条款 4 的有效截面法进行比较

尽管折减应力法明显过于保守(例如没有考虑减载、材料系数取更高的值和所有剪力和弯矩的弯-剪相互作用)，它可能仍不如有效截面法保守：

(i)对于单独的非加劲板,均匀受压情形下这两种方法是等效的。3-1-5/条款 10 因材料系数较高而更保守。

(ii)对于加劲板,除非进行有限元分析,否则不能验算子区格板和板整体屈曲的耦合模态,而其在 3-1-5/条款 4 中考虑。因此,尽管使用较低的材料系数,但对单独的加劲板,3-1-5/条款 10 并不总比 3-1-5/条款 4 更保守。

(iii)对于均匀受压的加劲板,在板整体屈曲不会导致强度降低的情况下,3-1-5/条款 10 更保守,因为子区格板屈曲的折减也有效地应用于加劲肋外伸部分,同时不可能减载,且应力在整个截面均匀发展。

(iv)对于均匀受压且考虑由于屈曲整体强度折减的加劲板,哪个方法更保守取决于子区格板和加劲肋外伸部分的相对面积。

(v)对于具有高长细比加劲板的整体屈曲模态,这两种方法再次等效,其中 $\chi \to 1/\bar{\lambda}^2$ 且 $\bar{\lambda} \to \infty$。

对于整体屈曲,当采用 3-1-5/条款 4 时:

$$\bar{\lambda}_c = \sqrt{\frac{A_{eff} f_y}{A\sigma_{cr,c}}} \quad 所以 \quad \chi = \frac{1}{\bar{\lambda}^2} = \frac{A\sigma_{cr,c}}{A_{eff} f_y} \quad 且板件抗力 = \chi A_{eff} f_y = A\sigma_{cr,c}$$

对于整体屈曲,当采用 3-1-5/条款 10 时:

$$\bar{\lambda}_c = \sqrt{\frac{f_y}{\sigma_{cr,c}}} \quad 所以 \quad \chi = \frac{1}{\bar{\lambda}^2} = \frac{\sigma_{cr,c}}{f_y} \quad 且板件抗力 = \chi A_{eff} f_y = A\sigma_{cr,c}$$

这与压杆的 Perry-Robertson 结果类似,其中非常细长的杆件会在欧拉荷载下失效,与截面面积无关。

(vi)翼缘基本与上述单独板的情形类似,由于上述原因,无法确定 3-1-5/条款 4 和 3-1-5/条款 10 哪个方法一定更保守。

(vii)对于腹板,尽管有上述规定,3-1-5/条款 10 通常最保守的,因为 3-1-5/条款 4 有效截面法中腹板可以将其大部分正应力释放至翼缘,而整个翼缘正应力不会增加太多。在 3-1-5/条款 10 中,单个应力过大的腹板可以控制设计。

6.2.3　受拉构件

3-1-1/条款 6.2.3(1)
3-1-1/条款 6.2.3(2)

3-1-1/条款6.2.3(1) 和 ***3-1-1/条款6.2.3(2)*** 提出截面抗力的基本要求如下:

$$\frac{N_{Ed}}{N_{t,Rd}} \leqslant 1.0 \qquad 3\text{-}1\text{-}1/(6.5)$$

式中,N_{Ed}是施加的拉力设计值;$N_{t,Rd}$是下面抗拉承载力中的较小者:

(a)毛截面的塑性抗力设计值 $N_{pl,Rd}$:

$$N_{pl,Rd} = \frac{Af_y}{\gamma_{M0}} \qquad 3\text{-}1\text{-}1/(6.6)$$

式中,A 是钢构件的总面积;f_y 是钢构件的屈服应力。

(b)净截面的极限抗力设计值 $N_{u,Rd}$(扣除紧固件开孔):

$$N_{u,Rd}=\frac{0.9A_{net}f_u}{\gamma_{M2}} \qquad 3\text{-}1\text{-}1/(6.7)$$

式中，A_{net}为按照 3-1-1/条款 6.2.2.2 确定的净截面面积；f_u 是钢构件的极限拉应力。A_{net}的系数 0.9 考虑了整个净截面由应力集中或偏心引起的应力不均匀分布 。

当受拉构件的长度增加至不可接受或截面断裂时，受拉构件被视为“失效”。3-1-1/式(6.7)允许将极限拉应力与净截面结合起来，因为连接件的长度通常小于钢构件总长，由连接区塑性应变引起的长度增加与构件其余部分的长度增加相比通常极小。但是，根据 ***3-1-1/条款6.2.3(4)***，不允许将极限拉应力同 C 类连接(极限状态下不滑移)结合。这是因为靠近螺栓的材料发生大的塑性应变会减小板厚，随之降低螺栓预紧力。在此情形下，必须验算净截面是否屈服，如下： *3-1-1/条款6.2.3(4)*

$$N_{net,Rd}\leqslant\frac{A_{net}f_y}{\gamma_{M0}} \qquad 3\text{-}1\text{-}1/(6.8)$$

本指南 5.2.1.2 讨论桥梁中可能需要 C 类连接的情形。

结合 3-1-1/式(6.6)和 3-1-1/式(6.7)给出 A_{net}/A 容许的比率，其中螺栓孔对截面抗力的影响可忽略不计，如下所示：

$$\frac{A_{net}}{A}\geqslant\frac{f_y\gamma_{M2}}{0.9f_u\gamma_{M0}} \qquad (D6.2\text{-}6)$$

如果采用推荐的材料分项系数，那么 S355 钢 A_{net}/A 的最小容许比率为 0.97(由 3-1-1/表 3.1 可知 $\gamma_{M2}=1.25$，$\gamma_{M0}=1.00$，$f_y=355$ MPa，$f_u=510$MPa)。这表明，对于 S355 钢材的拉伸，即使存在很小的螺栓开孔也会降低截面抗力。如果极限强度取自 EN 10025，那么 $f_u=490$MPa，最小比率 A_{net}/A 变为 1.0。这意味着根据 3-1-1/式(6.7)进行的验算始终有效。因此，使用 3-1-1/表 3.1 中的材料特性具有优势，但英国国家附件要求根据 EN 10025 取材料特性。对于 S275 钢材，最小比率 A_{net}/A 为 0.89 或 0.93，具体取决于极限抗拉强度取自 3-1-1/表 3.1 还是 EN 10025。

当根据 EN 1998 抗震设计要求结构具有延性行为时，***3-1-1/条款6.2.3(3)*** 进一步限制了 $N_{t,Rd}$。这意味着发生了毛截面屈服失效，而非净截面断裂失效。为了达到该目的，3-1-1/式(6.7)的抗力必须超过 3-1-1/式(6.6)的抗力，且依据式(D6.2-6)计算极限比率 A_{net}/A。 *3-1-1/条款6.2.3(3)*

如果截面有(由于构件连接不对称或构件本身不对称导致的)偏心端连接，则须按照 3-1-8/条款 3.10.3 考虑该偏心。***3-1-1 /条款6.2.3(5)*** 中明确规定了通过单肢连接的角钢的净截面验算。其中，抗力通过净截面乘以折减系数来考虑偏心。对于通过短肢上开孔来连接的不等边角钢，EN 1993-1-8 中采用的净截面是基于虚拟的等边角钢，其肢尺寸取实际不等边角钢的短肢尺寸。实例 6.2-7 说明了 EN 1993-1-8 中公式的使用(此处没有重复)。焊接连接可采用 3-1-8/条款4.13 的建议，使用无孔截面计算 A_{net}。其他截面类型没有明确涵盖。对于通过翼缘连 *3-1-1/条款6.2.3(5)*

接的单个 T 形截面和通过腹板连接的槽钢截面,A_{net}可以合理地取为截面连接部分的有效净面积加上外伸部分面积的一半。该净面积然后用于 3-1-1/式(6.7)。还应该确保相同截面的毛面积满足 3-1-1/式(6.6)的屈服验算。

实例 6.2-7:受拉角钢

某 100×100×12 轧制角钢(S355 级)含 4 个直径为 26mm 的孔,用于布置两端的紧固件。连接细节为 B 类(承载能力极限状态下允许滑移),几何形状如下。

计算连接处角钢的最大抗拉强度。

角钢毛截面面积 = 2270mm²。

由 3-1-1/表 3.1:对于 12mm 板,f_y = 355 MPa,f_u = 510 MPa。(请注意,国家附件可能要求材料特性来自 EN 10025;英国国家附件确实如此。)

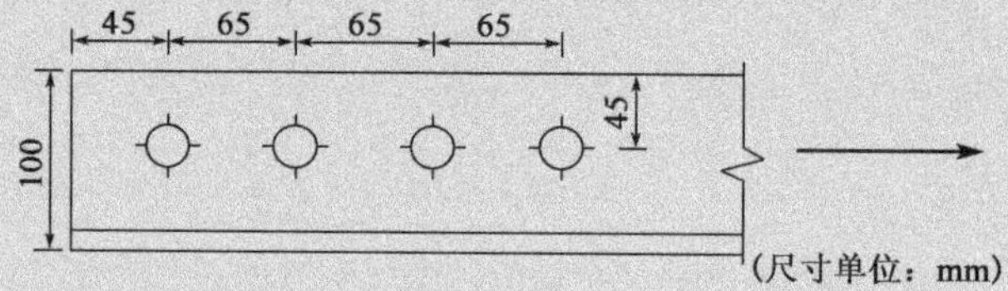

毛截面的塑性抗力设计值计算如下:

$$N_{pl,Rd} = \frac{Af_y}{\gamma_{M0}} = \frac{2270 \times 355}{1.0} = 805.9\text{kN}$$

由于连接包含通过单肢连接的单一角钢,必须考虑偏心,并采用 3-1-8/条款 3.10.3 中的净面积规定。净面积通过系数 β_3 修正并考虑螺栓偏心。因为是等边角钢,可由实际毛截面确定 A_{net}。

$$N_{u,Rd} = \frac{\beta_3 A_{net} f_u}{\gamma_{M2}}$$,其中 β_3 = 0.5,螺栓螺距≤2.5×孔径

$$N_{u,Rd} = \frac{0.5 \times (2270 - 26 \times 12) \times 510}{1.25} = \mathbf{399.4kN}$$

因此,$N_{t,Rd}$由净截面控制,$N_{t,Rd}$ = 399.4 kN。

6.2.4 受压构件

3-1-1/条款 6.2.4(1)

3-1-1/条款6.2.4(1) 给出截面抗力的基本要求如下:

$$\frac{N_{Ed}}{N_{c,Rd}} \leqslant 1.0 \qquad 3\text{-}1\text{-}1/(6.9)$$

式中,N_{Ed}为施加的压力设计值;$N_{c,Rd}$为均匀受压构件的抗力设计值。

3-2/条款 6.2.4 仅验算局部截面。如果整个构件易于发生弯曲屈曲或弯扭屈曲,则还必须验算该失效模式,如本指南 6.3.1 所述。

3-2/条款 6.2.4(2)

3-2/条款6.2.4(2) 要求对 1 类、2 类或 3 类构件和 4 类构件采用不同的计算方法。

如果截面为 1 类、2 类或 3 类，它能够在不发生局部屈曲的情况下达到受压屈服应力。截面抗力为截面面积和屈服应力的乘积：

$$N_{c,Rd}=\frac{Af_y}{\gamma_{M0}} \qquad 3\text{-}2/(6.1)$$

4 类截面在应力低于屈服强度时，易发生局部屈曲。计算截面抗压承载力有两种选择。

第一种选择是采用有效截面法，详见本指南 6.2.2.5 的讨论。对于双轴对称截面，受压承载力如下：

$$N_{c,Rd}=\frac{A_{eff}f_y}{\gamma_{M0}} \qquad 3\text{-}2/(6.2)$$

有效面积 A_{eff} 的计算方法参考本指南 6.2.2.5 的讨论。

当计算非对称截面在轴向荷载作用下的有效截面时，中性轴从毛截面上的原始位置移动 e_N。该移动使轴力在截面产生关于新中性轴的力矩。截面抗力验算必须考虑附加的弯曲应力，详见本指南 6.2.10.3 对弯矩和轴力的处理。***3-1-1/条款6.2.4(4)*** 提醒必须考虑此影响。使用下面的第二种方法设计 4 类截面时，这一条则不适用。 *3-1-1/条款6.2.4(4)*

第二种选择是采用毛截面，但限制轴向应力为小于屈服强度的某值，如下所示：

$$N_{c,Rd}=\frac{A\sigma_{limit}}{\gamma_{M0}} \qquad 3\text{-}2/(6.3)$$

式中，σ_{limit} 为通过 3-1-5/条款 10 的方法确定的截面最弱部分的极限压应力，详见本指南 6.2.2.6 的讨论。该方法在本指南 6.2.10 节涉及弯矩和轴力的有关章节也有详细讨论。

3-1-1/条款6.2.4(3) 规定，紧固件孔不需要从该面积扣除，只要孔用紧固件"填充"并且尺寸未超标或没有开槽即可。英国先前的做法与此类似，但对黑色螺栓（3-1-8/条款 3.4.1(1) 中的 A 类节点）的孔进行了折减，因为黑色螺栓不被视为"填充"了开孔。此处进行类似的区分，但由于 3-2/条款 2.1.3.3(4) 要求桥梁中的螺栓连接为 B 类或 C 类，或者使用紧密装配的螺栓，因此始终可以按照该条款考虑孔被填充。 *3-1-1/条款6.2.4(3)*

实例 6.2-8：受压通用柱

某 52×152×37 通用柱（S355 级）的弯曲屈曲受到完全约束。计算通用柱可承受的最大压力。截面所有开孔均安装预紧螺栓。

首先确定截面分类，判断是否发生局部屈曲。

根据截面表可知：

通用柱面积 = 4740 mm^2

外伸翼缘长宽比（c/t） = 6.36（保守地从腹板表面起算）

腹板长宽比（c/t） = 17.1（保守地采用翼缘表面间距）

由 3-1-1/表 5.2 可知：

翼缘为 1 类（$c/t \leqslant 9\varepsilon = 9 \times 0.81 = 7.29$）

腹板为 1 类（$c/t \leqslant 33\varepsilon = 33 \times 0.81 = 40.7$）

因此，截面为 1 类，不会发生局部屈曲。

由 3-2/式(6.1)可知：

$$N_{c,Rd} = \frac{Af_y}{\gamma_{M0}} = \frac{4740 \times 355}{1.0} = 1682.7\text{kN}$$

因此，通用柱的抗压承载力 = **1682.7kN**。

6.2.5　弯矩计算

3-1-1/条款 6.2.5(1)

3-2/条款 6.2.5(1)参考 ***3-1-1/条款 6.2.5(1)*** 进行截面抗弯承载力计算。基本要求如下：

$$\frac{M_{Ed}}{M_{c,Rd}} \leqslant 1.0 \qquad 3\text{-}1\text{-}1/(6.12)$$

式中，M_{Ed}为施加的弯矩设计值；$M_{c,Rd}$为钢梁的抗弯承载力设计值。

3-2/条款 6.2.5(2)

本节仅验算局部截面。如果整个构件易于发生侧向扭转失稳，则还必须按照本指南 6.3.2 的讨论验算该失效模式。***3-2/条款 6.2.5(2)*** 要求根据截面分类采用不同的截面设计方法。

1 类截面

如本指南 5.5 所述，1 类截面可以形成一个完整的塑性铰。梁的抗力设计值对应于完全塑性的应力分布，如图 6.2-30 所示。

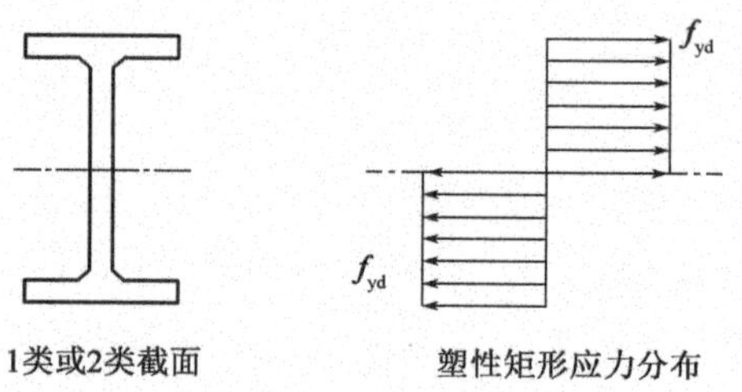

图 6.2-30　1 类或 2 类截面的应力块

抗弯承载力计算如下：

$$M_{c,Rd} = \frac{W_{pl} f_y}{\gamma_{M0}} \qquad 3\text{-}2/(6.4)$$

如果屈服强度在整个横截面上不是常量，则不能使用塑性模量 W_{pl}，且需通过塑性应力块直接计算抗力。这种情形经常出现，且 3-2/式(6.4)的形式不是很有用。

2 类截面

2 类横截面也可以形成完整的塑性抗力，但转动能力有限。抗力设计值再次对应于塑性应力分布，如图 6.2-30 所示，抗力按 3-2/式(6.4)计算。

如果连续施工的桥梁中并非所有截面都属于1类或2类，那么在进行弹性整体分析时，在整个桥梁的截面设计中应注意使用混合类型。因为当1类或2类截面达到屈服点时，其刚度将随着荷载的进一步增加而减小，即使它离最终的全塑性抗力还有些差距。这种刚度的损失意味着导致相邻未屈服区域的弯矩（其符号相反）大于通过弹性分析预测的弯矩。如果这些区域有3类或4类截面，则这些截面的失效由转动能力有限的局部屈曲引起。必须验算3类或4类截面弯矩减载的情况，以确保不超过其抗力。如果使用混合类截面设计，则应按本指南5.4.2（此处有详细讨论）中的建议进行验算。

3类截面

3类截面可以在其极限纤维处受压屈服，但如果该屈服开始进一步扩展到整个截面，则会因局部屈曲而失效。因此，当极限纤维受压屈服时，达到最大抗力。通常，设计中不考虑受拉区的部分塑化。当弹性应力分布的应力在任一纤维处达到屈服时，无论是受压还是受拉，都认为达到了极限承载力，如图6.2-31所示。注意极限纤维在3-1-1/条款6.2.1(9)中定义位于翼缘的中面而不是其外表面。

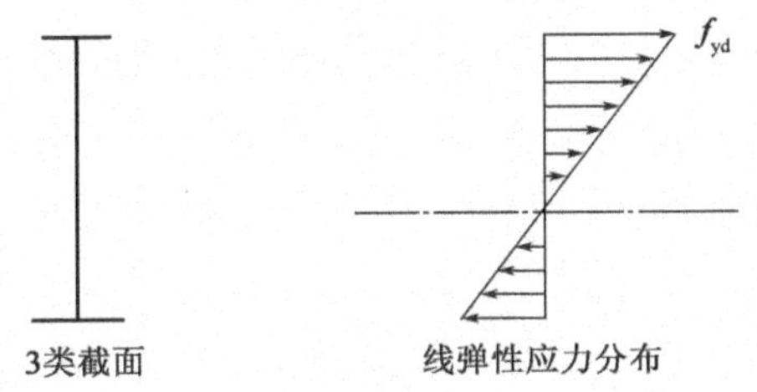

图6.2-31　3类截面的弹性应力分布

抗弯承载力计算如下：

$$M_{c,Rd}=\frac{W_{el,min}f_y}{\gamma_{M0}} \qquad \text{3-1-1/(6.5)}$$

式中，$W_{el,min}$为最大应力纤维处的截面模量。

然而，如果屈服首先发现在3类截面的受拉侧，则可以根据3-1-1/条款6.2.1(10)考虑受拉区的部分塑化，因为塑性应力块可以在受拉区发展直到极限受压纤维屈服。这可能发生在翼缘较大的受压翼缘，如图6.2-32所示。然后通过平截面假定、双线性应力-应变曲线、受拉区和受压区力的平衡来确定该情形下的抗弯承载力 。中性轴将随塑性在整个受拉区扩展而移动，然后影响截面分类。这种复杂性是通常简化限制为弹性行为的一个原因。

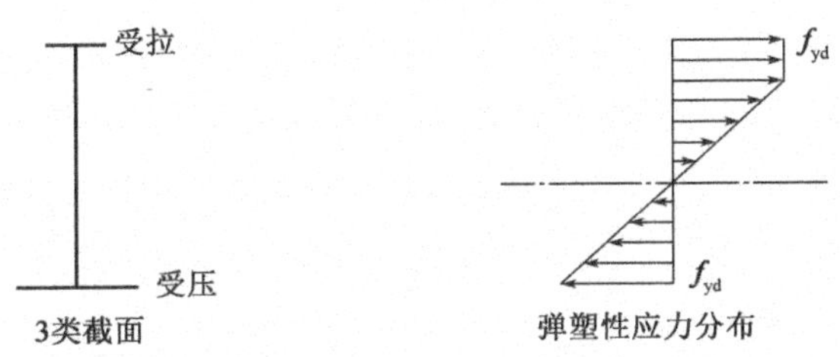

图6.2-32　3类截面部分塑性的应力分布

4 类截面

4 类截面在其达到屈服之前就发生局部屈曲而失效。3-2/条款 6.2.5(2)b)允许使用两种方法计算抗弯承载力:有效面积法和限制应力法。这些方法分别在本指南的 6.2.2.5 和 6.2.2.6 详细解释。后一种方法偏保守,因为它不允许板间减载。

对于有效面积法,当有效截面的极限纤维达到屈服时,即可获得抗弯承载力,如图 6.2-33 所示。

$$M_{c,Rd}=\frac{W_{eff,min}f_y}{\gamma_{M0}} \qquad 3\text{-}2/(6.6)$$

式中,$W_{eff,min}$为根据 6.2.2.5 确定的有效截面最小弹性截面模量。

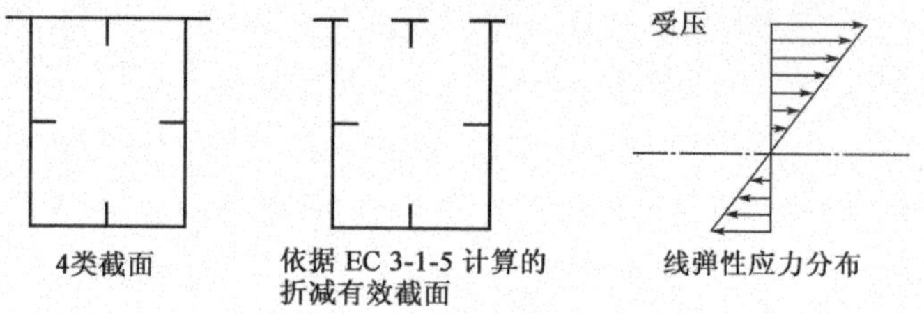

图 6.2-33　4 类截面的弹性应力分布

限制应力法使用毛截面特性,但当最弱的受压板因局部屈曲而失效时,认为达到抗弯承载力。这导致采用小于屈服应力的极限应力 σ_{limit},如图 6.2-34 所示。

$$M_{c,Rd}=\frac{W_{el,min}\sigma_{limit}}{\gamma_{M0}} \qquad 3\text{-}2/(6.7)$$

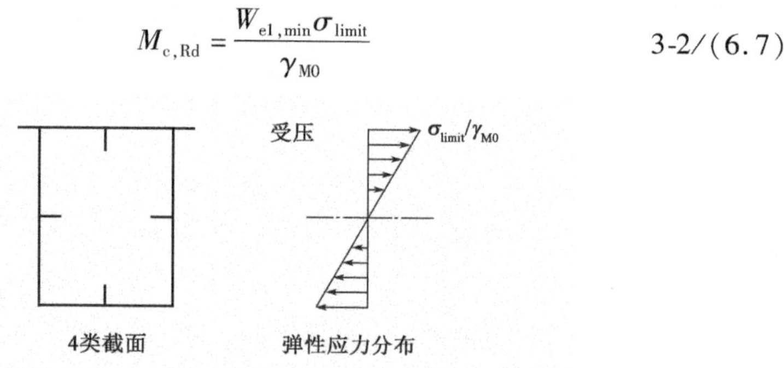

图 6.2-34　4 类等效为 3 类截面的弹性应力分布

σ_{limit}的概念对于截面验算来说有些奇怪,因为为了确定 σ_{limit},必须首先根据 3-1-5/条款 10 的方法进行单独弯曲应力作用下的截面验算。这包括验算截面所有组成部分,其可能有不同的容许应力,并确认它们都满足。3-1-5/条款 10 的验算本身就是验算截面,截面验算没有必要确定 σ_{limit}本身。

3-2/条款 6.2.5 中 σ_{limit}定义为"受压截面最弱部分的极限应力"非常保守,板首先屈曲的位置不在极端纤维处,因此不承受最大应力。σ_{limit}可以确定为极限纤维处压弯应力的峰值,使得截面内某处局部屈曲失效,而不是在达到 σ_{limit}的最大应力纤维处失效。σ_{limit}的值明显不超过 f_y。在 3-2/式(6.7)中,$W_{el,min}$的值可以保守地取为 EN 1993-2 中所述的受压或受拉纤维的最小值。但是,验算受压纤维的应力时采用 σ_{limit},验算受拉纤维的应力时采用 f_y 更符合逻辑,因此抗弯承载力取以下两者中的较小值：

$$M_{c,Rd}=\frac{W_{el,comp}\sigma_{limit}}{\gamma_{M0}}$$

$$M_{c,Rd}=\frac{W_{el,ten}f_y}{\gamma_{M0}}$$

根据3-1-5/条款10，全面验算需要同时考虑剪力、轴力、弯矩和横向荷载。当进行全面验算时，弯矩作用下其本身的验算变得多余（除非其他效应为零）；全面验算将更为关键。因此，这里建议如果将4类截面视为3类，则应使用3-1-5/条款10进行整体验算，如本指南6.2.2.6所述，与σ_{limit}无关。这与3-2/式(6.7)不一致，因为3-1-5/条款10使用材料系数γ_{M1}。

但应该注意，如果将4类构件视为3类构件，4类构件屈曲验算仍需要σ_{limit}，如本指南6.2.2.6所述。

紧固件孔

在计算相关截面特性时，需要考虑梁截面受拉区中的紧固件孔。***3-1-1/条款6.2.5(4)***允许忽略受拉翼缘上的紧固件孔，只要满足下列公式： ***3-1-1/条款6.2.5(4)***

$$\frac{A_{f,net}0.9f_u}{\gamma_{M2}}\geqslant\frac{A_f f_y}{\gamma_{M0}} \qquad 3\text{-}1\text{-}1/(6.16)$$

式中$A_{f,net}$为受拉翼缘的净面积。这与6.2.3中受拉构件导出的式(D6.2-6)相同。如果上式不满足，弯曲验算中使用的受拉翼缘的面积需要折减。可以使用净面积（将非常保守）或者可以将翼缘面积减小到有效值A_f，以满足3-1-1/式(6.16)的要求。因此，折减翼缘面积计算如下：

$$A'_f=\frac{A_{f,net}0.9f_u/\gamma_{M2}}{f_y/\gamma_{M0}} \qquad (D6.2\text{-}7)$$

使用式(D6.2-7)的例外情形是根据EN 1998抗震设计要求桥梁具有延性行为或者采用塑性整体分析。在这些情形下，毛截面因屈服失效而不是净截面的断裂破坏。要实现这一目标，需要满足3-1-1/式(6.16)中的准则。

3-1-1/条款6.2.5(5)允许忽略腹板受拉区中的紧固件孔，如果包括受拉翼缘和有孔部分的受拉腹板的整个受拉区满足3-1-1/式(6.16)。在这种情形下，相关区域为整个受拉区。 ***3-1-1/条款6.2.5(5)***

根据***3-1-1/条款6.2.5(6)***，如果由紧固件填充孔，并且孔尺寸不超标或未开槽，则受压区不需考虑紧固件孔。该要求参见本指南6.2.4的讨论。 ***3-1-1/条款6.2.5(6)***

6.2.6 抗弯计算

EN 1993-2该部分在本指南中分为两个部分：分别针对塑性抗剪承载力和剪切屈曲承载力。

6.2.6.1 无剪切屈曲的抗剪承载力

英国设计师可能不熟悉EN 1993中剪切设计的一个特点是短腹板的抗剪承载力可能超过基于Von Mises剪切屈服应力的计算值$f_y/\sqrt{3}$。因为有试验表明应变强化允许在不发生过度变形的情况下获得更高的抗力。3-1-1/条款 6.2.6 和 3-1-5/条款5 中通过 η 对此进行考虑。此系数在 ***3-1-5/条款5.1(2)*** 中定义,其取值取决于国家附件。对于强度 S460 级以下的钢材,推荐值为 $\eta = 1.2$,相当于腹板平均剪应力 $0.7f_y$。对于 S460 级以上钢材,由于高强度钢材的应变硬化不显著,推荐值为 $\eta = 1.0$。然而 Johansson 等发表的一篇背景文章建议,由于缺乏更高级别钢材的试验结果,只有强度 S355 级以下的钢材可采用 $\eta = 1.2$。S460 级钢材典型的强屈比 f_u/f_y 表明采用 $\eta = 1.2$ 可以接受,然而,在没有试验证据的情形下,本指南推荐强度 S460 级以上钢材取 $\eta = 1.0$。在 EN 1993-1-1 中,系数 η 包含在剪切面积中(见 3-1-1/条款 6.2.6(3)),而在 1993-1-5 中,系数 η 直接出现在承载力计算公式中(见 3-1-5/条款 5.2(1))。因此,在 EN 1993 各部分间转换时,必须注意不要重复考虑该影响。

3-1-5/条款 5.1(2)

当不考虑剪切屈曲时,基于 ***3-1-1 条款6.2.6(2)*** 的塑性抗力计算剪切承载力:

3-1-1/条款 6.2.6(2)

$$V_{pl,Rd} = \frac{A_v f_y}{\sqrt{3}\gamma_{M0}} \qquad 3\text{-}1\text{-}1/(6.18)$$

3-1-1/条款6.2.6(3) 中给出考虑应变硬化效应的剪切面积 A_v 取值。预制 I 形梁承受平行于腹板的剪力时,腹板的剪切面积为 $\eta h_w t_w$,其中 h_w 和 t_w 分别为腹板的高度和厚度。如上所述,η 根据 EN 1993-1-5 取值。如果腹板不等厚,可取腹板的最小厚度按 3-1-1/式(6.18)计算剪切承载力,或者也可以使用下文中基于弹性剪力流分布计算剪切承载力。

3-1-1/条款 6.2.6(3)

由于 Eurocodes 中没有给出剪力和其他内力耦合的相互作用公式,需对腹板的每一点应用 6.2.1 中的 Von Mises 剪切屈服准则。由于忽略其他相互作用公式中假定的塑性重分布,计算结果偏保守。当构件截面特性沿构件方向为常数时,***3-1-1/条款6.2.6(4)*** 给出某一点的弹性剪切应力:

3-1-1/条款 6.2.6(4)

$$\tau_{Ed} = \frac{V_{Ed}S}{It} = \frac{V_{Ed}Az}{It} \qquad 3\text{-}1\text{-}1/(6.20)$$

式中:A——计算截面的面积;

z——截面中性轴到质心的距离;

I——截面的惯性矩;

t——计算点的截面厚度。

当截面特性沿梁变化时,3-1-1/式(6.20)不再正确,剪应力计算公式如下:

$$\tau_{Ed} = \frac{V_{Ed}Az}{It} + \frac{M_{Ed}}{t}\frac{d}{dx}\left(\frac{Az}{I}\right) \qquad (D6.2\text{-}8)$$

在负弯矩区,支座处梁高增加,式(D6.2-8)的第二项会减小剪力流,因此可以偏保守地将它忽略。在鱼腹梁的正弯矩区,公式中的第二项会增大剪力流。如果 $A_f/h_w t_w \geqslant 0.6$,其中 A_f 为一个翼缘的面积,根据 ***3-1-1/条款6.2.6(5)***,平均剪应力公式 $\tau_{Ed} = V_{Ed}/h_w t_w$ 可应用于 I 形截面和 H 形截面。

3-1-1/条款 6.2.6(5)

3-1-1/条款6.2.6(7) 指出剪切设计中不需要考虑紧固件孔,除非已经根据

3-1-1/条款 6.2.6(7)

EN 1993-1-8(本指南第8章)验算连接处的抗剪承载力设计值。此处给出拼接处的验算以及关于盖板剪切和弯曲计算中使用的截面特性的解释。由于剪切包括主拉和主压区,首先很难理解为什么在抗剪设计中,当拉力折减时,螺栓孔不折减,尤其是当塑性抗剪承载力已考虑了应变硬化。后者十分重要,因为应变硬化是受力构件中允许出现一些开孔但不降低截面屈服抗力的理由,详见6.2.3。

由于剪切产生斜向拉力,螺栓孔在拉力方向上有效交错的,因此根据3-1-1/条款6.2.2对孔面积的扣除相应减小。然而,考虑到抗剪承载力中包含了应变硬化,当带有螺栓孔的腹板尤其是带有多排螺栓的腹板(交错效应不明显)按照完全塑性承载力进行设计时应特别注意。保守的方法是在估计完全塑性抗力时,剪切面积扣除所有螺栓并取 $\eta = 1.2$。

为提供通道或检修服务,腹板可能开有较大孔,EN 1993中没有提出此类腹板的设计规定。如果孔直径不超过腹板高度的5%[这与3-1-5/条款5.1(1)中规定使用剪切屈曲规定的限制一致],本指南建议在应用3-1-1/式(6.18)时,可以简单地从腹板高度中减去孔的高度。对于更大尺寸的孔,孔应设置加劲肋,加劲肋截面设计时应考虑孔上方和下方的局部剪力分布以及孔洞周围产生的二次弯矩(又称Vierendeel作用)。

6.2.6.2　剪切屈曲

在3-1-5/条款5中,板梁的抗剪屈曲承载力基于Högland提出的转动应力场理论[13]。当腹板高厚比 h_w/t 超过某个限值时,腹板更容易出现剪切屈曲。***3-1-1/条款6.2.6(6)*** 和 ***3-1-5/条款5.1(2)*** 给出此限值。后一条款给出了以下高厚比限值,当超出此限值时必须验算屈曲: ***3-1-1/条款6.2.6(6)*** ***3-1-5/条款5.1(2)***

对于不设置纵向加劲肋的腹板,$h_w/t > \dfrac{72}{\eta}\varepsilon$

对于设置纵向加劲肋的腹板,$h_w/t > \dfrac{31}{\eta}\varepsilon\sqrt{k_\tau}$

式中,$\varepsilon = \sqrt{\dfrac{235}{f_y}}$;$k_\tau$为剪切屈曲系数,并会在后续讨论。

下文给出设置大间距横向加劲肋且无纵向加劲肋情形下剪切屈曲的规定。其基于参考文献12,但进行了一些小的修正和扩展。

对于无正应力的低剪应力情形,近似为纯剪状态,且主应力与水平线成45°角。随着剪应力的增加,发生弹性临界屈曲,由于形成水平拉伸薄膜应力 σ_H,主应力旋转形成与水平方向小于45°的夹角。但在靠近翼缘板处应力状态仍然接近为纯剪状态。腹板的应力状态为板边缘没有竖向正应力,如图6.2-35所示。旋转的主拉应力与水平方向成 ϕ 角,规定受拉为正的主应力为:

$$\sigma_1 = \tau/\tan\phi \qquad (D6.2\text{-}9)$$

$$\sigma_2 = -\tau\tan\phi \qquad (D6.2\text{-}10)$$

角度 ϕ 的确定往往依赖于试验结果。尽管应力场方向会随着剪力的增加而

旋转,主压应力近似等于剪切屈曲的弹性临界应力。因此:

$$\sigma_2 = -\tau_{cr} \tag{D6.2-11}$$

根据式(D6.2-10)和式(D6.2-11),$\tan\phi = \tau_{cr}/\tau$,因此式(D6.2-9)给出:

$$\sigma_1 = \frac{\tau^2}{\tau_{cr}} \tag{D6.2-12}$$

当采用 Von Mises 准则计算的等效应力达到屈服时,腹板也假定达到极限强度:

$$\sigma_1^2 + \sigma_2^2 - \sigma_1\sigma_2 = f_y^2 \tag{D6.2-13}$$

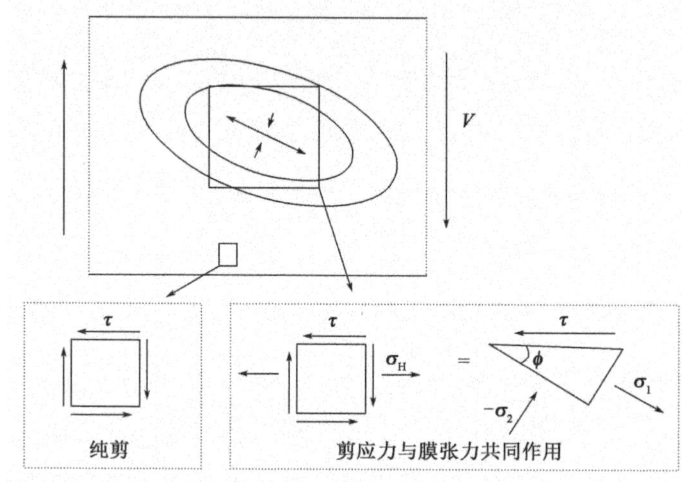

图 6.2-35 腹板弹性屈曲后的应力场

将式(D6.2-11)和式(D6.2-12)代入式(D6.2-13),得到抗剪承载力公式如下:

$$\frac{\tau_u}{f_v} = \frac{\sqrt[4]{3}}{\lambda_w}\sqrt{\sqrt{1-\frac{1}{4\lambda_w^4}} - \frac{1}{2\sqrt{3}\lambda_w^2}} \tag{D6.2-14}$$

式中,$\lambda_w = \sqrt{f_v/\tau_{cr}}$;$f_v = f_y/\sqrt{3}$。

式(D6.2-14)的承载力如图 6.2-36 所示。构件端部刚性约束情形下(可以抵抗假定的梁端薄膜张力),根据公式计算的抗剪承载力与试验结果相当吻合但高估了构件端部无刚性约束情形下的承载力。然而,试验表明纵向拉力场仍然会在非刚性端部约束的梁中发展,但程度较小。刚性端部约束理论也适用于远离梁端部的内部支承处的剪切。对于支座加劲肋,刚性端柱详见本指南 6.7 节的讨论。它们必须设计成两个双面加劲肋,以抵抗作为翼缘间横跨梁的薄膜张力。

由此可见,通过刚性短柱承受的薄膜张力可取为基于应力 σ_H(假定沿腹板高度均匀分布)计算的力 N_H。这偏于保守,因为靠近翼缘处应力状态更接近纯剪,如图 6.2-35 所示。该薄膜张力推导如下:

根据式(D6.2-9)及式(D6.2-10),最大主拉应力为:

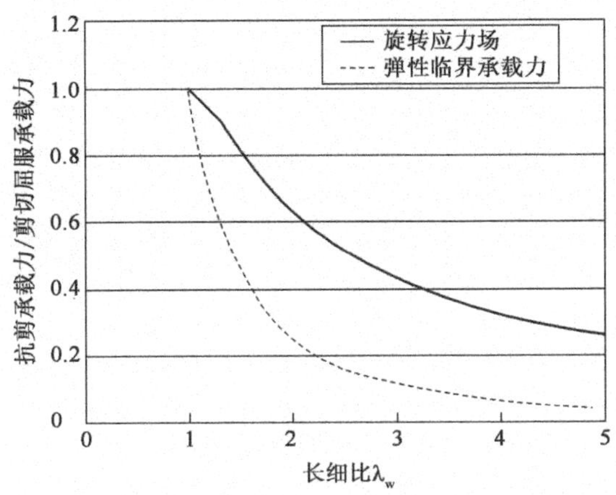

图 6.2-36　无纵向加劲肋腹板基于转动应力理论的承载力与弹性临界承载力的比较

$$\sigma_1 = \tau^2/\tau_{cr} \tag{D6.2-15}$$

根据图 6.2-37 中莫尔应力圆可得，最大主拉应力与 σ_H 和 τ 有关：

$$\sigma_1 = \frac{\sigma_H}{2} + \sqrt{\left(\frac{\sigma_H}{2}\right)^2 + \tau^2} \tag{D6.2-16}$$

根据式(D6.2-15)和式(D6.2-16)，可得水平薄膜应力：

$$\sigma_H = \frac{\tau^2}{\tau_{cr}} - \tau_{cr} \tag{D6.2-17}$$

保守假定薄膜应力沿腹板高度方向均匀分布，可得理论平板的薄膜张力为：

$$N_H = h_w t_w\left(\frac{\tau^2}{\tau_{cr}} - \tau_{cr}\right) \tag{D6.2-18}$$

式中，h_w 和 t_w 分别为腹板的高度和厚度。3-1-5/条款 5.2(3) 中给出了 τ_{cr} 的表达式。式(D6.2-18)对于有缺陷的实际板件并不严格有效，但本指南 6.7.2.3 使用它来推导设计公式。

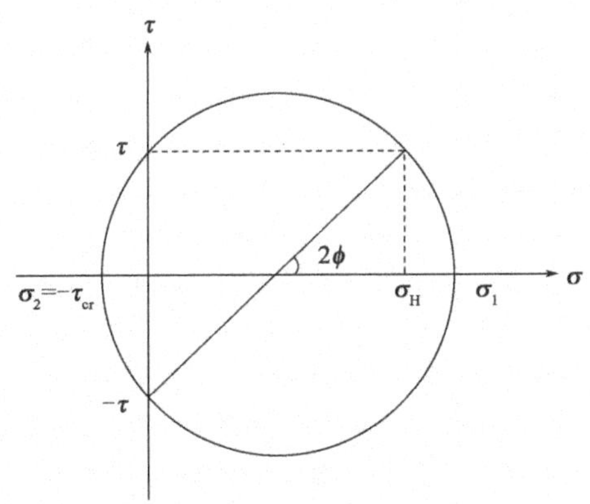

图 6.2-37　拉应力场作用下腹板单元的莫尔应力圆

对于设置竖向加劲肋的腹板，考虑将加劲肋的贡献包括在 τ_{cr} 的计算中，上述计算抗剪承载力的方法同样适用。然而，对于设置纵向加劲肋的腹板，试验结果表明，如果完全按理论弹性临界应力来计算其长细比，结果不安全。这是因为纵向加劲腹板比无纵向加劲肋的腹板具有更小的屈曲后强度。当使用纵向加劲肋惯性矩的三分之一(3-1-5/附录 A.3 中的公式考虑该折减)计算设置开口纵向加劲肋的梁的临界应力 τ_{cr}时,其理论值与试验值符合较好。如果单独推导加劲板临界应力计算公式,则必须在计算长细比之前对加劲肋的惯性矩进行类似的折减,

3-1-5/条款 5.3(4)

参考 ***3-1-5/条款5.3(4)***。为了与 EN 1993-1-5 中使用的承载力曲线相容,在推导临界应力时,必须考虑板件边缘铰支承。

应该注意,如果使用剪力计算公式,竖向加劲肋通常设计成 EN 1993-1-5 中要求的“刚性”,因为它们假定板横向边界为刚性支承。值得注意的是,上文所述的旋转应力场理论并没有假定任何竖向力会在这些加劲肋中发展,除非翼缘可以锚固一些附加的拉力场($V_{bf,Rd}$)。这引起了关于加劲肋本身适用设计荷载的一些争议,参见本指南 6.6 节的讨论。

剪切屈曲设计抗力,见3-1-5/条款5.2

3-1-5 /条款 5.2(1)

根据 ***3-1-5 条款5.2(1)***,剪切屈曲抗力计算如下:

$$V_{b,Rd} = V_{bw,Rd} + V_{bf,Rd} \leqslant \frac{\eta f_{yw} h_w t}{\sqrt{3}\gamma_{M1}} \qquad 3\text{-}1\text{-}5/(5.1)$$

式中,$V_{bw,Rd}$为腹板的贡献;$V_{bf,Rd}$为翼缘的贡献。上文已给出腹板贡献的相关背景。如果腹板倾斜,如在大型箱梁中,应在腹板的平面内进行设计,取 h_w 为腹板在其平面内的高度,并相应地增大竖向剪力来考虑该平面中的剪切作用。该方法中截面尺寸限制与本指南 6.4.4.2 中 4 类有效截面的规定相同。

腹板的贡献,见3-1-5/条款5.3

3-1-5/条款 5.3(1)

3-1-5 条款5.3(1)规定腹板贡献的计算如下:

$$V_{bw,Rd} = \frac{\chi_w f_{yw} h_w t}{\sqrt{3}\gamma_{M1}}$$

其根据 3-1-5/表 5.1 或 3-1-5/图 5.2 确定,并取决于腹板的长细比。EN 1993-1-5表 5.1 和图 5.2 中的最终抗力略低于基于上述理论的图 6.2-36 中的结果,以考虑试验结果的离散性,并且增加了一个较低的分支以涵盖没有刚性端柱时的情况。试验表明,纵向拉力场仍然会在无刚性端部约束的梁中发展,但程度较小。折减系数χ_w 忽略了翼缘的贡献,并将在后续章节讨论。表 6.2-2 复制了 EN 1993-1-5 中的表 5.1。

EN 1993-1-5,表 5.1 中腹板的贡献χ_w 表 6.2-2

	刚 性 端 柱	非刚性端柱
$\bar{\lambda}_w < 0.83\eta$	η	η
$0.83/\eta \leqslant \bar{\lambda}_w < 1.08$	$0.83/\bar{\lambda}_w$	$0.83/\bar{\lambda}_w$
$\bar{\lambda}_w \geqslant 1.08$	$1.37/(0.7+\bar{\lambda}_w)$	$0.83/\bar{\lambda}_w$

根据 3-1-5/表 5.1,计算得到刚性和非刚性端部约束的构件,当 η 值为 1.2 时折减系数χ_w 与长细比的关系。如图 6.2-38 所示。

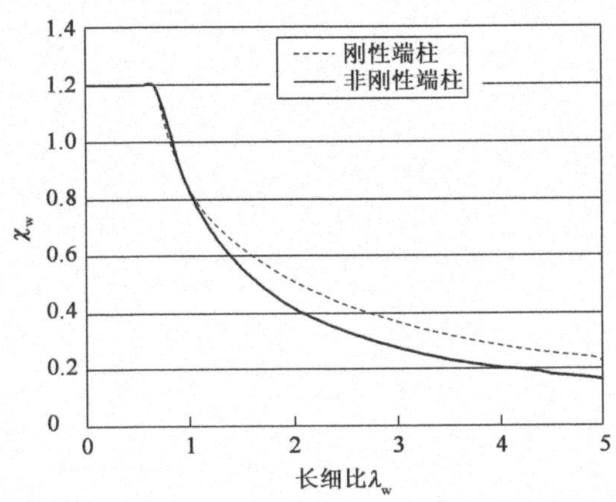

图6.2-38　当 $\eta = 1.2$ 时 χ_w 与长细比的关系曲线

长细比的一般表达式采用 Eurocode 的形式：

$$\bar{\lambda}_w = \sqrt{\frac{f_v}{\tau_{cr}}} = 0.76\sqrt{\frac{f_{yw}}{\tau_{cr}}} \qquad 3\text{-}1\text{-}5/(5.3)$$

$$f_v = \frac{f_{yw}}{\sqrt{3}} \quad 且 \quad \tau_{cr} = k_\tau \sigma_E = \frac{k_\tau \pi^2 E t^2}{12(1-\nu^2)b^2} \qquad 3\text{-}1\text{-}5/(5.4)$$

式中，k_τ 为屈曲系数，验算子区格板屈曲或加劲板整体屈曲时取值不同。在3-1-5/附录A中定义了 σ_E。对于3-1-5/条款5中的腹板，b 为整个腹板的高度，h_w 为整体屈曲板件的高度，h_{wi} 为局部屈曲子区格板的高度。EN 1993-1-5 中 b 通常为板的整体宽度或深度，因为腹板与翼缘的屈曲规定一样。EN 1993-1-5 中其他地方子区格板的宽度类似地采用 b 代替 h_{wi}。设计师每次验算必须仔细考虑 b 的合理取值。采用整体或子区格板屈曲时 τ_{cr} 的最小值确定长细比。k_τ 的取值见3-1-5/附录A.3，根据上述讨论，h_w 替换为 b。

当无纵向加劲肋、设置3道或更多纵向加劲肋或 $a/b \geqslant 3$ 时：

当 $a/b \geqslant 1$ 时，$$k_\tau = 5.34 + 4.00\left(\frac{b}{a}\right)^2 + k_{\tau sl} \qquad (D6.2\text{-}19)$$

当 $a/b < 1$ 时，$$k_\tau = 4.00 + 5.34\left(\frac{b}{a}\right)^2 + k_{\tau sl} \qquad (D6.2\text{-}20)$$

$$k_{\tau sl} = 9\left(\frac{b}{a}\right)^2 \sqrt[4]{\left(\frac{I_{sl}}{t^3 b}\right)^3} \quad 但不小于\ k_{\tau sl} = \frac{2.1}{t}\sqrt[3]{\frac{I_{sl}}{b}}$$

式中，b 为整体腹板高度；h_w 为整体屈曲板高；h_{wi} 子区格板屈曲板高；对于子区格面板，$k_{\tau sl}$ 为零。

这些公式中考虑了纵向加劲肋贡献的必要折减。I_{sl} 为所有纵向加劲肋的惯性矩，计算时假定加劲肋的腹板附属宽度取每侧 $15\varepsilon t$。在该情形下，为什么要考虑屈服比 ε 很难解释，因为它与弹性刚度无关。

如果纵向加劲肋少于三道且 $a/b < 3$ 时，需要提出另一公式考虑加劲肋的离散性，因为该情形下上述公式会过高估计抗力，见3-1-5/式(A.6)：

$$k_{\tau} = 4.1 + \frac{6.3 + 0.18 \frac{I_{sl}}{t^3 b}}{a} + 2.2 \sqrt[3]{\frac{I_{sl}}{t^3 b}} \qquad (D6.2\text{-}21)$$

式(D6.2-21)来自 Kloppel 图表[15],适用于各种加劲肋位置以及一道或两道加劲肋的情形。一道加劲肋的情形,推导中加劲肋与翼缘的距离不超过 $0.2b$。加劲肋移近使公式(D6.2-21)本身不安全,但可能在任何情形都会对剩余的较大子区格板进行验算。值得注意的是,当 $a/b=3$ 时,根据式(D6.2-19)和式(D6.2-21)计算出的数值不一致 。

将 3-1-5/式(5.4)中 τ_{cr}的表达式代入 3-1-5/式(5.3)中,即可得设置横向加劲肋和/或纵向加劲肋的腹板整体长细比的一般计算公式,详见 ***3-1-5/条款5.3(3)b***:

3-1-5/条款 5.3(3)b

$$\bar{\lambda}_w = \frac{h_w}{37.4 t\varepsilon \sqrt{k_{\tau}}} \qquad 3\text{-}1\text{-}5/(5.6)$$

对于仅在支承处设有横向加劲肋而无纵向加劲肋的构件,在式(D6.2-19)中取 $b/a=0$ 即可得 ***3-1-5/条款 5.3(3)a***中的公式:

3-1-5/条款 5.3(3)a

$$\bar{\lambda}_w = \frac{h_w}{83.4 t\varepsilon} \qquad 3\text{-}1\text{-}5/(5.5)$$

EN 1993-1-5 假定所有的横向加劲肋为刚性,并且根据 3-1-5/条款 9 进行设计确保这一点。原则上,仍然可以通过腹板增加柔性横向加劲肋(与增加柔性纵向加劲肋类似)提高抗剪承载力,但 EN 1993-1-5 中并没有给出公式考虑柔性横向加劲肋在 τ_{cr}中的影响。如果需要增加柔性加劲肋请参考相应标准正文,如 Bulson[9]。

3-1-5/条款 5.3(5)

如果没有纵向加劲肋,还必须根据 ***3-1-5/条款5.3(5)***验算最柔子区格板防止局部屈曲:

$$\bar{\lambda} = \frac{h_{wi}}{37.4 t\varepsilon \sqrt{k_{\tau i}}} \qquad 3\text{-}1\text{-}5/(5.7)$$

式中,h_{wi}为子区格板高度,$k_{\tau i}$为根据公式(D6.2-19)或(D6.2-20)求得的子区格板屈曲系数,此处忽略纵向加劲肋,不考虑它们为子区格板提供刚性边界的功能。

翼缘板的贡献,见 3-1-5/条款5.4

如果中心附近设置有中间横向加劲肋,则会产生额外的拉力场。这是因为翼缘跨越加劲肋并限制腹板在长度 c 范围内竖向受拉,如图 6.2-39 所示。通过加劲肋支承的拉力场预测值小于以前英国的做法,因为在翼缘较弱的情形下,腹板中的旋转应力场提供腹板屈曲后强度。详见本指南 6.6 节的进一步讨论。

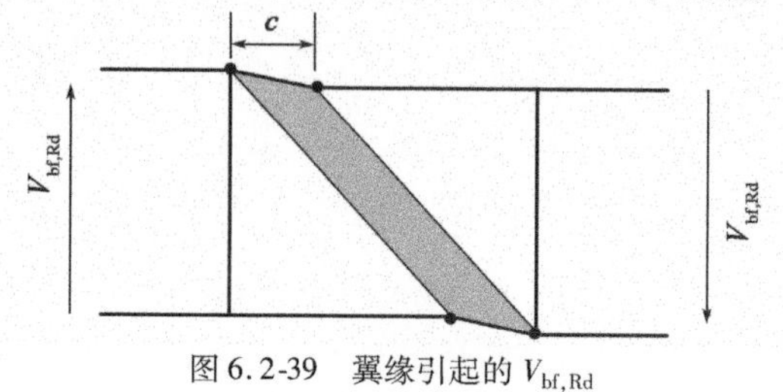

图 6.2-39 翼缘引起的 $V_{bf,Rd}$

通过考虑图 6.2-39 中翼缘破坏机理，基于能量考虑，受弯翼缘支承的剪力为：

$$V_{bf,Rd} = \frac{b_f t_f^2 f_{yf}}{c \gamma_{M1}}$$

当考虑整体作用引起的翼缘共存纵向应力时，根据 ***3-1-5/条款5.4(1)***，其贡献如下： ***3-1-5/条款5.4(1)***

$$V_{bf,Rd} = \frac{b_f t_f^2 f_{yf}}{c \gamma_{M1}} \left[1 - \left(\frac{M_{Ed}}{M_{f,Rd}} \right) \right] \qquad 3\text{-}1\text{-}5/(5.8)$$

式中，$M_{f,Rd}$ 为仅基于有效翼缘的截面抗弯承载力设计值。根据 3-1-5/式(5.9)，轴向荷载作用下其需要折减。拉力带的宽度计算如下：

$$c = a \left(0.25 + \frac{1.6 b_f t_f^2 f_{yf}}{t h_w^2 f_{fw}} \right)$$

可以看出，翼缘的贡献包括与弯矩的相互作用，参见本指南6.2.9.2.1。3-1-5/式(5.8)应分别作用于上下翼缘，取计算的最低贡献 $V_{bf,Rd}$。b_f 不包括腹板两侧超出 $15\varepsilon t_f$ 范围的翼缘宽度。如果只在腹板的一侧有翼缘，建议取 $b_f = 0$，避免考虑翼缘扭转。

为了避免额外的计算工作量，通常可以保守地忽略翼缘贡献。在任何情况下，通常它都很小。

实例 6.2-9：无纵向加劲肋的梁

某 S355 钢制连续梁的板件尺寸如图 6.2-40a）所示。所有支承加劲肋仅有一组双边加劲肋，并且无中间横向加劲肋。计算中支点以及边支点处抗剪承载力。

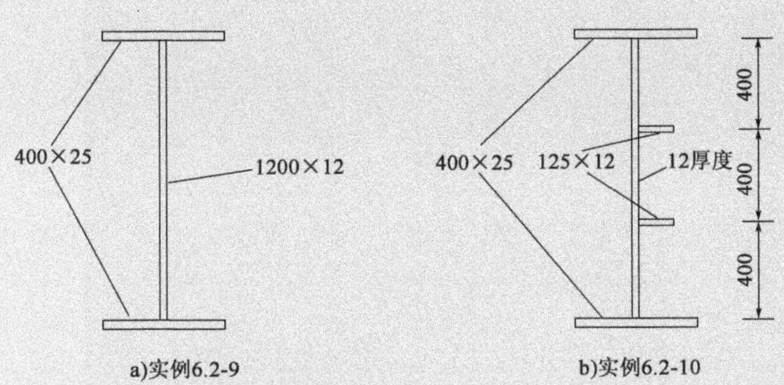

图 6.2-40　主梁（尺寸单位：mm）

首先考虑中支点。

由于没有中间加劲肋，长细比可由 3-1-5/式(5.5)求得：

$$\bar{\lambda}_w = \frac{h_w}{86.4 t \varepsilon} = \frac{1200}{86.4 \times 12 \times 0.81} = 1.429$$

中支点处为刚性端部约束，因此根据 3-1-5/表 5.1 可知：

$$\chi_w = \frac{1.37}{0.7 + \bar{\lambda}} = \frac{1.37}{0.7 + 1.429} = 0.64$$

由于横向加劲肋距离较远，翼缘的贡献可以忽略不计，所以承载力为：

$$V_{\mathrm{bw,Rd}}=\frac{\chi_{\mathrm{w}}f_{\mathrm{yw}}h_{\mathrm{w}}t}{\sqrt{3}\gamma_{\mathrm{M1}}}=\frac{0.64\times355\times1200\times12}{\sqrt{3}\times1.1}=\mathbf{1727kN}$$

对于端支点，长细比同样可以由 3-1-5/式(5.5)求得：

$$\bar{\lambda}_{\mathrm{w}}=\frac{h_{\mathrm{w}}}{86.4t\varepsilon}=\frac{1200}{86.4\times12\times0.81}=1.429$$

对于仅有一组双边加劲肋的边支点，为非刚性端部约束，因此由 3-1-5/表 5.1可知：

$$\chi_{\mathrm{w}}=\frac{0.83}{\bar{\lambda}_{\mathrm{w}}}=\frac{0.83}{1.429}=0.58$$

如果保守地忽略翼缘的贡献，承载力为：

$$V_{\mathrm{bw,Rd}}=\frac{\chi_{\mathrm{w}}f_{\mathrm{yw}}h_{\mathrm{w}}t}{\sqrt{3}\gamma_{\mathrm{M1}}}=\frac{0.58\times355\times1200\times12}{\sqrt{3}\times1.1}=\mathbf{1558kN}$$

实例 6.2-10：设置纵向加劲肋的梁

某 S355 钢制连续梁，板件尺寸同实例 6.2-9 相同，但设置纵向加劲肋，如图 6.2-40b)所示。所有支承加劲肋仅包括一组双面加劲肋，并且在 4000mm 中心处设有中间横向加劲肋。计算中支点处抗剪承载力。

首先验算加劲板的整体剪切屈曲的长细比。$a/b=4000/1200=3.33>3$，因此剪切屈曲系数可以由式(D6.2-19)求得。根据 3-1-5/图 5.3 可得，每个纵向加劲肋的宽度为腹板附属部分 $30\varepsilon t$ 加上加劲肋本身板厚，因此加劲肋的宽度 $=30\times0.81\times12+12=304\mathrm{mm}<400\mathrm{mm}$。因此每个有效截面的惯性矩为 $=6.982\times10^{6}\mathrm{mm}^{4}$，所以 $I_{\mathrm{sl}}=2\times6.982\times10^{6}=1.396\times10^{7}\mathrm{mm}^{4}$。由式(D6.2-19)可知：

$$k_{\tau\mathrm{sl}}=9\left(\frac{b}{a}\right)^{2}\sqrt[4]{\left(\frac{I_{\mathrm{sl}}}{t^{3}\mathrm{b}}\right)^{3}}=9\left(\frac{1200}{4000}\right)^{2}\sqrt[4]{\left(\frac{2.095\times10^{7}}{12^{3}\times1200}\right)^{3}}=3.386$$

但不小于

$$k_{\tau\mathrm{sl}}=\frac{2.1}{t}\sqrt[3]{\frac{I_{\mathrm{sl}}}{b}}=\frac{2.1}{12}\sqrt[3]{\frac{2.095\times10^{7}}{1200}}=4.540$$

$$k_{\tau\mathrm{sl}}=5.34+4.00\left(\frac{b}{a}\right)^{2}+k_{\tau\mathrm{sl}}=5.34+4.00\left(\frac{1200}{4000}\right)^{2}+4.540=10.24$$

整体屈曲的长细比可由 3-1-5/式(5.6)求得：

$$\bar{\lambda}_{\mathrm{w}}=\frac{h_{\mathrm{w}}}{37.4t\varepsilon\sqrt{k_{\tau}}}=\frac{1200}{37.4\times12\times0.81\times\sqrt{10.24}}=1.032$$

接下来，计算子区格板屈曲的长细比。

对于子区格板屈曲，$a=4000\mathrm{mm}$ 和 $\bar{b}=400\mathrm{mm}$，由式(D6.2-19)可知：

$$k_{\tau\mathrm{i}}=5.34+4.00\left(\frac{\bar{b}}{a}\right)^{2}=5.34+4.00\left(\frac{400}{4000}\right)^{2}=5.38$$

子区格板的屈曲长细比可由 3-1-5/式(5.7)求得：

$$\bar{\lambda}_{w}=\frac{h_{wi}}{37.4t\varepsilon\sqrt{k_{\tau i}}}=\frac{400}{37.4\times12\times0.81\times\sqrt{5.38}}=0.474<1.032$$

对于整体屈曲的情形，子区格板屈曲不起作用。

中支点处为刚性端部约束，但因为$\bar{\lambda}_{w}<1.08$，由 3-1-5/表 5.1 可得，是否为刚性端部约束并不重要。

$$\chi_{w}=\frac{0.83}{\bar{\lambda}_{w}}=\frac{0.83}{1.024}=0.80$$

如果保守地忽略翼缘的贡献，承载力为：

$$V_{bw,Rd}=\frac{\chi_{w}f_{yw}h_{w}t}{\sqrt{3}\gamma_{M1}}=\frac{0.80\times355\times1200\times12}{\sqrt{3}\times1.1}=\mathbf{2159kN}$$

6.2.7　扭转计算

6.2.7.1　一般规定

扭转和畸变

3-2/条款 6.2.7.1 主要涉及箱梁。如果扭转荷载通过与纯扭转引起的绕箱形截面的圣维南剪力流分布相同的力施加到箱形截面上，则截面不会畸变，可以根据 6.2.7.2 进行截面扭转分析。但是，如果不是这种情形，该截面就会畸变。对于一个简单的矩形空心截面，偏心荷载效应如图 6.2-41 所示。

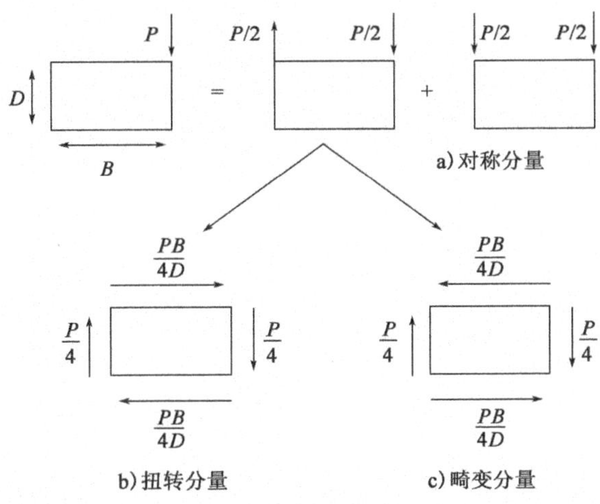

图 6.2-41　偏心荷载作用下箱梁的扭曲

偏心荷载可以分为对称和反对称荷载。后者可以进一步分为扭转分量（如 6.2.7.2 所述，剪力流可以通过预期的圣维南扭转剪力流得到）和畸变分量。如图 6.2-42 所示，畸变分量导致截面畸变。

由图 6.2-42 可以看出，畸变分量导致箱壁的横向弯曲（横向畸变弯曲）和

3-2/条款6.2.7.1(1)　箱壁在截面畸变受限制的点间面内弯曲(畸变翘曲)。即为 ***3-2/条款6.2.7.1(1)*** 中提到的畸变效应。可以看出,通过每种机理得到的应力大小值取决于板横向和纵向作用的相对刚度。通过横隔板,环箍框架或交叉支撑可以提供扭曲约束。通常横隔板和交叉支撑有足够刚度完全刚性地约束畸变,而环箍框架则没有足够刚度,因为它们通过自身框架弯曲来抵抗畸变。为了有效地抵抗畸变,约束明显需要具有足够的刚度和强度。如果扭转荷载实际上施加于"刚性"约束装置上,则图6.2-42c)中的畸变装置直接由约束装置承担,而箱体本身只受扭转。

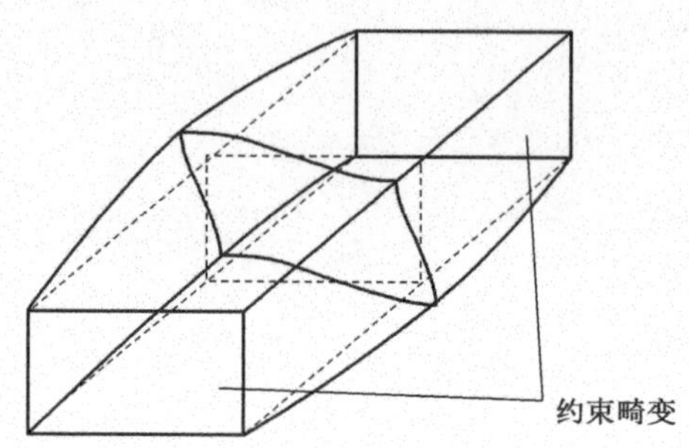

图 6.2-42　畸变分量的影响

由畸变翘曲和横向畸变力矩引起的纵向应力分布如图 6.2-43 所示。

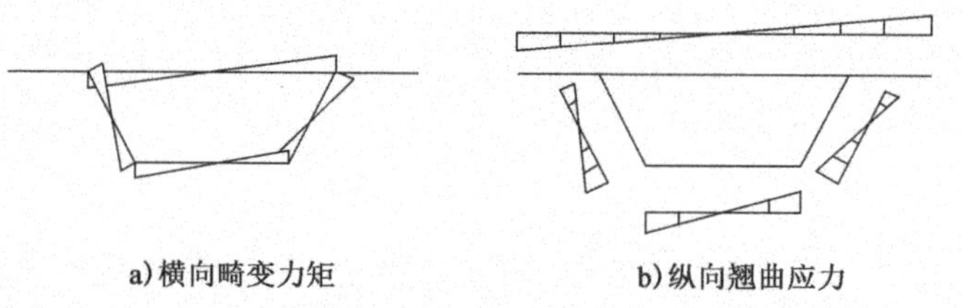

图 6.2-43　分布示意

畸变设计方法

3-2/条款 6.2.7.1(2)　***3-2/条款6.2.7.1(2)*** 要求使用适当的弹性模型来评估畸变效应。对畸变效应进行模拟最准确方法是采用整个箱体结构的有限元壳体模型。弹性有限元(FE)建模变得越来越快,并且可以很好地预测正常使用极限状态和疲劳极限状态下的行为,但对于承载能力极限状态可能有些保守。这是因为 EN 1993 允许在承载能力极限状态下忽略某些效应(例如扭转翘曲,见 6.2.7.2)和其他塑性修改(例如剪力滞效应),并且不能与弹性有限元模型的整体结果分离。一些简单模型可以分离这些单独效应,包括:

- 弹性地基梁(BEF)类比。
- 剪切柔性梁格。
- 空间框架。

这些设计方法的详细讨论超出了本指南的范畴,因为 Eurocode 中没有规定这些方法。所有这些方法详见《桥梁结构性能》(*Bridge Deck Behaviour*)[16]。非线性有限元模拟是承载能力极限状态考虑塑性重分布的另一种选择,但由于分析时间以及无法进行荷载叠加,对于大多数日常设计而言,这不太可行。

如图6.2-44所示的弹性地基梁(BEF)类比法,是一种常用的方法。在这个类比法中,梁惯性矩代表板的平面内弯曲(翘曲)刚度,弹性支承弹簧代表箱梁横向畸变弯曲的刚度。集中扭转荷载被模拟为梁上的点荷载。翘曲应力与梁中的弯矩成比例,并且弹簧中的力与局部横截面所承受的扭曲力成比例,因此与横向扭曲弯矩成比例。柔性约束(通常是环箍框架和一些支撑体系)可以建模为离散的附加弹簧。可以从平面框架模型中获得弹簧刚度,并应注意包括可以增加扭曲荷载作用下柔度的支撑构件非节点效应。刚性隔板(允许翘曲)被模拟为固定支撑。防止翘曲的支撑将被建模为内置支撑,但这种支撑在实践中不太可能实现。例如,这种类比表明,如果在相隔很远的约束装置间施加荷载,且与其纵向翘曲刚度相比,横向刚度更大,则大部分扭曲荷载将以横向扭曲弯曲的形式承载。这个结果直观正确。Wright等人的论文[17]中给出了使用这种方法的更多细节。

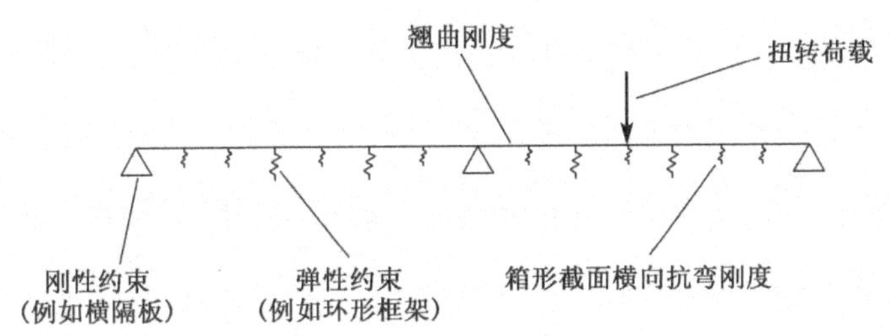

图6.2-44 弹性地基梁(BEF)类比扭曲荷载的影响

桥梁设计规范BS 5400:第3部分[4]使用BEF类比法推导出设计公式。然而,这些公式的应用受到一些限制,因为他们假定约束刚度非常大。大多数横隔板都符合刚度要求,但其他形式的约束(如环形框架)不太可能符合要求。因此,在使用BEF时,最好参考Wright等人的论文[17]。

横截面的畸变导致扭转刚度明显软化。对于多梁桥面板,如果扭转刚度减小,则分配到的扭转荷载较小,在分析中"软化"扭转常数以考虑将要发生的扭曲可能会有一些好处。这可以减少所分配到的扭转荷载,从而减小畸变应力。使用参考文献16或17可以得出折减的有效扭转惯性矩。应该认识到,这种方法是与畸变位移近似的,且修正扭转刚度取决于荷载模式,因此会随着每个荷载工况而变化。参考文献16中没有明确说明这一点。

当将畸变效应与弯矩、剪力和轴向荷载相组合时,最简单的方法是使用弹性截面分析。翘曲应力应该加到其他正应力上。使用Von Mises等效应力准则,畸变弯曲应力可与其他应力相组合。这可以采用与本指南6.5.2中讨论的局部和整体效应组合相同的方式完成。

畸变约束的设计

3-2/条款 6.2.7.1(4)

3-2/条款6.2.7.1(4)中提到需要设计横隔板以实现其“荷载分布效应”所产生的作用,包括抵抗畸变所产生的效应。这一般适用于约束。如上所述,作用在图 6.2-45a)中的约束上的畸变力来自约束 T 处施加的畸变扭矩。如果扭矩没有直接施加到约束上或者约束非常柔,则 BEF 模型可用于确定施加在约束处畸变扭矩的份额,该扭矩份额来自约束装置产生的反作用力。这些力可以用图 6.2-45b)中所示的等效对角线力表示。如果以图 6.2-41 的方式施加扭矩,则可按如下方法设计约束。

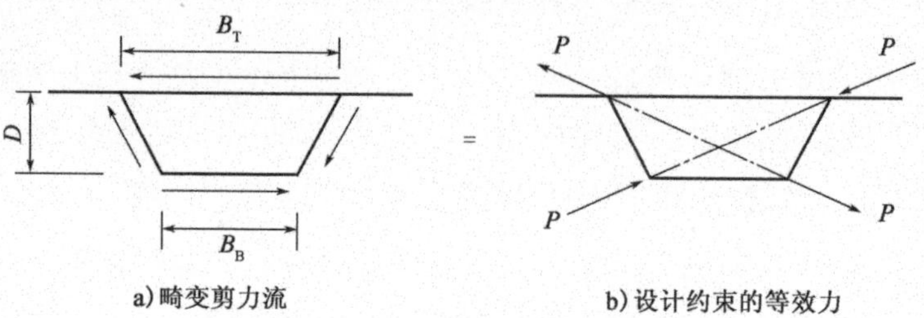

a)畸变剪力流　　b)设计约束的等效力

图 6.2-45　畸变约束设计的力分布

板式横隔板可根据以下剪应力要求进行设计:

$$\tau = \frac{T}{D(B_T + B_B)t_D} \tag{D6.2-22}$$

式中,t_D 是横隔板厚度。如果在约束之间施加部分畸变扭矩,则可以通过静力学将扭矩分配到约束。

可以使用平面框架模型来设计环形框架或交叉支撑,以抵抗图 6.2-45b)中所示的力:

$$P = \frac{T\sqrt{1 + \left(\frac{B_T + B_B}{2D}\right)^2}}{2B_T\left(\frac{1 + B_T}{B_B}\right)} \tag{D6.2-23}$$

平面框架模型是有用的,因为它们还可以拾取支撑体系中由具有箱体壁板构件的非节点效应引起的额外力矩。如上所述,约束还需要具有足够的刚度以限制主箱中的畸变应力。

在环箍框架构造中,确保腹板和翼缘横向构件的连续性尤为重要。如图 6.2-43a)所示,箱形角部的框架力矩最大,而非连续的横向构件可能导致在箱腹板和翼缘板以及它们之间的焊缝处产生非常大的应力。在这种情况下,后者通常特别容易发生疲劳损坏。

6.2.7.2　可以忽略畸变效应的扭转

在可以忽略畸变效应的情况下,可以根据 3-1-1/条款 6.2.7 单独设计扭转部分。扭转部分的基本设计要求在***3-1-1/条款6.2.7(1)***中给出:

3-1-1/条款 6.2.7(1)

$$\frac{T_{Ed}}{T_{Rd}} \leqslant 1.0 \qquad \text{3-1-1/(6.23)}$$

式中，T_{Ed}是施加的扭矩设计值；T_{Rd}是截面的扭转抗力设计值。

通常，扭转可以通过两种机制来抵抗，因此施加的扭矩可以根据 ***3-1-1/条款6.2.7（2）***分成两个部分： *3-1-1/条款 6.2.7(2)*

$$T_{Ed} = T_{t,Ed} + T_{w,Ed} \quad \text{3-1-1/(6.24)}$$

式中，$T_{t,Ed}$是涉及围绕截面周边闭合剪力流的圣维南扭转；$T_{w,Ed}$是涉及该截面组成板横向弯曲的翘曲扭转。

这两种类型的扭转在它们的机制和它们与其他内部作用（例如：弯曲和剪切）相关的方式上是完全不同的。因此3-1-1/式(6.23)中的总扭转抗力 T_{Rd}的概念不是特别有用，并且在 EN 1993 中的任何其他地方都没有使用。对于开口和闭口截面，这两种不同类型的扭转下的行为也是非常不同的，这将在下面分别讨论。

6.2.7.2.1　开口截面（附加小节）

"开口截面"是指任何不形成空心截面的截面。开口截面的例子是装配式的I形梁、万向梁、通用柱和槽钢。如果由于截面上的偏心荷载而产生扭转，则相关的偏心距离由截面的剪切中心产生。通过剪切中心施加的荷载不会产生任何扭转。一些常用截面的剪切中心位置在本指南的6.3.1.4中给出。开口截面通过两种机制抵抗扭转：圣维南扭转和翘曲扭转。如下面 ***3-1-1/条款6.2.7（3）***所述，这些机制之间的扭转贡献可以通过弹性分析来确定。还讨论了在 ***3-1-1/条款6.2.7(4)***中提到的效应。 *3-1-1/条款 6.2.7(3)* *3-1-1/条款 6.2.7(4)*

(i)圣维南扭转

如图6.2-46所示，圣维南扭转涉及截面周边的闭合剪应力流。在这种情况下，剪应力由下式给出：

$$\tau_{T,Ed} = tG\frac{d\theta}{dx} \quad \text{(D6.2-24)}$$

式中：G——钢构件的剪切模量；

t——考虑组成部分的厚度；

$\frac{d\theta}{dx}$——沿着构件长度的开口截面的扭曲率。

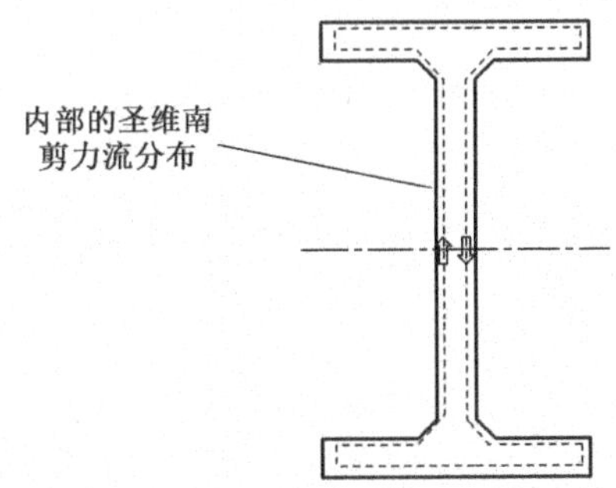

图6.2-46　开口截面通过圣维南剪力流抵抗扭转

圣维南剪力流的扭矩如下：

$$T_{\mathrm{t,Ed}} = GI_{\mathrm{T}} \frac{\mathrm{d}\theta}{\mathrm{d}x} \tag{D6.2-25}$$

因此,如果截面是自由翘曲或翘曲可被忽略,则 $T_{\mathrm{Ed}} = T_{\mathrm{t,Ed}}$,那么剪应力由下式给出:

$$\tau_{\mathrm{t,Ed}} = \frac{T_{\mathrm{Ed}} t}{I_{\mathrm{T}}} \tag{D6.2-26}$$

3-1-1/条款 6.2.7(7)

由于基于圣维南剪力流的截面扭转抗力通常非常小,因此通常忽略圣维南扭转并且通过在可能机制下的翘曲来承载整个扭矩。***3-1-1/条款6.2.7(7)***允许设计者忽略圣维南扭转在开口截面中的影响,但是必须通过下面讨论的另一种机制完全抵抗施加的扭转。

(ii)翘曲扭转

如图6.2-47 所示,通过翼缘平面内的剪切和弯曲,扭矩也可以在I形梁中产生抗力。相反的剪力 T_{Ed}/h 抵抗扭转的作用,会在翼缘中产生相反的横向力矩,被称为“双力矩”B_{Ed}。这种阻力机制被称为“扭转翘曲抗力”。由于两个翼缘将在不同方向上弯曲,因此该截面将因抵抗扭转而改变形状或“翘曲”。类似的机制出现在其他有翼缘的构件中,例如槽钢,但是在槽钢中,由于纵向弯曲应力的相容性,在腹板和翼缘之间的连接处必须保持腹板的平面内垂直弯曲。横向剪力和双向力矩分别产生横向剪应力 $\tau_{\mathrm{w,Ed}}$ 和弯曲应力 $\sigma_{\mathrm{w,Ed}}$,如图6.2-47所示。这些应力以及来自圣维南扭转的 $\tau_{\mathrm{t,Ed}}$ 必须根据***3-1-1/条款6.2.7(4)***来考虑。

3-1-1/条款 6.2.7(4)

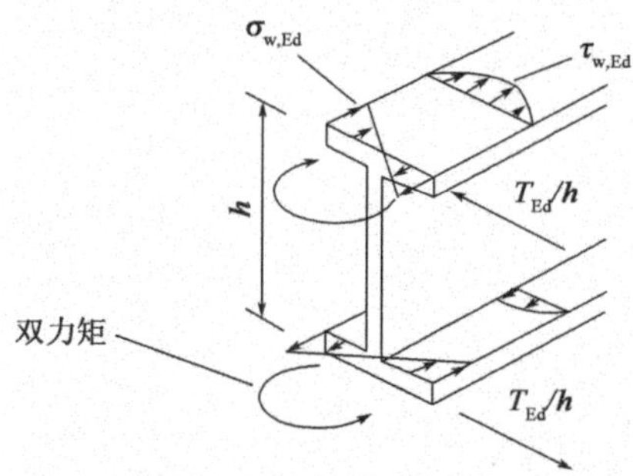

图6.2-47　开口截面中的翘曲扭转抗力

翘曲扭转抗力如下:

$$T_{\mathrm{w,Ed}} = -EI_{\mathrm{W}} \frac{\mathrm{d}^3\theta}{\mathrm{d}x^3} \tag{D6.2-27}$$

该公式的简单推导有助于说明该行为。考虑到图6.2-48 中的悬臂双轴对称I形梁在端部扭矩的作用下,每个翼缘的力矩 B_{Ed} 是根据顶部翼缘的曲率获得的:

$$B_{\mathrm{Ed}} = -EI_{\mathrm{f}} \frac{\mathrm{d}^2 u}{\mathrm{d}x^2} \tag{D6.2-28}$$

翼缘剪力由下式得出:

$$S = \frac{\mathrm{d}B_{\mathrm{Ed}}}{\mathrm{d}x} = -EI_{\mathrm{f}} \frac{\mathrm{d}^3 u}{\mathrm{d}x^3} \tag{D6.2-29}$$

注意到 $u=h\theta/2$，作用的扭矩由下式给出：

$$T_{Ed}=Sh=-EI_fh\frac{d^3u}{dx^3}=-EI_f\frac{h^2}{2}\frac{d^3\theta}{dx^3} \tag{D6.2-30}$$

对于具有相等翼缘的对称 I 形梁，$I_f(h^2/2)$ 是翘曲常数 I_w，因此 $T_{w,Ed}=-EI_W(d^3\theta/dx^3)$，如式(D6.2-27)所示。

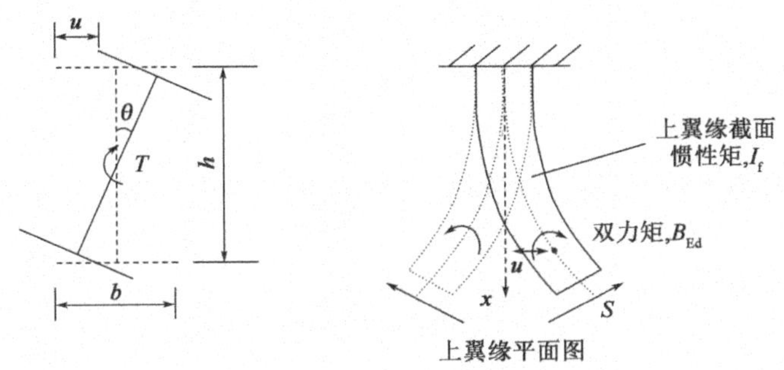

图 6.2-48　双轴对称 I 形梁通过翘曲抵抗扭转

最大横向剪应力 $\tau_{w,Ed_{max}}$ 和弯曲应力 $\sigma_{w,Ed_{max}}$ 可以表示为：

$$\tau_{w,Ed_{max}}=Ek_{1,max}\frac{d^3\theta}{dx^3} \tag{D6.2-31}$$

$$\sigma_{w,Ed_{max}}=Ek_{2,max}\frac{d^2\theta}{dx^2} \tag{D6.2-32}$$

式中，$k_{1,max}$ 适用最大剪应力点的扭转翘曲剪切常数，$k_{2,max}$ 适用最大正应力点的扭转翘曲弯曲常数。式(D6.2-31)和式(D6.2-32)一般也可写为：

$$\tau_{w,Ed}=Ek_1\frac{d^3\theta}{dx^3}\quad 且\quad \sigma_{w,Ed}=Ek_2\frac{d^2\theta}{dx^2}$$

在这种情况下，k_1 和 k_2 涉及验算横截面中的任何一点。参考文献 18 中提供了各种不同荷载配置下扭转薄壁开口截面的 k_1、k_2、θ、$d^2\theta/dz^2$ 和 $d^3\theta/dz^3$ 的解。对于双轴对称 I 形梁，$k_{1,max}=hb^2/16$ 和 $k_{2,max}=hb/4$。

然而，如上所述，弹性扭矩将通过翘曲和圣维南扭转的组合来承载，并且两者的相对贡献是根据以下微分方程弹性分析的相容性来确定的，包括式(D6.2-25)和式(D6.2-27)：

$$T_{Ed}=GI_T\frac{d\theta}{dx}-EI_W\frac{d^3\theta}{dx^3} \tag{D6.2-33}$$

如果按照 3-1-1/条款 6.2.7(7)的要求忽略圣维南扭转的影响，则需要相应增加从式(D6.2-33)获得的翘曲扭转的计算应力，这样就可以抵抗施加的全部扭转(包括重新分配的圣维南分量)。但是，对于正常使用极限状态和疲劳极限状态计算，扭转应力应根据圣维南扭转和翘曲扭转的实际贡献来确定。

由于 3-1-1/条款 6.2.7(7)允许在承载能力极限状态忽略圣维南扭转，翘曲通常是承载扭转的最有效手段，通常可以更简单地考虑通过翼缘中的相反弯曲来抵抗扭矩,而不是努力去求解微分方程。下面举例说明如何以这种简单方式承担扭转,图 6.2-49 是一段通过两端支撑提供刚性约束的 I 形梁。如果约束之间的长度变得非常长,则翘曲弯曲应力将变得非常大并且截面将主要通过圣维南剪力流抵抗扭转。在这种情况下,最好能分别推导出圣维南扭转和翘曲扭转的实际贡献。(壳体有限元模型可用来直接确定这些组合应力。)还应注意,如图 6.2-49 所示,需要一种将扭转荷载引入翼缘的机理。如果在偏心荷载的施加点处存在加劲肋,则加劲肋的刚度提供该机理。在没有加劲肋的情况下,偏心施加的竖向荷载会使腹板发生面外弯曲,这种局部弯曲也应考虑。

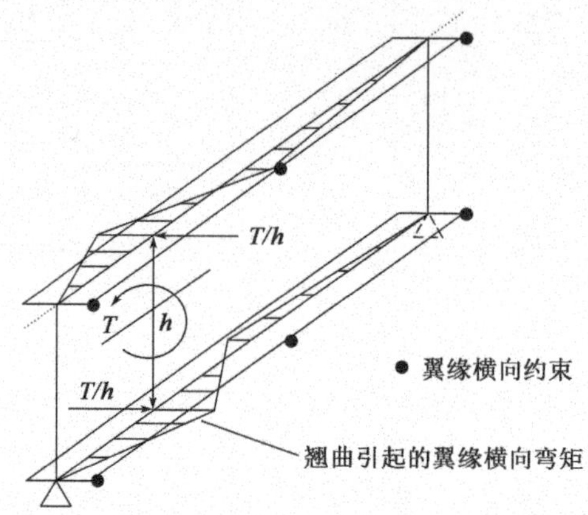

图 6.2-49　确定 I 形梁翘曲应力的简单模型(忽略圣维南扭转)

剪切和扭转

3-1-1/条款 6.2.7(9)

由扭转引起的剪应力将对抗剪承载力产生不利影响,***3-1-1/条款6.2.7(9)*** 要求修正钢构件的塑性抗剪承载力以解决扭转问题。考虑扭转后折减的塑性抗剪承载力表示为 $V_{pl,T,Rd}$,可代替 $V_{pl,Rd}$ 用于随后的剪力、弯矩和轴向力之间的相互作用。

对于 I 形或 H 形截面:

$$V_{pl,T,Rd} = \sqrt{1 - \frac{\tau_{t,Ed}}{1.25(f_y/\sqrt{3})/\gamma_{M0}}}V_{pl,Rd} \qquad 3\text{-}1\text{-}1/(6.26)$$

式中,$V_{pl,Rd}$ 见 3-1-1/条款 6.2.6。

这里的翘曲应力不会降低剪切强度,因为翘曲作用仅涉及翼缘中的横向剪应力而不是腹板。如果忽略圣维南扭转并且所有扭矩都通过翘曲承担,那么塑性抗剪承载力就不用折减。

对于槽钢截面:

$$V_{pl,T,Rd} = \left[\sqrt{1 - \frac{\tau_{t,Ed}}{1.25(f_y/\sqrt{3})/\gamma_{M0}}} - \frac{\tau_{w,Ed}}{(f_y/\sqrt{3})/\gamma_{M0}}\right]V_{pl,Rd}$$

3-1-1/(6.27)

这里的翘曲应力会降低剪切强度,因为槽钢中的弹性翘曲涉及翼缘和腹板中的横向剪应力。如果在承载能力极限状态下,翼缘能够在腹板不提供任何贡献的情况下通过相反的横向弯曲抵抗扭矩，则可以考虑这种简化的机理来抵抗扭转，而不用折减腹板对竖向剪力的抗力。

目前没有给出扭转对剪切屈曲承载力影响的相关指导。如果腹板中产生翘曲剪应力，例如在槽形截面中，则在验算剪切屈曲承载力时，应将这些翘曲剪应力加到竖向剪应力上。在开口截面中处理圣维南扭转剪应力并不明确。由于闭合的圣维南扭转剪切流在腹板中没有产生净竖向剪应力，它实际上并没有促进整体剪切屈曲模式，因此在屈曲验算中将这种应力完全加到竖向剪切力上是非常保守的。然而，它可能因屈服导致过早失效。这种效果更类似于板中等效几何缺陷的增加，这会降低剪切屈曲承载力本身。可能性是在 3-1-5/条款 7.1 的剪切屈曲相互作用中向 η_3 添加一个附加项 $\tau_{t,Ed}/\tau_{yd}$（参见本指南 6.2.9.2）。为了避免这个问题，最简单的是确保在可能的情况下以翘曲模式承担所有扭转。

剪力、扭矩和弯矩共同作用

如果一个构件受到强轴弯矩和扭矩作用，扭矩引起的扭转将产生绕弱轴的弯矩分量，如图 6.2-50 所示。这种力矩在 EN 1993 中没有特别提及，但通常很小。它产生额外的翼缘横向弯曲应力 $\sigma_{Mz,Ed}$。

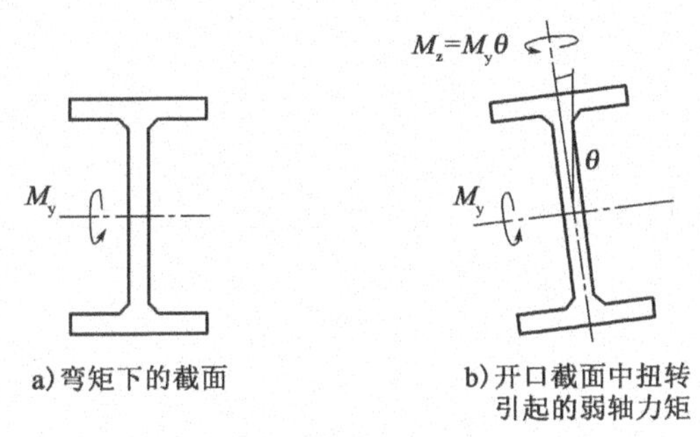

图 6.2-50

翘曲双力矩和这个额外的弱轴力矩都会使翼缘产生横向曲率。由于弯曲时翼缘中轴向荷载的存在，这种曲率以及因此的力矩将被放大。在构件屈曲验算中考虑这种情况的一种方法是将这些弯曲应力乘以考虑耦合作用的放大系数：

$$\frac{M_{y,Ed}}{\chi_{LT}M_{y,Rk}/\gamma_{M1}}+\frac{(\sigma_{w,Ed}+\sigma_{Mz,Ed})}{f_{yd}}\left(\frac{1}{1-\sigma_{Ed}/\sigma_{cr}}\right)\leq 1.0 \qquad \text{(D6.2-34)}$$

式中，σ_{cr}是受压翼缘的屈曲临界应力，可以根据本指南的 6.3.4.2 确定，σ_{Ed}是翼缘的应力。

受弯矩、剪力和扭矩共同作用的梁还应验算截面承载力。如果考虑翘曲扭转，弯-剪相互作用验算（参见本指南 6.2.9）需要考虑由于翼缘翘曲应力导致的梁抗弯性能的降低。在计算整体抗弯承载力时，可以按翘曲应力的量值减小每个翼缘的有效屈服应力来保守地得到。***3-1-1/条款6.2.7（6）***提到这样的考虑。在没有剪切屈曲的情况下，Von Mises 屈服准则可以替代地应用于梁的所有部分，如***3-1-1/条款6.2.7(5)***所允许的，但是与使用如上所述的修正相关方程相比，这是保守的方法。在可能发生剪切屈曲的情况下，单独使用 Von Mises 验算是不合适的。

3-1-1/条款 6.2.7(6)

3-1-1/条款 6.2.7(5)

6.2.7.2.2 闭口截面(附加小结)

闭口截面包括组合箱梁、矩形钢管、方形钢管和圆管。如图 6.2-51所示,闭口截面主要通过围绕空心截面的圣维南剪力流来抵抗扭转。因此,闭口截面中的扭转处理与开口截面的扭转处理完全不同,因为圣维南扭转是用于承载扭转的非常有效的机制。如 6.2.7.1所述,如果扭矩没有均匀地施加在箱壁周围,设计者还必须考虑畸变效应。

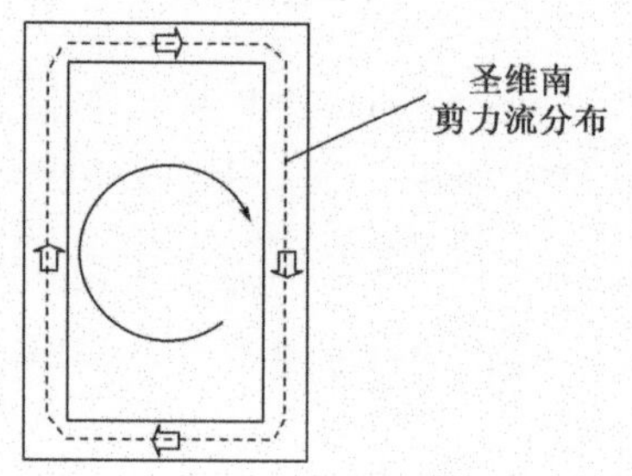

图 6.2-51 闭口截面中的圣维南剪力流

(i)圣维南扭转

薄壁截面中扭矩引起的剪应力 τ_d 由下式给出:

$$\tau_{t,Ed} = \frac{T_{Ed}}{2A_0 t} \qquad (D6.2\text{-}35)$$

式中,A_0 是薄壁中心线所包围区域的面积;t 是板的壁厚。

单位长度扭转角由下式得出:

$$\frac{d\theta}{dx} = \frac{T}{GI_T} \qquad (D6.2\text{-}36)$$

式中,$I_T = \dfrac{4A_0}{\oint \dfrac{ds}{t}}$

3-1-1/条款 6.2.7(9)

然而,圣维南剪应力会降低腹板的塑性抗剪承载力。***3-1-1/条款6.2.7(9)***提供了以下公式计算闭口截面腹板的抗剪承载力 $V_{pl,T,Rd}$:

$$V_{pl,T,Rd} = \left[1 - \frac{\tau_{t,Ed}}{(f_y/\sqrt{3})/\gamma_{M0}}\right] V_{pl,Rd} \qquad 3\text{-}1\text{-}1/(6.28)$$

EN 1993-1-1 中没有给出扭转对剪切屈曲抗力影响的指导,但是若腹板中产生圣维南剪应力,在验算剪切屈曲抗力时,应与 3-1-5/条款 5 一致,将这些剪应力加到竖向剪应力上。***3-1-1/条款6.2.7(8)***给出了类似的要求,但不包括与剪力的相互作用;它仅间接地在推导扭转抗力时考虑单个腹板和翼缘板的剪切屈曲。

3-1-1/条款 6.2.7(8)

(ii)扭转翘曲

伴随圣维南剪应力的应变在闭口截面的板周围可能导致闭口截面改变其形状和翘曲。如果考虑图 6.2-52 中的简单矩形截面(具有相同的厚度以简化),板中的圣维南剪应力到处都是 $\tau = T/2BDt$。如果一端的扭转(但不是翘曲)被约束,并且假设翼缘保持平面,如图 6.2-52a)所示,那么另一端的剪切位移就是:

$$\Delta f = 2\gamma L = \frac{2\tau L}{G} = \frac{TL}{GBDt}$$

两个翼缘的转角显然是：

$$\theta_{\mathrm{f}} = \frac{\Delta f}{D} = \frac{TL}{GB^2 Dt}$$

如果对腹板应用相同的计算，则腹板的转角为：

$$\theta_{\mathrm{w}} = \frac{TL}{GB^2 Dt}$$

从式（D6.2-36）得到的圣维南扭转角为：

$$\theta = \frac{T(B+D)L}{2GB^2 D^2 t}$$

对于方形截面 $\theta_{\mathrm{f}} = \theta_{\mathrm{w}} = \theta$，因此截面的端部保持为假设的平面。然而，对于 $B > D$ 的矩形横截面，由上述分析可得出 $\theta_{\mathrm{f}} > \theta > \theta_{\mathrm{w}}$，但由于实际旋转整个横截面必须等于唯一值 θ，因此，翼缘和腹板必须翘曲。图6.2-52b）显示了翼缘必须如何翘曲以减少其转动量，以及腹板将以类似的方式翘曲以增加其转动量。因此，最终的横截面翘曲如图6.2-52c）所示。对于完美的圆形或方形截面，不会发生截面的翘曲。

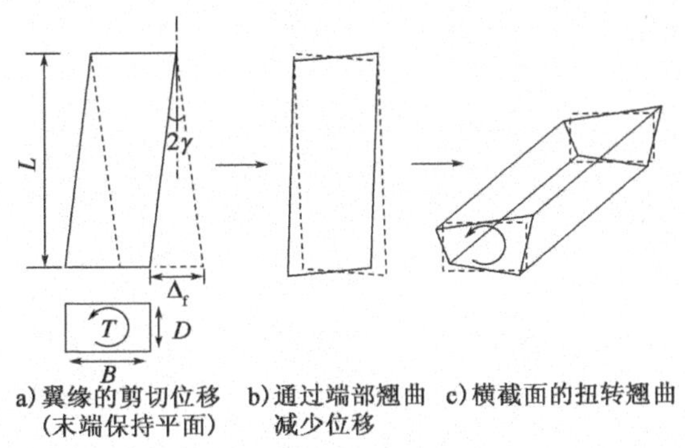

图6.2-52 箱梁扭转翘曲的起源

如果通过刚性隔板（在自由端）或相邻跨（在连续梁情况下）或通过对称（在具有对称荷载和支撑条件的中跨）阻止面内翘曲变形，则会产生纵向应力。这些应力被称为“扭转翘曲的约束”。实际上，通常在钢箱梁桥中，横隔板的平面外刚度不足以提供翘曲约束，混凝土横隔板可能会产生这种约束。由于上述原因，在圆形或方形截面中不会存在翘曲应力。

作为近似值，当在箱梁的截面上施加扭矩增量 ΔT 时，如图6.2-53所示（不是作用在没有任何纵向翘曲应力的自由端），由于在底部翼缘和腹板之间连接处的扭转翘曲的限制，在该截面产生的最大纵向应力由下式给出：

$$\sigma_{\mathrm{TWB}} = \frac{D\Delta T}{I_{\mathrm{T}}} \quad \text{(D6.2-37)}$$

顶部翼缘和腹板之间连接处的应力为：

$$\sigma_{TWT} = \left(\frac{B_B}{B_T}\right)^2 \frac{D\Delta T}{I_T\left(1+\frac{2B_c}{B_T}\right)^3} \quad (D6.2\text{-}38)$$

应力在远离施加扭矩截面的地方迅速衰减,因此在距离 x 处,根据式(D6.2-39),上述应力按指数衰减:

$$\sigma_{TW} = \sigma_{TW}e^{-(2x/B_B)} \quad (D6.2\text{-}39)$$

尽管如上所述,这些公式(在 BS 5400:第 3 部分[4] 中给出)仅可以近似预测方形和圆形截面的扭转翘曲应力。然而对于真实的箱梁,所产生的应力估计是合理的。由于扭转翘曲的限制,纵向应力的分布可以假设为如图 6.2-53 所示。

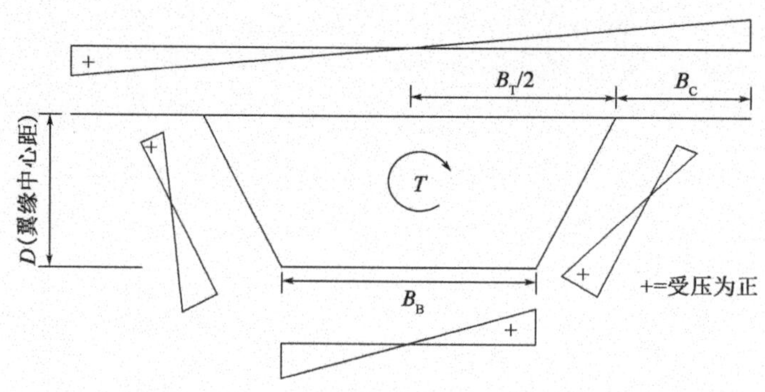

图 6.2-53　扭转翘曲应力的分布

3-1-1/条款 6.2.7(7)

扭转翘曲纵向约束应力在承载能力极限状态可以安全地忽略,因为它们不参与承担扭矩,可以通过塑性重分布来释放。这在 ***3-1-1/条款6.2.7(7)*** 中说明。然而,在适用性和疲劳应力验算时应该考虑,因为它们确实增加了箱梁角部的应力。

6.2.8　弯矩、轴力、剪力和横向荷载作用

本指南该部分将分为以下四个小节:

- 横向荷载抗力　*6.2.8.1*
- 横向荷载与其他效应的相互作用　*6.2.8.2*
- 弯矩、轴力和横向荷载作用　*6.2.8.3*
- 弯矩、轴力、剪力和横向荷载作用　*6.2.8.4*

6.2.8.1　横向荷载抗力

除了在施工期间的特殊车辆或重型施工荷载(如起重机支腿),较大的局部横向荷载在桥梁设计中相对不常见。严格来说,应该验算来自局部轮载的局部作用,但可能不太重要。EN 1993-1-1 和 EN 1993-2 都没有处理梁上的局部荷载。计算承载力的方法在 3-1-5/条款 6 中给出,其旨在用于随后的相互作用方程。这将在这里讨论。如本指南 6.2.2.6 所述,也可以使用基于单独桥面板验算和 Von Mises屈服准则的替代方法。然而,这种方法比较保守,因为它没有考虑到经验交互作用方法中隐含的塑性。

3-1-5/条款 6 中给出的局部荷载规则考虑因腹板的塑性失效(翼缘的相关塑

性弯曲变形）或腹板的弯曲而导致失效。在 ENV 1993-1-1[19]中，后一种失效模式分为腹板压屈（其中屈曲失效靠近翼缘）或腹板屈曲（腹板的大部分高度屈曲）。只有满足本指南6.2.2.5中讨论的几何条件时，才能使用局部荷载规则，否则应使用6.2.2.6 中讨论的方法。***3-1-5/条款6.1(1)*** 还要求受压翼缘在侧面“充分受限”。这种约束要求没有定义，但如果翼缘被连续支撑，如被桥面板支撑，或者如果有足够的约束来防止弯扭失稳，则应该满足该要求。　***3-1-5/条款6.1(1)***

在局部荷载下屈曲失效的长细比遵循通常的 Eurocode 格式。根据 ***3-1-5/条款6.4(1)***，长细比是塑性承载力与弹性临界力比值的平方根：　***3-1-5/条款6.4(1)***

$$\bar{\lambda}_F = \sqrt{\frac{F_y}{F_{cr}}} = \sqrt{\frac{l_y t_w f_{yw}}{F_{cr}}} \qquad 3\text{-}1\text{-}5/(6.4)$$

屈服

塑性抗力 $F_y = l_y t_w f_{yw}$ 取决于作用在腹板顶部的有效荷载长度 l_y，该长度是由加载翼缘的分布效应产生。该长度取决于图 6.2-55 中所示的荷载图式。对于情况 a）和 b），假设在翼缘上形成四个塑性铰，如图 6.2-54 所示，同时计算扩散长度，使翼缘系统充分调动四个铰。对于结实的腹板，铰的塑性抗力仅基于顶部翼缘的抗力。在这种情况下，使用一个能量方程并将外力做功等同于内部做功，得出：

$$[l_y - (s_s + 2t_f) - s_y/2] f_{yw} t_w \Delta = 4 M_p \theta \qquad (D6.2\text{-}40)$$

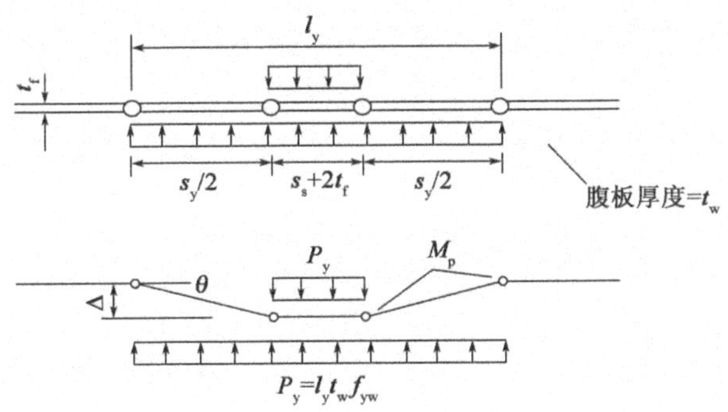

图 6.2-54　用于确定承载长度的翼缘失效机理

由于翼缘单独的塑性抗弯承载力 $M_p = b_f t_f^2 f_{yf}/4$ 且 $\theta = 2\Delta/s_y$，因此式（D6.2-40）变为：

$$[l_y - (s_s + 2t_f) - s_y/2] f_{yw} t_w = 2 b_f t_f^2 f_{yf}/s_y \qquad (D6.2\text{-}41)$$

应限制腹板两侧翼缘的宽度 b_f 不超过 $15\varepsilon t_f$，与其他地方作用于加劲肋的板的附加宽度一样，见 ***3-1-5/条款6.5(1)***。有效承载长度由下式给出：　***3-1-5/条款6.5(1)***

$$l_y = (s_s + 2t_f) + s_y \qquad (D6.2\text{-}42)$$

代入式（D6.2-41）：

$$s_y/2 = \frac{2 b_f t_f^2 f_{yf}}{t_w f_{yw} s_y} \qquad (D6.2\text{-}43)$$

因此

$$s_y = 2t_f \sqrt{\frac{b_f f_{yf}}{t_w f_{yw}}} \qquad (D6.2\text{-}44)$$

根据式(D6.2-42),有效承载长度为:

$$l_y = (s_s + 2t_f) + 2t_f\sqrt{\frac{b_f f_{yf}}{t_w f_{yw}}} \quad (D6.2\text{-}45)$$

如果引入参数 m_1,则 $m_1 = b_f f_{yf}/(t_w f_{yw})$,则式(D6.2-45)变为:

$$l_y = s_s + 2t_f(1 + \sqrt{m_1}) \quad (D6.2\text{-}46)$$

图 6.2-54 中的机制在铰接节点之间使用了 $s_s + 2t_f$ 的距离,以允许荷载通过翼缘扩散,使得腹板上的有效加载长度至少为刚性加载长度加上荷载通过翼缘扩散的长度。如果上翼缘为混凝土顶板,那么忽略钢筋混凝土对翼缘塑性抗弯承载力的贡献是偏保守的。没有试验证明混凝土顶板对翼缘塑性抗弯承载力无任何贡献。

3-1-5/条款6.5(2)

3-1-5/条款6.5(2) 中的表达式类似于式(D6.2-46),但还有一个附加项 m_2:

$$l_y = s_s + 2t_f(1 + \sqrt{m_1 + m_2}) \quad 3\text{-}1\text{-}5/(6.10)$$

对于细长形的腹板,腹板不能达到完全屈服,假设腹板的一部分与外侧铰点处的翼缘(形成 T 形截面)共同受力并且增大这些位置处的塑性力矩 M_p。试验结果表明,对于细长构件,腹板作用的高度随着截面高度的增加而增加。于是引入参数 m_2 来表示外侧铰点承载力随着腹板深度的增大而增大。

$$m_2 = 0.02\left(\frac{h_w}{t_f}\right)^2$$

如果 $\overline{\lambda}_F \leqslant 0.5$,腹板就比较结实并且可以达到整个腹板屈服的承载力,则 $m_2 = 0$ 并且忽略腹板对铰点抗力的贡献。这样做是为了避免过高估计结实腹板的计算承载力(测试中发现)。这可能导致需要迭代以确定 m_2 是否可能大于 0。这也导致在 $\overline{\alpha}_F = 0.5$ 时承载力的不连续性,使得 $\overline{\lambda}_F$ 刚大于 0.5 时,腹板承载力可能大于 $\overline{\lambda}_F$ 小于 0.5 的较厚实的腹板的承载力。典型的计算 $\overline{\lambda}_F$ 的步骤首先可能是:假设 $m_2 = 0$。如果 $\overline{\lambda}_F$ 大于0.5,$\overline{\lambda}_F$ 的计算可以用非零值 m_2 重复,但是必须接下来验算 $\overline{\lambda}_F$ 是否仍然大于 0.5。如果不是,则必须使用基于 $m_2 = 0$ 的原始细长比。

对于图 6.2-55 类型 c),由于支承条件不同,上述分析必须稍作修改。在这种情况下,长度 l_y 取上面计算和下面的另外两个公式计算的较小值:

$$l_y = l_e + t_f\sqrt{\frac{m_1}{2} + \left(\frac{l_e}{t_f}\right)^2 + m_2} \quad 3\text{-}1\text{-}5/(6.11)$$

$$l_y = l_e + t_f\sqrt{m_1 + m_2} \quad 3\text{-}1\text{-}5/(6.12)$$

其中,$l_e = k_F E t_w^2/(2f_{yw}h_w) \leqslant s_s + c$

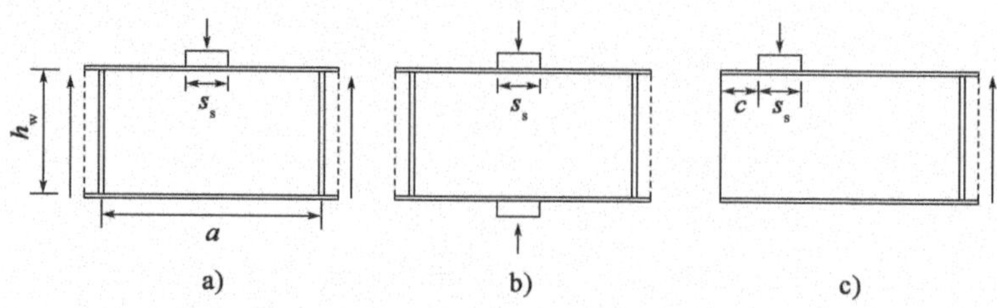

图 6.2-55 类型 a),类型 b)和类型 c)荷载情况下的屈曲系数 k_F

屈曲

3-1-5/条款6.4(1) 中的弹性屈曲临界荷载遵循弹性理论的标准格式： *3-1-5/条款6.4(1)*

$$F_{cr}=k_F\frac{\pi^2E}{12(1-\nu^2)}\frac{t_w^3}{h_w}=0.9k_FE\frac{t_w^3}{h_w} \quad 3\text{-}1\text{-}5/(6.5)$$

屈曲系数 k_F 取决于荷载类型，如图 6.2-55 所示。弹性理论不容易得到 k_F 的适用值，以下结果是基于无纵向加劲肋腹板的有限元研究[20]。系数（在 3-1-5/图 6.1中给出）不考虑在情况 a）和 b）下荷载长度的变化，因此对于较长荷载长度可能会偏于保守：

类型 a)
$$k_F=6+2\left(\frac{h_w}{a}\right)^2 \quad (D6.2\text{-}47)$$

类型 b)
$$k_F=3.5+2\left(\frac{h_w}{a}\right)^2 \quad (D6.2\text{-}48)$$

类型 c)
$$k_F=2+6\left(\frac{s_s+c}{h_w}\right)\leqslant 6 \quad (D6.2\text{-}49)$$

对于设有纵向加劲肋的腹板的 k_F 值，可参见国家附件。***3-1-5/条款6.4(2)*** 为最常见的类型 a）荷载情况提供了一种解决方案： *3-1-5/条款6.4(2)*

$$k_F=6+2\left(\frac{h_w}{a}\right)^2+\left[5.44\frac{b_1}{a}-0.21\right]\sqrt{\gamma_s} \quad 3\text{-}1\text{-}5/(6.6)$$

其中：

$$\gamma_s=10.9\left(\frac{I_{sl,1}}{h_wt_w^3}\right)\leqslant 13\left[\frac{a}{h_w}\right]^3+210\left[0.3-\frac{b_1}{a}\right]$$

$I_{sl,1}$ 为最接近荷载翼缘的纵向加劲肋有效截面的惯性矩，有效截面包括了加劲肋的外伸部分和腹板每侧 $15\varepsilon t_w$ 的附加宽度。这是基于等式（D6.2-47）中无加劲板件承载力，其中包括由于纵向加劲肋对腹板的约束而产生一些额外的承载力。该式仅适用于 $0.05\leqslant b_1/a\leqslant 0.3$ 且 $b_1/h_w\leqslant 0.3$ 时，其中 b_1 是与荷载翼缘相邻的子区格板的高度。

如果 $b_1/a<0.039$，则 3-1-5/式（6.6）导致承载力低于无加劲板件。在这种情况下，可以保守地使用无加劲板件的值。当 b_1 在上述限制范围内时，承载力实际上随着 b_1 的增加而增加，有时达到最大值，然后随着 b_1 的进一步增加再次减小。这是因为分析中假设在腹板上只有一根加劲肋。对于较小的 b_1，加劲肋靠近荷载的翼缘并且在稳定腹板方面不是很有效；在加劲肋下方的子区格板中发生屈曲。对于某些几何形状，在应用范围内没有达到最大值，并且承载力随着 b_1 的增加而增加。这说明在腹板下方设置几个等距纵向加劲肋是不正确的，因为腹板随着加劲肋的增加反而被削弱了。在这些情况下（或者对于超出应用范围的情况），可以用有限元分析得到弹性临界集中力。如果这样做，板边界应该用铰接边界建模，以便与 3-1-5/条款 6.4(1) 中折减因子曲线背后的推导分析相吻合。或者，也可以

使用考虑缺陷的非线性分析。

折减系数

3-1-5/条款 6.4(1) 折减系数按 ***3-1-5/条款6.4(1)*** 计算如下:

$$\chi_F = \frac{0.5}{\bar{\lambda}_F} \leqslant 1.0 \qquad 3\text{-}1\text{-}5/(6.3)$$

承载力设计值为:

$$F_{Rd} = \chi_F \frac{f_{yw} l_y t_w}{\gamma M_1} \qquad (D6.2\text{-}50)$$

3-1-5/条款 6.2(1) 考虑到 ***3-1-5/条款6.2(1)***,将式(D6.2-50)表示为:

$$F_{Rd} = \frac{f_{yw} L_{eff} t_w}{\gamma M_1}$$

$L_{eff} = \chi_F l_y$ 引入了另一个有效长度 L_{eff},因而可能产生混淆。它也没有什么物理意义。

6.2.8.2 横向荷载与其他效应的相互作用

对于基于相互作用的方法,参考 EN 1993-1-5 第 7 章,并在下面 6.2.8.3 中进行了叙述。使用此方法时,横向局部荷载只需要与弯矩和轴力组合。作者和其他人已经表达了一些担忧,即在 EN 1993-1-5 中不要求与剪力相互作用,即使在非常高的剪力下也是如此,因为这种情况一直没有得到很好的研究。一些试验已经用高达剪切抗力[20]75% 的共存剪力进行了验算,这些试验几乎没有受到剪力的影响。然而,高剪力主要是由集中荷载本身产生的。后一点意味着,如果剪力包含在相互作用中,当横向荷载转换为荷载附近的剪力时,会有一定程度的重复计算。因此,测试结果将适用于在建设期间检查桥梁腹板,但是不会包括在腹板上大的集中荷载的情况,其中集中负载本身占总负荷很小的比例。

Kuhlman 和 Seitz[21]的研究结果表明,剪力可能会影响纵向加劲腹板的局部承载力。但是,在该研究中,局部荷载的限值仍远远超过 EN 1993-1-5 的预测值。从有限的试验结果来看,3-1-5/条款 7.2 中提出的相互作用通常是安全的,但以下情况应引起注意:

- 共同作用的剪力超过抗剪承载力的 75%;
- 局部荷载本身仅在荷载作用位置产生相对较小的总剪力。

如果设计人员担心在特定情况下剪力的相互作用,可以通过按照本指南 6.2.2.6中的 3-1-5/条款 10 进行板件验算来考虑荷载效应的组合。然而,这是更为保守的设计方法。最后一点,应该指出的是 BS 5400:第 3 部分[4] 中给出的局部荷载规定也没有考虑任何与剪力的相互作用,如果设计者想要考虑这部分的影响,必须进行板件验算。因此,EN 1993 中的情况并没有太大差异。

6.2.8.3 弯矩、轴力和横向荷载作用

3-1-5/条款 7.2(1) 如果存在横向荷载,则可以根据 ***3-1-5/条款7.2(1)*** 中给出的相互作用验算其与弯矩和轴力的相互作用,如下所示:

$$\eta_2 + 0.8\eta_1 = 1.4 \qquad 3\text{-}1\text{-}5/(7.2)$$

其中，η_2 是横向荷载单独作用的系数。

$$\eta_2 = \frac{\sigma_{z,Ed}}{f_{yw}/\gamma_{M1}} = \frac{F_{Ed}}{f_{yw}L_{eff}t_w/\gamma_{M1}} = \frac{F_{Ed}}{F_{Rd}}$$

在这种情况下，$\sigma_{z,Ed}$几乎没有真正的物理意义。

η_1 是弹性正应力单独计算的系数。

$$\eta_1 = \frac{\sigma_{x,Ed}}{f_y/\gamma_{M0}} = \frac{N_{Ed}}{f_y A_{eff}/\gamma_{M0}} + \frac{M_{Ed} + N_{Ed}e_N}{f_y W_{eff}/\gamma_{M0}}$$

本指南 6.2.10 讨论了 η_1 的计算。

可以看出，3-1-5/式(7.2)中的这种相互作用不考虑弯矩和轴力下应力的塑性分布。如果该截面是 1 类或 2 类，这可能是不合理的，因为横向荷载（可能非常小）已应用于截面。但是，它不会导致弯矩和轴力（或剪力）之间的塑性相互作用出现任何不连续，因为仅有 80% 的弹性弯曲应力必须考虑，并且相互作用的极限值是 1.4。由于梁的塑性和弹性抗弯承载力之间的比率通常小于 1.2，可以看出当横向荷载较小时，相互作用不会导致任何不连续性。

假设局部荷载施加到受压翼缘上，就产生了这种相互作用。如果荷载施加在受拉翼缘上，则应满足本指南 6.2.1 中的 Von Mises 屈服准则。横向应力应基于本指南 6.2.2.3.2 中讨论的分布，而不是基于 6.2.8.2 中机理方法得出的有效长度 l_y。

在 6.2.8.2 中讨论了对于横向荷载仅考虑纵向正应力而非剪应力的必要性。理论上，由于 EN 1993-1-5 的局部荷载规则只能在本指南 6.2.2.5.1 中讨论的某些几何约束条件下满足的情况使用，因此有时可能需要使用在本指南的 6.2.2.6 中讨论的 Von Mises 屈服准则和面板屈曲验算。这将更加保守，并且包括剪应力。

作者对 BS 5400：第 3 部分：2000[4] 附录 D 进行了有限的比较。结果表明，对于长板，典型的桥梁横截面和约 50% 屈服应力的翼缘应力，结果非常相似。对于短板，浅梁和较高的翼缘应力，EN 1993-1-5 变得相当不保守。

实例 6.2-11　桥梁主梁上的局部荷载

如图 6.2-56 所示的钢-混凝土组合梁，起重机支架在腹板上 300mm × 300mm 的区域内施加 500kN 的极限状态荷载。假设上翼缘横向位移受到限制。根据 3-1-1/表 3.1，所有尺寸板的屈服强度为 355MPa（但请注意，EN 10025 规定了 40mm 厚板的屈服强度为 345MPa 且英国国家附件要求使用该值）。上翼缘中压弯组合应力值为 300MPa。要求验算梁中弯曲和横向荷载的组合作用。

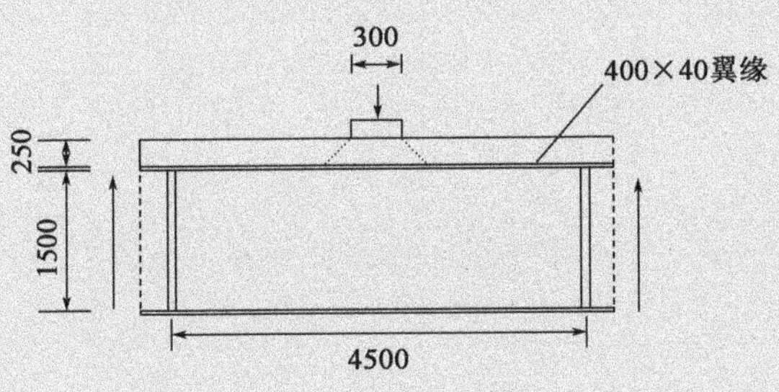

图 6.2-56　算例 6.2-11 中的组合梁（尺寸单位：mm）

根据 3-1-5/条款 6.5(1),忽略混凝土对上翼缘塑性抗弯承载力的任何贡献

$$m_1 = \frac{b_f f_{yf}}{t_w f_{yw}} = \frac{400 \times 355}{15 \times 355} = 26.67$$

$$m_2 = 0.02\left(\frac{h_w}{t_f}\right)^2 = 0.02\left(\frac{1500}{40}\right)^2 = 28.1$$

如下面的情况,假设长细比超过 0.5。

刚性承载长度需要考虑混凝土的扩散作用(这里采用 1:1),因此 $s_s = 300 + 2 \times 250 = 800\text{mm}$。

根据 3-1-5/条款 6.5(2),对于施加在加劲肋之间上翼缘的局部荷载:

$$l_y = s_s + 2t_f(1 + \sqrt{m_1 + m_2})$$

$$= 800 + 2 \times 40(1 + \sqrt{26.67 + 28.1})$$

$$= 1472\text{mm}$$

根据 3-1-5/图 6.1:

$$k_F = 6 + 2\left(\frac{h_w}{a}\right)^2 = 6 + 2\left(\frac{1500}{4500}\right)^2 = 6.22$$

根据 3-1-5/条款 6.4(1):

$$F_{cr} = 0.9k_F E\frac{t_w^3}{h_w} = 0.9 \times 6.22 \times 210 \times 10^3 \frac{15^3}{1500} = 2.582 \times 10^6\text{N}$$

因此,长细比为:

$$\bar{\lambda}_F = \sqrt{\frac{F_y}{F_{cr}}} = \sqrt{\frac{l_y t_w f_{yw}}{F_{cr}}} = \sqrt{\frac{1472 \times 15 \times 355}{2.5862 \times 10^6}} = 1.74$$

$$\chi_F = \frac{0.5}{\bar{\lambda}_F} = \frac{0.5}{1.74} = 0.287$$

因此,由 3-1-5/条款 6.2(1),局部荷载的抗力为:

$$F_{Rd} = \chi_F \frac{f_{yw} l_y t_w}{\gamma_{M1}} = 0.287 \times \frac{355 \times 1472 \times 15}{1.1} = 2047\text{kN}$$

弯矩与横向荷载之间的相互作用如下:

$\eta_2 + 0.8\eta_1 = 0.244 + 0.8 \times 0.845 = \mathbf{0.92 < 1.4}$　因此腹板满足要求

上式中:

$$\eta_2 = \frac{F_{Ed}}{F_{Rd}} = \frac{500}{2047} = 0.244$$

且

$$\eta_1 = \frac{\sigma_{x,Ed}}{F_y/\gamma_{M0}} = \frac{300}{355/1.0} = 0.845$$

6.2.8.4　弯矩、轴力、剪力和横向荷载

用于验算弯矩、轴力、剪力和横向荷载作用的方法取决于钢构件是否易于发生局部屈曲。在这种情况下,“局部屈曲”意味着在纵向正应力下屈曲(例如,横截面为本指南 5.5 节中所述分类中的 4 类截面),或 6.2.6 中讨论的剪切屈曲。如 6.2.8.2 中所述,没有要求剪力与横向荷载相结合,但设计人员可以如本指南 6.2.2.6中所述,进行板验算来考虑这种结合。下面讨论 ***3-2/条款6.2.8(1)*** 允许的不同方法。 *3-2/条款6.2.8(1)*

(i)截面不易受局部屈曲影响

方法1

EN 1993-2 条款6.2.9、6.2.10 和6.2.11 中给出的相互作用方法可用于验算弯矩、轴力和剪切的组合。这些相互作用在本指南的6.2.9～6.2.11 中已经讨论过,并且由于它们允许钢构件在屈服后产生一部分塑性应力重分布,通常会给出最经济的设计。因此,这里推荐这种方法。如果存在横向荷载,则必须根据在6.2.8.3中讨论的相互作用,验算其与弯曲和轴力的相互作用。

方法2

可以使用6.2.1 中讨论的 Von Mises 屈服准则来考虑组合应力场。由于该方法不允许钢构件在屈服后应力的塑性重分布,通常比较保守。如果存在横向荷载,则其与其他效应的相互作用可以使用本指南 6.2.2.6 中的 3-1-5/条款 10 的板屈曲验算方法来考虑。

(ii)截面易于局部屈曲

方法1

EN 1993-1-5 中给出的允许局部屈曲的相互作用方法,应用于验算弯曲、轴向荷载和剪力的组合。这种方法允许考虑应力过大的板上减载效应,使得截面抗力不必受最弱子区格板的初始屈曲限制,因此较为推荐。必须满足 6.2.2.5.1 中讨论的某些几何标准才能使用该方法,否则必须使用方法 2。如果存在横向荷载,必须根据 6.2.8.3 的内容来验算其与弯曲和轴力的相互作用。

方法2

可以使用 Von Mises 屈服准则和 3-1-5/条款 10 中的板屈曲验算来考虑组合应力场。如本指南 6.2.2.6 中讨论的原因,该方法是保守的。

6.2.9　弯矩和剪力作用

如果剪力足够大,则作用在钢截面上的剪力可能会降低截面的抗弯能力,因此有必要考虑两个内力之间的相互影响。计算方法取决于在纵向正应力作用下的截面分类,以及钢截面在达到塑性抗剪承载力之前是否易于发生剪切屈曲。

本指南该部分将分为以下两个小节:

- 截面不易发生剪切屈曲。　*6.2.9.1*
- 截面易于发生剪切屈曲。　*6.2.9.2*

6.2.9.1 截面不易发生剪切屈曲

6.2.9.1.1 1类和2类截面

弯矩和剪力之间的相互作用理论上可以通过降低腹板抵抗正应力的有效性考虑剪切影响推导得出。可以基于 Von Mises 屈服准则得出降低效率,但这意味着任意剪力共同作用都会降低抗弯承载力。试验表明,即使对于相对较高的剪力,由剪力引起的塑性抗弯承载力的减小也可以忽略不计。这可以通过钢材的应变硬化来解释。***3-1-1/条款6.2.8(2)*** 允许在剪力设计值小于塑性抗剪承载力50%时忽略剪力和弯矩之间的相互作用。剪力设计值大于50%塑性抗剪承载力时,***3-1-1/条款6.2.8(3)*** 要求可以通过引入因子$(1-\rho)$减小"剪切面积"的屈服应力来考虑剪力对弯矩的影响,如下:

3-1-1/条款 6.2.8(2)

3-1-1/条款 6.2.8(3)

$$\text{“剪切面积”的容许弯曲应力} = (1-\rho)f_y \qquad \text{3-1-1/(6.29)}$$

其中,

$$\rho = \left(\frac{2V_{Ed}}{V_{pl,Rd}} - 1\right)^2$$

V_{Ed}是施加的剪力,$V_{pl,Rd}$是按照本指南6.2.6确定的塑性抗剪承载力。作为降低腹板强度的替代方法,可以用相同的系数减小腹板厚度。当然,该减小的腹板厚度,显然不能用于正应力作用下腹板截面的重新分类。

"剪切面积"使用了引号,因为在3-1-1/条款6.2.6中计算抗剪承载力时,使用相同的术语来描述不同的参数A_v。3-1-1/式(6.29)中的剪切面积仅仅指腹板面积$A_w = h_w t_w$。然而,如本指南6.2.6所述,板梁的A_v可能高达腹板面积的1.2倍。3-1-1/式(6.29)所定义的剪切面积将用下面的I形梁例子(3-1-1/式(6.30))来阐释。

3-1-1/条款 6.2.8(4)

对于抵抗剪力和扭矩共同作用的构件,ρ的修改公式如 ***3-1-1/条款6.2.8(4)*** 所示。

$$\rho = \left(\frac{2V_{Ed}}{V_{pl,T,Rd}} - 1\right)^2$$

其中,$V_{pl,T,Rd}$的推导见本指南的6.2.7。

剪力和弯矩之间的关系如图6.2-57所示。

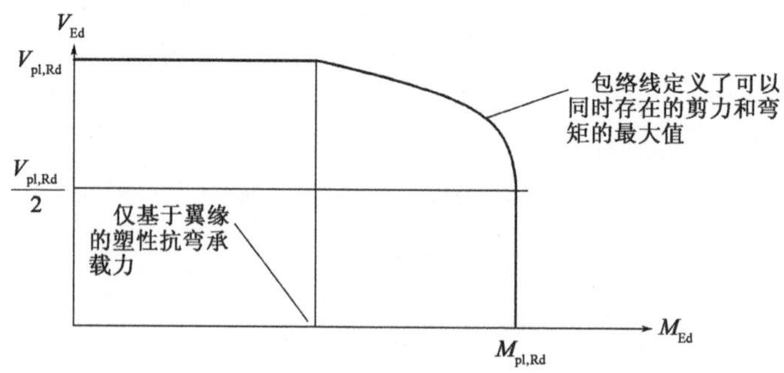

图6.2-57 1类和2类截面的剪力-弯矩相互作用

对于1类和2类对称I形截面，腹板对于全塑性抗弯承载力的贡献为：

$$M_{\mathrm{pl,web}}=\frac{h_{\mathrm{w}}^{2}t_{\mathrm{w}}f_{\mathrm{yw}}}{4}=\frac{A_{\mathrm{w}}^{2}f_{\mathrm{yw}}}{4t_{\mathrm{w}}} \tag{D6.2-51}$$

因此，由剪力引起的腹板抗弯承载力的减小值为：

$$\frac{\rho A_{\mathrm{w}}^{2}f_{\mathrm{yw}}}{4t_{\mathrm{w}}}$$

所以，如果腹板和翼缘具有相同的屈服强度，则可得***3-1-1/条款6.2.8(5)***中对称截面梁的抗弯承载力公式：

3-1-1/条款 6.2.8(5)

$$M_{\mathrm{y,v,Rd}}=\frac{\left(W_{\mathrm{pl,y}}-\dfrac{\rho A_{\mathrm{w}}^{2}}{4t_{\mathrm{w}}}\right)f_{\mathrm{y}}}{\gamma_{\mathrm{M0}}} \tag{3-1-1/(6.30)}$$

3-1-1/式(6.30)不能用于非对称截面，因为腹板的f_{yw}一旦折减，就会导致塑性中性轴位置的偏移。因此，3-1-1/式(6.30)很少用于桥梁设计，桥梁经常采用非对称截面，且翼缘和腹板具有不同屈服强度。在这种情况下，必须首先确定新的塑性中性轴，并以此计算出修正的塑性抗弯承载力。这将在实例6.2-12中进行说明。

值得注意的是，EN 1993中没有要求对由于腹板强度减小产生的塑性中性轴偏移重新进行截面分类验算，即截面分类由毛截面确定。不对截面重新分类的主要观点是，确定减小的抗弯承载力的方法并非由真正的梁模型推导得到，而只是使计算的抗力小于试验值，从而偏于安全。通过提供相互作用方程可以实现非常类似的相互作用(下面讨论的3-1-5/条款7.1，也可以在这种情况下使用)，因此不会出现重新分类的问题。由于早期的草案产生了一些误解，EN 1994-2中的条款6.2.2.5(4)明确说明了这一点。

6.2.9.1.2 3类截面

对于横向加劲肋间隔很大且没有纵向加劲肋的梁，3-1-5/条款5.1(2)规定的防止剪切屈曲所需的高厚比为：

$$\frac{h_{\mathrm{w}}}{t_{\mathrm{w}}}\leqslant\frac{72}{\eta}\varepsilon$$

对于宽间隔加劲肋的梁，在不受剪切屈曲影响的情况下，梁截面在弯曲作用下不可能为3类截面。然而，如果横向加劲肋允许腹板达到塑性抗剪承载力，这种情况就可能发生。

对于3类截面，必须对验算相互作用的方法进行一些解释。如上所述，3-1-1/条款6.2.8(3)要求由3-1-1/式(6.29)中计算的腹板强度降低值来确定“截面的设计抗力”。由于3类截面设计要求弹性应力不大于屈服值，因此完全剪切时的截面抗弯承载力为零，即由腹板屈服控制。这显然是不正确的。另一种更可靠的解释是，通过减小腹板厚度，而不是腹板屈服强度来验算相互作用。当腹板完全剪切时，抗弯承载力仅由翼缘提供，且当剪力超过50%的塑性抗剪承载力时，弹性抗弯承载力减小。

进一步的解释源于考虑3-1-5/条款7.1 和 EN 1993-1-1 的 ENV 版本。在这两个部分中,验算相互作用通过塑性抗弯承载力实现,但是计算的抗弯承载力仅限于在没有剪切的情况下的弹性抗力。以这种方式应用相互作用的原因是 3 类和 4 类腹板的对称截面梁的试验结果(参考文献 22)和组合梁(具有不对称的翼缘)计算机模拟的测试结果(参考文献 23),显示剪切对抗弯承载力的影响很小。试验显示二者几乎没有相互作用,而计算机模拟则显示通常只有在达到 80% 的抗剪承载力后二者才产生微弱的相互作用。如下所示,在检验相互作用中使用塑性抗弯承载力有助于强制考虑这种关系。3-1-1/条款 6.2.8(5)中的公式隐含允许对于具有相同翼缘的 H 形梁采用这种方法,但似乎是故意不承认对于翼缘不同的梁也有这种情况。这反映了大多数试验用的是腹板没有净压力的对称截面梁。3-1-1/条款 6.2.8 的字面解释似乎说明在考虑相互作用时应使用弹性抗弯承载力,但这与 EN 1993-1-5 不一致。

如果在考虑相互作用时使用塑性抗弯承载力的解释(根据 EN 1993-1-5 的方法),则处理 3 类截面的步骤与上述 1 类和 2 类截面的步骤相同,除了弯矩 $M_{y,V,Rd}$ 的值不应超过按照 3-1-1/条款 6.2.5计算的弹性抗弯承载力 $M_{y,c,Rd} = M_{el,Rd}$。但是,在达到 $M_{el,Rd}$之前,剪力降低的抗弯承载力,仍取 3 类截面的塑性抗弯承载力。典型的 3 类截面的弯-剪相互作用图如图 6.2-58 所示。它实际上与图 6.2-57 是相同的曲线,但它由于将抗弯承载力限制为弹性值而被截断了。这可以确保在不影响抗弯承载力的情况下,剪力能够达到塑性抗剪承载力的 50% 以上,与试验结果一致。上文中关于 1 类和 2 类截面在剪力的作用下不对梁进行重新分类的讨论,也同样适用于 3 类截面。

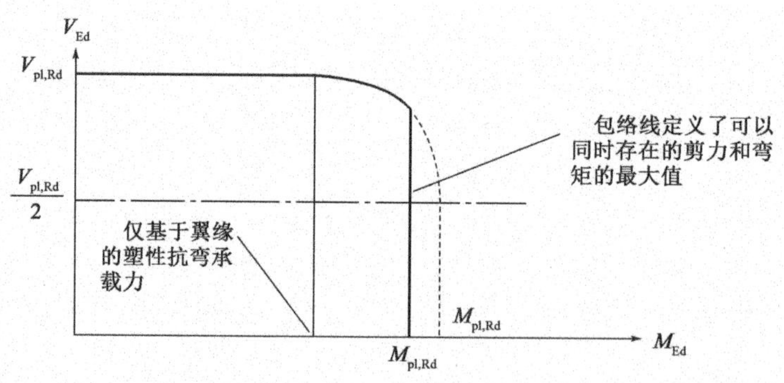

图 6.2-58 3 类截面的弯矩和剪力相互作用包络线

6.2.9.1.3 4 类截面

4 类截面验算必须使用 EN 1993-1-5 中给出的两种可能方法中的一种。这些部分将在下面的 6.2.9.2.3 中讨论,因为无论是否存在剪切屈曲,验算都是相同的。

实例 6.2-12：受弯矩、剪力相互作用未剪切屈曲的 2 类截面板梁

如图 6.2-59 所示 S355 钢板梁，根据 3-1-1/表 3.1，选用与厚度相关的材料屈服应力为 355MPa。（EN 1993-2 的英国国家附件要求使用 EN 10025 中的值。）梁是受负弯矩作用的 2 类截面，并且在不受剪切的情况下具有以下特性：

- 塑性中性轴距下翼缘 = 525mm
- 塑性抗弯承载力 = 7834kN · m

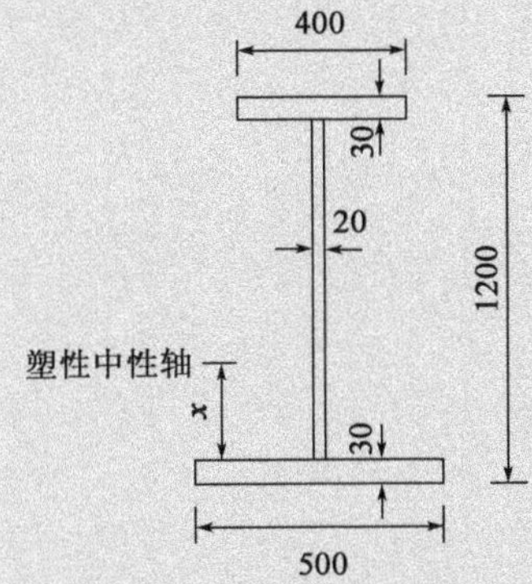

图 6.2-59　实例 6.2-12 的板梁截面（尺寸单位：mm）

该梁受到的约束防止其发生弯扭屈曲，并且能够抵抗剪切屈曲。在 4486kN 剪力作用下，计算该截面能够承受的最大弯矩。

腹板面积 $A_w = h_w t_w = (1200 - 60) \times 20 = 22800\text{mm}^2$

塑性抗剪承载力为：

$$V_{pl,Rd} = \frac{\eta A_w (f_y / \sqrt{3})}{\gamma_{M0}} = \frac{1.2 \times 22800(355/\sqrt{3})}{1.00} = 5608\text{kN}$$

式中，$A_v = \eta A_w$，根据 3-1-5/条款 5.1(2)，η 取 1.2。V_{Ed}大于$0.5 \times V_{pl,Rd}$，因此剪力将减小抗弯承载力 $M_{y,V,Rd}$。

根据 3-1-1/式(6.29)可知：

$$\rho = \left(\frac{2V_{Ed}}{V_{pl,Rd}} - 1\right)^2 = \left(\frac{2 \times 4486}{5608} - 1\right)^2 = 0.360$$

腹板中的容许应力 $= (1 - \rho)f_y = (1 - 0.36) \times 355 = 227.2\text{MPa}$

接下来计算腹板容许应力减小后的塑性抗弯承载力。由于腹板强度的降低，塑性中性轴发生偏移。新的塑性中性轴位于下翼缘顶面之上 x 处，通过力的平衡条件得到：

$(500 \times 30 \times 355) + (20 \times 227.2 \times x) = (400 \times 30 \times 355) + [20 \times 227.2 \times (1140 - x)]$

解得，$x = 452.8$ mm

对塑性中性轴取矩得到剪力作用下的抗弯承载力：

$$M_{y,V,Rd} = \frac{(500 \times 30 \times 467.8 + 400 \times 30 \times 702.2) \times 355}{1.00}$$

$$= \frac{[452.8^2 \times 20 \times 0.5 + (1140 - 452.8)^2 \times 20 \times 0.5] \times 227.2}{1.00}$$

$$= \mathbf{7021kN \cdot m}$$

在 4486kN 剪力作用力下,截面的塑性抗弯承载力从 7834kN · m 减小到 7021kN · m。

实例 6.2-13 受弯矩、剪力相互作用未剪切屈曲的 3 类截面板梁

图 6.2-60 所示的钢板梁为 3 类横截面的上限。在不受剪切的情况下具有以下特性:

- 梁截面的塑性抗弯模量,$W_{pl,y} = 4.436 \times 107 mm^3$。
- 梁截面的弹性抗弯模量,$W_{el,min} = 3.750 \times 107 mm^3$(绕 3-1-1/条款 6.2.1(9)规定的翼缘中面)。

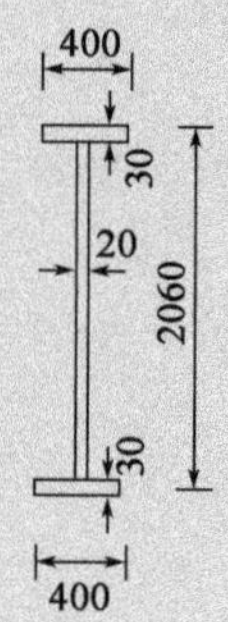

图 6.2-60 实例 6.2-13 的板梁截面(尺寸单位:mm)

所有钢板均为 EN 10025 的 S355 级,由于横向加劲肋密布,因此梁不发生弯扭屈曲和剪切屈曲。钢板与厚度相关的屈服应力为 355MPa,取自 3-1-1/表 3.1。(EN 1993-2 的英国国家附件要求使用 EN 10025 中的值。)在 7871kN 剪力作用下,计算该截面能够承受的最大弯矩。

腹板面积 $A_w = h_w t_w = (2060 - 60) \times 20 = 40000 mm^2$

塑性抗剪承载力为:

$$V_{pl,Rd} = \frac{\eta A_w (f_y / \sqrt{3})}{\gamma_{M0}} = \frac{1.2 \times 40000(355/\sqrt{3})}{1.00} = 9838kN$$

式中,根据 3-1-5/条款 5.1(2),η 取 1.2。由于 V_{Ed} 大于 $0.5 \times V_{pl,Rd}$,剪力将减小抗弯承载力 $M_{y,V,Rd}$。

根据 3-1-1/式(6.29)可知:

$$\rho = \left(\frac{2V_{Ed}}{V_{pl,Rd}} - 1\right)^2 = \left(\frac{2 \times 7871}{9838} - 1\right)^2 = 0.360$$

由于梁截面是对称的，且每一处屈服强度均相同，3-1-1/式(6.30)可以使用。

$$M_{y,V,Rd}=\frac{\left[W_{pl,y}-\frac{\rho A_w^2}{4t_w}\right]f_y}{\gamma_{M0}}$$

$$=\frac{\left[4.436\times10^7-\frac{0.36\times(200\times20)^2}{4\times20}\right]\times355}{1.00}$$

$$=13192\text{kN}\cdot\text{m}$$

但是不大于：

$$M_{c,Rd}=\frac{W_{el,min}f_y}{\gamma_{M0}}=\frac{3.750\times10^7\times355}{1.0}=13317\text{kN}\cdot\text{m}>M_{y,V,Rd}$$

因此，在7871kN剪力作用力下，截面的塑性抗弯承载力从13317kN·m减小到13192kN·m。

6.2.9.2 截面易于发生剪切屈曲

如果截面的抗剪承载力受到本指南6.2.6中讨论的剪切屈曲的限制，则***3-1-1/条款6.2.8(2)***要使用EN 1993-1-5第7章的内容来考虑剪力和弯矩之间的相互作用。 ***3-1-1/条款 6.2.8(2)***

6.2.9.2.1 1类和2类截面

验算步骤和不发生剪切屈曲的截面类似。当剪力设计值小于仅由腹板产生的剪切屈曲承载力的50%时，***3-1-5/条款7.1(1)***允许设计者忽略剪力和弯矩之间的相互作用。但当剪力设计值超过这个值时，弯-剪相互作用必须满足下式： ***3-1-5/条款7.1(1)***

$$\bar{\eta}_1+\left(1-\frac{M_{f,Rd}}{M_{pl,Rd}}\right)(2\bar{\eta}_3-1)^2\leq1.0 \qquad \text{3-1-5/(7.1)}$$

式中，$\bar{\eta}_3$是$V_{Ed}/V_{bw,Rd}$的比值；$\bar{\eta}_1$是弯曲系数；$M_{Ed}/M_{pl,Rd}$的计算基于截面塑性抗弯承载力；$M_{f,Rd}$的计算基于仅考虑翼缘的截面设计塑性抗弯承载力。对于不相同的翼缘，根据3-1-5/条款7.1(3)，可简化为两个翼缘较小的塑性抗力乘以质心距。产生的相互作用如图6.2-61所示。在弯矩$M_{f,Rd}$作用下，可得全腹板抗剪承载力$V_{bw,Rd}$。对于较小的弯矩，根据3-1-5/条款5.4，由于翼缘对剪切的贡献，抗剪承载力$V_{bf,Rd}$可以进一步增加。

公式$(2\bar{\eta}_3-1)^2$可以改写为：

$$\left(\frac{2V_{Ed}}{V_{bw,Rd}}-1\right)^2$$

与腹板强度折减系数形式相同：

$$\rho=\left(\frac{2V_{Ed}}{V_{pl,Rd}}-1\right)^2$$

上式适用于不产生剪切屈曲的情况。对于不产生剪切屈曲的对称截面，

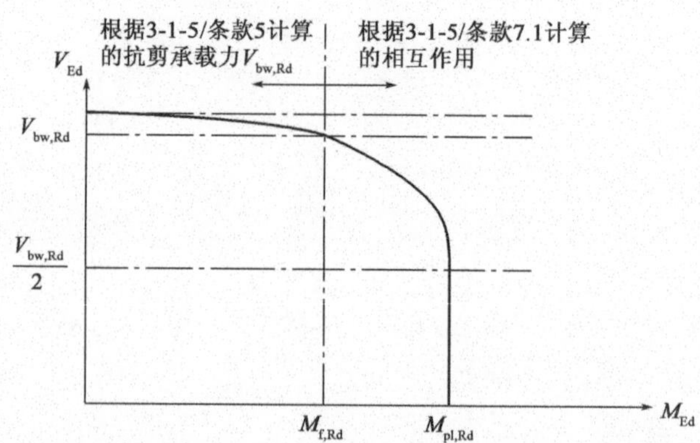

图 6.2-61 根据 3-1-5/条款 7.1 计算的 1 类和 2 类截面的弯-剪相互作用

公式 3-1-5/(7.1)将给出与上面 6.2.9.1.1 中方法相同的结果。对于不产生剪切屈曲的翼缘不对称的截面,公式 3-1-5/(7.1)将给出比上面 6.2.9.1.1 中方法稍微保守一些的结果。值得注意的是,当发生剪切屈曲时,3-1-5/式(7.1)不适用于 EN 1994 中 1 类和 2 类截面。此时,腹板强度通过系数$(1-\rho)$折减,其中:

$$\rho = \left(\frac{2V_{Ed}}{V_{b,Rd}} - 1\right)^2$$

并且,塑性抗弯承载力需要重新计算。但是,Eurocode 两个部分内容尚未协调,但交换方法通常没有什么实际意义。

3-1-5/条款7.1(4)

3-1-5/条款7.1(4)要求当存在轴力使得整个腹板处于受压状态时,$M_{f,Rd}$应按照 3-1-5/条款 7.1(5)的规定取为零。如果没有轴力,但整个腹板仍然处于受压状态时(非对称梁可能会出现这种情况),尚不明确应该如何处理。鉴于针对非对称截面的试验数量相对较少,为确保安全,在这种情况下也将 $M_{f,Rd}$取为零。在上述 6.2.9.1.2 中讨论的组合梁试验中发现,弯矩和剪力之间的相互作用较弱,但是在高剪力下情况下还是尽可能保守。

3-1-5/条款7.1(2)

3-1-5/条款7.1(2)不要求 3-1-5/条款 7.1(1)中的相互作用在接近支点$h_w/2$的部分得到验算,这是由于假定该位置存在支承加劲肋,而支承加劲肋附近的屈曲效应不明显。但是,在支承处仍应验算截面承载力。因此,建议在支承处运用 3-1-5/条款 7.1(1)的内容验算承载力,但使用塑性抗剪承载力代替剪切屈曲抗力。

6.2.9.2.2 3 类截面

方法与上述 1 类和 2 类截面基本相同,但得到的抗弯承载力不能超过弹性抗弯承载力。这有效地截断了图 6.2-61 中的相互作用图,其处理方式与图 6.2-58 相同。由于在 6.2.9.1.2 中研究发现弯矩和剪力之间相互作用弱,塑性抗弯承载力再次用于相互作用的验算。在弹性抗弯承载力产生任何减小之前,确保梁截面可以承受的剪力超过 50% 腹板贡献抗剪承载力。在 EN 1993-1-5 的早期草案中,基于弹性抗弯承载力 3-1-5/式(7.1)中的 $\bar{\eta}_1$ 取值为 $M_{Ed}/M_{el,Rd}$。其缺点是当剪力等于 $V_{bw,Rd}$时,算得的抗弯承载力小于翼缘的抗弯承载力。

对于截面分阶段建造的组合梁,可以应用相同的相互作用,并且在《EN 1994-2设计指南》(*Designers' Guide to EN 1994-2*)[7]中给出了 M_{Ed}的指导值。必须通过 3-1-5/条款4.6 中的 η_1,对累积的弹性应力进行单独验算。一般来说,基于累积应力与容许应力的比值(即 η_1)总是保守的。

上文中针对1类和2类截面关于3-1-5/条款7.1(4)中非对称截面以及3-1-5/条款7.1(2)中对支承附近截面内容的讨论,也适用于3类截面。

6.2.9.2.3　4类截面,包括含纵向加劲肋的梁

对于4类截面,可以采用两种方法进行验算。如本指南6.2.2.5.1所述,如果满足所需的几何约束,使用与上述1、2、3类截面相同的相互作用验算方法通常是最经济的。3-1-5/式(7.1)也适用,但 $M_{f,Rd}$和 $M_{pl,Rd}$的计算必须基于翼缘的有效宽度(考虑板屈曲)。然而,$M_{pl,Rd}$是使用腹板毛截面计算的,忽略了在正应力作用下的局部屈曲导致的折减。由于在上述6.2.9.1.2中使用4类腹板梁的试验中发现弯-剪相互作用弱,因此在考虑相互作用时允许采用塑性性能。但是,仍然需要根据3-1-5/条款4.6验算正应力作用下的梁,即使用弹性设计且考虑翼缘和腹板有效截面。这也再次截断了相互作用曲线。

虽然3-1-5/式(7.1)的相互作用适用于具有纵向加劲肋的腹板,但作者并未提出支持在相互作用验算中使用塑性性能的试验依据。当整体腹板屈曲控制设计时,这种腹板屈曲后强度很小,但该方法在腹板剪力占腹板抗剪承载力百分比非常高的情况下将会导致弯剪相互作用,直到有进一步研究确认这是不必要的为止。更安全的选择是在相互作用验算中用 η_1 代替 $\bar{\eta}_1$。在这些情况下,如果该部分是分阶段建立的,则 η_1 是基于累积应力的使用系数。

上文中针对1类和2类截面关于3-1-5/条款7.1(4)中非对称截面以及3-1-5/条款7.1(2)中对支承附近截面内容的讨论,也适用于4类截面。在后一种情况下,具有纵向加劲肋的腹板需要做一些解释。建议在验算子区格板的屈曲时,将距离 $h_w/2$ 替换为 $b_{max}/2$(其中 b_{max}是最大子板的高度)。

3-1-5/式(7.1)也应用于验算箱梁翼缘。但是,在这种情况下,根据3-1-5/条款7.1(5),$M_{f,Rd}$等于零,且由 η_1 代替 $\bar{\eta}_1$,$\bar{\eta}_3$ 为考虑翼缘整体剪切屈曲(基于翼缘中的平均剪应力但不小于最大翼缘剪应力的一半)和考虑子区格板屈曲(由弹性剪力流分布确定的控制设计的子区格板的平均剪应力)中的较大值。

对于仅受竖直剪力的单室箱梁,翼缘剪应力从一个腹板处的最大正值 τ_{shear}线性变化到另一个腹板处的最大负值 $-\tau_{shear}$。因此平均剪应力为零。然后,要求用于验算整体翼缘屈曲的相关剪应力不小于最大值的一半,该最大值产生在腹板与翼缘的连接处,则验算用剪应力不小于 $0.5\tau_{shear}$。并且,如果考虑剪应力正负号变化,则目前尚不能明确平均剪应力的取值。如果仅考虑数值,不考虑正负号,则平均剪应力等于最大值的一半(即 $0.5\tau_{shear}$),因此两个要求是相同的。

当考虑整个翼缘上具有均匀的扭转剪应力 τ_{tor}时,考虑剪应力的正负号就会产生不同的结果。如果考虑正负号,则平均应力是 τ_{tor},最大值的一半是 $0.5\tau_{shear}+0.5\tau_{tor}$。这是预期的解释。如果不考虑正负号,则平均应力是 $0.5\tau_{shear}+\tau_{tor}$,最大值的一半是 $0.5\tau_{shear}+0.5\tau_{tor}$。因此考虑剪应力由竖直剪力在翼缘-腹板连接处产生的腹板剪应力的 50%,加上 100% 的扭转剪应力组成,取值更保守,这也是 BS 5400:第 3 部分[4] 的要求。实例 6.2-15 中保守地使用了第二种解释,但可能不符合标准起草人员的预期。此外,如果箱梁截面上存在畸变翘曲剪应力或横向荷载引起的剪应力,则剪应力的计算还需要包括这两部分。

箱梁翼缘上弯-剪相互作用应满足:

$$\eta_1+(2\bar{\eta}_3-1)^2\leq 1.0 \qquad \text{(D6.2-52)}$$

这表明当 $\bar{\eta}_3\leq 0.5$ 时,翼缘中的轴向应力和剪力之间没有相互作用,但当相互作用 $\bar{\eta}_3=1.0$ 时,翼缘不能传递轴向应力,二者关系曲线如图 6.2-62 所示。

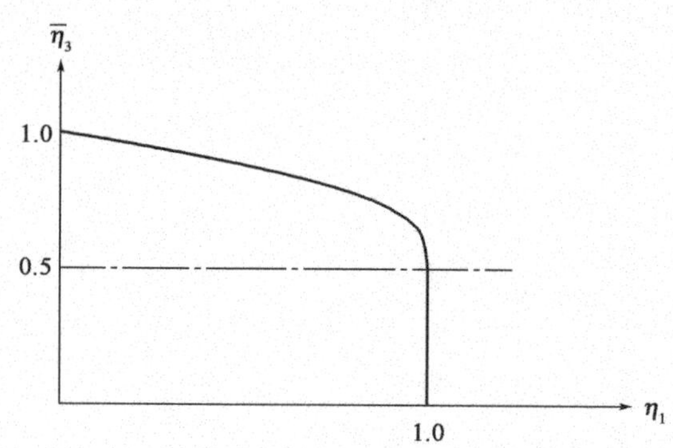

图 6.2-62 根据 3-1-5/条款 7.1,翼缘的弯-剪相互作用曲线

实例 6.2-15 是一个箱梁翼缘的验算案例。值得注意的是,在确定剪切屈曲承载力时,3-1-5/附录 A.3 中没有明确说明设置闭口加劲肋的情况。因此,如果在翼缘上设置闭口加劲肋,建议从以下几个部分推导截面上加劲肋的有效惯性矩。

- 加劲肋本身,如有必要,按照 3-1-5/条款 4.4 的规定折减面积;
- 与加劲肋相连的翼缘板在加劲肋每侧 $15\varepsilon t$ 的附加宽度(如果较小,则为相邻加劲肋肢距离的一半)加上 3-1-5/图 5.3 中所示的加劲肋肢厚。

由于没有考虑抗扭刚度,3-1-5/附录 A.3 中的公式对于闭口加劲肋的计算非常保守。

如果不满足 6.2.2.5.1 中讨论的几何约束条件,可以使用本指南 6.2.2.6 中讨论的 3-1-5/条款 10 的方法。但是,由于该方法不允许塑性重分布,并且剪应力均会降低容许弯矩承载力,所以更加保守。

实例 6.2-14:受弯-剪共同作用的易于剪切屈曲的 3 类截面板梁

实例 6.2-13 中的钢板梁被改为除支承处外,其余各处均未在腹板上设置横向加劲肋。梁验算工况为弯矩 10000kN · m,剪力 4000kN。

首先确定剪切屈曲承载力。

由于没有中间加劲肋,长细比可由 3-1-5/式(5.5)求得:

$$\bar{\lambda}_w = \frac{h_w}{86.4t\varepsilon} = \frac{2000}{86.4 \times 20 \times 0.81} = 1.429$$

中支点处属于刚性连接端头，因此从3-1-5/表5.1可以查得：

$$\bar{\chi}_w = \frac{1.37}{0.7 + \bar{\lambda}_w} = \frac{1.37}{0.7 + 1.429} = 0.64$$

由于横向加劲肋间距较大，因此翼缘的贡献可以忽略不计，可得承载力为：

$$V_{bw,Rd} = \frac{\chi_w f_{yw} h_w t}{\sqrt{3}\gamma_{M1}} = \frac{0.64 \times 355 \times 2000 \times 20}{\sqrt{3} \times 1.1} = 4770\text{kN}$$

剪切比 $\bar{\eta}_3 = 4000/4770 = 0.839 > 0.5$，因此必须使用3-1-5/式(7.1)验算与弯矩的共同作用。截面模量见实例6.2-13。

弹性抗弯承载力等于：

$$M_{c,Rd} = \frac{W_{el,min} f_y}{\gamma_{M0}} = \frac{3.750 \times 10^7 \times 355}{1.0}$$

$$= 13317\text{kN} \cdot \text{m} > 10000\text{kN} \cdot \text{m}$$

塑性抗弯承载力为：

$$M_{pl,Rd} = \frac{W_{pl} f_y}{\gamma_{M0}} = \frac{4.436 \times 10^7 \times 355}{1.0} = 15748\text{kN} \cdot \text{m}$$

弹、塑性抗弯承载力之比为：

$$\bar{\eta}_1 = \frac{10000}{15748} = 0.635$$

忽略腹板的塑性抗弯承载力为：

$$M_{f,Rd} = \frac{\left[W_{pl,y} - \frac{A_W^2}{4t_W}\right] f_y}{\gamma_{M0}} = \frac{\left[4.436 \times 10^7 - \frac{(2000 \times 20)^2}{4 \times 20}\right] \times 355}{1.00} = 8648\text{kN} \cdot \text{m}$$

根据3-1-5/式(7.1)可知：

$$\bar{\eta}_1 + \left[1 - \frac{M_{f,Rd}}{M_{pl,Rd}}\right](2\bar{\eta}_3 - 1)^2 = 0.635 + \left[1 - \frac{8648}{15748}\right](2 \times 0.839 - 1)^2$$

$$= 0.842 < 1.0$$

因此，板梁满足要求。

实例6.2-15 设置纵向加劲肋的箱梁翼缘

采用S355钢制成连续箱梁，下翼缘宽10000mm，厚10mm，设置24个角钢加劲肋，加劲肋间距400mm，如图6.2-63所示。沿桥梁中心4000mm处设横隔板。根据3-1-5/图5.3，每个角钢加劲肋和附加母板的截面惯性矩为$3.621 \times 10^7 \text{mm}^4$。竖直剪力在腹板和下翼缘的连接处引起的剪应力为130MPa，且下翼缘的扭转剪应力为10MPa。根据3-1-5/条款4.5，计算下翼缘有效截面，可得正应力为250MPa。然后，验算下翼缘上的弯-剪共同作用。

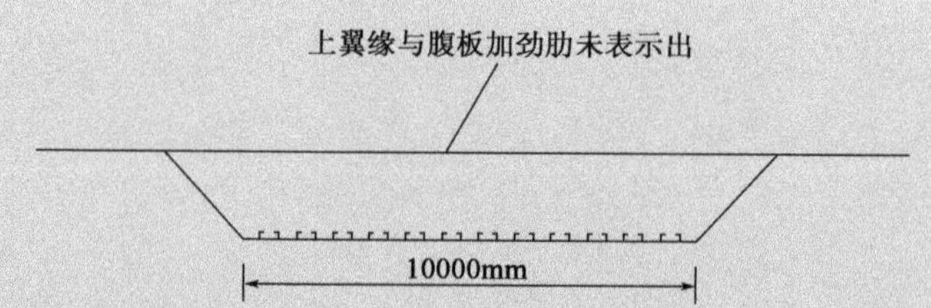

图 6.2-63　实例 6.2-15 的箱梁

首先根据 3-1-5/附录 A.3，计算加劲板整体剪切屈曲的长细比：

$$k_{\tau sl} = 9\left(\frac{b}{a}\right)^2 \sqrt[4]{\left(\frac{I_{sl}}{t^3 b}\right)^3} = 9\left(\frac{10000}{4000}\right)^2 \sqrt[4]{\left(\frac{8.690 \times 10^8}{10^3 \times 10000}\right)^3} = 1601$$

式中，$I_{sl} = 24 \times 3.621 \times 10^7 = 8.690 \times 10^8 \text{mm}^4$ 但不小于：

$$k_{\tau sl} = \frac{2.1}{t}\sqrt[3]{\frac{I_{sl}}{b}} = \frac{2.1}{10}\sqrt[3]{\frac{8.690 \times 10^8}{10000}}$$

$= 9.3$。由于 $a/b = 4000/10000 = 0.4 < 1.0$

$$k_\tau = 4.00 + 5.34\left(\frac{b}{a}\right)^2 + k_{\tau sl}$$

$$= 4.00 + 5.34\left(\frac{10000}{4000}\right)^2 + 1601 = 1638.4$$

整体屈曲的长细比可由 3-1-5/式(5.6)求得：

$$\bar{\lambda}_w = \frac{b}{37.4 t\varepsilon \sqrt{k_\tau}} = \frac{10000}{37.4 \times 10 \times 0.81 \times \sqrt{1638.4}} = 0.816$$

中支点处属于刚性连接端头，因此从 3-1-5/表 5.1 可以查得：

$$\chi_w = \frac{0.83}{\bar{\lambda}_w} = \frac{0.83}{0.816} = 1.02$$

使用上文中讨论的保守翼缘剪应力计算方法计算 $\bar{\eta}_3$，可得翼缘总剪应力为 $0.5\tau_{shear} + \tau_{tor}$：

$$\bar{\eta}_3 = \frac{130/2 + 10}{1.02 \times \dfrac{355}{\sqrt{3} \times 1.1}} = 0.39 < 0.5$$

所以在整体屈曲模式下没有正应力与剪应力的共同作用。

接下来，计算子区格板屈曲的长细比。对于子区格板屈曲，$a = 4000\text{mm}$，$\bar{b} = 400\text{mm}$，因此 $a/\bar{b} = 10 > 1.0$，并且

$$k_{\tau i} = 5.34 + 4.00\left(\frac{\bar{b}}{a}\right)^2 = 5.34 + 4.00\left(\frac{400}{4000}\right)^2 = 5.38$$

子区格板的屈曲长细比可由 3-1-5/式(5.7)求得：

$$\bar{\lambda}_w = \frac{\bar{b}}{37.4 t\varepsilon \sqrt{k_{\tau i}}} = \frac{400}{37.4 \times 10 \times 0.81 \times \sqrt{5.38}} = 0.569$$

根据 3-1-5/表 5.1，$\chi_w = 1.2$。使用正文中讨论的翼缘子区格板中平均剪应力计算方法计算 $\bar{\eta}_3$。

$$\bar{\eta}_3 = \frac{130 + 10}{120 \times \dfrac{355}{\sqrt{3} \times 1.0}} = 0.63 > 0.5$$

所以在局部屈曲模式下，需要考虑正应力与剪应力的相互作用，可采用公式(D6.2-52)验算：

$$\eta_1 + (2\bar{\eta}_3 - 1)^2 = \frac{250}{355/1.0} + (2 \times 0.63 - 1)^3 = 0.77 \leqslant 1.0$$

所以，翼缘在弯矩和剪力相互作用下具有足够的承载力。

6.2.10　弯矩和轴力作用

轴力会降低截面的极限抗弯承载力，是因为用于抗弯的部分同时也需用于抵抗轴力。当存在轴力时，整体分析与考虑轴力作用高度的截面设计之间保持一致是至关重要的。对于弹性分析，如果轴力施加在截面的弹性质心外，则会产生弯曲应力。因此，如果轴力不作用在截面质心之处，通常将力偏移到质心，并将由偏移产生的附加弯矩与其余弯矩相加。当塑性设计用于推导构件整体在轴力和弯矩下的应力块时，有时优先将轴力偏移至塑性中性轴（为了仅受弯矩作用），如下所述。

6.2.10.1　1 类和 2 类截面

在构件受弯矩和轴力共同作用的桥梁设计中，不常使用 1 类和 2 类截面。这是由于腹板受压高度较大，即使仅在弯矩作用下典型的桥梁构件的腹板也属于 3 类截面，而轴力通常会进一步增加腹板高度。

1 类和 2 类截面可以在整个截面高度上形成完全塑性。如果要利用这种可塑性，则不能简单地叠加弯矩和轴力引起的应力，这会使截面的验算变得复杂。***3-1-1/条款6.2.9.1(1)*** 给出了评估轴力导致的抗弯承载力折减的建议，要求如下：　***3-1-1/条款 6.2.9.1(1)***

$$M_{Ed} \leqslant M_{N,Rd} \qquad (3\text{-}1\text{-}1)/(6.31)$$

式中，M_{Ed}是施加的弯矩；$M_{N,Rd}$是在轴力 N_{Ed}作用下折减后的截面塑性抗弯承载力。

通过参考矩形实心截面，最简单（且最不具有实用性）地阐释了塑性应力区。图 6.2-64 说明了在这种简单情况下计算 $M_{N,Rd}$的过程。

如图 6.2-64 所示，由于截面的高度 x 需要抵抗轴力，梁的抗弯承载力 $M_{N,Rd}$将减小，即：

$$M_{N,Rd} = M_{pl,Rd} - M_{pl,x} \qquad (D6.2\text{-}53)$$

式中，$M_{pl,Rd}$是整个截面的塑性抗弯承载力；$M_{pl,x}$是抵抗轴力的截面塑性抗弯承载力分量。

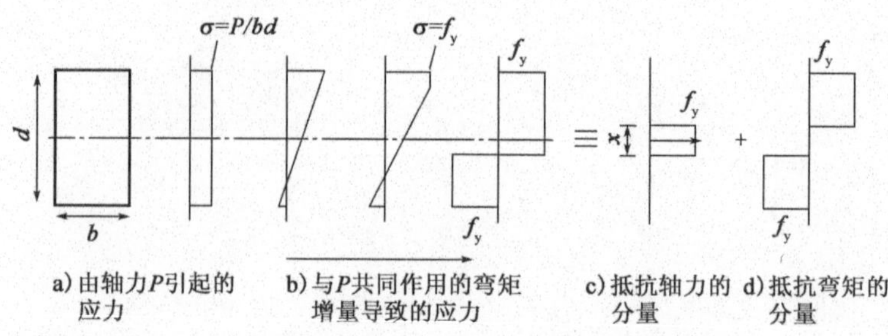

图 6.2-64 轴力对塑性抗弯承载力的影响(矩形横截面)

如果截面受到的轴力 N_{Ed} 作用,等于其设计塑性承载力 $N_{\mathrm{pl,Rd}}$,那么图 6.2-64 中定义的尺寸 x 将等于总截面的高度 d。当 N_{Ed} 值较小时,$x=(N_{\mathrm{Ed}}/N_{\mathrm{pl,Rd}})d$,因此:

$$M_{\mathrm{pl,x}} = W_{\mathrm{plx}} f_{\mathrm{y}} = \left(\frac{bx^2}{4} f_{\mathrm{y}}\right) = \left[\frac{bd^2}{4}\left(\frac{N_{\mathrm{Ed}}}{N_{\mathrm{pl,Rd}}}\right)^2 f_{\mathrm{y}}\right] \qquad \text{(D6. 2-54)}$$

将式(D6.2-54)代入式(D6.2-53):

$$M_{\mathrm{N,Rd}} = M_{\mathrm{pl,Rd}} - M_{\mathrm{pl,Rd}}\left(\frac{N_{\mathrm{Ed}}}{N_{\mathrm{pl,Rd}}}\right)^2 = M_{\mathrm{pl,Rd}}\left[1-\left(\frac{N_{\mathrm{Ed}}}{N_{\mathrm{pl,Rd}}}\right)^2\right]$$

3-1-1/条款 6.2.9.1(3)

如 ***3-1-1/条款6.2.9.1(3)*** 中针对矩形截面的叙述。

这种基本的验算步骤可以用于一般的对称翼缘的梁,但推导公式时必须考虑抵抗轴力所需的区域是否延伸到翼缘中。而对于非对称截面,验算步骤更加复杂。尽管上述分析表明,任意大小的轴力都会对抗弯承载力产生不利影响,但 ***3-1-1/条款6.2.9.1(4)*** 允许设计者在满足以下要求时忽略这种影响。

3-1-1/条款 6.2.9.1(4)

(a)对于受绕 y-y 轴的弯矩作用的双轴对称截面:

$$N_{\mathrm{Ed}} \leqslant 0.25 N_{\mathrm{pl,Rd}} \quad \text{且} \ N_{\mathrm{Ed}} \leqslant \frac{0.5 h_{\mathrm{w}} t_{\mathrm{w}} f_{\mathrm{y}}}{\gamma_{\mathrm{M}}}$$

由于在假设条件下计算的抗弯承载力减小值在任何情况下都非常小,因此可以简化为上述形式。

(b)对于受绕 z-z 轴的弯矩作用的关于 z-z 轴对称的 I 形截面和 H 形截面:

$$N_{\mathrm{Ed}} \leqslant \frac{h_{\mathrm{w}} t_{\mathrm{w}} f_{\mathrm{y}}}{\gamma_{\mathrm{M0}}}$$

这是一个清晰的简化,使腹板对绕 z-z 轴的抗弯承载力不做贡献。

构件轴线的符号规定与 3-1-1/表 6.2 中的相同,方便起见,再次表示在图 6.2-65中。

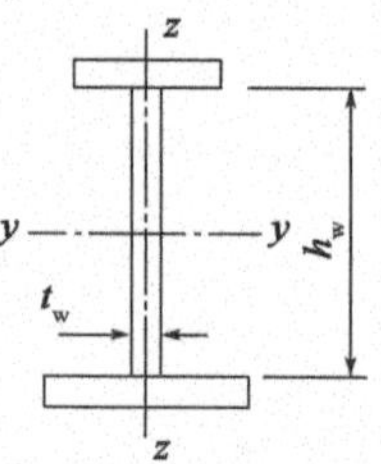

图 6.2-65 构件轴线符号规定

为了简化计算步骤，***3-1-1/条款6.2.9.1(5)***给出了各种近似值，用于估算具有相等翼缘宽度的对称截面的 $M_{N,Rd}$。但是，由于桥梁工程中使用的钢构件大多数翼缘不对称，所以这些公式的适用性有限。因此，在图6.2-66中给出了用于计算非对称1类和2类截面 $M_{N,Rd}$ 的一般方法。实例6.2-16说明了该方法的使用步骤。 ***3-1-1/条款 6.2.9.1(5)***

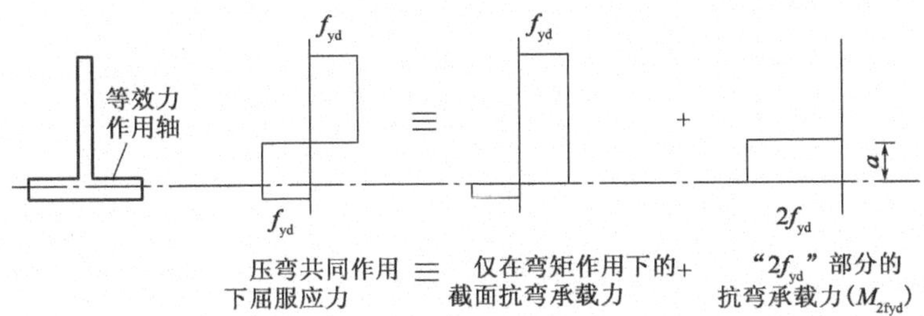

图 6.2-66　验算非对称截面的 $M_{N,Rd}$ 的过程

如果截面对称，分析时轴力通常作用在截面的中间，且截面的弹性和塑性弯曲中性轴在这个位置重合。如果截面不对称，那么假定整体分析时确定的轴力的作用位置非常重要，因为此时弹性和塑性弯曲中性轴将不在同一位置。图6.2-66中给出的方法，假设轴力作用于塑性弯曲中性轴，因此如果假设整体分析时确定的轴力作用在弹性中性轴上，则需要将轴力偏移至塑性中性轴，并且增加由此产生的附加弯矩。

由图6.2-66可知：

$$M_{N,Rd} = M_{pl,Rd} - M_{2fyd} \tag{D6.2-55}$$

高度 a 已知，N_{Ed} = 高度 a 范围内的面积 $\times 2f_{yd}$，$f_{yd} = f_y/\gamma M_0$，其中 f_y 根据高度 a 范围内的腹板厚度选取。

由于轴力会增加在弯矩作用下得到的截面分类等级，因此当计算上述塑性应力区时，注意检查腹板是否确实为1类或2类截面。

双向弯矩作用

在许多实际工程中，钢截面将受到轴力以及双向弯矩的共同作用。由于截面的两个轴上都受弯矩作用，因此极限荷载的计算将更加复杂。根据上文中所述的原理，通过减去截面上用以抵抗轴力和双向弯矩作用的部分来对截面抗弯承载力进行折减，从而得到截面承载力的计算方法。***3-1-1/条款6.2.9.1(6)***规定了双向弯矩作用下1类和2类截面近似的破坏准则： ***3-1-1/条款 6.2.9.1(6)***

$$\left[\frac{M_{y,Rd}}{M_{N,y,Rd}}\right]^{\alpha} + \left[\frac{M_{z,Ed}}{M_{N,z,Rd}}\right]^{\beta} \leqslant 1.0 \qquad \text{3-1-1/(6.41)}$$

式中，α 和 β 可保守地取1.0，或如下取值：

I形和H形截面：

$$\alpha = 2; \beta = 5n \quad 但 \geqslant 1.0 \qquad 其中\ n = \frac{N_{Ed}}{N_{pl,Rd}}$$

圆管截面：　$\alpha = 2; \beta = 2$

矩形钢管截面:

$$\alpha = \beta = \frac{1.66}{1 - 1.13n^2} \quad 但 \alpha = \beta \leqslant 6 \qquad 其中 n = \frac{N_{\mathrm{Ed}}}{N_{\mathrm{pl,Rd}}}$$

线性作用简化

为了避免轴力作用下塑性抗弯承载力过于复杂,根据 3-1-1/条款 6.2.1,通过线性作用可以保守地简化计算,如下所示:

$$\frac{N_{\mathrm{Ed}}}{N_{\mathrm{Rd}}} + \frac{M_{\mathrm{y,Ed}}}{M_{\mathrm{pl,yRd}}} + \frac{M_{\mathrm{z,Ed}}}{M_{\mathrm{pl,z,Ed}}} \leqslant 1.0 \tag{D6.2-56}$$

英国桥梁设计者熟悉这种共同作用的简化形式。它还易于满足剪力作用较大时的情况,因为如本指南 6.2.9 所述,当弯-剪同作用时,可以通过减少抗弯承载力以简化验算。单向弯矩作用时,上述近似关系式与通过合成塑性应力区得到的精确关系式在图 6.2-67 中进行了定性比较。使用式(D6.2-56)的一个问题是,需要对截面进行分类以决定是否采用塑性抗弯承载力。如果对截面的各个部分单独进行分类以避免确定塑性应力区,那么很有可能梁在弯矩作用下为 1 类或 2 类截面,而轴力作用下为 3 类甚至 4 类截面。在这种情况下,安全的方法是根据轴力作用下确定梁的截面分类计算抗弯承载力。实际上,对于典型的桥梁,这可能导致截面出现 1 类和 2 类以外的类别,并且组合的应力区还需进一步的研究。

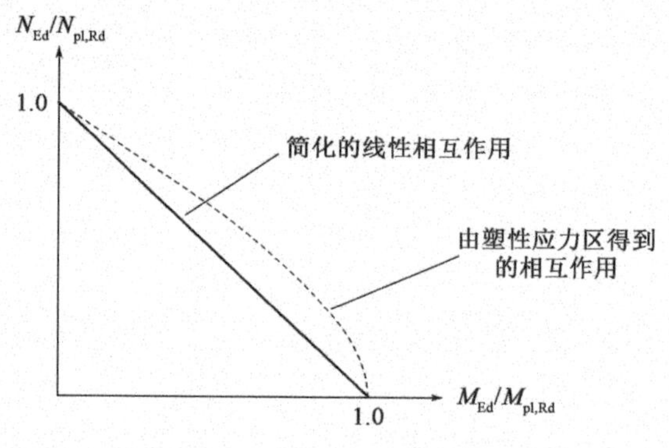

图 6.2-67 单向压弯作用

6.2.10.2 3 类截面

由于 3 类截面在临近受压屈服点时易于发生局部屈曲,因此将无法应用上述轴力和弯矩的塑性相互作用。但是,根据 ***3-1-1/条款 6.2.9.2(1)***,可以简单地叠加弹性应力,使其在梁截面上的所有位置都小于屈服强度设计值:

3-1-1/条款 6.2.9.2(1)

$$\sigma_{\mathrm{x,Ed}} \leqslant \frac{f_{\mathrm{y}}}{\gamma_{\mathrm{M0}}} \tag{3-1-1/(6.41)}$$

对于轴力和双向弯矩共同作用的截面,外边缘的 $\sigma_{\mathrm{x,Ed}}$ 值为:

$$\sigma_{\mathrm{x,Ed}} = \frac{N_{\mathrm{Ed}}}{A} + \frac{M_{\mathrm{y,Ed}}}{W_{\mathrm{el,y}}} + \frac{M_{\mathrm{z,Rd}}}{W_{\mathrm{el,z}}} \tag{D6.2-57}$$

式中:N_{Ed}——施加的轴力;

A——根据 3-1-1/条款 6.2.3 或条款 6.2.4 得到的总面积,如果存在紧固件孔,则为修正后的净面积;

$W_{el,y}$——绕 y-y 轴的截面弹性抗弯模量；

$W_{el,z}$——绕 z-z 轴的截面弹性抗弯模量。

如果将这种方法用于双向弯曲，则应每次对截面上的唯一点进行验算应力，以避免过度保守。例如，由于在验算十字形截面时使用的 y 轴和 z 轴截面模量为外边缘模量，因此式（D6.2-57）的验算结果将过于保守，因为这些点处的应力不共存。然而，对于 I 形梁，验算点处的各种应力通常同时存在。

根据 ***3-2/条款6.2.10.2(2)***，通过代入截面特性且控制正应力小于 σ_{limit}，4 类截面可采用与 3 类截面相同的处理方式： *3-2/条款 6.2.10.2(2)*

$$\sigma_{x,Ed} \leqslant \frac{\sigma_{limit}}{\gamma_{M0}} \qquad 3\text{-}2/(6.8)$$

式中，σ_{limit}在 3-2/条款 6.2.4(2) 中定义为“受压时截面最弱部分的极限应力”。对于截面验算，σ_{limit}是一个有点奇怪的概念，因为为了确定 σ_{limit}，必须先根据 3-1-5/条款 10 的方法在组合应力场下验算截面，这在本指南 6.2.2.6 中已经详细讨论过。这包括验算截面所有组成部分，使它们都满足要求，然而这些部分的容许应力可能不同。因此，3-1-5/条款 10 的验算本身就是截面验算，从而没有必要确定 σ_{limit}。另外，虽然 σ_{limit}的值可以在仅受轴力作用下确定，进而确定使截面失效的最弱部分，但压弯作用时的截面最弱部分却并非如此。压弯作用时，截面上最弱的、控制设计的部分可能不承受最大应力。因此，σ_{limit}更适合定义为在压弯作用下，使截面内某处发生局部屈曲破坏的外边缘最大压应力。该位置不一定是受压时达到 σ_{limit}的最大应力纤维。

对 3-1-5/条款 10 的全面验算需要同时考虑剪力、轴力、弯矩和横向荷载作用。当进行全面验算时，压弯作用下的截面验算是多余的（除非其他效应为零）；全面验算将更为关键。因此，这里建议如果对 4 类截面的验算采用类似于 3 类截面的方法，则应使用 3-1-5/条款 10 进行整体验算，如本指南 6.2.2.6 所述，但不参考 σ_{limit}。在本指南 6.2.5 中 4 类截面标题下对 σ_{limit}方法进行附加注释。一般来说，该方法比下文中讨论的针对 4 类截面使用的有效截面方法更保守。

6.2.10.3　4 类截面

4 类面的处理方式与 3 类截面类似，但计算最大应力 $\sigma_{x,Ed}$时需使用考虑板屈曲的有效截面。***3-1-1/条款6.2.9.3(1)*** 给出了与 3 类截面相同的要求： *3-1-1/条款 6.2.9.3(1)*

$$\sigma_{x,Ed} \leqslant \frac{f_y}{\gamma_{M0}} \qquad 3\text{-}1\text{-}1/(6.43)$$

式中，$\sigma_{x,Ed}$是截面最大纵向应力，必要时考虑螺栓孔和局部屈曲的影响。这个要求在 3-1-5/式(4.15) 中以更实用的方式说明，转述如下。

本指南 6.2.2.5 详细讨论了有效截面特性的推导。截面特性 A_{eff}和 W_{eff}可以分别由轴力和弯矩单独作用下导出，也可以由压弯共同作用下的组合应力分布导出。后者通常不太实用，因为它需要重新计算每个荷载工况下的截面特性，并且需要如下所述的迭代方法。但是由于可能会提高经济性，因此如果一个截面没有通过应力验算可以尝试使用该方法。

一般来说,轴力会被偏移至总截面的形心,并且将由偏移产生的弯矩加到受到的其他弯矩上。如图 6.2-68 所示,当不对称截面计算轴力作用下的有效截面时,中性轴将移动 e_N。中性轴从在总截面上的假定位置到有效截面上的新位置时,会产生附加弯矩。在计算弯曲应力时必须包括这部分弯矩。如果轴力大小源自使用有效截面特性的整体分析,且假设作用在有效截面的质心处,则不需要偏移。在 3-1-5/条款 4.6 和 ***3-1-1/条款6.2.9.3(2)*** 中给出的(下列)相互作用验算中考虑了这些附加弯矩:

3-1-1/条款 6.2.9.3(2)

$$\eta_1 = \frac{N_{Ed}}{A_{eff}f_y/\gamma_{M0}} + \frac{M_{y,Ed} + N_{Ed}e_{Ny}}{W_{y,eff}f_y/\gamma_{M0}} + \frac{M_{z,Ed} + N_{Ed}e_{Nz}}{W_{z,eff}f_y/\gamma_{M0}} \leqslant 1.0$$

3-1-5/(4.15)

式中:A_{eff}——仅受均匀压力时截面的有效面积;

W_{eff}——绕相关轴弯曲的截面的有效弹性抗弯模量;

e_N——当截面仅受压时相关形心轴的偏移量。

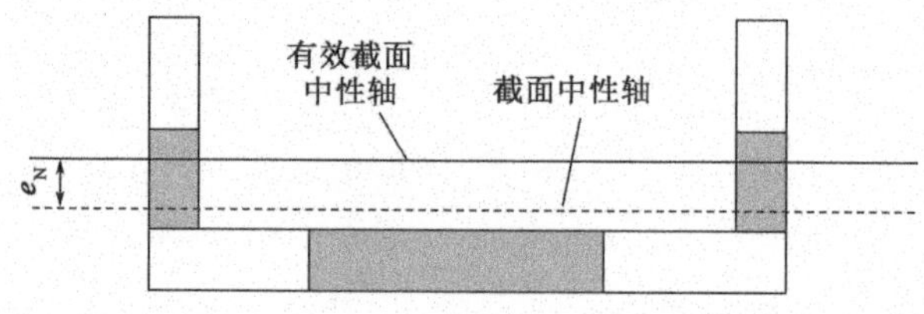

图 6.2-68 轴力作用下 4 类截面中性轴的偏移

3-1-5/条款4.6(3)

如果应力沿板的长度变化,则 ***3-1-5/条款4.6(3)*** 允许根据 3-1-5/式(4.15)在距离应力较大板端的 0.4a 或 0.5b 位置,对其中应力较小的位置进行验算。这是因为板屈曲主要受屈曲波形中间部分应力的影响,而不是受其边界应力的影响;对于单个板,尽管最大纵向薄膜应力发生在板的纵向支承边缘处,但是纵向和横向弯曲应力在屈曲中心处最大,而这会产生更大的有效应力。如果采用 3-1-5/条款 4.6(3),则需要使用总截面特性在板端再次进行应力验算。对于设置纵向加劲肋的梁,需要注意'b'的定义。例如,如果有效截面的折减主要是由于近似均匀压力下的子区格板屈曲,'b'应取决于子区格板尺寸,而不是加劲板的整体宽度。

如果在压弯作用下计算有效截面,则中性轴的偏移将导致施加的弯矩变化,而这又将导致应力分布的变化,从而再次导致有效截面的变化。因此,需要迭代这些步骤。当迭代结果收敛时,可以使用 3-1-5/式(4.15)进行最终的应力验算,e_N 为中性轴从总截面到最终有效截面的偏移量。这增加了这种方法的不实用性。

作为有效截面方法的替代方法,可以基于上文在 3 类截面中讨论的 3-1-5/条款 10 的方法通过总截面特性进行验算。如本指南 6.2.2.6 中所述,这种方法更加保守。

实例 6.2-16　弯矩和轴力共同作用下,2 类截面钢板梁的折减抗弯承载力的计算

如图 6.2-69 所示,钢板梁受到的约束防止其发生弯扭失稳,在压弯作用下最初假定为 2 类截面。梁是单跨整体桥梁的一部分,受到桥墩传来的 10600kN 的推力,作用于仅受弯矩作用时的塑性中性轴上。计算该截面在轴力作用下可承受的最大正弯矩,并进行验算以确保截面仍为 2 类截面。所有板均为 EN 10025 的 S355 级,不同板厚的屈服强度取自 3-1-1/表 3.1。(请注意,EN 1993-2 的英国国家附件要求使用 EN 10025 中的值。)

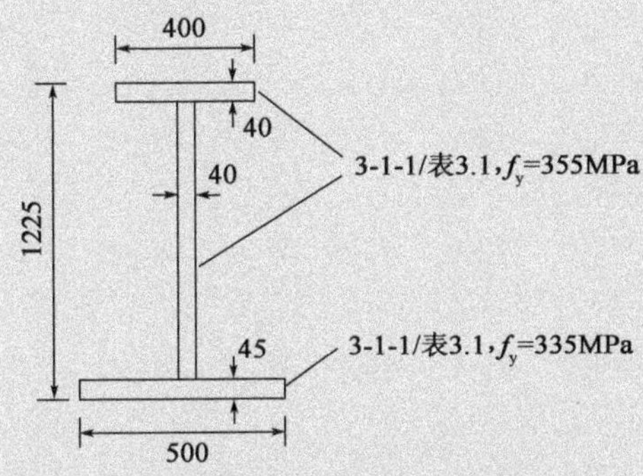

图 6.2-69　实例 6.2-16 的板梁(尺寸单位:mm)

受压翼缘首先使用 3-1-1/表 5.2 进行分类。保守起见,忽略腹板与翼缘间的焊缝,外伸翼缘 $c = (400 - 40)/2 = 180\text{mm}$。$c/t = 180/40 = 4.5$。$9\varepsilon = 7.3 \geq 4.5$,所以翼缘为 1 类截面。

梁的塑性截面特性如下。

等效力作用轴距腹板底部为 504.6mm。这是仅受弯矩作用时的塑性中性轴位置。

塑性弯矩承载力($M_{pl,Rd}$) = 12370kN · m

图 6.2-70 表示压弯作用下的应力分布。

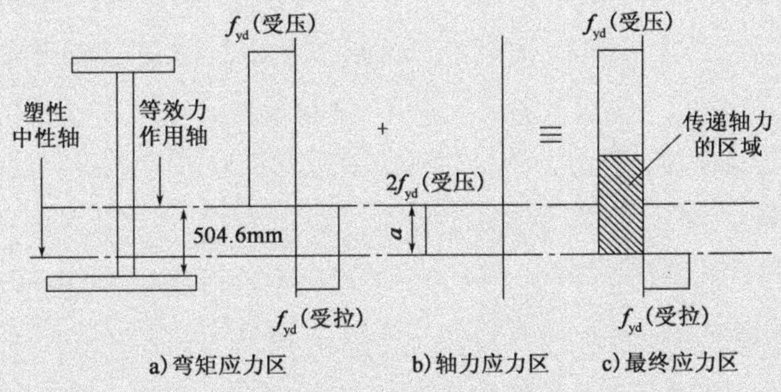

图 6.2-70　实例 6.2-16 的应力区

首先计算高度'a'。

假设塑性中性轴位于腹板中,由力的平衡得:

$10600 \times 10^3 = a \times 40 \times 2 \times 355/1.0$　因此 $a =$ **373.2mm** $< 504.6\text{mm}$

因此,假设正确,塑性中性轴确实出现在腹板中。

因此,截面抵抗轴力的等效轴力塑性抗弯承载力(M_{2fyd}) = 373.2 ×40 ×2 ×355 ×373.2/2 ×1 ×10^{-6} =1977kN · m。

因此,存在轴力时的塑性抗弯承载力 $M_{N,Rd} = M_{pl,Rd} - M_{2fyd}$ = 12370 − 1977 = 10393kN · m。

在存在 **10600kN** 轴力的情况下(施加于仅受弯矩作用时的塑性中性轴上),该截面可承受 **10393kN · m** 的最大正弯矩。如果腹板和翼缘的屈服应力不同,且中性轴落在翼缘中,则该方法需要修改。在全截面使用最小的屈服应力值是最简单的修改方式。

检验得,在存在轴力的情况下截面分类仍然是 2 类。3-1-1/表 5.2 中腹板是“受压弯作用的部分”。

α >0.5(已检验)

c = 腹板高度 = 1140mm

αc = 受压时的腹板高度 = 1140 − 504.6 + 373.2 = 1008.6mm

因此,α = 1008.6/1140 = 0.885

当腹板为第 2 类时,$c/t \leqslant 456\varepsilon/(13\alpha - 1)$,式中:

t = 腹板厚度 = 40mm

ε = 0.81(3-1-1/表 5.2)

$$\frac{c}{t} = \frac{1140}{40} = 28.5 \quad 且 \frac{456\varepsilon}{13\alpha - 1} = \frac{456 \times 0.81}{13 \times 0.885 - 1} = 35.2 > 28.5$$

因此,尽管受压力作用,腹板仍为 2 类截面。此外,可以注意到,如果整个腹板均处于受压状态,则该截面仍是紧凑的。

6.2.11　弯矩、剪力和轴力作用

受弯矩、剪力和轴力共同作用下的截面抗弯承载力,可以通过荷载的轴向力和剪力分量来减小。***3-1-1/条款6.2.10(1)*** 要求考虑这种效应。考虑共同作用的截面验算方法取决于截面分类以及抗剪承载力是否受到剪切屈曲的影响。

3-1-1/条款 6.2.10(1)

本指南该部分将分为以下 2 小节:

- 截面不易剪切屈曲　*6.2.11.1*
- 截面易于剪切屈曲　*6.2.11.2*

6.2.11.1　截面不易剪切屈曲

6.2.11.1.1　1 类和 2 类截面

3-1-1/条款 6.2.10(2)

3-1-1/条款 6.2.10(3)

根据 ***3-1-1/条款6.2.10(2)***,如果截面不发生剪切屈曲,仅当剪力超过设计塑性抗剪承载力的 50% 时,需要考虑剪力对截面抗弯承载力的影响。根据 ***3-1-1/条款6.2.10(3)***,截面验算时首先要如本指南 6.2.9.1 所述,确定剪力引起的腹板屈

服强度或厚度的折减。然后,根据本指南 6.2.10.1,使用塑性截面设计验算在弯矩和轴力共同作用下折算截面的承载力。如果截面不对称,则腹板强度的减小会导致塑性中性轴发生偏移。6.2.9.1.1 中,关于腹板在受剪面积修正后不按 3-1-1/表 5.2 重新分类的论述,也适用于此;并且,在对腹板剪切强度进行折减前,首先要检验截面在弯矩和轴力共同作用下的分类。

另一种更简单保守的方法是运用 3-1-1/条款 6.2.1(7)允许的线性相互作用:

$$\frac{N_{\mathrm{Ed}}}{N_{\mathrm{v,Rd}}}+\frac{M_{\mathrm{y,Ed}}}{M_{\mathrm{v,y,Rd}}}+\frac{M_{\mathrm{z,Ed}}}{M_{\mathrm{v,z,Rd}}}\leqslant 1.0 \tag{D6.2-58}$$

式中,$M_{\mathrm{v,y,Rd}}$和 $M_{\mathrm{v,z,Rd}}$分别为在只有剪力、没有轴力作用时,截面绕 y-y 轴和 z-z 轴的抗弯承载力。$N_{\mathrm{v,Rd}}$为考虑剪力作用折减后截面的轴向抗力。当使用该线性相互作用时,本指南 6.2.10.1 中对轴力和弯矩共同作用下截面分类的论述也适用于此。

6.2.11.1.2　3 类截面

因为弹性截面设计必须用于弯矩和轴力的共同作用,所以 3 类截面验算步骤与 1 类和 2 类截面略有不同。于是,有三种验算方法:

(i)确定由剪力引起的腹板屈服强度或厚度的折减(如果剪力超过塑性抗剪承载力的 50%),如同 1 类和 2 类横截面。然后根据本指南 6.2.10.2,使用弹性截面设计验算所得的折减后截面在弯矩和轴力共同作用下的承载力。减小腹板厚度而非腹板屈服强度是最有意义的,否则梁的承载力大小将由腹板在这种降低的屈服应力下的屈服来控制。

(ii)使用 3-1-5/条款 7.1 中给出的相互作用,该相互作用适用于本指南 6.2.11.2.2 中讨论的剪切屈曲情况。

(iii)使用式(D6.2-58)验算共同作用。在 6.2.9.1.2 中已经讨论了如何使用塑性截面特性确定 $M_{\mathrm{v,Rd}}$(要求计算的承载力不超过弹性抗弯承载力)。如本指南 6.2.9.1.2所述,若已根据 EC 3-1-1 条款 6.2.8 确定,则必须使用此方法验算以避免仅受剪力作用时截面抗弯承载力不连续。

实例 6.2-18 中有这三种方法的说明。

此外,如果截面不对称且在剪力作用下折减腹板厚度时,中性轴将发生偏移,但不需要为此重新进行截面分类。同时,方法(ii)和(iii)显然更经济。

6.2.11.1.3　4 类截面

4 类截面的验算必须使用 EN 1993-1-5 中给出的两种可能方法中的一种。这些部分将在下面 6.2.11.2.3 中讨论,并且无论是否存在剪切屈曲,验算步骤都是相同的。

实例 6.2-17:弯矩、剪力和轴力共同作用下,2 类截面板梁的抗弯承载力的计算

如图 6.2-71 所示,钢板梁由 S355 钢制成,最初假设为 2 类截面。截面位于双跨整体桥梁的中间支承处。梁横向约束,因此腹板不会剪切屈曲。由于所有板材的厚度均小于 40mm,所有板材的屈服应力均可按照 3-1-1/表 3.1 的规定取 355MPa。(请注意,EN 1993-2 英国国家附件要求屈服应力随厚度的变化取自 EN 10025。)在没有剪力和轴力作用的情况下,塑性抗弯承载力设计值 $M_{pl,Rd}$ 为 7874kN · m,仅受弯矩作用时的塑性中性轴的高度为距下翼缘上表面 495mm。

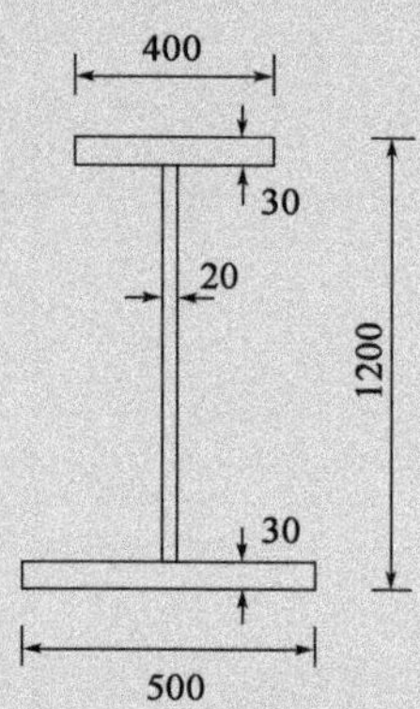

图 6.2-71 实例 6.2-17 的 2 类梁截面(尺寸单位:mm)

在 4486kN 剪力(V_{Ed})与 2200kN 压力(N_{Ed})共同作用下,计算截面能够承受的最大负弯矩。压力施加在仅受弯矩作用时的塑性中性轴上(因此轴力的高度为距下翼缘上表面 495mm。)在压弯作用下,截面确认仍为 2 类截面。

首先根据 3-1-1/表 5.2 对受压翼缘进行分类。保守起见,忽略腹板与翼缘间的焊缝,翼缘外伸 $c = (500 - 20)/2 = 240\text{mm}$。$c/t = 240/30 = 8.0$。$10\varepsilon = 8.1 \geqslant 8.0$,因此翼缘为 2 类截面。

然后,有必要分别在弯矩与轴力作用下检查腹板的紧密度。按照本指南 6.2.10实例 6.2-16 中的计算方法,受 2200kN 轴力作用时的最大抗弯承载力的塑性中性轴距下翼缘上表面的距离为:

$$495 + \frac{2200 \times 10^3}{2 \times 20 \times 355} = 650\text{mm}$$

由 3-1-1/表 5.2 得:

$$\alpha = \frac{650}{1140} = 0.570$$

对于 2 类截面:

$$\frac{c}{t} \leqslant \frac{456\varepsilon}{13\alpha - 1} = \frac{456 \times 0.81}{13 \times 0.570 - 1} = 57.6$$

实际 $c/t = 1140/20 = 57.0$,因此横截面在压弯作用下为 2 类截面。

然后,根据 3-1-1/条款 6.2.6 计算抗剪承载力:

$$V_{\mathrm{pl,Rd}}=\frac{\eta A_{\mathrm{w}}(f_{\mathrm{y}}\sqrt{3})}{\gamma_{\mathrm{M0}}}=\frac{1.2\times1140\times20(355\sqrt{3})}{1.00}=5608\mathrm{kN}$$

由于 $V_{\mathrm{Ed}}=4486\mathrm{kN}>0.5\times V_{\mathrm{pl,Rd}}$,因此剪力将抗弯承载力折减至 $M_{\mathrm{y,V,Rd}}$。

由 3-1-1/条款 6.2.8(3)可知：

$$\rho=\left(\frac{2V_{\mathrm{Ed}}}{V_{\mathrm{pl,Rd}}}-1\right)^2=\left(\frac{2\times4486}{5608}-1\right)^2=0.360$$

腹板容许应力 $=(1-\rho)f_{\mathrm{y}}=(1-0.36)\times355=227.2\mathrm{MPa}$

减小腹板厚度较减小屈服应力更简单。因此,腹板厚度折算值等于:

$$20\times\frac{227.2}{355}=12.8\mathrm{mm}$$

如图 6.2-72 所示为考虑剪力作用的修正横截面。

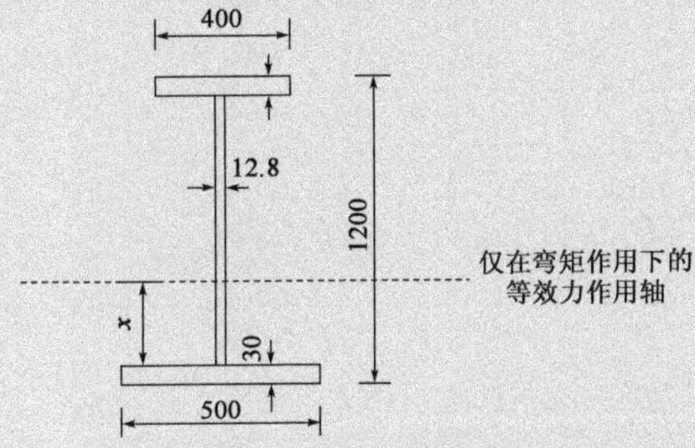

图 6.2-72　剪力作用下腹板厚度折减后的有效截面(尺寸单位:mm)

图 6.2-72 中等效力的作用位置高度 x 可由力的平衡条件得出:

$$(500\times30)+(12.8\times x)=(400\times30)+[12.8\times(1140-x)]$$

解得,$x=452.8\mathrm{mm}$

因此,受剪力作用但不受轴力作用时的抗弯承载力为:

$$M_{\mathrm{y,v,Rd}}=\frac{(500\times30\times467.8+400\times30\times702.2)\times355}{1.00}+\frac{(452.8^2\times20\times0.5+(1140-452.8)^2\times20\times0.5)\times227.2}{1.00}$$

$$=7021\mathrm{kN\cdot m}$$

接着,考虑轴力共同作用时的影响。

压弯作用下的应力分布见图 6.2-73。

为了计算高度‘a’,先假设塑性中性轴在腹板中,因此,$2200\times10^3=a\times12.8\times2\times355$,$a=242.1\mathrm{mm}$,假设正确,塑性中性轴确实在腹板中,距下翼缘上表面的距离为$(452.8+242.1)\mathrm{mm}=694.9\mathrm{mm}$。

轴力分量绕等效力作用轴的抗弯承载力为:

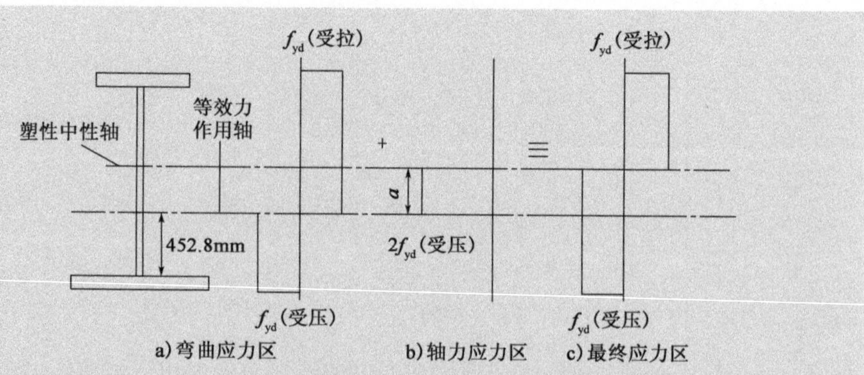

图 6.2-73　压弯作用下考虑腹板因剪力作用而折减的截面应力

$$M_{2fyd} = \frac{242.1^2 \times 12.8}{2} \times \frac{2 \times 355}{1.0} 266.3\text{kN} \cdot \text{m}$$

在剪力和轴力共同作用下,塑性抗弯承载力 $M_{N,v,Rd} = 7021 - 266.3 = 6754.7\text{kN} \cdot \text{m}$。然而,此时轴力施加在仅受弯矩作用时的塑性中性轴上,即距下翼缘上表面 495mm。当考虑剪力作用时,中性轴向下偏移 495 − 452.8 = 42.2mm,轴力将产生 2200 × 0.0422 = 92.8kN · m的正弯矩。因此,可以在距下翼缘上表面 495mm 处施加轴力 2200kN 与负弯矩 $M_{y,Ed} = 6754.7 + 92.8 =$ **6848kN · m**。

6.2.11.2　截面易于剪切屈曲

如果截面的抗剪承载力受到本指南 6.2.6 中讨论的剪切屈曲的限制,则 3-1-1/条款 6.2.10(2)要求使用 EN 1993-1-5 的条款 7 的内容来考虑弯矩、剪力和轴力之间的相互作用。

6.2.11.2.1　1 类和 2 类截面

该方法类似于上文中截面不易剪切屈曲的方法。3-1-5/条款 7.1 允许在剪力设计值小于剪切屈曲承载力的 50% 时忽略与剪力的相互作用。但剪力设计值超过剪切屈曲承载力的 50% 时,则必须满足 ***3-1-5/条款7.1(1)*** 中关于相互作用的规定,并且需要根据 ***3-1-5/***条款 ***7.1(4)*** 做出相应修正:

3-1-5/条款7.1(1)
3-1-5/条款7.1(4)

$$\bar{\eta}_1 + \left[1 - \frac{\alpha_N M_{f,Rd}}{M_{N,Rd}}\right](2\bar{\eta}_3 - 1)^2 \leqslant 1.0 \qquad \text{(D6.2-59)}$$

式中:$\bar{\eta}_3$——$V_{Ed}/V_{bw,Rd}$。

$\bar{\eta}_1$——弯曲和轴力的使用系数,$M_{Ed}/M_{N,Rd}$在本指南 6.2.10.1 中已经讨论过。($M_{N,Rd}$是轴力作用时的折减抗弯承载力。)

$M_{f,Rd}$——仅考虑翼缘的截面设计塑性抗弯承载力,其定义在本指南的 6.2.9.2.1 中讨论过。如果整个腹板处于受压状态,则 3-1-5/条款 7.1(4)要求 $M_{f,Rd}$取零,而这可能导致承载力不连续。

3-1-5/条款5.4(2)

α_N——根据 ***3-1-5/条款5.4(2)*** 考虑轴力对翼缘有效性影响的因子:

$$\alpha_N = \left[1 - \frac{N_{Ed}}{(A_{f1} + A_{f2})f_{yf}/\gamma_{M0}}\right]$$

其中,A_{f1} 和 A_{f2} 是上、下翼缘的面积。为了清楚起见,将此因子添加到式(D6.2-59)中。在3-1-5/条款7.1中,只在条款7.1(4)中论述了该因子的相关规定。

本指南6.2.9.2.1中将3-1-5/条款7.1(2)用于支承附近截面的论述也适用于此处。

6.2.11.2.2 3类截面

3类截面的验算方法与上文所述的1类和2类截面的验算方法相同,但弯矩和轴力作用下的弹性应力应根据本指南6.2.10.2中3-1-5/条款4.6的规定进行验算。由于6.2.9.1中的研究发现弯矩和剪力间的相互作用弱,因此3-1-5/条款7.1(1)中再次使用塑性抗弯承载力验算弯矩和轴力的共同作用。然而,作者并不清楚当存在显著的轴力时是否有类似的试验结果。所以,为了弥补这种不确定性,3-1-5/条款7.1(4)要求当整个腹板均受压时,$M_{f,Rd}$取零并用 η_1 代替 $\overline{\eta}_1$。一般来说,基于 η 进行相互作用验算总是保守的。

本指南6.2.9.2.1中将3-1-5/条款7.1(2)用于支承附近截面的论述也适用于3类截面。

6.2.11.2.3 4类截面

对于4类截面,有两种方法可以进行验算。如本指南6.2.2.5.1所述,如果满足所需的几何约束,使用与上述1、2、3类截面相同的相互作用验算方法通常是最经济的。式(D6.2-59)也适用,但 α_N、$M_{f,Rd}$和 $M_{N,Rd}$的计算必须考虑翼缘的有效宽度,同时考虑板件屈曲。此外,腹板验算可以考虑使用总截面。在6.2.9.1.2中讨论过,对使用4类腹板的梁进行试验,发现其弯-剪相互作用弱,因此在相互作用验算中允许使用塑性截面特性。上文对受显著轴力作用3类截面的论述也适用于4类截面;因此更谨慎的方法是用3-1-5/条款4.6中的弹性参数 η_1 来代替相互作用中的 $\overline{\eta}_1$,且验算过程中均使用有效截面。

虽然3-1-5/式(7.1)的相互作用适用于具有纵向加劲肋的腹板,但作者并不知道对这种梁进行相互作用验算时使用塑性特性的试验依据。当整体腹板屈曲控制设计时,这种腹板屈曲后强度很小,但该方法在腹板剪力占腹板抗剪承载力百分比非常高的情况下将会导致弯-剪相互作用。更安全的选择是在相互作用验算中用 η_1 代替 $\overline{\eta}_1$ 直到有进一步研究确认这并不必要为止。在这些情况下,如果该截面是分阶段建立的,则 η_1 是基于累积应力的使用系数。

本指南6.2.9.2.3讨论了3-1-5/条款7.1(2)中对支承附近截面相互作用的解释。

必须根据***3-1-5/条款7.1(5)***单独验算加劲翼缘在剪力、弯矩和轴力相互作用下的承载力。本指南6.2.9.2.3对此进行了说明,并给出了实例。 ***3-1-5/条款7.1(5)***

如果不满足6.2.2.5.1中讨论的几何约束条件,可以使用3-1-5/条款10的方法。但是,由于该方法不允许截面出现塑性,并且剪应力会降低其他效应的容许抗力,因此更加保守。

实例 6.2-18:弯矩、剪力和轴力共同作用下,3 类截面板梁的抗弯承载力的计算

如图 6.2-74 所示,钢板梁在压弯作用下最初为 3 类截面。计算该截面在 9600kN 剪力(V_{Ed})与 500kN 轴力(作用在毛截面形心)作用下可承受的最大弯矩,并验算截面在压弯作用下的紧密度。所有钢板均为 EN 10025 S355 级,且梁设置横向约束,不会发生剪切屈曲。与厚度相关的屈服强度为 355MPa,取自 3-1-1/表 3.1。(请注意,EN 1993-2 的英国国家附件要求使用 EN 10025 中的值。)

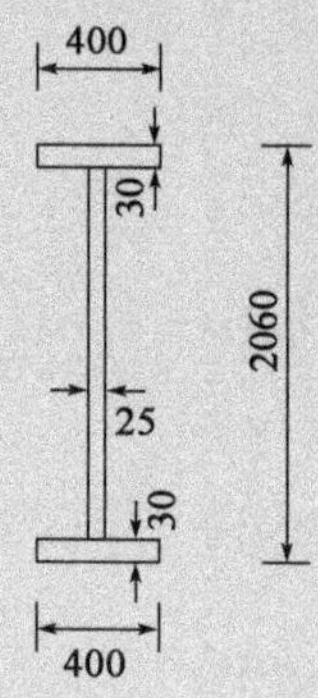

图 6.2-74　实例 6.2-18 的板梁截面(尺寸单位:mm)

主梁的截面特性如下:

梁的惯性矩 $I_{yy} = 4.139 \times 10^{10} \text{mm}^4$

弹性截面抗弯模量,$W_{el,min} = 4.078 \times 10^7 \text{mm}^3$(基于翼缘中心)

梁的面积 = 74000mm²

设计塑性抗弯承载力 $M_{pl,Rd} = 17523\text{kN} \cdot \text{m}$

塑性抗剪承载力根据 3-1-1/条款 6.2.6 计算:

$$V_{pl,Rd} = \frac{\eta A_w (f_y/\sqrt{3})}{\gamma_{M0}} = \frac{1.2 \times 2000 \times 25 \times (355/\sqrt{3})}{1.00} = 12298\text{kN}$$

由于 V_{Ed} 大于 $0.5 \times V_{pl,Rd}$,因此剪力将抗弯承载力折减至 $M_{y,V,Rd}$。

$$\rho = \left(\frac{2V_{Ed}}{V_{pl,Ed}} - 1\right)^2 = \left(\frac{2 \times 9600}{12298} - 1\right)^2 = 0.315$$

因此,腹板容许应力 $= (1-\rho)f_y = (1-0.315) \times 355 = 243.2\text{MPa}$

如上文 6.2.11.1.2 所述,有如下三种方法可以计算最大抗弯承载力。

1. 减小腹板厚度以限制截面首次屈服正应力

折减后的腹板厚度 = 25 × 243.2/355 = 17.1mm

因此,修正后的弹性截面特性为:

$$I_{yy} = \frac{400 \times 2060^3}{12} - \frac{(400 - 17.1) \times 2000^3}{12} = 3.613 \times 10^{10} \text{mm}^4$$

$$W_y = \frac{3.613 \times 10^{10}}{1015} = 3.560 \times 10^7 \text{mm}^3 \text{(基于翼缘中心)}$$

面积 = (2060 × 400) − [2000 × (400 − 17.1)] = 58200mm²

构件纵向应力 $= \frac{D}{A} + \frac{M}{W_y} = \frac{500 \times 10^3}{58200} + \frac{M_{y,Ed}}{3.560 \times 10^7} \leq \frac{355}{1.00}$ 因此，最大抗弯承载力 $M_{y,Ed}$ = **12331kN · m**

然后，验算得到，在不因剪力作用而折减截面的情况下，基于总截面特性，截面在压弯作用下仍为3类截面。

翼缘形心处的总应力为：

$$\frac{P}{A} \pm \frac{M_{y,Ed}}{W_{el,min}} = \frac{500 \times 10^3}{74000} \pm \frac{12331 \times 10^6}{4.078 \times 10^7} = +309\text{MPa} - 296\text{MPa}$$

基于翼缘之间的应力变化，根据3-1-1/表5.2，$\psi = -296/309 = -0.958$（腹板的高度变化应更严格，但结果大致上相同。）

因此：

$$\frac{c}{t} \leq \frac{42\varepsilon}{0.67 + 0.33\psi} = \frac{42 \times 0.81}{(0.67 + 0.33 \times -0.958)} = 96.1$$

实际 $c/t = 2000/25 = 80 < 96.1$，因此截面在轴力作用下仍为3类截面。

2. 式(D6.2-58)的线性相互作用

由于单独验算弯矩和剪力作用，那么对于对称的3类截面（或不对称截面，见6.2.9.1.2），3-1-1/条款6.2.8允许只要算得的抗弯承载力不超过弹性抗弯承载力，验算时就可以使用截面塑性特性。因此上述验算偏于保守。上文中方法1验算了剪力作用超过50%抗剪承载力时的抗弯承载力折减值。

使用由于剪力作用而降低的屈服强度得出的塑性抗弯承载力 $M_{v,y,Rd}$ 为14718kN · m，但抗弯承载力不应大于：

$$M_{c,Rd} = \frac{W_{el,min} f_y}{\gamma_{M0}} = \frac{4.078 \times 10^7 \times 355}{1.0} = 14477\text{kN} \cdot \text{m}$$

因此，$M_{v,y,Rd}$ = 14 477kN · m 为弹性抗弯承载力。该方法在这种工况下不考虑弯矩和剪力之间的相互作用。然而，轴力和剪力之间总存在相互作用。如上述方法1所示，考虑剪力作用时腹板厚度折减后的截面面积为58200mm²。

然后根据式（D6.2-58）的线性相关考虑与轴力之间的相互作用：

$$\frac{N_{Ed}}{N_{v,Rd}} + \frac{M_{y,Ed}}{M_{v,y,Rd}} + \frac{M_{z,Ed}}{M_{v,z,Ed}} = \frac{500 \times 10^3}{58200 \times 355/1.0} + \frac{M_{y,Ed}}{14477} = 1.0$$

因此，最大抗弯承载力 $M_{y,Ed}$ = **14127kN · m**

这明显大于上述方法1中的值。与方法1中类似的计算表明，受轴力作用时，截面仍为3类截面。

3. EN 1993-1-5 条款7.1的方法

受轴力作用时，EN 1993-1-5中相互作用的验算源自式（D6.2-59）：

$$\bar{\eta}_1 + \left[1 - \frac{\alpha_N M_{f,Rd}}{M_{N,Rd}}\right](2\bar{\eta}_3 - 1)^2 \leq 1.0$$

式中:

$$(2\bar{\eta}_3 - 1)^2 = \left(\frac{2 \times 9600}{12298} - 1\right)^2 = 0.315$$

$$\alpha_N = \left[1 - \frac{N_{Ed}}{(A_{f1} + A_{f2})f_{yf}/\gamma_{M0}}\right]$$

$$= \left[1 - \frac{500 \times 10^3}{(400 \times 30 + 400 \times 30) \times 355/1.0}\right]$$

$$= 0.941$$

$$M_{f,Rd} = 400 \times 30 \times \frac{355}{1.0} \times 2030 = 8648\text{kN} \cdot \text{m}$$

抵抗轴力所需的腹板高度 $= \dfrac{500 \times 10^3}{25 \times 355/1.0} = 56\text{mm}$

因此,$M_{N,Rd} = 17523 \times 10^6 - 25 \times 56^2/4 \times \dfrac{355}{1.0} = 17516\text{kN} \cdot \text{m}$

$$\bar{\eta}_1 = 1.0 - \left[1 - \frac{\alpha_N M_{f,Rd}}{M_{N,Rd}}\right](2\bar{\eta}_3 - 1)^2 = 1.0 - \left[1 - \frac{0.941 \times 8648}{17516}\right] \times 0.315$$

$$= 0.83$$

所以 $M_{y,Ed} = 0.83 \times 17516 = 14538\text{kN} \cdot \text{m}$。很明显,这种方法并不适用于得到的抗弯承载力超过弹性抗弯承载力 14477kN · m 的情况。并且还需要使用 3-1-5/条款 4.6 来验算无剪力时轴力和弯矩的相互作用:

$$\eta_1 = \frac{P}{A} + \frac{M_{y,Rd}}{W_{el,min}}$$

$$= \frac{500 \times 10^3}{74000} + \frac{M_{y,Ed}}{4.078 \times 10^7} \leqslant 355/1.0$$

因此,$M_{y,Ed}$ = **14201kN · m**。

因此,对于这种工况,该方法没有考虑与剪力的相互作用。与上述方法 1 类似的计算表明,受轴力作用时,截面仍为 3 类截面。

6.3 构件屈曲承载力

6.3.1 等截面受压构件

6.3.1.1 屈曲承载力

除了条款 6.2 中讨论的截面验算外,还需要验算受压构件的屈曲承载力。

3-1-1/条款 6.3.1.1(1)

3-1-1/条款6.3.1.1(1) 中的基本要求如下:

$$\frac{N_{Ed}}{N_{b,Rd}} \leqslant 1.0 \qquad 3\text{-}1\text{-}1/(6.46)$$

式中,N_{Ed} 为施加的压力设计值;$N_{b,Rd}$ 为受压构件的屈曲承载力设计值。

必须验算三种屈曲模式:弯曲屈曲(屈曲曲线的推导基于此),扭转屈曲和弯扭屈曲。$N_{b,Rd}$由 3-1-1/条款 6.3.1.1(3)中给出的下列公式导出：

对于 1、2、3 类截面 $$N_{b,Rd} = \frac{\chi A f_y}{\gamma_{M1}}$$ 3-1-1/(6.47)

对于 4 类截面 $$N_{b,Rd} = \frac{\chi A_{eff} f_y}{\gamma_{M1}}$$ 3-1-1/(6.48)

式中，χ 是屈曲模态的折减系数，根据 3-1-1/条款 6.3.1.2 中的屈曲曲线得到。A_{eff}为考虑局部屈曲的有效面积。截面面积计算不需要考虑铰接构件端部连接处的孔面积，因为该处因失稳导致的弯曲应力很小。***3-1-1/条款6.3.1.1(4)*** 提供了类似的放松要求，但并未将其限制在铰接端。如果将端部连接设计为传递弯矩，并提供比构件长度短的有效长度，则需考虑孔的影响。对于其他位置的孔，则需要进行判断，因为弯曲应力可能同样远小于每个屈曲半波长中间三分之一的峰值。孔的设计总是偏于保守。 ***3-1-1/条款 6.3.1.1(4)***

3-1-1/条款6.3.1.1(2) 规定，对于不对称的 4 类截面，由于总截面形心与有效截面形心之间存在偏差，可能会产生附加力矩，见本指南 6.2.10.3。因此需要根据 3-2/条款 6.3.3 或 3-2/条款 6.3.4，验算压弯作用下的屈曲。 ***3-1-1/条款 6.3.1.1(2)***

6.3.1.2　构件屈曲曲线

欧拉首先推导得出长度为 L_{cr}、两端铰接压杆的弯曲屈曲临界荷载 N_{cr}的方程：

$$N_{cr} = \frac{\pi^2 EI}{L_{cr}^2} \tag{D6.3-1}$$

当发生弹性临界屈曲时，压杆中的轴应力 σ_{cr}为：

$$\sigma_{cr} = \frac{\pi^2 E}{\lambda^2} \tag{D6.3-2}$$

式中，λ 为柱的长细比，等于 L_{cr}/i，i 是失稳平面内的回转半径。从式(D6.3-2)可知，如果 σ_{cr}超过压杆屈服应力 f_y，则压杆可能因发生受压强度破坏，而非屈曲破坏。图 6.3-1 显示了理想压杆的临界应力与比值 L_{cr}/i 之间的关系。

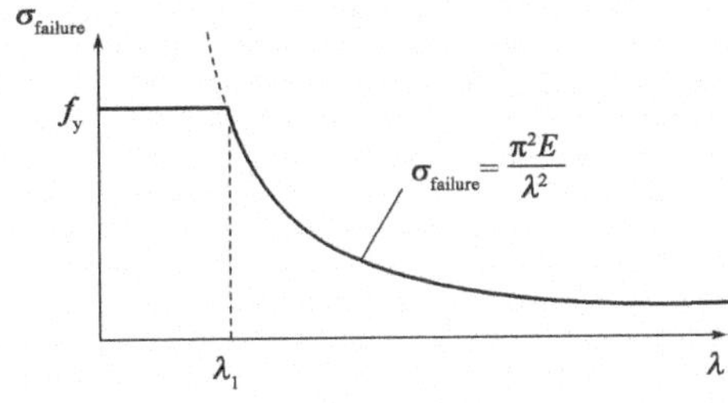

图 6.3-1　压杆欧拉临界荷载与长细比的关系曲线

图 6.3-1 中，λ_1 是一个重要值，对应于屈曲发生时的极限长细比，超过该值，则理想压杆发生屈曲破坏。对于这种情况：

$$\sigma_{failure} = f_y = \frac{\pi^2 E}{\lambda_1^2} \quad 因此\ \lambda_1 = \sqrt{\frac{\pi^2 E}{f_y}} \tag{D6.3-3}$$

通过将图 6.3-1 中的横坐标轴和纵坐标轴分别改为 $\chi(=\sigma_{failure}/f_y)$ 和 $\bar{\lambda}$

(λ/λ_1),可以绘制无量纲曲线,如图 6.3-2 所示。

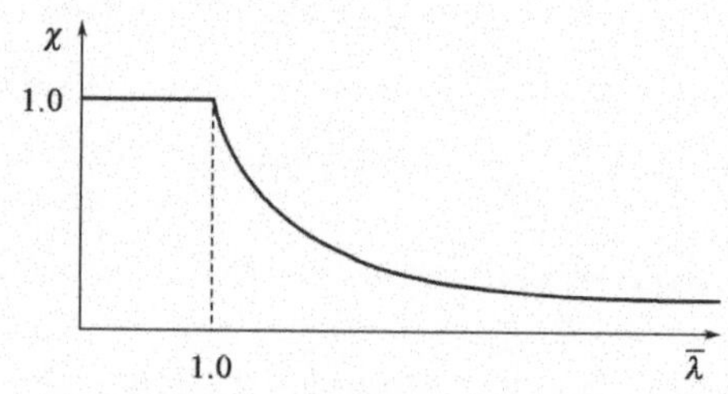

图 6.3-2 压杆欧拉临界荷载与长细比的无量纲关系曲线

如图 6.3-3 所示,如果将在试验中得到的一系列钢压杆的实际临界荷载与欧拉临界荷载对比,则欧拉理论的问题变得非常明显。欧拉临界荷载与高长细比时的实际临界荷载相符,但是在中间长细比时显著高估了实际临界荷载。此外,试验结果表明长细比很小时,压杆的承载力不受屈曲影响且临界荷载为屈服荷载。

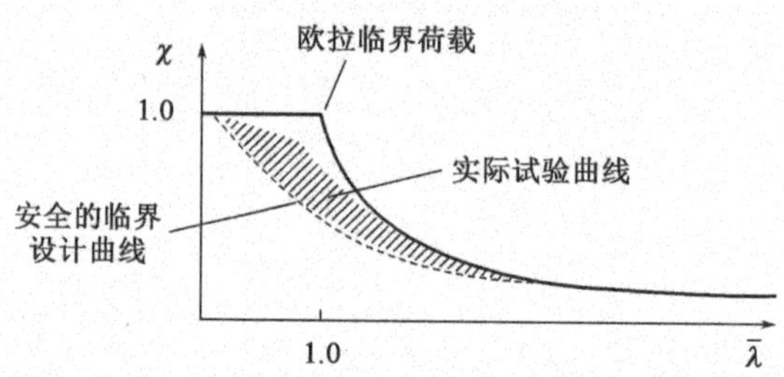

图 6.3-3 压杆的实际临界荷载与欧拉临界荷载间的关系

之所以产生差异,是因为欧拉推导 N_{cr} 时假定了一个完全笔直的线弹性压杆。然而,"实际"压杆包含了本指南 5.3 节中讨论的各种缺陷。这些缺陷使压杆显然不符合上述假设。缺陷包括:

- **初弯曲**。实际上,所有压杆都具有一定程度的初始曲率,这会导致压杆弯曲,从而降低临界荷载。

- **荷载作用的初偏心**。轴心压杆加载时,由于荷载作用位置不可避免会有微小的偏心,通常会引起附加弯矩,而这种附加弯矩会降低承载力。

- **焊接和轧制产生的残余应力**。未释放应力的压杆在焊接和轧制过程会产生自平衡的残余应力。这些残余应力会导致压杆过早屈服并降低压杆刚度和稳定承载力。

- **屈服点定义不明确**。一些钢材没有明确的屈服点,但表现出从弹性行为到塑性行为的逐渐过渡。这会降低中等长细比压杆的稳定承载力。

为了使给出的压杆稳定承载力更安全并且符合试验结果,大多数设计标准通过修改欧拉理论得出满足初弯曲的设计曲线。每条设计曲线通过有效增加初始弯曲提供等效几何缺陷以考虑压杆的初始缺陷。EN 1993-1-1 中设计曲线的导出便是使用这种方法,本节随后将进一步分析。

如图 6.3-3 所示,压杆的设计屈曲曲线一般会给出安全的屈曲承载力,但在某些情况下会给出过于保守的答案。例如,由于焊接引起的残余应力相当大,因此轧制型钢的屈曲荷载比等效的焊接构件高。对于 I 形截面，由于绕弱轴的 y/i 值较绕强轴高，因此与绕强轴屈曲相比，绕弱轴屈曲时需要使用等级更低的屈曲曲线。这个比值的重要性可以从下文缺陷系数的推导中看出。根据不同情况给出了不同的压杆设计曲线，如图 6.3-4 所示。

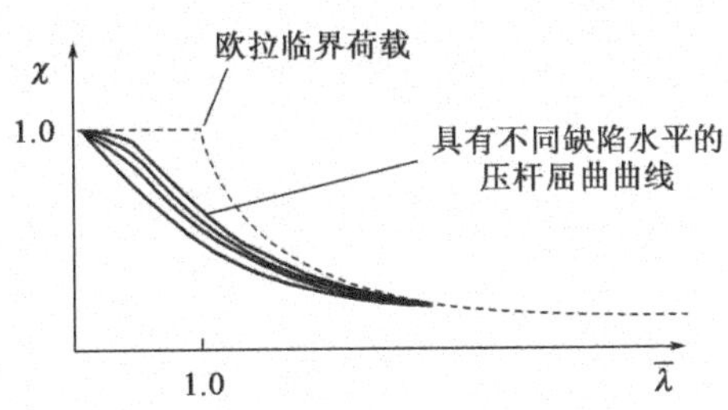

图 6.3-4　具有不同缺陷水平的压杆屈曲曲线

3-1-1/图 6.4 给出了 5 条设计曲线。根据 3-1-1/表 6.2，相关曲线的取用取决于截面的制造方法、截面形状、屈曲应力轴和屈服强度。***3-1-1/条款6.3.1.2(1)*** 给出了每条屈曲曲线的数学表达式。 ***3-1-1/条款 6.3.1.2(1)***

$$\chi = \frac{1}{\Phi + \sqrt{\Phi^2 - \bar{\lambda}^2}} \quad \text{但} \chi \leqslant 1.0 \qquad \text{3-1-1/(6.49)}$$

其中，$\Phi = 0.5[1 + \alpha(\bar{\lambda} - 0.2) + \bar{\lambda}^2]$

对于 1、2 和 3 类截面，$\bar{\lambda} = \sqrt{\frac{Af_y}{N_{cr}}}$

对于 4 类截面而言，形式相似：

$$\bar{\lambda} = \sqrt{\frac{A_{eff} f_y}{N_{cr}}}$$

α 为源自 3-1-1/表 6.1 的缺陷系数，如表 6.3-1 所示。相关的屈曲曲线选自 3-1-1/表 6.2，并取决于上文所述的各种影响因素，包括下面将讨论的比值 y/i，其通常随屈曲轴的变化而变化。

屈曲曲线的缺陷系数　　表 6.3-1

屈曲曲线	a_0	a	b	c	d
缺陷因子	0.13	0.21	0.34	0.49	0.76

3-1-1/式(6.49)根据 Perry-Robertson 理论推导出，该理论考虑了压杆中存在大小为 e_0 的正弦弯曲初始缺陷，并假设当截面受压边缘纤维的应力达到屈服点时发生屈曲。根据本指南的 5.2 节，初始缺陷产生的弯矩为：

$$M_{Ed} = N_{Ed}\left[\frac{e_0}{1 - (N_{Ed}/N_{cr})}\right]$$

令该弯矩产生的应力加上轴力产生的应力等于屈服强度，可得出以下屈曲准则：

$$(\sigma_a - f_y)(\sigma_a - \sigma_{cr}) = \eta\sigma_{cr}\sigma_a \qquad \text{(D6.3-4)}$$

式中:σ_a——外边缘纤维屈服时的轴应力;

σ_{cr}——$\pi^2 Ei^2/L_{cr}^2$;

η——缺陷系数,由上述分析可知等于 y_{e_0}/i^2,其中 y 是弯曲平面内从截面形心轴到外边缘纤维的最大距离。

缺陷系数越大,容许压应力越小。因此,y/i 的增加会减小屈曲承载力。如上所述,等效几何缺陷 e_0 不仅包括几何缺陷(与长度相关),还考虑了残余应力的效应。

EN 1993 中的缺陷系数为:

$$\eta = \alpha(\overline{\lambda} - 0.2) \tag{D6.3-5}$$

长细比很小时,缺陷系数减小为0,反映了试验得到的结果,即短粗的压杆会在屈服荷载作用下发生强度破坏。式(D6.3-4)的解可推出:

$$\sigma_a/f_y = \chi = 0.5\{[1 + (1 + \eta)/\overline{\lambda}^2] - \sqrt{[1 + (1 + \eta)/\lambda^2]^2 - 4/\lambda^2}\} \tag{D6.3-6}$$

3-1-1/条款 6.3.1.2(3) 这也可以方便地用3-1-1/式(6.49)表示,或者如3-1-1/图6.4所示,见***3.1.1/条款6.3.1.2(3)***。扭转屈曲和弯扭屈曲可类比得到同样的承载力公式。

从3-1-1/图6.4可以看出,直到长细比 $\overline{\lambda}$ 等于0.2时承载力保持不变。因此

3-1-1/条款 6.3.1.2(4) 当长细比 $\overline{\lambda} \leqslant 0.2$ 时,构件将在屈服荷载作用下破坏,不需要验算屈曲,**见 *3-1-1/条款6.3.1.2(4)***。如果不打算将截面加载至屈服荷载,则同样条款允许在需要考虑屈曲之前使用更高的长细比。即用实际轴力设计值代替屈服荷载,并保证相对长细比 $\overline{\lambda} = \sqrt{N_{Ed}/N_{cr}} \leqslant 0.2$,因此 $N_{Ed}/N_{cr} \leqslant 0.04$。

6.3.1.3 弯曲屈曲的长细比

要从3-1-1/式(6.49)或从3-1-1/图6.4得到压杆的弯曲屈曲临界荷载,$\overline{\lambda}$ 必

3-1-1/条款 6.3.1.3(1) 须先根据***3-1-1/条款6.3.1.3(1)***进行如下计算:

对于1、2及3类截面 $$\overline{\lambda} = \sqrt{\frac{Af_y}{N_{cr}}} = \frac{L_{cr}}{i\lambda_1} \tag{3-1-1/(6.50)}$$

对于4类截面 $$\overline{\lambda} = \sqrt{\frac{A_{eff}f_y}{N_{cr}}} = \frac{L_{cr}\sqrt{\frac{A_{eff}}{A}}}{i\lambda_1} \tag{3-1-1/(6.51)}$$

式中:L_{cr}——所考虑屈曲平面的面内屈曲长度,即有效长度;

i——关于相应轴的回转半径,由毛截面的特性决定:

$$\overline{\lambda}_1 = \pi\sqrt{\frac{E}{f_y}} = 96.9\varepsilon \qquad 且\ \varepsilon = \sqrt{\frac{235}{f_y}}$$

6.3.1.2中讨论过3-1-1/式(6.50)的背景。应该注意的是,对于4类截面,在3-1-1/式(6.51)的分子项中应使用考虑板件屈曲的有效面积 A_{eff}。但是在确定 N_{cr} 时,没有因为考虑板件屈曲而进行类似的折减,这是由于板件屈曲导致的强度损失比刚度损失严重得多。

弯曲屈曲的有效长度 L_{cr}

图 6.3-5 中给出了不同端部约束条件下的压杆弹性临界荷载 N_{cr}。若使用有效长度 L_{cr}，则 N_{cr} 的公式变为：

$$N_{cr} = \frac{\pi^2 El}{L_{cr}^2} \tag{D6.3-7}$$

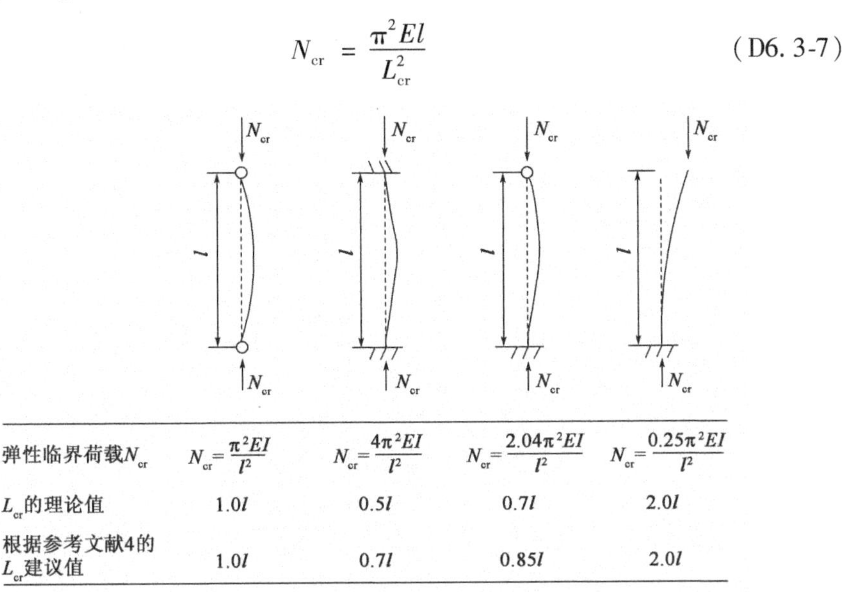

弹性临界荷载 N_{cr}	$N_{cr}=\frac{\pi^2 EI}{l^2}$	$N_{cr}=\frac{4\pi^2 EI}{l^2}$	$N_{cr}=\frac{2.04\pi^2 EI}{l^2}$	$N_{cr}=\frac{0.25\pi^2 EI}{l^2}$
L_{cr} 的理论值	1.0l	0.5l	0.7l	2.0l
根据参考文献4的 L_{cr} 建议值	1.0l	0.7l	0.85l	2.0l

图 6.3-5　不同端部约束条件下压杆的弹性临界荷载

图 6.3-5 也给出了不同端部约束条件下的 L_{cr} 理论值。由于实际上不存在完全固定的约束条件，因此通常增大固定约束下的理论有效长度以考虑部分弹性。如果约束的旋转刚度已知，则可以使用本指南 5.2.2.3 中的方法计算有效长度。如果无法获得实际刚度，则可通过使用修正有效长度以大致考虑部分弹性，如图 6.3-5所示该方法取自 BS 5400：第 3 部分[4]。使用悬臂有效长度时需要注意，当考虑端部的旋转弹性时，应使用本指南 5.2.2.3 中的方法，因为 BS 5400 中的取值没有考虑这个因素。

对于更复杂的约束条件，如本指南 5.2.2 所述，N_{cr} 可由计算机弹性临界屈曲分析模型直接计算。然后将 N_{cr} 代入 3-1-1/式(6.50)或式(6.51)得到长细比。该步骤也可以用于变截面或压力突变的构件。

3-2/附录 D 给出了桁架中单独桥梁构件和拱桥屈曲的有效长度的计算方法（它还给出了用于二阶分析的拱的缺陷。）

实例 6.3-1：柱屈曲承载力计算

S355 钢制成的圆管悬臂柱，截面尺寸为 355.6mm × 12.5mm，悬臂长度为 7.5m，计算其弯曲屈曲承载力 $N_{b,Rd}$。

圆管面积 = 135cm^2

圆管截面回转半径 i = 121mm

根据 3-1-1/条款 6.3.1.3(1)：

$$\bar{\lambda} = \sqrt{\frac{Af_y}{N_{cr}}} = \frac{L_{cr}}{i\lambda_1}$$

由图 6.3-5 可知:

$L_{cr} = 2.0l = 2.0 \times 7.5 = 15\text{m}$

由 3-1-1/条款 6.3.1.3 可知:

$$\bar{\lambda}_1 = \pi\sqrt{\frac{E}{f_y}} = \pi\sqrt{\frac{205 \times 10^3}{355}} = 75.5$$

因此:

$$\bar{\lambda} = \frac{L_{cr}}{i\lambda_1} = \frac{15000}{121 \times 75.5} = 1.64$$

由 3-1-1/表 6.2 可知:S355 热轧圆管截面使用屈曲曲线 a。

由 3-1-1/图 6.4 可知:对于 $\bar{\lambda} = 1.64$,折减系数 $\chi = 0.32$。

由 3-1-1/条款 6.3.1.1(3)可知:

$$N_{b,Rd} = \frac{\chi A f_y}{\gamma_{M1}} = \frac{0.32 \times 13500 \times 355}{1.10} = 1394\text{kN}$$

因此圆管截面的弯曲屈曲承载力为 1394kN。

6.3.1.4　扭转屈曲和弯扭屈曲的长细比

由于扭转屈曲或弯扭屈曲,截面可能在较小的轴向荷载作用下发生整体屈曲而不发生弯曲屈曲。因此,***3-1-1/条款 6.3.1.4(1)***要求验算这两种屈曲形式。根据***3-1-1/条款 6.3.1.4(2)***,可以计算 1 类、2 类和 3 类截面的长细比。

3-1-1/条款 6.3.1.4(1)
3-1-1/条款 6.3.1.4(2)

$$\bar{\lambda}_T = \sqrt{\frac{Af_y}{N_{cr}}} \qquad \text{3-1-1/(6.52)}$$

式中,A 为截面面积(如有必要则考虑孔);N_{cr}为弯扭屈曲或扭转屈曲的极限临界荷载。对于 4 类截面,长细比的计算类似,但是需要用有效面积 A_{eff}代替分子项中的毛截面面积。N_{cr}仍然根据毛截面计算,因为板件屈曲对构件刚度几乎没有影响。由于 EN 1993-1-1 中未明确这种屈曲临界荷载的计算方法,下文将提供一种计算方法。当计算长细比的折减系数时,***3-1-1/条款 6.3.1.4(3)***允许根据 3-1-1/表 6.2 确定关于 z-z 轴的屈曲曲线。

3-1-1/条款 6.3.1.4(3)

扭转屈曲(双轴对称截面)

如图 6.3-6a)所示,当轴向荷载小于绕主轴的弯曲屈曲临界荷载时,双轴对称截面可能仅发生扭转屈曲。对于这种特殊情况,扭转屈曲不会导致两种屈曲形式间的相互作用,因此不发生弯扭屈曲。扭转屈曲的弹性临界荷载计算如下:

$$N_{cr,T} = [GI_T + \pi^2 EI_w / L^2] / i_g^2 \qquad \text{(D6.3-8)}$$

式中:L——当绕构件轴线的旋转被限制时,两点间的有效长度,此外,如果翘曲也被限制,则长度进一步减小;

I_T——圣维南扭转惯性矩;

I_w——翘曲常数;

i_g——关于重心的回转半径，$i_g = \sqrt{I_u + I_v / A}$；

I_u、I_v——关于强轴和弱轴的惯性矩。

从式(D6.3-8)可以看出，当翘曲常数很小时，承载力与长度无关。因此，当截面翘曲常数较小时，扭转屈曲很可能控制截面承载力，如图6.3-6b)所示的十字形截面，它的有效长度就很小。N_u 和 N_v 分别是关于强轴和弱轴的弯曲屈曲临界荷载。如图6.3-6c)所示，由于扭转屈曲临界荷载同弯曲屈曲临界荷载一样随长度的减小而增大，因此具有较大翘曲常数的截面，如I形梁，不太可能不受弯曲屈曲控制而发生扭转屈曲。但是还是需要进行验算，因为截面的几何尺寸较特殊时(例如高宽比较小)，扭转屈曲会控制设计。

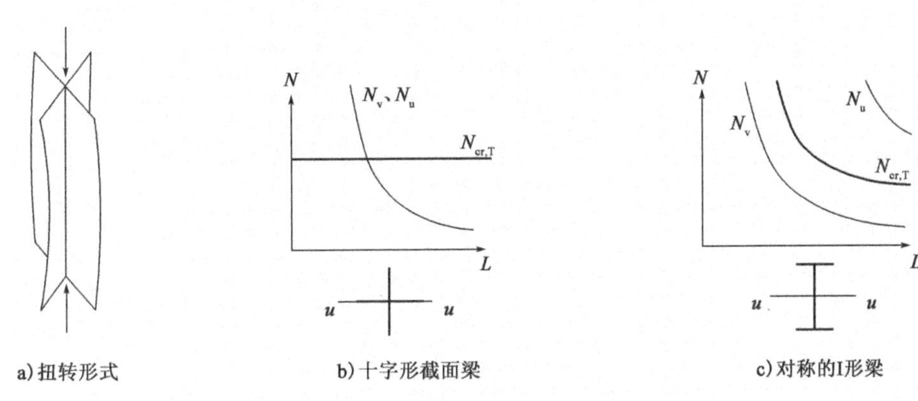

图6.3-6 双轴对称截面的扭转屈曲

对于翘曲抗力几乎为零且突出部分厚度为 t 和宽度为 b 的十字形截面，弹性扭转屈曲承载力为 $4Gt^3/b$。这与四个突出部分板件的弹性屈曲临界荷载的总和相同。在英国的工程实践中，发现只要限制突出部分的形状(使截面在突出部分不屈曲的情况下屈服)，截面就不会发生扭转屈曲。但是，在EN 1993-1-1中，构件屈曲的折减系数大于板件屈曲的折减系数，于是即使构件符合3-1-1/表5.2中对于突出部分的限制，也并不一定能保证构件发生弯曲屈曲而不发生扭转屈曲，因此必须进行验算。如果突出部分符合限制，则对于扭转屈曲的验算不应该比弯曲屈曲的验算繁琐太多。

弯扭屈曲(单轴对称截面及不对称截面)

对于单轴对称截面和非对称截面，屈曲模态是相互依赖的，从而弯扭屈曲才可能发生。原则上，这应该控制设计，但是对于大多数桥梁构件而言(例如实例6.3-2中的细长支撑构件)，弯扭屈曲几乎没有影响。如果构件翘曲抗力非常小，并且被设计成受弯曲屈曲控制的短粗柱，才可能会出现问题，见实例6.3-2的末尾。

对于非对称截面，弯扭屈曲总是发生在荷载($N_{cr,TF}$，包括绕两根主轴的扭转和弯曲)较小的情况下，小于主轴弯曲屈曲临界荷载(N_u 和 N_v)或扭转屈曲临界荷载($N_{cr,T}$)。但是，如果弱轴弯曲屈曲临界荷载或扭转屈曲临界荷载中的一个值比另一个值小得多,则屈曲临界荷载将接近这个较小值。如图 6.3-7a)所示,对于长度较小的不等边角钢,其弯扭屈曲临界荷载可能远低于关于弱轴的弯曲屈曲临界荷载。

如图 6.3-7b)所示的槽形截面,对于单轴对称截面,截面将在关于弱轴的弯曲屈曲临界荷载或关于强轴的弯扭屈曲临界荷载中较小者的作用下失稳。当截面的翘曲抗力很小,例如等边角钢和 T 梁,将具有类似于图 6.3-7a)中的性质。但是实际上 $N_{cr,TF}$ 的曲线在当构件长度较大时与 N_v 的曲线重合,而不是接近它,因此 N_v 为较小的屈曲临界荷载。

如图 6.3-7a)所示,有效长度较小时极限屈曲临界荷载通常接近扭转屈曲临界荷载,而有效长度较大时则接近关于弱轴的弯曲屈曲临界荷载。如图 6.3-7b)所示,槽形截面的极限屈曲临界荷载在有效长度较小时略低于扭转屈曲临界荷载,而有效长度较大时则达到关于弱轴的弯曲屈曲临界荷载。如果槽形截面增加一个卷边以增大弱轴惯性矩,则无论有效长度多大,相较于弯曲屈曲临界荷载,扭转屈曲临界荷载会变得相对较小。并且,无论有效长度多大,截面都将在接近但低于扭转屈曲临界荷载的荷载作用下失稳。

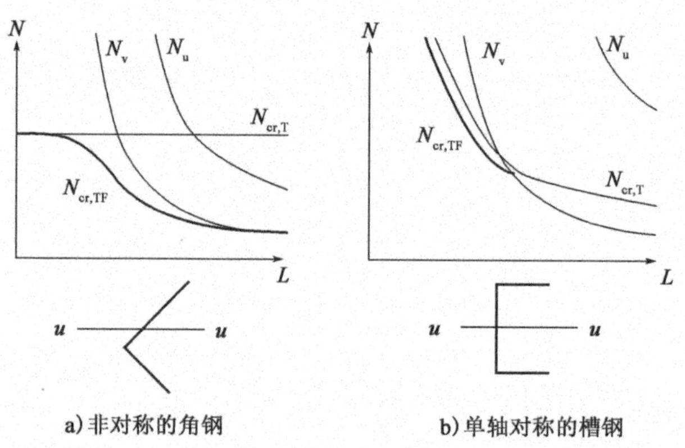

图 6.3-7 非对称截面和单轴对称截面的扭转屈曲

弯扭屈曲临界荷载通常为下面等式最小的根:

$$N_{cr,TF}^3(i_s^2 - u_s^2 - v_s^2) - N_{cr,TF}^2[(N_u + N_v + N_{cr,T})i_s^2 - N_v u_s^2 - N_u v_s^2] + N_{cr,TF}i_s^2(N_u N_v + N_v N_{cr,T} + N_{cr,T}N_u) - N_u N_v N_{cr,T} i_s^2 = 0 \quad \text{(D6.3-9)}$$

式中:$N_u = \pi^2 EI_u / L_u^2$(绕强轴屈曲);

$N_v = \pi^2 EI_v / L_v^2$(绕弱轴屈曲);

$N_{cr,T} = (GI_T + \pi^2 EI_w / L_x^2)/i_s^2$(扭转屈曲);

L_u、L_v、L_x——不同屈曲模式下的有效长度(详见下文的论述);

I_T——圣维南扭转惯性矩;

I_u、I_v——关于强轴和弱轴的惯性矩;

I_w——翘曲常数;

i_s^2——关于剪切中心的回转半径的平方,$i_s^2 = (I_u + I_v)/A + u_s^2 + v_s^2$;

u_s——u 方向上形心到剪切中心的距离;

v_s——v 方向上质心到剪切中心的距离。

如果截面关于 u-u 轴对称，如图6.3-7b)中的槽钢，则式(D6.3-9)可简化为：

$$N_{cr,TF}=\frac{(N_u+N_{cr,T})-\sqrt{(N_u+N_{cr,T})^2-\frac{4N_uN_{cr,T}i_g^2}{i_g^2+u_g^2}}}{2i_g^2/(i_g^2+u_g^2)} \quad (D6.3\text{-}10)$$

式中的符号含义同上。

有效长度

计算扭转屈曲和弯扭屈曲临界荷载时，可以保守地将扭转屈曲的有效长度视为绕构件轴旋转被有效约束的点之间的构件长度。如果翘曲被有效抑制，则可以考虑减小长度取值。理论上，在两端翘曲完全约束的情况下，有效长度的值等于两个固定端之间距离的0.5倍，但是在实际工程中不可能提供完全刚性约束。因此在这种情况下，有效长度取0.7倍翘曲约束点之间的距离可能更合适。弯曲屈曲的有效长度在本指南的6.3.1.3中论述。

对于具有连续约束的柱，弯扭屈曲临界承载力必须从第一原理获得，这超出了本指南的范围。

翘曲常数和剪切中心的公式

下面给出了一些公式，用于计算图6.3-8中截面的翘曲常数和剪切中心。

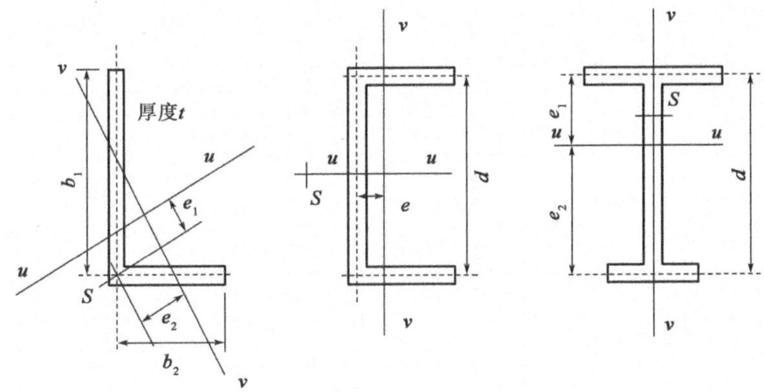

图6.3-8 一些常用桥梁截面的定义

角钢：

$$u_s=e_2,v_s=e_1 \quad 且 \quad I_w=\frac{t^3}{36}(b_1^3+b_2^3)$$

槽钢：

$$u_s=-e\left(1+\frac{d^2A}{4I_u}\right),v_s=0 \quad 且 \quad I_w=\frac{d^3}{4}\left[I_v+e^2A\left(1-\frac{d^2A}{4I_u}\right)\right]$$

其中，A 为截面面积；I_u 和 I_v 为截面主惯性矩。

工字钢：

$$u_s=0,v_s=\frac{e_2I_2-e_1I_1}{I_1+I_2} \quad 且 \quad I_w=\frac{d^2I_1I_2}{I_1+I_2}$$

其中，I_1 和 I_2 分别是上、下翼缘关于 v-v 轴的惯性矩。

实例 6.3-2:主梁角撑构件

水平支撑角钢的规格为 150×150×12,钢材牌号为 S275,弯曲屈曲和扭转屈曲的有效长度为 3.2m(端部约束之间的距离),用于支撑多梁桥面板中的一对梁。角钢端部连接处不提供翘曲抗力。在轴向荷载作用下,确定屈曲的折减系数。

首先进行截面分类,该角钢的外伸长度满足限制,但其相对长细比不满足 3-1-1/表 5.2 中的以下标准。

$$\frac{b+h}{2t} \leqslant 11.5\varepsilon$$

由于

$$\frac{150+150}{2\times 12} = 12.5 > 11.5\varepsilon = 11.5\times 0.92 = 10.6$$

因此,该截面属于 4 类截面。但是,当使用 EN 1993-1-5 来确定有效外伸长度时,发现整个截面有效,这并不奇怪,因为单独的外伸部分为 EN 1993-1-1 的 3 类截面。在 EN 1993-1-1 以前的草案中有上述长细比限制,是因为不能对扭转屈曲和弯扭屈曲进行明确验算。现在看来它是多余的。

截面单轴对称,因此屈曲承载力为关于弱轴的弯曲屈曲临界荷载与弯扭屈曲临界荷载中的较小者。根据截面表可知:

$u_s = e_2 = 49.8\text{mm}, v_s = e_1 = 0\text{mm}$

翘曲常数很小以至于可以忽略不计,但仍在此处进行计算:

$$I_w = \frac{t^3}{36}(b_1^3 + b_2^3) = \frac{12^3}{36}(144^3 + 144^3) = 2.867\times 10^8\text{mm}^6$$

$$J = \frac{12^3}{3}(144+144) = 1.659\times 10^5\text{mm}^4$$

$$i_s^2 = (I_u + I_v)/A + u_s^2 + v_s^2$$

$$= (1170\times 10^4 + 303\times 10^4)/34.8\times 10^2 + 49.8^2$$

$$= 6713\text{mm}^2$$

$$i_g^2 = (I_u + I_v)/A = (1170\times 10^4 + 303\times 10^4)/34.8\times 10^2$$

$$= 4233\text{mm}^2$$

$$N_u = \pi^2 EI_u/L_u^2 = \pi^2\times 210\times 10^3\times 1170\times 10^4/3200^2 = 2368\text{kN}$$

扭转屈曲临界荷载为:

$$N_{cr,T} = (CJ + \pi^2 EI_w/L_x^2)/i_s^2$$

$$= (81\times 10^3\times 1.659\times 10^5 + \pi^2\times 210\times 10^3\times 2.867\times 10^8/3200^2)6713$$

$$= 2010\text{kN}$$

翘曲抗力使屈曲承载力增大不到 1%,因此可以忽略不计。根据式(D6.3-10),弯扭屈曲临界荷载为:

$$N_{cr,TF} = \frac{N_u + N_{cr,T} - \sqrt{(N_u + N_{cr,T})^2 - \dfrac{4N_u N_{cr,T} i_g^2}{i_g^2 + u_s^2}}}{2i_g^2/(i_g^2 + u_s^2)}$$

$$= \frac{(2368\times10^3+2010\times10^3)-\sqrt{(2368\times10^3+2010\times10^3)^2-\frac{4\times2368\times10^3\times2010\times10^3\times4233}{4233+49.8^2}}}{2\times4233/(4233+49.8^2)}$$

$= 1349\text{kN}$

关于弱轴的弯曲屈曲临界荷载为：

$N_v = \pi^2 EI_v/L_v^2 = \pi^2 \times 210\times10^3\times303\times10^4/3200^2$

$=613\text{kN} < 1349\text{kN}$

因此，关于弱轴的弯曲屈曲临界荷载小于扭转屈曲临界荷载，所以在这里忽略弯扭屈曲是安全的。于是，弯曲屈曲的长细比为：

$$\bar{\lambda} = \sqrt{\frac{Af_y}{N_{cr}}} = \sqrt{\frac{34.8\times10^2\times275}{613\times10^3}} = 1.25$$

由 3-1-1/图 6.4 可知，弯曲屈曲的折减系数取自曲线 b（根据 3-1-1/表 6.2 选择），$\chi=$**0.46**。

如果支撑长度减半到 1600mm，那么：

$N_u=2368\times4=9472\text{kN}$

$N_{cr,T}$基本上保持不变，因为翘曲贡献仍然非常小。因此，$N_{cr,T}=2010\text{kN}$。

$$N_{cr,TF} = \frac{N_u+N_{cr,T}-\sqrt{(N_u+N_{cr,T})^2-\frac{4N_uN_{cr,T}i_g^2}{i_g^2+u_s^2}}}{2i_g^2/(i_g^2+u_s^2)}$$

$$= \frac{(9472\times10^3+2010\times10^3)-\sqrt{(9472\times10^3+2010\times10^3)^2-\frac{4\times9472\times10^3\times2010\times10^3\times4233}{4233+49.8^2}}}{2\times4233/(4233+49.8^2)}$$

$=1845\text{kN}$

由于关于强轴的弯曲屈曲临界承载力显著增大，因此现在它更接近扭转屈曲临界荷载。这时，关于弱轴的弯曲屈曲临界荷载为：

$N_v=4\times613\text{kN}=2452\text{kN}>1845\text{kN}$

所以此时关于弱轴的弯曲屈曲临界荷载大于弯扭屈曲临界荷载。

对于弯曲屈曲，$\bar{\lambda}=0.62$，取自曲线 b 的折减系数$\chi=0.83$。

对于弯扭屈曲：

$$\bar{\lambda}_T = \sqrt{\frac{34.8\times10^2\times275}{1845\times10^3}} = 0.72$$

取自曲线 b 的折减系数$\chi=$**0.76**<0.83。

这说明了将翘曲抗力低的开口截面设计为不发生弯曲屈曲(即有效长度小)的危险性,因为在这种情况下弯扭屈曲可能起主导作用。如果对规格为 150 ×150 ×15 的角钢(满足上述第二条的形状限制标准)重复验算过程,结果将是相似的,除了因为构件有效长度较小,弯扭屈曲将控制设计。

6.3.1.5 有应力极限的 3 类截面截面特性的使用

3-2/条款 6.3.1.5(1)

3-2/条款6.3.1.5(1) 允许在上述屈曲验算中将 4 类截面视为 3 类截面,条件是在计算中根据 3-1-5/条款 10 使用折减应力。本指南 6.2.2.6 讨论了折减应力的计算方法。

6.3.2 等截面受弯构件

6.3.2.1 构件屈曲承载力

由于弯扭屈曲,或本质上类似的原因,如在弯矩作用下受压翼缘的侧向屈曲,钢构件的抗弯承载力会低于其截面承载力。图 6.3-9 中,梁在均匀弯矩作用下发生弯扭屈曲,两端简支不能扭转,但翼缘在面内会发生转动,即无翘曲约束。(受拉翼缘的横向运动在这里被夸大了。)可以在梁的中心处观察梁的横移和扭转。因此,通过在受压翼缘上设置防止其横移的支撑或设置防止其旋转的扭转支撑,可以减小梁发生弯扭屈曲的可能性。当在成对梁间设置支撑以防止单根梁发生弯扭屈曲时,还必须考虑支撑的稳定性。这对于处于施工过程中但桥面系统尚未安装的成对梁特别重要,但是一旦桥面系统安装完毕,这就不再是一个问题。

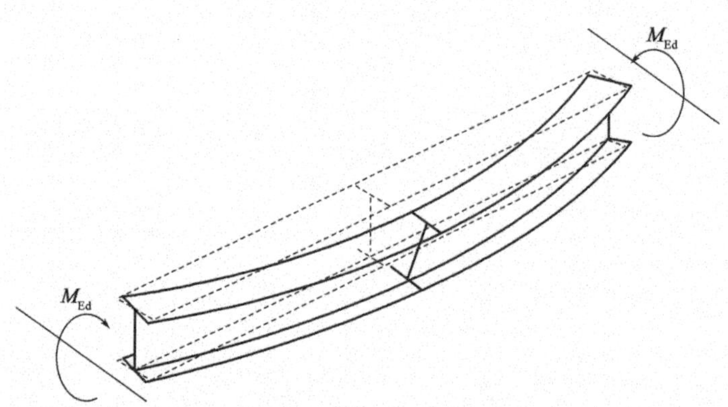

图 6.3-9 端弯矩作用下发生弯扭屈曲的梁

对于翼缘相同且截面双轴对称的初始直梁,通过下式可以保守地给出发生屈曲(具有上述屈曲模态)时的弹性临界弯矩:

$$M_{cr} = \frac{\pi^2 EI_z}{L^2}\left(\frac{I_w}{I_z} + \frac{L^2 GI_T}{\pi^2 EI_z}\right)^{0.5} \quad (D6.3\text{-}11)$$

或表达为另一种形式:

$$M_{cr} = \left[\frac{\pi^2 EI_z}{L^2}\left(GI_T + \frac{\pi^2 EI_w}{L^2}\right)\right]^{0.5} \quad (D6.3\text{-}12)$$

式中:I_w——翘曲常数(本指南 6.3.1.4 中给出了某些截面的计算公式);

I_z——关于弱轴的截面惯性矩；

I_T——圣维南扭转惯性矩；

L——约束之间的梁长。

式(D6.3-12)包含与横向抗弯惯性矩和扭转刚度(扭转和翘曲)有关的量,因为真实的弯扭屈曲中横向变形和扭转变形都会发生。公式忽略了面内预失稳挠度。当刚度 EI_z 和 GI_T 大于等于弯曲平面的刚度 EI_y 时,式(D6.3-12)将变得非常保守,并且失去预测屈曲的作用。例如,圆管截面不发生侧向扭转屈曲。这在 ***3-1-1/条款6.3.2.1(2)*** 进行了说明。这种情况下,需要更精确的公式,可参考文献 24。 *3-1-1/条款 6.3.2.1(2)*

梁的屈曲临界荷载取决于许多因素,包括:

- 截面特性。
- 约束之间的弯矩分布。
- 荷载作用位置与剪切中心的位置关系。
- 支承条件(如果除了完全扭转约束之外还存在翘曲约束,则屈曲承载力增强,但如果扭转约束不是刚性的,则屈曲承载力减小)。
- 中间约束的刚度和类型。

单轴对称截面和非对称截面梁的计算将变得非常复杂。

式(D6.3-11)没有给出"真实"梁的实际稳定承载力,但它是计算实际屈曲承载力的有效方法。如下文所述,EN 1993 中梁的长细比与其弹性屈曲临界弯矩 M_{cr} 有关。真正的弯扭屈曲在桥梁中并不常见,因为梁通常具有桥面板,在组合结构中对单侧翼缘提供连续约束,或者具有承载梁间桥面系的规则间隔横梁(U 形框架结构),为单侧翼缘提供了更有效的约束。因此,"弯扭屈曲"通常被简化为仅考虑作为支柱的受压弦杆的屈曲。这有效地忽略了式(D6.3-11)中的截面抗扭承载力。本指南的6.3.4.2 中详细讨论了这种简化方法,涉及了许多桥梁实例。并且,它也避免使这一节讨论的 M_{cr}的计算步骤过于复杂。

3-1-1/条款6.3.2.1(3) 给出了构件屈曲承载力设计值的计算方法: *3-1-1/条款 6.3.2.1(3)*

$$M_{b,Rd} = \chi_{LT} W_y \frac{f_y}{\gamma_{M1}} \qquad 3\text{-}1\text{-}1/(6.55)$$

式中,W_y 为 1 类和 2 类截面构件的塑性截面模量,3 类截面构件的弹性截面模量,以及 4 类截面构件的有效弹性截面模量;χ_{LT}为弯扭屈曲的折减系数。

6.3.2.2　弯扭屈曲曲线——一般情况下

弯扭屈曲承载力曲线与弯曲屈曲承载力曲线的形式相同,均由本指南 6.3.1.2 中压杆的性质类比得到,因此 ***3-1-1/条款6.3.2.2(1)*** 中的长细比为: *3-1-1/条款 6.3.2.2(1)*

$$\bar{\lambda}_{LT} = \sqrt{\frac{M_{Rk}}{M_{cr}}} = \sqrt{\frac{W_y f_y}{M_{cr}}}$$

类比可得弯曲屈曲的长细比:

$$\sqrt{\frac{N_{\mathrm{Rk}}}{N_{\mathrm{cr}}}} = \sqrt{\frac{Af_{\mathrm{y}}}{N_{\mathrm{cr}}}}$$

如果绘制一系列钢梁的实际临界弯矩与由屈服和弹性临界屈曲确定的临界弯矩的对比图,再次可知,长细比较大时的实际临界弯矩接近弹性临界弯矩,但长细比较小时实际临界弯矩则小得多(图 6.3-10)。

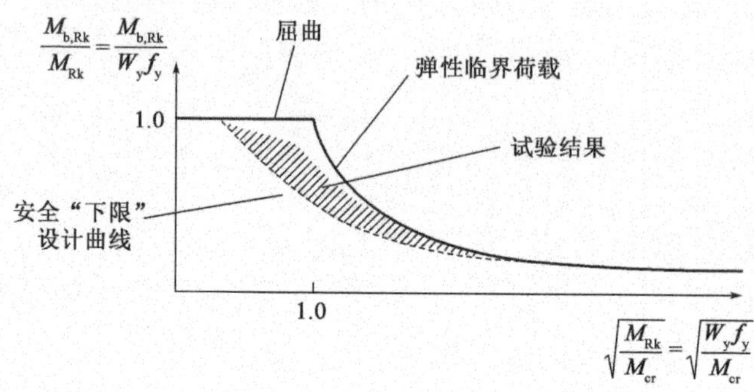

图 6.3-10　梁的实际临界弯矩与弹性临界弯矩间的关系

弹性临界承载力和实际临界承载力之间的差异依旧可以通过本指南 6.3.1.2 中讨论的构件存在初始缺陷来解释。但是,对于梁,不容易推导出一个简单的标准来像 Perry-Robertson 公式那样考虑压杆的缺陷,因此通过比拟压杆的临界承载力公式得到梁的验算标准。从而得到了以下失效准则,它是 EN 1993 设计曲线的基础:

$$(M_{\mathrm{b,Rk}} - M_{\mathrm{Rk}})(M_{\mathrm{b,Rk}} - M_{\mathrm{cr}}) = \eta M_{\mathrm{cr}} M_{\mathrm{b,Rk}} \qquad \text{(D6.3-13)}$$

式中:$M_{\mathrm{b,Rk}}$——实际梁的屈曲承载力标准值;

M_{Rk}——不考虑屈曲时梁截面的承载力标准值;

η——缺陷系数,考虑的缺陷类似于压杆中的缺陷。

在 EN 1993 中,轧制和焊接截面适用于不同的曲线,因为焊接会产生明显更大的残余应力。图 6.3-11 说明了这一点。

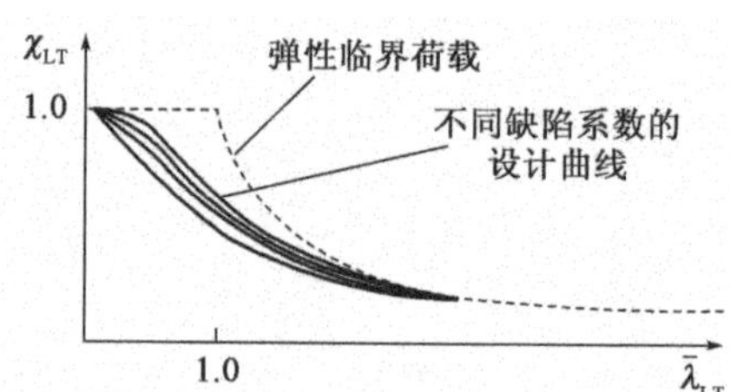

图 6.3-11　弯扭屈曲承载力设计曲线图

3-1-1/条款 6.3.2.2(1)给出了承载力曲线的数学表达式:

$$\chi_{\mathrm{LT}} = \frac{1}{\Phi_{\mathrm{LT}} + \sqrt{\Phi_{\mathrm{LT}}^2 - \overline{\lambda}_{\mathrm{LT}}^2}} \quad \text{但}\chi_{\mathrm{LT}} \leqslant 1.0 \qquad \text{3-1-1/(6.56)}$$

式中:$\Phi_{\mathrm{LT}} = 0.5[1 + \alpha_{\mathrm{LT}}(\overline{\lambda}_{\mathrm{LT}} - 0.2) + \overline{\lambda}_{\mathrm{LT}}^2]$;

α_{LT}——缺陷系数,根据 3-1-1/表 6.3(复制作为表 6.3-2)取值;并且 $\overline{\lambda}_{\mathrm{LT}} =$

$\sqrt{W_y f_y / M_{cr}}$，其中 W_y 为取决于截面类别的弹性或塑性截面模量。

弯扭屈曲的缺陷系数　表 6.3-2

屈曲曲线	a	b	c	d
缺陷系数	0.21	0.34	0.49	0.76

对于 4 类截面，弹性截面模量计算基于考虑板屈曲的有效截面。***3-1-1/条款6.3.2.2(2)*** 规定 M_{cr} 计算应始终基于毛截面特性。由于局部板屈曲造成的强度损失比刚度损失大得多，因此这也适用于 4 类截面。所以，在长细比计算中考虑折减 M_{cr} 则过于保守。 ***3-1-1/条款 6.3.2.2(2)***

3-1-1/条款 6.3.2.2 中的梁屈曲曲线进行了与压杆相同的保守考虑，因此沿着长细比轴上的平台长度为 0.2。于是，***3-2/条款6.3.2.2(4)*** 允许在长细比 $\overline{\lambda}_T \leq 0.2$ 时忽略弯扭屈曲的效应。在 $M_{Ed}/M_{cr} \leq 0.04$ 的情况下，根据等效条款(3-1-1/条款 6.3.1.2(4))中关于弯曲屈曲的讨论，也可以忽略弯扭屈曲的效应。 ***3-2/条款 6.3.2.2(4)***

另一组屈曲曲线在 3-1-1/条款 6.3.2.3 中以 ***3-2/条款6.3.2.3(1)*** 的方式给出，在屈曲承载力折减前，长细比轴上的较长平台长度为 0.4。这些仅适用于"轧制型钢或等效焊接截面"。引用等效焊接截面旨在将该条款的使用限制在与可用轧制截面尺寸相同的构件上。EN 1993 的编写者认为没有足够的试验证据支持对截面较高的构件使用 0.4 的平台长度。然而，在英国之前的实践中，根据 BS 5400:第 3 部分[4]，刚性约束间的梁采用了 0.4 的平台长度。因此在某些情况下，禁止使用较长的平台可能会导致经济损失或需要设置更紧密的间隔支撑。 ***3-2/条款 6.3.2.3(1)***

在采用 3-2/条款 6.3.2.3 时，可使用 ***3-1-1/条款6.3.2.3(2)*** 利用系数 f 获得一些额外收益。虽然该系数考虑了弯矩图形状的影响(在 M_{cr} 的计算中也考虑了这一点)，但是它提供的功能不同，并且也没有重复计入这个收益。f 的公式在长细比为 0.8 时收益最大，但长细比增大或减小时收益则减小。 ***3-1-1/条款 6.3.2.3(2)***

用这种方法验算弯扭屈曲的主要困难在于确定 M_{cr}，因为 EN 1993 没有给出它的计算公式。于是，对于单轴对称或非对称截面梁，计算变得特别复杂。英国以前的标准基于相同的理论屈曲分析，但做了一些简化以降低计算的复杂性。下一节将讨论 M_{cr} 的相关理论和电算方法，而 6.3.2.4 节则讨论了基于 BS 5400 第 3 部分[4] 的经验方法。6.3.4.2 节中给出的替代方法涵盖了钢-混凝土组合桥的大多数使用情况。

6.3.2.3　M_{cr} 的计算(附加小节)

关于 3-2/条款 6.3.2.3 用法的论述见 6.3.2.2，本小节重点介绍 M_{cr} 的计算。

EN 1993 中没有提供弹性临界弯矩的计算公式，因此设计者必须自行找到一种计算方法。为了做到这一点，参考理论文献或直接根据弹性有限元模型得到弯矩值是必要的。使用板壳有限元模型，直接根据计算机的弹性屈曲临界分析计算 M_{cr} 变得越来越容易，并且许多工程师发现这是最快且最准确的方法。然而，需要一些经验来确定 M_{cr}，因为通常模型结果中的第一个屈曲模态与所需的整体屈曲模态不对应;于是,在第一个整体屈曲模态出现之前,腹板和翼缘可能存在许多局部屈曲模态。

EN 1993-1-119 的早期 ENV 版本确实为 M_{cr} 提供了公式,但是无法就公式中的伴随系数值达成一致,并且没有很好地涵盖大多数实际桥梁的情况。计算 M_{cr} 的复杂性意味着经常会倾向于使用本指南 6.3.4.2 中 3-2/条款 6.3.4.2 描述的简单压杆模型。这特别适用于 U 形框架桥或不一定设置中间支撑但带有桥面板的钢-混凝土组合桥。因此,本指南6.3.2仅简要讨论了 M_{cr} 的理论公式。6.3.2.4 讨论了更具经验性的确定长细比的方法。

双轴对称截面

双轴对称截面,例如翼缘相同的 I 形梁,最容易分析。弹性临界弯矩可以从以下公式推导得出:

$$M_{cr} = C_1 \frac{\pi^2 EI_z}{(kL)^2}\left\{\left[\left(\frac{k}{k_w}\right)^2 \frac{I_w}{I_z} + \frac{(kL)^2 GI_T}{\pi^2 EI_z} + (C_2 z_g)^2\right]^{0.5} - C_2 z_g\right\} \tag{D6.3-14}$$

式中相同符号的定义见均匀受弯的式(D6.3-11),其余符号定义如下:

C_1——考虑约束点之间弯矩图形状的参数;

C_2——考虑约束间施加在梁上荷载的不稳定或稳定效应的参数;

z_g——荷载相对于剪切中心的作用高度,在剪切中心上方时为正;

k——考虑绕弱轴屈曲的有效长度系数,对于面内旋转没有约束的梁,通常取 $k=1.0$,假设提供完全的扭转与旋转约束;

k_w——考虑梁端翘曲的有效长度系数,对于面内旋转没有约束的梁,通常取 $k=1.0$,同样假设提供完全的扭转与旋转约束。

参数 C_2 可以增加稳定荷载(施加在剪切中心下方)以及不稳定荷载(施加在剪切中心上方)作用下的承载力。根据英国以前的实例,可以通过近似修正有效长度以避免确定 C_2 值时的额外复杂性,因此:

$$M_{cr} = C_1 \frac{\pi^2 EI_z}{(k_1 kL)^2}\left[\left(\frac{k^2}{k_w}\right)\frac{I_w}{I_z} + \frac{(k_1 kL)^2 GI_T}{\pi^2 EI_z}\right]^{0.5} \tag{D6.3-15}$$

k_1 在不稳定荷载作用下的取值为 1.2,在其他情况下取值为 1.0,但这并不总是保守的。然而,实际桥梁大多数不受不稳定荷载作用,因为梁中荷载施加在剪切中心以下(通过桥梁的一半),或者有桥面板防止荷载偏移。因此这种方法一般足够安全。

参数 C_1 考虑了弯矩图形状。对于双轴对称翼缘,在给定的弯矩分布下,反转所有弯矩的符号不会产生任何差别,因为两个受压翼缘单独的屈曲承载力相等。当弯矩符号不变且内部支承不约束面内旋转时,C_1 等于 6.3.4.2 中的 m。但是,如果弯矩符号在约束之间有变化,则 C_1 取值需谨慎。如果一侧翼缘不由板连续支承,则 C_1 的值不再等于 m,因为 m 的取值假定受拉翼缘受到约束。因此,如图 6.3-12所示,当两端弯矩如 3-6/条款 6.3.4.2 中所考虑的那样有反转时,则使

用 $M_2=0$ 时的 m 值（$m=1.88$）可能并不安全。这时另一侧的翼缘受压，从而可能控制设计。在如图 6.3-12 所示工况 c）中，弯矩反转导致一部分上翼缘受压，其平均压力高于工况 a）中下翼缘受到的平均压力。也就是说，中间三分之一梁的翼缘最大压力在工况 c）中的值大于在工况 a）中的值。于是，工况 c）中的屈曲临界荷载 M_1 比工况 a）的小，因此工况 c）中的 C_1 值较小。在这些情况下，C_1 可以保守地取 1.0，或者根据教科书取值。BS 5400：第 3 部分[4] 包含如下公式：

$$\eta = \frac{1}{\sqrt{C_1}}$$

对于大多数弯矩分布情况，可以通过上式得到：

$$C_1 = \frac{1}{\sqrt{\eta^2}}$$

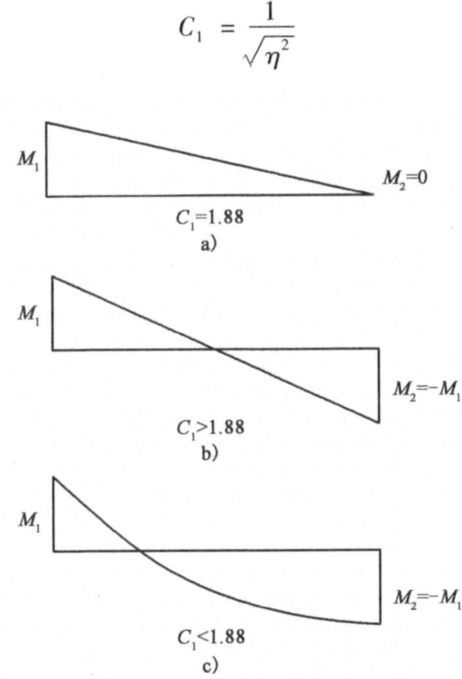

图 6.3-12　弯矩在约束之间变化，$k=1.0$，且翼缘均不受连续约束（M_1 为负值）时梁的 C_1 值

将 η 的值绘于图 6.3-13 中。

由于简化弯扭屈曲模型仅考虑了压杆的屈曲，因此可以通过保守忽略式（D6.3-11）中的梁扭转刚度来体现等效性，其中：

$$M_{\mathrm{cr}} = \frac{\pi^2 EI_z}{L^2}\left[\frac{I_w}{I_z}\right]^{0.5} = \frac{\pi^2 EI_z}{L^2}\left[\frac{I_z d^2/4}{I_z}\right]^{0.5} = \frac{\pi^2 EI_z/2}{L^2}d \qquad \text{(D6.3-16)}$$

由于 $I_z/2$ 大致为单侧翼缘绕刚性轴的惯性矩，因此屈曲临界弯矩为单侧翼缘的弯曲屈曲临界荷载乘以翼缘之间的力臂。对于受压翼缘高度处存在强制旋转中心的梁，例如由组合桥面板连接的多根梁，适用同样的类比。

单轴对称截面的梁

单轴对称截面梁的情况要复杂得多，因为在这种情况下，受给定弯矩作用时，梁哪侧向上布置影响很大。因此，除了 C_1 和 C_2 之外，还需要更多的参数来计算

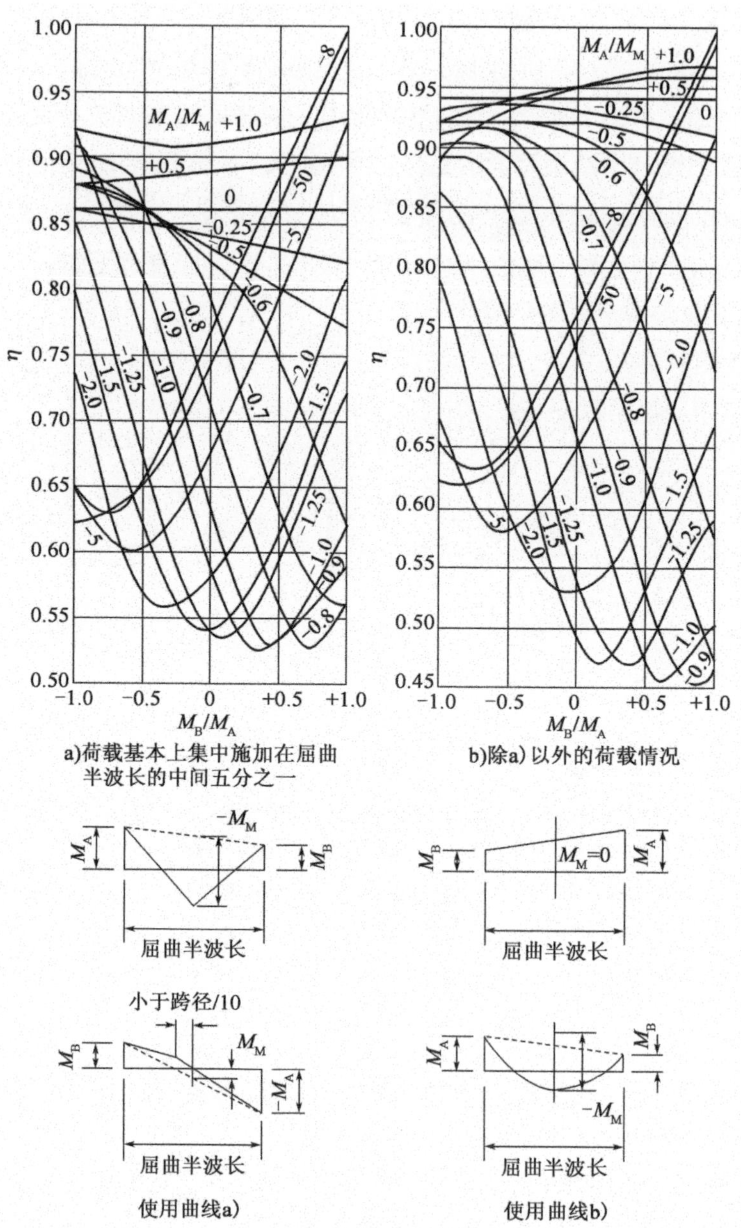

图 6.3-13 弯矩变化时的长细比系数 η

承载力。ENV 1993-1-1[19]给出了以下公式:

$$M_{\mathrm{cr}} = C_1 \frac{\pi^2 EI_z}{(kL)^2}\left\{\left[\left(\frac{k}{k_w}\right)^2 \frac{I_w}{I_z} + \frac{(kL)^2 GI_T}{\pi^2 EI_z} + (C_2 z_g - C_3 z_j)^2\right]^{0.5} - (C_2 z_g - C_3 z_j)\right\} \quad \text{(D6. 3-17)}$$

式中:C_3——与 z_j 共同考虑弯矩形状的参数;

z_j——截面的不对称程度。双轴对称截面取为零,惯性矩最大的受压翼缘在最大弯矩作用点处受压时为正。这反映了受弯非对称截面梁当较大翼缘处于受压状态时最稳定的直观事实。

参考 ENV 1993-1-1[19],可以得到各种参数的值,但设计者会发现给出的情况一般不适用于桥梁设计。对于所给值的适用性,也没有普遍的一致意见。

悬臂梁

很难确定悬臂情况下 M_{cr}的相关参数，这里不再论述。M_{cr}的值对荷载施加位置以及梁在荷载位置、悬臂端和悬臂根部受到的约束非常敏感。这说明需要一些更实用的规定，将在下一节论述，或者使用计算机进行弹性临界屈曲分析。

6.3.2.4　在 M_{cr}不明确的情况下计算长细比

英国以前一直使用有效长度法确定长细比，类似于弯曲屈曲的情况。上文 6.3.2.3讨论的弯矩图形状和梁不对称的影响通过长细比基本公式中的系数体现。在 BS 5400：第 3 部分：2000 中[4]，为符合 EN 1993 规定对符号稍作修改，长细比定义如下：

$$\overline{\lambda}_{LT} = \sqrt{\frac{\pi^2 E}{f_y}\frac{M_{pl,Rk}}{M_{cr}}} \tag{D6.3-18}$$

式中，$M_{pl,Rk}$为截面塑性抗弯承载力标准值；f_y 为受压翼缘屈服强度标准值。这与 EN 1993 中长细比的定义不同，其中：

$$\lambda_{LT} = \sqrt{\frac{W_y f_y}{M_{cr}}}$$

根据截面类别，W_y 为弹性或塑性截面模量。根据这个不同的定义，对 EN 1993的 1 类或 2 类截面的长细比做了如下调整：

$$\overline{\lambda}_{LT} = \lambda_{LT}\sqrt{\frac{f_y}{\pi^2 E}} \tag{D6.3-19}$$

对于 3 类或 4 类截面梁，EN 1993 中的长细比为：

$$\overline{\lambda}_{LT} = \lambda_{LT}\sqrt{\frac{f_y}{\pi^2 E}\frac{M_{el,Rk}}{M_{pl,Rk}}} \tag{D6.3-20}$$

式中，$M_{el,Rk}$为截面弹性抗弯承载力标准值。

I 形、槽形、T 形和角钢截面（等截面）

BS 5400：第 3 部分[4] 针对绕 y-y 轴弯曲的 I 形、槽形、T 形和角钢等截面梁，给出了式（D6.3-18）的简化版本，这可以与式（D6.3-19）和式（D6.3-20）一起计算 EN 1993 的长细比。

$$\lambda_{LT} = \frac{l_e}{i_z}k_4\eta\nu \tag{D6.3-21}$$

式中：l_e——有效长度。对于受压翼缘受刚性约束的梁，有效长度为约束之间的距离。BS 5400：第 3 部分[4] 中针对其他情况，给出了没有设置支撑时 l_e 的计算方法。

i_z——绕 z-z 轴的毛截面回转半径。

k_4——对于轧制的 I 形或槽形截面梁，或双轴对称且 t_f 不大于两倍腹板厚的 I 形截面梁，k_4 = 0.9。对于其他梁，k_4 = 1.0。

η——η = 1.0，但是当弯矩在受压翼缘的屈曲半波长内发生本质变化时，使用图 6.3-13中的 η 值更优，该图根据 BS 5400：第 3 部分/图 10[4] 绘制。

使用图 6.3-13 时,负弯矩为正,A 和 B 两端的选择应使绝对值 $M_A \geq M_B$;

ν——ν 取决于梁的形状,取自表 6.3-3,基于 BS 5400:第 3 部分/表 9[4],需用到以下参数:

$$\lambda_F = \frac{l_e}{i_z}\left(\frac{t_f}{D}\right) \quad 且\ i = \frac{I_c}{I_c + I_t}$$

D——截面高度;

t_f——I 形或槽形截面两个翼缘的平均厚度,T 形截面的翼缘厚度,角钢截面的肢厚;

I_c、I_t——验算截面上受压和受拉翼缘绕其 z-z 轴的惯性矩。对于 $I_c \geq I_t$ 或 $\lambda_F \geq 8$ 的梁,可以保守地将 λ_{LT} 取为 l_e/i_z。

等截面梁的长细比系数 ν 表 6.3-3

0	1.0	0.8	0.6	0.5	0.4	0.3	0.2	0.1	0
λ_F									
0.0	0.791	0.842	0.932	1.000	1.119	1.291	1.582	2.237	∞
1.0	0.784	0.834	0.922	0.988	1.102	1.266	1.535	2.110	6.364
2.0	0.764	0.813	0.895	0.956	1.057	1.200	1.421	1.840	3.237
3.0	0.737	0.784	0.859	0.912	0.998	1.116	1.287	1.573	2.214
4.0	0.708	0.752	0.818	0.864	0.936	1.031	1.162	1.359	1.711
5.0	0.679	0.719	0.778	0.817	0.878	0.954	1.055	1.196	1.415
6.0	0.651	0.688	0.740	0.774	0.824	0.887	0.966	1.071	1.219
7.0	0.626	0.660	0.705	0.734	0.777	0.829	0.892	0.973	1.080
8.0	0.602	0.633	0.674	0.699	0.736	0.779	0.831	0.895	0.977
9.0	0.581	0.609	0.645	0.668	0.699	0.786	0.780	0.832	0.896
10.0	0.562	0.57	0.620	0.639	0.667	0.699	0.736	0.832	0.831
11.0	0.544	0.567	0.597	0.614	0.639	0.666	0.698	0.735	0.778
12.0	0.528	0.549	0.576	0.591	0.613	0.638	0.665	0.697	0.733
13.0	0.512	0.533	0.557	0.571	0.590	0.612	0.636	0.664	0.695
14.0	0.499	0.517	0.539	0.552	0.570	0.589	0.611	0635	0.662
15.0	0.486	0.503	0.523	0.535	0.551	0.568	0.588	0.609	0.633
16.0	0.474	0.490	0.509	0.519	0.534	0.550	0.567	0.586	0.607
17.0	0.463	0.478	0.495	0.505	0.518	0.533	0.548	0.566	0.585
18.0	0.452	0.466	0.482	0.492	0.504	0.517	0.531	0.547	0.564
19.0	0.442	0.456	0.471	0.479	0.491	0.503	0.516	0.530	0.546
20.0	0.433	0.446	0.460	0.468	0.478	0.489	0.502	0.515	0.529

使用表 6.3-3 时,阶梯线右侧的中间值应根据以下公式而不是线性插值确定:

$$\nu = \{[4i(1-i) + 0.05\lambda_F^2 + \psi_i^2]^{0.5} + \psi_i\}^{-0.5}$$

当 $I_c < I_t$ 时,$\psi_i = 2i - 1$;当 $I_c \geq I_t$ 时,$\psi_i = 0.8(2i - 1)$。

这种方法也可以应用于组合桥，作为 EN 1994-2 的"连续倒 U 形框架"模型的替代方法，保守地忽略了横跨梁板的横向联结系提供的转动约束。当一个翼缘由两个或多个（n 个）梁共用时，可通过将横向惯性矩和公共翼缘面积的 $1/n$ 归入每个梁的截面来计算 i_{f}、I_{c} 或 I_{t}。计算组合梁的 t_{f}、I_{c} 和 I_{t} 时，组合翼缘在受压时的等效厚度应基于适当的模量比。应忽略受拉的混凝土，并将受拉钢筋的等效厚度取为钢筋的面积除以其所在翼缘的宽度。EN 1994-2 的设计指南[7] 中给出了验算组合桥弯扭屈曲的方法。

式（D6.3-21）不适用于 U 形框架的计算，因为其中间约束的刚度不足以使有效长度小于约束之间的距离。在这种情况下，本指南 6.3.4.2 中的方法更合适。（它也适用于带有刚性支撑的情况。）

如果将式（D6.3-21）代入式（D6.3-19），可得 EN 1993 的 1 类或 2 类截面的长细比，如下：

$$\overline{\lambda}_{\mathrm{LT}} = \lambda_{\mathrm{LT}}\sqrt{\frac{f_{\mathrm{y}}}{\pi^{2}E}} = \frac{l_{\mathrm{e}}}{i_{\mathrm{z}}}k_{4}\eta\nu\sqrt{\frac{f_{\mathrm{y}}}{\pi^{2}E}} \qquad (\mathrm{D6.3\text{-}22})$$

同样，对于 3 类或 4 类截面梁，EN 1993 中的长细比为：

$$\overline{\lambda}_{\mathrm{LT}} = \lambda_{\mathrm{LT}}\sqrt{\frac{f_{\mathrm{y}}}{\pi^{2}E}\frac{M_{\mathrm{el,Rk}}}{M_{\mathrm{pl,Rk}}}} = \frac{l_{\mathrm{e}}}{i_{\mathrm{z}}}k_{4}\eta\nu\sqrt{\frac{f_{\mathrm{y}}}{\pi^{2}E}\frac{M_{\mathrm{el,Rk}}}{M_{\mathrm{pl,Rk}}}} \qquad (\mathrm{D6.3\text{-}23})$$

以上两个公式中的符号含义同上。根据截面类别，计算两种长细比形式的另一种方法是定义用于 3-1-1/式（6.56）的等效弹性临界弯矩，如下：

$$M_{\mathrm{cr}} = \frac{M_{\mathrm{pl,Rk}}\pi^{2}Ei_{\mathrm{z}}^{2}}{l_{\mathrm{e}}^{2}k_{4}^{2}\eta^{2}\nu^{2}f_{\mathrm{y}}} \qquad (\mathrm{D6.3\text{-}24})$$

这种方法的缺点是实际弹性临界值与塑性特性无关。

这里不再讨论这些公式的用法。本节的目的仅在于说明如何将 BS 5400：第 3 部分：2000[4] 中的长细比转换成 Eurocode 中的格式。BS 5400：第 3 部分提供了大量有效长度计算的说明，简单地考虑大多数典型桥梁的工况，包括临时安装时可能只有扭转支撑，没有桥面板或平面支撑系统。本指南 6.3.4.2 将讨论弯扭屈曲的另一种分析方法，此外，越来越多的设计者发现最快、最经济的验算屈曲方法是通过计算机进行弹性临界屈曲分析。

***箱形截面**（等截面）*

可以对 BS 5400：第 3 部分和 EN 1993 中定义的长细比进行相似的转换，但这里不进一步讨论。

6.3.3　等截面压弯构件

3-2/条款 6.3.3 和 3-1-1/条款 6.3.3 给出了压弯作用下验算构件稳定性的规定。EN 1993-1-1 中的规定仅用于验算压弯作用下双轴对称的等截面（***3-1-1/条款 6.3.3（1）***），因此在桥梁设计中的应用受限。而 3-1-1/条款 6.3.4 中的一般规定可以验算非双轴对称截面。此外，如果使用了二阶分析，则可以避免验算屈

3-1-1/条款 6.3.3（1）

曲的相互作用,因为该分析已经考虑了本指南 5.2 节中讨论的所有相关的整体缺陷和局部缺陷以及可能的屈曲模式。

对于钢-混凝土组合梁,可以使用 EN 1994-2 设计指南[7] 中提出的简化方法。其中的方法也可以应用于翼缘连续支撑的全钢桥。

本指南将该部分分为以下两小节:

- EN 1993-1-1 中的相互作用; *6.3.3.1*
- 3-2/条款 6.3.3(1)中单轴弯曲下简化的相互作用。 *6.3.3.2*

6.3.3.1 EN 1993-1-1 中的相互作用

最简单的情况是压弯作用下仅发生面内屈曲。如图 6.3-14 所示为 EN 1993 中的轴线规定。如 5.2 节所述,在轴向荷载作用下,初始缺陷的增长 a_0 将产生附加弯矩。对于导致绕 y-y 轴弯曲的缺陷,弯矩由下式给出:

$$M_{\mathrm{imp}} = N_{\mathrm{Ed}}\left[\frac{a_0}{1-(N_{\mathrm{Ed}}/N_{\mathrm{cr,y}})}\right] \quad \text{(D6.3-25)}$$

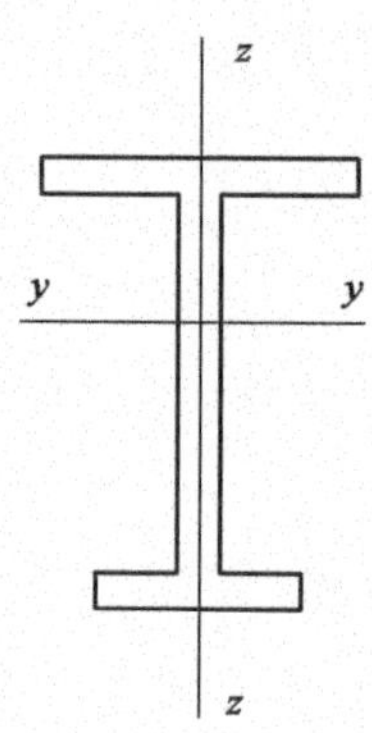

图 6.3-14 I 形梁的轴线规定

这个附加弯矩包含在弯曲屈曲临界承载力的公式中,因此验算相互作用的标准中不再考虑。但是,施加的弯矩 $M_{\mathrm{y,Ed}}^{\mathrm{I}}$ 也会被轴力放大,二阶弯矩如下:

$$M_{\mathrm{y,Ed}}^{\mathrm{II}} = M_{\mathrm{y,Ed}}^{\mathrm{I}}\left[\frac{1}{1-(N_{\mathrm{Ed}}/N_{\mathrm{cr,y}})}\right] \quad \text{(D6.3-26)}$$

由于二阶效应引起的面内弯矩增加不包含在轴向承载力或抗弯承载力公式中,因此在压弯作用下需要考虑。如果相互作用基于应力叠加,则可以得到下式:

$$\left(\frac{N_{\mathrm{Ed}}}{Af_{\mathrm{yd}}}+\frac{M_{\mathrm{imp}}}{W_{\mathrm{el}}f_{\mathrm{yd}}}\right)+\frac{M_{\mathrm{y,Ed}}^{\mathrm{II}}}{W_{\mathrm{el,y}}f_{\mathrm{yd}}} \leqslant 1.0 \quad \text{(D6.3-27)}$$

式中:$f_{\mathrm{yd}} = \dfrac{f_{\mathrm{y}}}{\gamma_{\mathrm{M1}}}$;

$W_{\mathrm{el,y}}$——所考虑纤维对应的截面抗弯模量。

由于上述弯曲屈曲临界承载力公式中包含缺陷的影响,式(D6.3-27)可以重新表示为简单的线性相互作用:

$$\frac{N_{\mathrm{Ed}}}{\chi_{\mathrm{y}}N_{\mathrm{pl,Rd}}}+\frac{M_{\mathrm{y,Ed}}^{\mathrm{II}}}{M_{\mathrm{y,Rd}}} \leqslant 1.0 \quad \text{(D6.3-28)}$$

其中,

$$N_{pl,Rd}=\frac{Af_y}{\gamma_{M1}}\quad 且\ M_{y,Rd}=\frac{W_{el,y}f_y}{\gamma_{M1}}$$

这类似于 3-1-1/条款 6.2.1 中用于截面设计的简单相互作用,但是第一项中通过屈曲折减系数 χ_y 考虑缺陷导致弯矩的影响。保守地假设最大施加弯矩与缺陷和偏转导致的最大二阶弯矩共存于同一截面上。代入式(D6.3-26),则式(D6.3-28)变为:

$$\frac{N_{Ed}}{\chi_y N_{pl,Rd}}+\frac{1}{1-(N_{Ed}/N_{cr,y})}\frac{M^{I}_{y,Ed}}{M_{y,Rd}}\leqslant 1.0 \qquad (D6.3\text{-}29)$$

式(D6.3-28)与式(D6.3-27)不同。因为式(D6.3-25)中缺陷导致的弯矩呈非线性增大,导致轴力产生的外边缘最大应力不随轴力线性增加,式(D6.3-27)的第一项小于式(D6.3-28)中的第一项。这意味着 $N_{Ed}/(\chi_y N_{pl,Rd})$ 的比值并非给定轴力作用下外边缘应力与屈服应力之比的实际值,除非折减系数 χ_y 接近 1.0 并且缺陷对轴向承载力没有显著影响。这导致式(D6.3-29)的相互作用验算偏于保守。

如 5.2 中所述,当整个有效长度内施加的弯矩不均匀,或施加的最大弯矩与二阶效应产生的最大弯矩不在同一位置时,式(D6.3-29)将会变得更加保守。为了避免后者产生的保守性,可给最大弯矩增加一个系数以考虑弯矩分布,如下文讨论的 EN 1993-1-1 的相互作用公式。

3-1-1/条款6.3.3(4) 给出了两个公式,用于验算易于屈曲构件的压弯作用。第一个公式对应于上文讨论的相互作用: *3-1-1/条款 6.3.3(4)*

$$\frac{N_{Ed}}{\frac{\chi_y N_{Rk}}{\gamma_{M1}}}+k_{yy}\frac{M_{y,Ed}+\Delta M_{y,Ed}}{\chi_{LT}\frac{M_{y,Rk}}{\gamma_{M1}}}+k_{yz}\frac{M_{z,Ed}+\Delta M_{z,Ed}}{\frac{M_{z,Rk}}{\gamma_{M1}}}\leqslant 1.0 \quad 3\text{-}1\text{-}1/(6.61)$$

3-1-1/式(6.61)考虑了双向弯曲的可能性以及由于 4 类截面的中性轴位置偏移引起的轴力附加力矩。首先考虑绕 y-y 的单向弯矩对应的 k_{yy},涉及轴向荷载导致的弯矩放大、弯矩图形状以及 1 类和 2 类截面弹性承载力与塑性承载力的比值等。在 EN 1993-1-1 中给出了两个附录(附录 A 和附录 B)以确定 k_{yy} 的值,这里不再叙述。在 3-1-1/附录 A 中,k_{yy} 涉及以下内容:

- 通过以下系数放大绕 y-y 轴施加的弯矩:

$$\frac{1}{1-(N_{Ed}/N_{cr,y})}$$

如上所述。

- 轴力作用下,弯扭屈曲的横向和扭转位移的放大通过类似系数考虑:

$$\frac{1}{\sqrt{\left(1-\frac{N_{Ed}}{N_{cr,z}}\right)\left(1-\frac{N_{Ed}}{N_{cr,T}}\right)}}$$

该系数包含在参数 C_{mLT} 中。如果弯扭屈曲的长细比为零,这个参数可以看作 1。但因为需要连续约束,所以实际上这很少发生。而修正这个标准是不合理的,因此,如果 $\bar{\lambda}_{LT}\leqslant 0.20$,$C_{mLT}=1.0$。

- 通过参数 C_{my} 和 C_{mLT} 考虑所施加弯矩图的形状。英国以前做法已经使用了屈曲长度的中间三分之一的最大弯矩,以避免在相互作用验算中需要使用等效弯矩系数。C_{my} 由 3-1-1/表 A.2 确定,并且考虑了约束间绕 y-y 轴的弯矩(M_y)的形状,以防止绕 y-y 轴的弯曲屈曲(即防止了 z 向的运动)。对于 M_y 导致竖直平面内弯曲的桥梁,约束之间的相关长度通常等于跨径。

$$C_{mLT} = C_{my}^2 \frac{\alpha_{LT}}{\sqrt{\left(1 - \frac{N_{Ed}}{N_{cr,z}}\right)\left(1 - \frac{N_{Ed}}{N_{cr,T}}\right)}}$$

与上文讨论的横向和扭转位移的放大有关,并且再次包含参数 C_{my}。在计算 C_{mLT} 时,C_{my} 应基于约束间弯矩 M_y 的形状,以防止在 y 向上的移动。

- 1 类和 2 类截面弹性与塑性截面承载力的比值。
- 参数 μ_y 为基本放大系数 $\frac{1}{1-(N_{Ed}/N_{cr,y})}$ 的修正。

$$\mu_y = \frac{1 - \frac{N_{Ed}}{N_{cr,y}}}{1 - \chi_y \frac{N_{Ed}}{N_{cr,y}}}$$

在式(D6.3-29)中,为解决上述 $N_{Ed}/\chi_y N_{pl,Rd}$ 的值通常高于轴向荷载作用下实际外边缘应力与屈服应力比值的问题。这种高估随着长细比增加而增加,μ_y 通过引入折减系数 χ_y 来解决这个问题,如此 μ_y 随折减系数减小而减小。

存在双向弯矩时,通过 k_{yz} 考虑轴向荷载作用下绕 z-z 轴弯矩的放大以及约束之间的弯矩图形状,但是由于梁不易绕弱轴发生弯扭屈曲,因此不考虑任何扭转位移的放大。在计算 C_{mz} 时,采用 y 方向上支撑点间的弯矩图形状。

3-1-1/附录 B 中的方法略有不同,但使用起来更简单且意图相似。在附录 B 中,k_{yy} 取决于绕 y-y 轴弯曲屈曲的构件长细比,根据 $N_{Ed}/(\chi_y N_{pl,Rd})$ 的相对轴力和绕 y-y 轴的弯曲屈曲约束点之间的弯矩图形状。k_{yz} 为考虑绕 z-z 轴弯曲屈曲的等效参数。当计算等效弯矩系数时,采用下列各项选用:

- C_{my} 与 z 方向上支撑点之间的弯矩 M_y 的形状相关;
- C_{mz} 与 y 方向上支撑点之间的弯矩 M_z 的形状相关;
- C_{mLT} 与 z 方向上支撑点之间的弯矩 M_y 的形状相关。

3-1-1/式(6.61)考虑了绕强轴的弯曲屈曲及轴向荷载对强轴弯矩的放大。然而,还需要考虑绕弱轴的弯曲屈曲和轴向荷载对弱轴弯矩的放大。为此,EN 1993-1-1 引入了 3-1-1/式(6.62):

$$\frac{N_{Ed}}{\frac{\chi_z N_{Rk}}{\gamma_{M1}}} + k_{zy}\frac{M_{y,Ed} + \Delta M_{y,Ed}}{\chi_{LT}\frac{M_{y,Rk}}{\gamma_{M1}}} + k_{zz}\frac{M_{z,Ed} + \Delta M_{z,Ed}}{\frac{M_{z,Rk}}{\gamma_{M1}}} \leqslant 1.0 \qquad 3\text{-}1\text{-}1/(6.62)$$

在 3-1-1/附录 A 中,再次考虑仅绕 y 轴的单向弯矩,k_{zy} 涉及以下内容:

- 通过以下系数放大绕 y-y 轴施加的弯矩：

$$\frac{1}{1-(N_{Ed}/N_{cr,y})}$$

- 轴力作用下，弯扭屈曲的横向位移和扭转位移的放大通过类似系数考虑：

$$\frac{1}{\sqrt{\left(1-\frac{N_{Ed}}{N_{cr,z}}\right)\left(1-\frac{N_{Ed}}{N_{cr,T}}\right)}}$$

- 上述计算 k_{yy} 时所用一阶弯矩图形状。
- 1 类和 2 类截面的弹性与塑性截面承载力比。
- 参数 μ_z 提供与上述 μ_y 类似的功能。

$$\mu_z=\frac{1-\frac{N_{Ed}}{N_{cr,z}}}{1-\chi_z\frac{N_{Ed}}{N_{cr,z}}}$$

存在双向弯矩时，通过 k_{zz} 考虑轴向荷载作用下绕 z-z 轴弯矩的放大以及约束之间的弯矩图形状，但是由于梁不易绕弱轴发生弯扭屈曲，因此不考虑任何扭转位移的放大。

与 3-1-1/附录 B 中的方法再次略有不同但使用起来更简单。当梁"不易发生扭转变形"时，k_{zy} 为 k_{yy} 的 80%。对于扭转变形的"敏感性"没有明确定义。如果在所有扭转模态（即弯矩作用下的弯扭屈曲及轴向荷载作用下的弯曲屈曲或弯扭屈曲）中 $\overline{\lambda}\leqslant0.2$，则可认为梁不易发生扭转变形。另一种更简单的方法是认为梁易受扭转变形影响，从而根据 3-1-1/表 B.2 取值。在这种情况下，k_{zy} 取决于绕 z-z 轴弯曲屈曲的构件长细比及相关轴力，考虑 $N_{Ed}/(\chi_z N_{pl,Rd})$ 的相关轴力和横向约束点之间的弯矩图形状。绕 z-z 轴弯曲屈曲的 k_{zz} 取决于构件长细比、相关轴力与弯矩图形状。

各种相互作用参数 k 可以大于 1.0，与英国以前的做法所使用的线性相互作用不同。当轴力较小时（与弹性屈曲临界承载力相比），参数可能小于或等于1.0。图 6.3-15 显示了轴力和弯矩之间相互作用的形状如何从上凸变为下凹。实例 6.3-3以数学的方式说明了这些相互作用参数如何可以超过 1.0，尽管选择的轴力有点放大了这些参数的大小。

对于大多数梁，轴力相对较小。根据 3-2/条款 5.2.1(4)的规定，如果 $N_{cr}/N_{Ed}\geqslant10$，则可忽略轴力的二阶效应。因此，假如轴力作用下的最小弹性极限临界屈曲荷载（参见本指南 6.3.1）至少是所施加轴力的 10 倍，则可以忽略在相互作用3-1-1/式(6.61)和 3-1-1/式(6.62)中弯矩项的轴力放大倍数，即 k_{ij} 取 1.0。如果在约束点之间的弯矩变化很大，结合最大弯矩值，则 k_{ij} 可保守地取 1.0。在英国以前的做法中，这种情况下，k_{ij} 取 1.0 且弯矩基于约束之间构件中间三分之一的最大弯矩值。于是，3-1-1/式(6.61)和 3-1-1/式(6.62)可以合并成一个公式。轴力项在这种相互作用情况下为：

$$\frac{N_{\mathrm{Ed}}}{\chi N_{\mathrm{Rk}}/\gamma_{\mathrm{M1}}}$$

式中,χ 为根据 3-2/条款 6.3.1 得到的轴力作用下的最小屈曲折减系数。

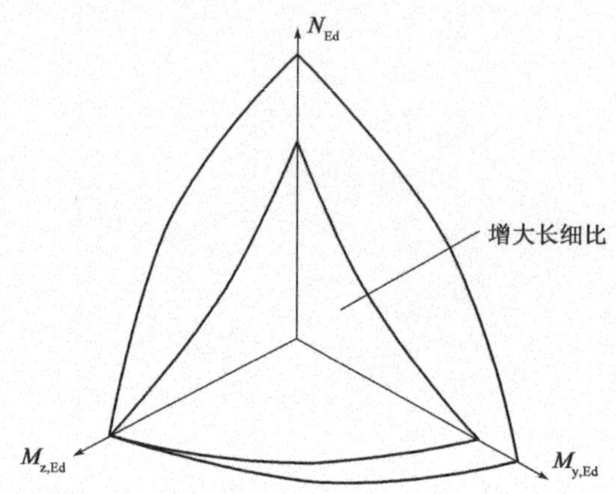

图 6.3-15 基于 EN 1993-1-1 的轴力和弯矩相互作用图的典型形状

根据第一作者进行的有限试算,3-1-1/附录 B 中的相互作用参数通常会给出最经济的设计。无论选择哪种方法,由于需要确定计算长度,可能都需要使用电子表格,如实例 6.3-3 所示。

6.3.3.2 3-2/条款 6.3.3(1)中单向弯矩作用时简化的相互作用

3-2/条款6.3.3(1)

3-2/条款6.3.3(1) 给出 3-1-1/式(6.61)的另一种简化形式,仅适用于单向弯矩和面内弯曲屈曲(即不发生弯扭屈曲)的情况。

$$\frac{N_{\mathrm{Ed}}}{\dfrac{\chi_{\mathrm{y}} N_{\mathrm{Rk}}}{\gamma_{\mathrm{M1}}}} + C_{\mathrm{mi},0} \frac{M_{\mathrm{y,Ed}} + \Delta M_{\mathrm{y,Ed}}}{\dfrac{M_{\mathrm{y,Rk}}}{\gamma_{\mathrm{M1}}}} \leqslant 0.9 \qquad 3\text{-}2/(6.9)$$

式中,$C_{\mathrm{mi},0}$考虑了弯矩图形状,且根据 3-1-1/表 A.2 取为 $C_{\mathrm{my},0}$。如果可能发生弯扭屈曲但未作任何修正,如在分母中特别添加 χ_{LT},则 3-2/式(6.9)不适用。3-2/式(6.9)的形式源于上文讨论。如果引入柱的长细比

$$\lambda = \sqrt{\frac{N_{\mathrm{pl,Rk}}}{N_{\mathrm{cr,y}}}}$$

则式（D6.3-26）可写为：

$$M_{\mathrm{y,Ed}}^{\mathrm{II}} = M_{\mathrm{y,Ed}}^{\mathrm{I}} \left(\frac{1}{1 - \dfrac{N_{\mathrm{Ed}}}{\chi_{\mathrm{y}} N_{\mathrm{pl,Rd}}} \chi_{\mathrm{y}} \bar{\lambda}^{2} \dfrac{1}{\gamma_{\mathrm{M1}}}} \right)$$

如果将其代入式(D6.3-28)并改变格式,可得：

$$\frac{N_{\mathrm{Ed}}}{\chi_{\mathrm{y}} N_{\mathrm{pl,Rd}}} + \frac{M_{\mathrm{y,Ed}}^{\mathrm{I}}}{M_{\mathrm{y,Rd}}} \leqslant 1 - \frac{N_{\mathrm{Ed}}}{\chi_{\mathrm{y}} N_{\mathrm{pl,Rd}}} \left(1 - \frac{N_{\mathrm{Ed}}}{\chi_{\mathrm{y}} N_{\mathrm{pl,Rd}}} \right) \chi_{\mathrm{y}} \bar{\lambda}^{2} \frac{1}{\gamma_{\mathrm{M1}}}$$

$$\leqslant 1-0.25(\max)\times\chi_{y}\bar{\lambda}^{2}\frac{1}{\gamma_{M1}}$$

注意到 3-1-1/式(6.49)：

$$\chi\rightarrow\frac{1}{\lambda^{2}}\qquad 由\ \bar{\lambda}\rightarrow\infty\ 得\ \chi\bar{\lambda}^{2}\rightarrow 1.0$$

上式的最小值为：

$$1-0.25(\max)\times 1.0(\max)\times\frac{1}{\gamma_{M1}}=\frac{0.75}{\gamma_{M1}}=0.77$$

从而：

$$\frac{N_{Ed}}{\chi_{y}N_{pl,Rd}}+\frac{M_{y,Ed}^{I}}{M_{y,Rd}}\leqslant 0.77$$

此处列出上文中的 3-2/式(6.9)，作为对比。

$$\frac{N_{Ed}}{\chi_{y}N_{pl,Rd}}+\frac{M_{y,Ed}^{I}}{M_{y,Rd}}\leqslant 0.90$$

如上文中对式(D6.3-29)的论述，使用“0.9”减轻相互作用中使用参数 $N_{Ed}/(\chi_{y}N_{pl,Rd})$ 的保守性。

实例 6.3-3：通用 I 形钢梁中的弯矩和轴力作用

一座桥包含成对的简支通用梁 914×305(201)，跨径为 30m。每根梁在跨中处受到 1500kN·m 的弯矩(在梁端为零，抛物线变化)作用，轴力为 2000kN·m。梁每 3m 在中心处设交叉支撑以保证横向刚性连接。上翼缘设有平面支撑，保持 3m 的间隔长度，桥面板是非组合截面。钢材为 S355，随厚度变化的屈服应力取自 3-1-1/表 3.1(注意英国国家附件要求使用 EN 10025 的值)。用于表达 3-1-1/式(6.61)和式(6.62)的相互作用所需的参数。

根据 3-1-1/附录 A 和附录 B 确定。横截面按弹性设计。

通用梁的截面特性取自截面表，如下：

$A=2.56\times10^{4}\text{mm}^{2}$

$I_{y}=3.26\times10^{9}\text{mm}^{4}$

$W_{el,y}=7.21\times10^{6}\text{mm}^{3}$

$I_{z}=9.43\times10^{7}\text{mm}^{4}$

$I_{T}=2.93\times10^{6}\text{mm}^{4}$

$I_{w}=18.4\times10^{12}\text{mm}^{6}$(计算方法见本指南 6.3.1.4)

$$i_{g}=\sqrt{\frac{(I_{y}+I_{z})}{A}}=\sqrt{\frac{(3.26\times10^{9}+9.43\times10^{7})}{2.56\times10^{4}}}=362\text{mm}$$

$N_{Rk}=2.56\times10^{4}\times355=9088\text{kN}$

$M_{y,Rk}=7.21\times10^{6}\times355=2559\text{kN}\cdot\text{m}$

3-1-1/ 附录A 中的相互作用参数

$N_{cr,T} = (GI_T + \pi^2 EI_w / L_x^2) / i_g^2$(见本指南 6.3.1.4)

$= (81 \times 10^3 \times 2.93 \times 10^6 + \pi^2 \times 210 \times 10^3 \times 18.4 \times 10^{12} / 3000^2) / 362^2$

$= 34146\text{kN}$

$N_{cr,z} = \pi^2 EI_z / L_z^2 = \pi^2 \times 210 \times 10^3 \times 9.43 \times 10^7 / 3000^2 = 21716\text{kN}$

根据 3-1-1/式(6.50)可知:

$$\bar{\lambda}_z = \sqrt{\frac{Af_y}{N_{cr}}} = \sqrt{\frac{2.56 \times 10^4 \times 355}{21716 \times 10^3}} = 0.65$$

由 3-1-1/图 6.4 可知,绕弱轴弯曲屈曲的折减系数取自曲线 b,为$\chi = 0.81$。

$N_{cr,y} = \pi^2 EI_y / L_y^2 = \pi^2 \times 210 \times 10^3 \times 3.26 \times 10^9 / 30000^2$

$= 7507\text{kN}$

根据 3-1-1/式(6.50)可知:

$$\bar{\lambda}_y = \sqrt{\frac{Af_y}{N_{cr}}} = \sqrt{\frac{2.56 \times 10^4 \times 355}{7507 \times 10^3}} = 1.10$$

由 3-1-1/图 6.4 可知,绕强轴弯曲屈曲的折减系数取自曲线 b,为$\chi_y = 0.59$。

由 3-1-1/表 A.1 可知:

$$k_{yy} = C_m C_{mLT} \frac{\mu_y}{1 - \frac{N_{Ed}}{N_{cr,y}}}$$

$$\mu_y = \frac{1 - \frac{N_{Ed}}{N_{cr,y}}}{1 - \chi_y \frac{N_{Ed}}{N_{cr,y}}} = \frac{1 - \frac{2000}{7507}}{1 - 0.59 \times \frac{2000}{7507}} = 0.87$$

$$\varepsilon_y = \frac{M_{y,Ed}}{N_{Ed}} \frac{A}{W_{el,y}} = \frac{1500 \times 10^6}{2000 \times 10^3} \frac{2.56 \times 10^4}{7.21 \times 10^6} = 2.66$$

$\alpha_{LT} = 1 - I_T / I_y = 1.00$ (通过验算)

为保守和简单起见,认为弯矩在整跨上均匀分布。实际上,弯矩图在跨上为抛物线且在横向约束之间接近均匀。均匀弯矩的假设允许在计算 k_{yy} 和 k_{zy} 时使用相同的 C_{my} 值,如上文 6.3.3.1 所述。根据 3-1-1/表 A.2 可知:

$$C_{my,0} = 0.79 + 0.21\psi + 0.36(\psi - 0.33) \frac{N_{Ed}}{N_{cr,y}}$$

$$= 0.79 + 0.21 + 0.36(1 - 0.33) \frac{2000}{7507}$$

$$= 1.06$$

$$C_{my} = C_{my,0} + (1 - C_{my,0})\frac{\sqrt{\varepsilon_y}\alpha_{LT}}{1+\sqrt{\varepsilon_y}\alpha_{LT}}$$

$$=1.06 + (1 - 1.06)\frac{\sqrt{2.66}\times 1.0}{1+\sqrt{2.66}\times 1.0} = 1.02$$

$$C_{mLT} = C_{my}^2\frac{\alpha_{LT}}{\sqrt{\left(1-\frac{N_{Ed}}{N_{cr,z}}\right)\left(1-\frac{N_{Ed}}{N_{cr,T}}\right)}}$$

$$=1.02^2\times\frac{1.00}{\sqrt{\left(1-\frac{2000}{21716}\right)\left(1-\frac{2000}{34146}\right)}}$$

$$k_{yy} = C_{my}C_{mLT}\frac{\mu_y}{1-\frac{N_{Ed}}{N_{cr,y}}} = 1.02\times 1.13\times\frac{0.87}{1-\frac{2000}{7507}} = \mathbf{1.37}$$

$$\mu_z = \frac{1-\frac{N_{Ed}}{N_{cr,z}}}{1-\chi_z\frac{N_{Ed}}{N_{cr,z}}} = \frac{1-\frac{2000}{21716}}{1-0.81\times\frac{2000}{21716}} = 0.98$$

$$k_{zy} = C_{my}C_{mLT}\frac{\mu_z}{1-\frac{N_{Ed}}{N_{cr,y}}} = 1.02\times 1.13\times\frac{0.98}{1-\frac{2000}{7507}} = \mathbf{1.54}$$

3-1-1/附录B 中的相互作用参数

再次保守地认为弯矩在整跨上均匀分布。根据 3-1-1/表 B.3，$C_{my}=1.0$（抛物线分布时为 0.95）。

$$k_{yy} = C_{my}\left(1+0.6\bar{\lambda}_y\frac{N_{Ed}}{\chi_y N_{Rk}/\gamma_{M1}}\right) = 1.0\left(1+0.6\times 1.1\times\frac{2000}{0.59\times 9088/1.1}\right)$$

$$=1.27$$

但是不大于：

$$k_{yy} = C_{my}\left(1+0.6\frac{N_{Ed}}{\chi_y N_{Rk}/\gamma_{M1}}\right) = 1.0\left(1+0.6\times 1.1\times\frac{2000}{0.59\times 9088/1.1}\right)$$

$$=\mathbf{1.25}$$

$$k_{zy} = 1-\frac{0.05\bar{\lambda}_z}{(C_{mLT}-0.25)}\frac{N_{Ed}}{\chi_z N_{Rk}/\gamma_{M1}} = 1-\frac{0.05\times 0.65}{(1.0-0.25)}\times\frac{2000}{0.81\times 9088/1.1}$$

$$=\mathbf{0.99}$$

但是不小于：

$$k_{zy} = 1-\frac{0.05}{(C_{mLT}-0.25)}\frac{N_{Ed}}{\chi_z N_{Rk}/\gamma_{M1}} = 1-\frac{0.05}{(1.0-0.25)}\times\frac{2000}{0.81\times 9088/1.1}$$

$$=0.98$$

在这种情况下，附录 B 中的相互作用参数都小于附录 A 中的相互作用参数。

6.3.4　结构构件弯曲屈曲和弯扭屈曲的一般方法

6.3.4.1　一般方法

3-1-1/条款 6.3.3 中给出的规则仅用于验算压弯作用下的双轴对称截面(等截面),因此应用范围有限,尽管它们实际上也适用于非双轴对称情况。***3-1-1/条款6.3.4(1)*** 给出了一种验算轴力和弯矩组合效应(仅用于结构平面内)而不进行相互作用验算的一般方法。该方法适用于非对称截面构件、变截面构件及整体平面框架。原则上,这种方法更接近真实情况,因为实际上结构或构件在一种屈曲模态下具有唯一的"系统长细比"。在每个作用效应下,相互作用公式假设发生单独的屈曲模态。构件在这些屈曲模态下具有不同的长细比,随后将其组合以进行整体验算。一般方法的缺点是需要能够进行弹性临界屈曲分析和二阶分析的软件。此外,需要使用板壳单元来确定在给定弯矩作用下产生的弹性临界屈曲模态。

3-1-1 条款 6.3.4(1)

另一种适用于许多桥梁工况的简化方法是将梁的受压弦杆视为轴心压杆来考虑面外屈曲。这种方法及其局限性将在 6.3.4.2 中讨论。还有一种方法是使用考虑缺陷的二阶分析来验算面内和面外屈曲效应,如本指南 5.2 节和 5.3 节所述。

3-1-1/条款 6.3.4.1(2)
3-1-1/条款 6.3.4.1(3)

3-1-1/条款6.3.4.1(2) 中的基本验算通过确定 ***3-1-1/条款6.3.4.1(3)*** 中面外屈曲的长细比实现,可包括弯曲屈曲和弯扭屈曲的组合。该长细比为整个系统的长细比,适用于其中的所有构件。与 Eurocode 长细比的一般形式保持一致,即:

$$\lambda_{op}=\sqrt{\frac{\alpha_{ult,k}}{\alpha_{cr,op}}} \qquad (3\text{-}3\text{-}1)/(6.64)$$

式中:$\alpha_{ult,k}$——应用于设计荷载最小荷载系数,以达到最临界截面的特征承载力,忽略面外屈曲,但考虑面内二阶效应弯矩及缺陷;

$\alpha_{cr,op}$——应用于设计荷载最小荷载系数,该设计荷载要求给出平面外弹性临界屈曲,忽略面内屈曲。

计算的第一阶段为分析确定 $\alpha_{ult,k}$,忽略任何面外屈曲效应,但考虑面内长细比效应(必要时使用二阶分析)和缺陷。这些可能会增大弯矩,从而引起面外失稳效应。由于该方法中使用的承载力公式不考虑面内的二阶效应和缺陷,因此分析时必须加以考虑。如本指南 5.2 节所述,如果结构不易发生显著的面内二次效应,则可以使用一阶分析。

然后使用 EN 1993-1-1 中 6.2 节的内容验算每个截面的相互作用,但需使用承载力特征值。荷载通过系数 $\alpha_{ult,k}$ 放大,直到达到承载力特征值。最简单的验算方法为 3-1-1/式(6.2):

$$\frac{N_{Ed}}{N_{Rk}}+\frac{M_{y,Ed}}{M_{y,Rk}}\leqslant 1.0 \qquad (D6.3\text{-}30)$$

式中,N_{Rk} 和 $M_{y,Rk}$ 考虑了剪力和扭矩作用下的折减,如果要避免单独的截面验算。N_{Ed}和$M_{y,Ed}$是设计荷载作用下截面上的轴力和弯矩。如果允许一阶分析，则临界荷载系数由下式确定：

$$\alpha_{ult,k}\left(\frac{N_{Ed}}{N_{Rk}}+\frac{M_{y,Ed}}{M_{y,Rk}}\right)=1.0 \quad (D6.3\text{-}31)$$

如果需要进行二阶分析，则必须逐渐增加外加荷载，直到根据式（D6.3-30）发现某一个截面失效。这是必要的，由于系统不再是线性的，且当外加荷载增加时，不能简单将一阶分析的结果计算在内（作为二阶分析的替代方法，可以通过一阶分析确定 $\alpha_{ult,k}$，随后使用 3-1-1/条款 6.3.3 而不是式（D6.3-30）考虑相互作用，忽略面外屈曲）。

对于 1 类或 2 类的对称截面 I 形梁，可以根据 3-1-1/式(6.36)进行截面验算：

$$\frac{M_{y,Ed}}{M_{pl,y,Rk}\left(1-\frac{N_{Ed}}{N_{Rk}}\right)/(1-0.5a)}\leq 1.0 \quad 3\text{-}1\text{-}1/(6.36)$$

式中，a 取决于截面形状。此时，如果使用一阶分析，则临界荷载系数的相关公式为：

$$\frac{\alpha_{ult,k}M_{y,Ed}}{M_{pl,y,Rk}\left(1-\frac{\alpha_{ult,k}N_{Ed}}{N_{Rk}}\right)/(1-0.5a)}=1.0 \quad (D6.3\text{-}32)$$

作为根据 3-1-1/条款 6.2 的另一种截面验算方法，可以基于 Von Mises 屈服准则，使用整体弹性有限元分析来直接确定荷载放大系数。这将偏于保守。

第二阶段是确定最小荷载系数 $\alpha_{cr,op}$，以达到面外屈曲时弹性屈曲临界承载力，但忽略面内屈曲模态。这通常需要板壳有限元模型来充分预测构件的弯扭屈曲行为。如果只能分别确定轴力放大系数 $\alpha_{cr,N}$ 和弯矩放大系数 $\alpha_{cr,M}$，但又要使用标准的验算方法，则可以通过简单的相互作用来确定整体荷载系数，如：

$$\frac{1}{\alpha_{cr,op}}=\frac{1}{\alpha_{cr,N}}+\frac{1}{\alpha_{cr,M}} \quad (D6.3\text{-}33)$$

然后根据 3-1-1/式(6.64)计算整体长细比。该长细比仅考虑如上所述的面外效应，而面内效应在确定作用效应时考虑。然后必须确定该长细比的折减系数 χ_{op}。由于折减系数曲线有时可能不同，因此这个折减系数取决于屈曲模态主要是弯曲屈曲还是弯扭屈曲。最简单的方法是根据 3-1-1/条款 6.3.1 或条款 6.3.2 分别确定面外弯曲屈曲及弯扭屈曲的折减系数，然后取较小值。接着，将该折减系数应用于第一阶段的截面验算，但这次使用材料特性设计值。如果使用式（D6.3-30）简单验算截面的相互作用，则考虑弯曲屈曲和弯扭屈曲的验算可参考 ***3-1-1/条款6.3.4(4)a***：　***3-1-1/条款 6.3.4(4)a***

$$\frac{N_{Ed}}{N_{Rk}/\gamma_{M1}}+\frac{M_{y,Ed}}{M_{y,Rk}/\gamma_{M1}}\leq\chi_{op} \quad 3\text{-}1\text{-}1/(6.65)$$

这是根据 ***3-1-1/条款6.3.4(2)*** 中提供的一般验算方法得出的，于是独立于截面验算方法的验算方式可写为：　***3-1-1/条款6.3.4(2)***

$$\frac{\chi_{op}\alpha_{ult,k}}{\gamma_{M1}} \geqslant 1.0 \qquad 3\text{-}1\text{-}1/(6.63)$$

也可以使用相同的长细比确定每个效应各自的折减系数,对于轴力,折减系数为 χ;对于弯矩,折减系数为 χ_{LT}。然后将这些系数用于计算截面承载力。如果采用式(D6.3-30)中的简单相互作用验算截面,那么考虑弯曲屈曲和弯扭屈曲的验算可参考 ***3-1-1/条款6.3.4(4)b***:

3-1-1/条款 6.3.4(4)b

$$\frac{N_{Ed}}{\chi N_{Rk}/\gamma_{M1}} + \frac{M_{y,Ed}}{\chi_{LT} M_{y,Rk}/\gamma_{M1}} \leqslant 1.0 \qquad 3\text{-}1\text{-}1/(6.66)$$

如果使用有限元模型直接验算截面承载力,则 3-1-1/式(6.63)可以与 χ_{op} 取弯曲屈曲与弯扭屈曲中的较小值的假定一起使用。

应该注意到,当控制截面验算的构件本身不受面外变形的显著影响时,这个过程偏于保守。

通过下文的实例进一步说明这个方法。

实例 6.3-4:平面框架

预制 I 形截面平面框架在水平构件上作用有均匀的荷载 W。柱置于基础上,但没有提供其他横向约束。使用 3-1-1/条款 6.3.4 验算框架的承载力强度和稳定性。

第一步: 平面框架模型如图 6.3-16 所示。这里使用一阶分析,因为面内效应对这种结构的影响很小。在设计荷载作用下,弯矩为 $M_{y,Ed,i}$,轴力为 $N_{Ed,i}$。不考虑面外缺陷。所有截面的验算基于各自的承载力标准值,如使用式(D6.3-30)确定最关键截面(此处为跨中)。由于该系统是线性的,因此可根据式(D6.3-31)确定荷载系数 $\alpha_{ult,k}$。在这种情况下,$\alpha_{ult,k}=1.90$。如果必须进行二阶分析,则必须逐渐增大荷载至 $\alpha_{ult,k}W$,使某个截面达到其截面承载力。

第二步: 使用板壳单元建立框架有限元模型,以充分考虑面外行为,包括弯曲、扭转和翘曲变形。(该模型也可用于步骤 1。)如图 6.3-17 所示,弹性临界屈

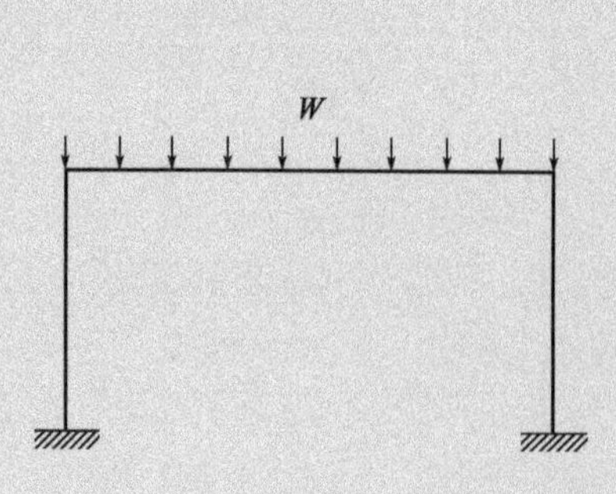

图 6.3-16 用于确定 $\alpha_{ult,k}$ 的平面框架分析

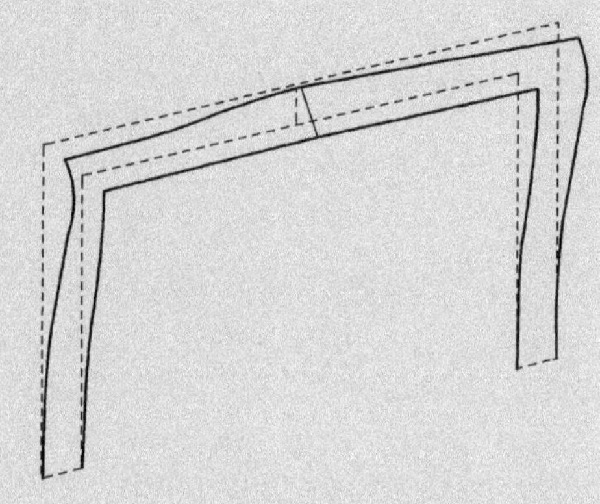

图 6.3-17 用于确定 $\alpha_{cr,LT}$ 的有限元分析

曲分析给出面外屈曲的弯曲屈曲和弯扭屈曲的组合模式。这种屈曲模态下，设计荷载的荷载系数 $\alpha_{cr,op}=3.50$。

第三步：根据式3-1-1/式(6.64)计算长细比：

$$\lambda_{op}=\sqrt{\frac{\alpha_{ult,k}}{\alpha_{cr,op}}}=\sqrt{\frac{1.90}{3.50}}=0.74$$

第四步：3-1-1/图6.4中的“曲线c”适用于弯曲屈曲，而“曲线d”适用于弯扭屈曲。为简单起见，可以使用最低的屈曲曲线，因此根据“曲线d”，$\chi_{op}=\chi_{LT}=0.61$。由3-1-1/式(6.63)得：

$$\frac{\chi_{op}\alpha_{ult,k}}{\gamma_{M1}}=\frac{0.61\times1.90}{1.1}=1.05\geqslant1.0$$

所以该框架刚好满足要求。此外，可以根据3-1-1/式(6.66)进行验算，得到稍微不那么保守的答案，即与 $\alpha_{ult,k}$ 的推导一致。

6.3.4.2 简化方法

本节介绍3-2/条款6.3.4.2的简化方法。它分为以下几个附加小节：

- 特征值分析。 *6.3.4.2.1*
- 具有U形框架或其他柔性中间约束的梁长。 *6.3.4.2.2*
- 刚性支撑之间的梁长。 *6.3.4.2.3*
- 支撑的刚度。 *6.3.4.2.4*
- 在施工过程中不设置平面支撑或板的梁。 *6.3.4.2.5*
- 支撑和U形框架的强度。 *6.3.4.2.6*

6.3.4.2.1 特征值分析

3-2/条款6.3.4.2(2)的简化方法适用于一侧翼缘横向受约束的梁。该方法基于通过受压翼缘的屈曲来表示弯扭屈曲(实际上是侧向畸变屈曲，因为假设一侧翼缘横向固定)。后续讨论的对象都是梁的翼缘，但同样适用于桁架弦杆。该方法主要用于U形框架式桥梁，但也可用于其他具有柔性支撑的桥梁。它也适用于刚性约束间梁受压翼缘的长度，如钢-混凝土组合结构的负弯矩区——见以下6.3.4.2.3。EN 1994-2设计指南[7]详细介绍了这种方法在组合梁中的使用，包括考虑与轴力的相互作用。在3-2/条款6.3.4.2中，忽略了梁的扭转惯性矩。对于浅轧型钢截面，这种简化可能过于保守，但对于大部分预制桥梁则比较合适。 *3-2/条款6.3.4.2(2)*

3-2/条款6.3.4.2(3)允许通过受压弦杆的弹性临界屈曲分析确定弯曲屈曲的长细比。将翼缘(在受压区中计入连接腹板的部分)建模为面积 A_{eff} 的轴心压杆，由横向弹簧约束，表示支撑(包括离散U形框架)的约束作用以及连续U形框架的作用。可假设此模型因腹板而不发生竖直方向的屈曲，但应根据3-1-5/条款8对翼缘诱发屈曲进行验算，以验证该假设。支撑可以是柔性的，如离散的U形框架支撑(与横梁高度上的平面支撑或桥面板共同作用)，也可以是刚性的，如交 *3-2/条款6.3.4.2(3)*

叉支撑(与平面支撑或桥面板共同作用)。其他类型的支撑,例如梁中心高度与平面支撑或桥面板共同作用的槽形支撑,可能是刚性的,也可能柔性的,取决于它们的刚度。

柔性离散 U 形框架梁的典型模型如图 6.3-18 所示。桥面板提供的平面支撑作用未显示。如果使用弹簧模拟离散 U 形框架等离散约束的刚度,则屈曲临界荷载不应大于离散支撑约束间压杆的欧拉荷载。如果使用计算机分析,则一般不需使用弹簧来模拟离散约束。这种模拟通常仅在基于弹性地基梁理论的手算方法中使用。该方法用于推导标准这一部分中的方程。

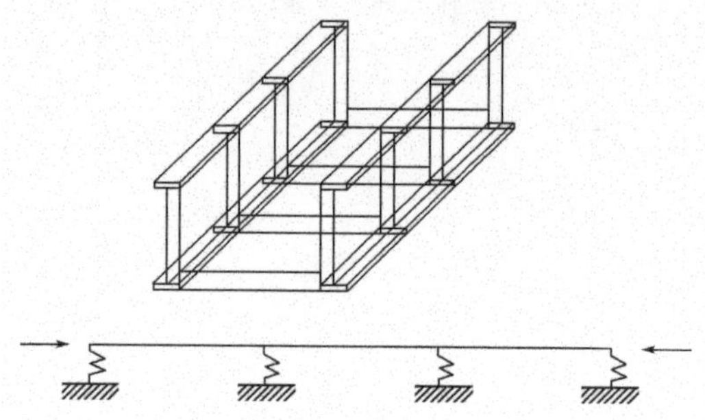

图 6.3-18　离散 U 形框架稳定翼缘的受压弦杆模型

3-2/条款 6.3.4.2(4)

可以通过弹性临界屈曲分析来计算临界屈曲承载力 N_{crit}。然后,根据 ***3-2/条款 6.3.4.2(4)*** 计算长细比:

$$\bar{\lambda}_{LT} = \sqrt{\frac{A_{eff} f_y}{N_{crit}}}$$

3-2/条款 6.3.4.2(7)

式中,如图 6.3-19 所示,根据 ***3-2/条款 6.3.4.2(7)***,$A_{eff} = A_f + A_{wc}/3$。需要近似定义 A_{eff}(大于翼缘面积)以确保压杆中的临界应力与梁在弯矩下屈曲所需的应力相同。

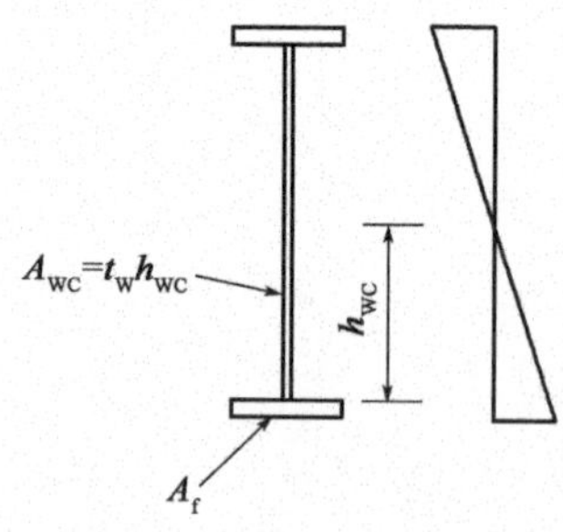

图 6.3-19　有效受压区的定义

U 形框架的弹簧刚度可以根据 3-2/附录 D 中用于求刚度值 C_d 的 3-2/表 D.3 计算。如图 6.3-20 所示,典型情况为具有竖直吊杆和横梁的桁架或带有加劲肋和横梁的板梁。这种情况下的刚度(在所示的单位力下)为:

$$C_d = \frac{EI_v}{\frac{h_v^3}{3} + \frac{h^2 b_q I_v}{2I_q}} \qquad \text{(D6.3-34)}$$

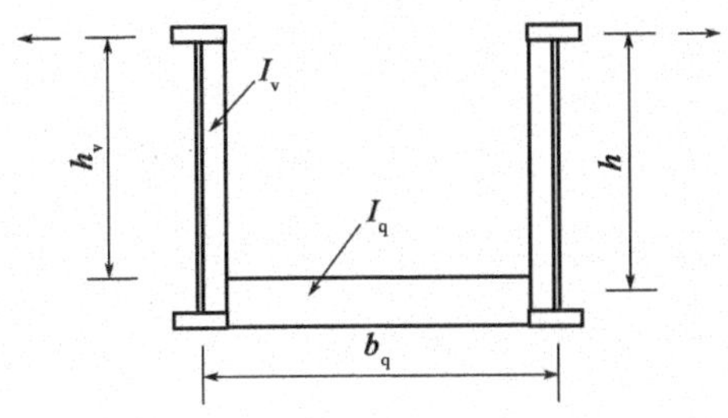

图6.3-20　计算 C_d 所需特性的定义

这也适用于倒U形框架，例如在钢-混凝土组合桥中，横梁刚度基于桥面板和钢筋的开裂惯性矩或离散组合横梁的开裂截面。该公式还可用于推导腹板不设加劲肋且作为连续U形框架中竖直构件时的刚度。然而，这种较小的约束刚度通常对稳定承载力几乎没有影响，除非刚性约束间的距离很大，并且需要额外验算U形框架弯矩作用下的腹板稳定性，见实例6.3-5。对于多梁体系，可以通过将计算 C_d 公式中的 $2I_q$ 替换为 $3I_q$ 以得到对中部梁的约束。如3-1-5/图9.1所示，加劲肋截面特性的推导应考虑腹板宽度（加劲肋宽度加 $30\varepsilon t_w$）。

上述公式不考虑节点的柔性。节点的柔性会显著降低U形框架的使用效率。根据3-1-8/条款5.2.2，如果节点是“半连续”的，则节点转动柔度 S_j 的影响，必须根据3-1-8/条款6.3确定，并包括在 C_d 的计算中。这很适用于通过未加劲端板的连接BS 5400：第3部分[4] 中给出某些通用连接类型的转动刚度，如下：

(a) 0.5×10^{-10} rad/N mm，横梁通过未加劲端板或夹板用螺栓连接或铆接；

(b) 0.2×10^{-10} rad/N mm，横梁通过加劲端板用螺栓连接或铆接；

(c) 0.1×10^{-10} rad/N mm，横梁直接焊接在截面上，或者通过螺栓或铆钉连接横梁上的加劲端板与竖直构件的加强部分。这种连接的柔性通常可以忽略不计。

上述值通常非常保守，因为它们来源于高度较小的构件的研究。转动刚度随着构件高度的增加而增加。

其他约束的刚度，例如设置在主梁中心高度的槽形截面支撑，可以从支撑系统的平面框架模型导出。对于设置支撑的一对梁或支撑系统相同的多梁，通常必须考虑施加在受压翼缘上的单位力，使翼缘位移最大化。如图6.3-20所示，对于成对的U形框架，力的方向相反时最大位移发生，但也有例外。对于梁中心设置了槽形支撑的成对梁，通常力的方向相同，翼缘位移更大。

6.3.4.2.2　具有U形框架或其他柔性中间约束的梁长

上述的分析方法非常有用，例如，当考虑翼缘截面发生变化或者翼缘长度方向的轴应力符号的反转时。在其他相对简单的情况下（例如简支中承式结构或在中支点间的连续梁下翼缘），3-2/条款6.3.4.2(6)、(7)中提供的公式是适用的。

3-2/条款6.3.4.2(6) 中的 N_{crit} 公式源于连续弹簧的弹性屈曲分析。根据弹性理论（如参考文献24中所述），压杆的临界稳定荷载为： *3-2/条款 6.3.4.2(6)*

$$N_{crit}=n^2\frac{\pi^2EI}{L^2}+\frac{cL^2}{n^2\pi^2}\qquad(D6.3\text{-}35)$$

式中:I——有效翼缘和腹板的横向惯性矩;

L——刚性支撑间的长度;

c——单位约束的刚度;

n——失稳时的半波个数。

区别之后,当 $n^4 = cL^4/(\pi^4 EI)$ 时值最小:

$$N_{crit} = 2\sqrt{cEI} \quad (D6.3\text{-}36)$$

3-2/条款 6.3.4.2(6) 中给出的公式如下:

$$N_{crit} = mN_E \quad 3\text{-}2/(6.12)$$

式中,$N_E = \pi^2 EI/L^2$,$m = 2/\pi^2\sqrt{\gamma} \geqslant 1.0$,$\gamma = cL^4/EI$ 且 $c = C_d/l$。其中,C_d 等于约束刚度,l 等于约束之间的距离。当把这些项代入式 3-2/式(6.12)时,得到与式(D6.3-36)相同的结果。如下所述,式(D6.3-35)中的 n 值不应小于 1.0;超过 1.0 则意味着屈曲长度大于刚性约束之间的长度。

3-2/式(6.10)和 3-2/式(6.12)为传统 U 形框架桥梁评估的基础,如中承式结构,但这假设支撑处的端部约束是"刚性的"。"刚性"的定义将在 6.3.4.2.4 中讨论。一般来说,交叉支撑等约束肯定是刚性的,而 U 形框架桥跨结构的端部 U 形框架肯定不是。在后一种情况中,对于非刚性框架,根据 BS 5400:第 3 部分[4] 的修正方法,用下式替换 3-2/式(6.12)中的 m:

$$m = \frac{\sqrt{\gamma}}{\left(\frac{\pi}{\sqrt{2}} + \frac{0.69}{X + 0.5}\right)^2} \quad (D.6.3\text{-}37)$$

式中:$X = \frac{C_e}{\sqrt{2}}\left(\frac{l^3}{C_d^3 EI}\right)^{0.25}$;

C_e——端部支撑的刚度,计算方式与中间支撑刚度 C_d 相同。

然而,存在这样的情况,柔性端部 U 形框架仅在屈曲端部半波中将屈曲临界荷载减小到上述修正值。根据 ***3-2/条款 6.3.4.2(5)***,屈曲有效长度为:

3-2/条款 6.3.4.2(5)

$$l_k = \pi\sqrt{\frac{EI}{N_{crit}}} \quad (D6.3\text{-}38)$$

随着与柔性端部 U 形框架的距离的增加,屈曲有效长度将减小,而屈曲临界荷载将增加,且端部 U 形框架的柔性影响很小。如果梁足够长而存在多个半波长,则上述屈曲临界荷载在远离梁端部时将过于保守。可以证明,有效长度从梁端的减小值抛物线变化到假设为刚性端部时的值,变化距离等于由刚性端部计算出的有效长度的 2.5 倍。因此,改进的屈曲荷载可用于远离端部屈曲半波长的梁,这对于验算简支梁的跨中截面是有用的。

6.3.4.2.3 刚性支撑之间的梁长

根据上文可以注意到,基于 3-2/式(6.12)的屈曲临界荷载与刚性约束之间的长度无关。弹簧刚度较小时,N_{crit} 值对应的波长大于 L,于是 N_{crit} 可能低于长度为 L 时的欧拉荷载。然而,N_{crit} 不应小于长度 L 时的欧拉荷载,并且式(D6.3-35)中的

n 不应小于 1.0。在这种情况下,屈曲临界荷载应取:

$$N_{\text{crit}}=\frac{\pi^2 EI}{L^2}+\frac{cL^2}{\pi^2} \tag{D6.3-39}$$

这是 3-2/条款 6.3.4.2(7)中根据 3-2/式(6.14)给出的两个公式中前者的基础,用于刚性支撑之间的短长度翼缘。这意味着屈曲的半波长受限于支撑之间的长度,但是这个长度中涉及的任何柔性约束都会增加长度为 L 的压杆的欧拉荷载。3-2/式(6.14)还考虑了端弯矩和剪力变化的影响,但它们对于弯矩反转的情况并不适用(并且是不安全的)。m 为以下两者中的较小值:

$$m=1+0.44(1+\mu)\Phi^{1.5}+(3+2\Phi)\gamma/(350-50\mu)$$
$$m=1+0.44(1+\mu)\Phi^{1.5}+[0.195+(0.05+\mu/100)\Phi]\gamma^{0.5} \qquad 3\text{-}2/(6.14)$$

其中,当 $M_2<M_1$ 且 $V_2<V_1$ 时,$\mu=V_2/V_1$,$\Phi=2(1-M_2/M_1)/(1+\mu)$。

第一个等式对应考虑一个半波长屈曲;第二个等式对应考虑两个半波长屈曲,但也是三个和四个半波长屈曲的较好近似。此外,与式(D6.3-35)的预测结果相比后,其还适用于受均匀弯矩时的情况。而对于这种特殊情况,m 的第二个公式在 γ 高达约 20000 时是准确的。

在 3-2/式(6.14)的第一个等式中,如果 $M_2=M_1$ 且 $V_2=V_1$,则在恒定翼缘轴力作用下的结果与式(D6.3-39)一致。剪力比 μ 用来描述约束点间的弯矩图形状。如果 $\mu=1.0$,那么弯矩图在约束点间是线性的;如果 $\mu<1.0$,则弯矩下降速度比线性分布假设的更快,如图 6.3-21所示,因此翼缘不易屈曲。

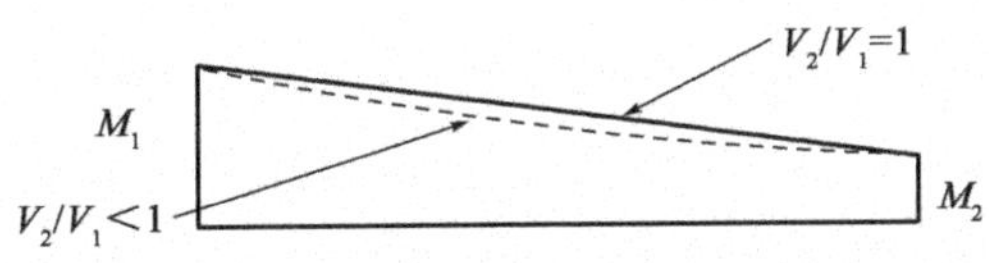

图 6.3-21　剪力比对弯矩图形状的影响

在弯矩反向时,3-2/式(6.14)对具有混凝土桥面板且在靠近中支点处布置交叉支撑的典型结构存在缺乏有效性的问题。如图 6.3-22 所示,如果桥墩提供的最远支撑仍然在负弯矩区内,梁中的弯矩将在支撑之间的跨截面中反向。在该区域中,m 可以保守地取 1.0,但这可能导致梁的设计偏于保守,或导致确保最内侧支撑之间的部分受正弯矩且下翼缘处于受拉状态,而不必要地增加远离桥墩的附加支撑。此外,根据 3-2/条款 6.3.4.2(7)的注释,可以通过保守地取 $M_2=0$,使 m

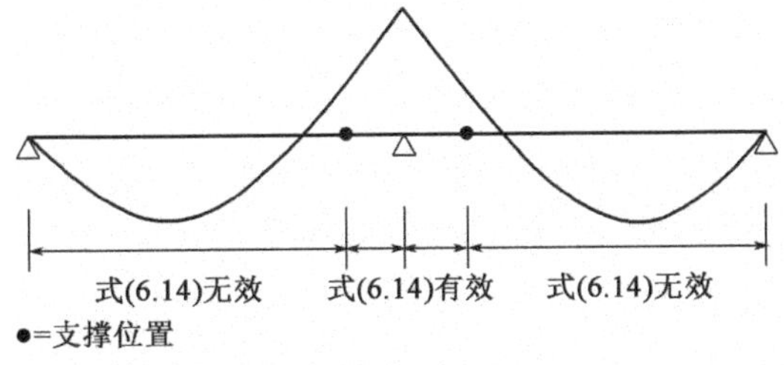

图 6.3-22　3-2/式(6.14)等式的有效范围

取更大的值。如果忽略桥面板约束刚度的有利作用(即 $c=0$),并且保守地取$V_2=V_1$,则 $m=1.88$。

需要重点注意,对弯矩反向情况取 $M_2=0$ 的方法仅在受拉翼缘(当弯矩反向时为受压翼缘)由桥面板连续支撑,或者当弯矩反向时上翼缘可能会失稳的情况下有效。这在本指南 6.3.2.3 中说明过。如果上翼缘仅在离散点处设支撑,则在正弯矩区中需要单独验算该翼缘(以相同方式做压杆处理),并根据弯矩图形状选择适当的 m 值。保守起见,取 $m=1.0$。

上翼缘由桥面板连续支撑时,也可以“变化”μ 以尝试得到不那么保守的弯矩图。对于图 6.3-23 中的情况,使用 $V_2/V_1=0$,$M_2/M_1=0$ 在端部 1 处得到与实际弯矩相同的弯矩梯度,但是别处的弯矩均大于实际弯矩,因此仍然是保守的。根据 3-2/式(6.14)得到$m=2.24$,且再次忽略 U 形框架的约束。如果上翼缘连续支撑,则实际的 m 值将更大。EN 1994-2 设计指南[7] 对此进行了进一步讨论,表明 2.24 也适用于刚性约束之间弯矩反向两次的情况。

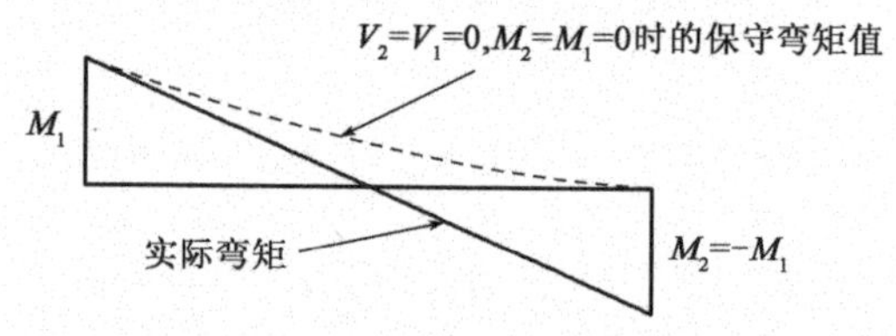

图 6.3-23 弯矩反向时 m 的典型计算

在 c 的计算中,可以考虑刚性支撑之间未加劲腹板的连续 U 形框架作用。然而益处通常很小,且如果考虑这一作用,则必须在其暗含的力作用下验算腹板,桥面板和栓钉。图 6.3-24为 m 关于 M_2/M_1 的曲线图,其中 $c=0$ 且 μ 变化。

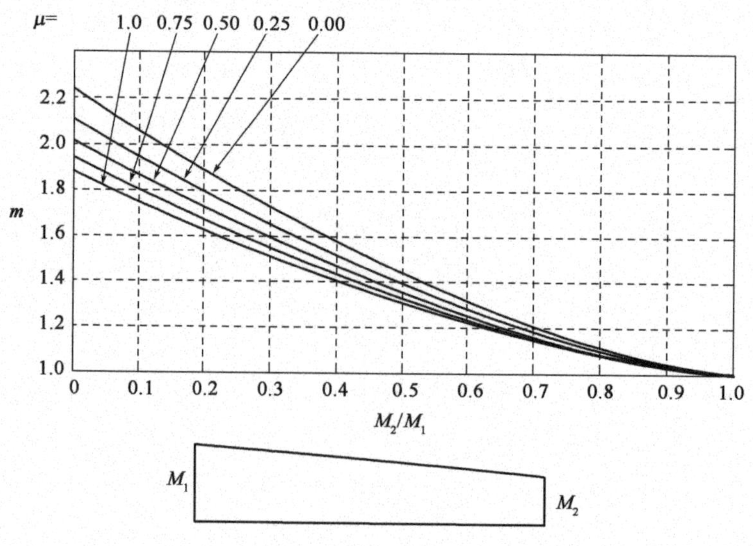

图 6.3-24 $\gamma=0$ 时刚性约束之间的“m”值

可以将 3-2/式(6.10)和 3-2/式(6.12)相结合,从而得到一个新的长细比公式,取翼缘面积为 $A_f=bt_f$,可得:

$$\bar{\lambda}_{LT}=\sqrt{\frac{A_{eff}f_y}{N_{crit}}}=\sqrt{\frac{(A_f+A_{wc}/3)f_yL^2}{m\pi^2EI}}=L\sqrt{\frac{(1+A_{wc}/3A_f)(f_y/Em)}{\frac{\pi^2}{12}\frac{b^3t_f}{bt_f}}}$$

因此，$\bar{\lambda}_{LT}=1.103\frac{L}{b}\sqrt{\frac{f_y}{Em}}\sqrt{1+\frac{A_{wc}}{3A_f}}$　　(D6.3-40)

但是，在验算支撑强度时仍然需要计算 N_{crit}，如下文6.3.4.2.6所述。

由于***3-2/条款6.3.4.2***中的公式假设翼缘上力的分布与弯矩分布形式相同，因此不直接适用于加腋梁。然而，对于受压弦杆，基于力特征值分析的一般方法仍然适用。或者，在使用所提供的公式时，代入所考虑长度中 c 的最小值，且用翼缘力比值 F_2/F_1 代替弯矩比 M_2/M_1，当使用3-2/式(6.14)时，取 V_2/V_1 等于1.0。

3-2/条款6.3.4.2(7)允许屈曲验算在距离最大端弯矩 $0.25L_k=0.25L/\sqrt{m}$（即有效长度的25%）处进行。(3-2/条款6.3.4.2中，L_k 和 l_k 均用于表示有效长度。)这看起来类似于通过使用构件中间三分之一范围中的效应来考虑弯矩图形状的近似实践；因此，这似乎重复计入了由3-2/式(6.14)推出的弯矩图形状的益处。但事实并非如此。在 $0.25L_k$ 处的验算反映了翼缘侧向失稳的最大应力点与刚性翼缘约束相距一定距离的事实，而梁整体失稳的最大应力则发生在刚性约束处。在这个翼缘模型中，假设梁翼缘在刚性横向约束处为铰接。由于这两个最大应力不共存于同一截面，因此不能直接相加，可以在两处之间的"设计"截面上进行失稳验算。同时，必须在最大弯矩点验算截面承载力。

当弯矩反向时，3-2/条款6.3.4.2(7)在这一方面的应用存在明显的问题，因为离端部 $0.25L/\sqrt{m}$ 的截面可能是一个反弯点。如果弯矩反向，则建议取最大弯矩位置到零弯矩位置距离的25%处为设计截面。此外，如果在 $0.25L_k$ 设计截面处验算有益，则必须基于设计截面，修改上文的长细比计算，因为截面临界弯矩会减小，从而使长细比增加。这可以通过在 $0.25L_k$ 截面处定义新的长细比来实现，如：

$$\bar{\lambda}_{0.25Lk}=\bar{\lambda}_{LT}\sqrt{\frac{M_1}{M_{0.25Lk}}}\qquad(D6.3\text{-}41)$$

式中，$M_{0.25Lk}$ 为 $0.25L_K$ 截面处的弯矩。实例6.3-5说明了这一验算过程。

6.3.4.2.4　支撑的刚度

上面讨论的EN 1993-2中的公式仅在定义长度 L 所用的端部约束为"刚性"时才有效。可以将 $N_{crit}=2\sqrt{cEI}$ 等同于 π^2EI/L^2 以找到所需的刚度限值，其给出的有效长度等于刚性约束之间的距离 L，但这略微低估了所需的刚度。因为公式假设约束连续，而它们实际上是离散的。前面的分析给出了 C_d 所需的刚度为 $\pi^4EI/(4L^3)$，而"正确"刚度为

$$\frac{4\pi^2EI}{L^3}=\frac{4N_E}{L}$$

如 3-2/条款 6.3.4.2(6)所述。

6.3.4.2.5 在施工过程中不设置平面支撑或盖板的梁

在施工过程中,通常通过“扭转”支撑成对地连接梁以保持其稳定。这种支撑减少或防止了单根梁的扭转,但不限制其横向偏转。如图 6.3-25 所示,英国多年来一直认为“扭转”支撑可以作为受压翼缘的刚性支撑,从而将有效长度限制为支撑之间的距离。然而,计算机弹性临界屈曲分析表明,有效长度通常不限于支撑间距,因为可能发生整个跨度上涉及支撑对旋转的失稳模式。BS 5400:第 3 部分[4]规定了用于这种情况的条款。它预测这种支撑在限制有效长度为支撑间距方面并非完全有效,尽管预测有点悲观。更柔的扭转支撑,例如受弯曲作用的梁间的水平槽钢支撑,显然通常表现为不完全有效。

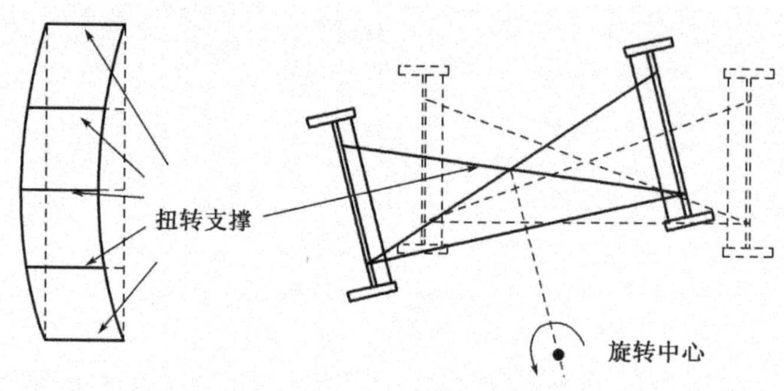

图 6.3-25 成对梁的扭转支撑和失稳模态

本指南 6.3.2.4 节中的方法,参考了 BS 5400:第 3 部分:2000[4],可用于考虑施工期间的失稳,但在某些情况下可能会得到非常保守的结论,即需要增加平面支撑或上翼缘尺寸。使用板壳有限元分析可以更好地计算长细比,而熟悉这种分析的人也会更快地完成验算。

使用现有商用软件可以相对快速地建立非组合梁的有限元模型,用板壳单元模拟成对的主梁而用梁单元模拟支撑。然后可以进行弹性临界屈曲分析,确定 M_{cr}的值并根据 3-2/条款6.3.2计算长细比。然而,从输出结果中确定 M_{cr}需要一些经验,因为观察到的第一个失稳模式通常不符合所需的整体失稳模式;在找到第一个整体模式之前,可能存在许多腹板和翼缘局部板件失稳的模式。这种方法通常表明,交叉支撑不能完全有效地将翼缘的有效长度限制为支撑之间的距离,但是它比 BS 5400 预测的更有效。对于简支的成对梁,静载下典型的最低阶整体失稳模式如图 6.3-25 所示。

实例 6.3-5 钢-混凝土组合桥

如图 6.3-26 所示为三跨钢-混凝土组合桥,钢材等级为 S355。设有刚性交叉支撑,梁的截面为 2 类截面,中墩的板件尺寸为:

上翼缘:400mm × 25mm

腹板：1160mm × 25mm

下翼缘：400mm × 40mm

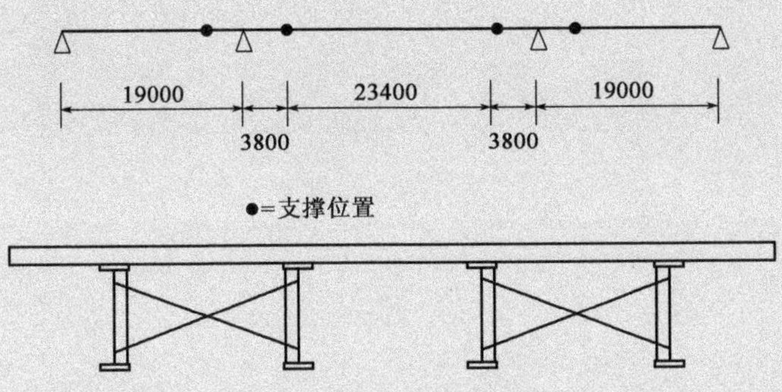

图 6.3-26 实例 6.3-5 中的桥（尺寸单位：mm）

梁中性轴距下翼缘顶部 735mm，塑性抗弯承载力（根据 EN 1994-2 使用 γ_{M_1} 确定）为 $M_{pl,Rd} = 10700kN \cdot m$。中支点的弯矩为 8674kN · m，在主跨支撑处共存的弯矩为 5212kN · m，支撑处的剪力值是中支点处的 70%。在中支点附近和主跨越过支撑处验算弯扭失稳，假设等截面。（**EN 1994-2 设计指南**[7] 中的类似示例考虑了横截面的变化以及轴力的影响。）

中支点处的验算

严格来说，应首先验算（或之后设计）支撑的刚度，以使屈曲长度为支撑间的长度。实例 6.3-7 均满足以上条件。

翼缘面积及腹板受压区面积如下：

$A_f = 400 \times 40 = 16000mm^2$

$A_{wc} = 735 \times 25 = 18375mm^2$

下翼缘的横向惯性矩为：

$I = \frac{1}{12} \times 40 \times 400^3 = 2.133 \times 10^8 mm^4$

在弦杆两端施加的弯矩为：

$M_1 = 8674kN \cdot m$

$M_2 = 5212kN \cdot m$

因此 $M_2/M_1 = 0.6$。

所以根据 3-2/条款 6.3.4.2(7)：$\mu = V_2/V_1 = 0.7$

$\Phi = 2(1 - M_2/M_1)/(1 + \mu) = 2(1 - 0.60)/(1 + 0.7) = 0.46$

桥面板确实提供了一定的连续 U 形框架刚度，并且可以使用 3-2/表 D.3（案例 1a）来计算刚度 c，但是此处忽略这个部分以避免在附加力的作用下桥面板、加劲肋及栓钉的设计过于复杂，因此 $\gamma = 0$。

根据 3-2/式(6.14)的第一个方程：

$$m = 1 + 0.44(1 + \mu)\Phi^{1.5} + (3 + 2\Phi)\gamma/(350 - 50\mu)$$
$$= 1 + 0.44(1 + 0.7)0.46^{1.5} = 1.23$$

根据第二个方程:

$$m = 1 + 0.44(1+\mu)\Phi^{1.5} + [0.195 + (0.05 + \mu/100)\Phi]\gamma^{0.5}$$

$$= 1 + 0.44(1+0.7)0.46^{1.5} = 1.23$$

于是 $m = 1.23$

如果考虑桥面板提供的 U 形框架约束,则该桥的 m 值仍然仅为1.26,因此考虑长度如此短 U 形框架的作用对主梁的稳定性没有实际益处。

由式(D6.3-40)可得:

$$\overline{\lambda}_{LT} = 1.1\frac{L}{b}\sqrt{\frac{f_y}{Em}}\sqrt{1+\frac{A_{wc}}{3A_f}}$$

$$= 1.1\times\frac{3800}{400}\sqrt{\frac{355}{210\times10^3\times1.23}}\times\sqrt{1+\frac{18375}{3\times16000}} = 0.46 > 0.2$$

因此该截面易于发生弯扭失稳。

(屈服应力根据 3-1-1/表 3.1 取 355MPa。但是英国国家附件要求根据 EN 10025取相应厚度的值)取自 3-1-1/表 6.4 相关的稳定曲线,为曲线 d($h/b = 1225/400 = 3.1 > 2$),因此根据 3-1-1/表 6.3,$\alpha_{LT} = 0.76$。

根据 3-1-1/式(6.56):

$$\Phi_{LT} = 0.5[1 + \alpha_{LT}(\overline{\lambda}_{LT} - 0.2) + \overline{\lambda}_{LT}^{\,2}]$$

$$= 0.5[1 + 0.76(0.46 - 0.2) + 0.46^2] = 0.705$$

$$\chi_{LT} = \frac{1}{\Phi_{LT} + \sqrt{\Phi_{LT}^2 - \lambda_{LT}^{\,2}}} = \frac{1}{0.705 + \sqrt{0.705^2 - 0.46^2}} = 0.81$$

因此,根据 3-1-1/式(6.56),弯扭失稳的折减系数为 0.81。

因此,抗弯承载力为:

$M_{b,Rd} = \chi_{LT}M_{pl,Rd} = 0.81\times10700 = \mathbf{8667kN\cdot m}$

其值大致等于施加的 8674**kN · m**,即有非常小的应力。

根据 3-2/条款 6.3.4.2(7),可以对距离支承 $0.25L/\sqrt{m} = 0.25\times3800/\sqrt{1.23} = 857$mm 处的设计截面进行验算。该截面的弯矩为:

$$M_{0.25LK} \approx 8674 - \frac{857}{3800}\times(8674 - 5212) = 7893\text{kN}\cdot\text{m}$$

根据式(D6.3-41),该截面的长细比为:

$$\overline{\lambda}_{0.25LK} = \overline{\lambda}_{LT}\sqrt{\frac{M_1}{M_{0.25Lk}}} = 0.46\sqrt{\frac{8674}{7893}} = 0.48$$

根据 3-1-1/图 6.4 曲线 d,$\chi_{LT} = 0.79$。因此在设计截面上,$M_{b,Rd} = \chi_{LT}M_{pl,Rd} = 0.79\times10700 = \mathbf{8453kN\cdot m} > M_{0.25Lk} = 7893$kN · m 所以梁的强度满足要求。

验算主跨的剩余部分

由于弯矩反向,不能直接使用 3-2/式(6.13)。

如果对恒力，m 保守地为 1.0，那么：

$$\overline{\lambda}_{LT} = 1.1\frac{L}{b}\sqrt{\frac{f_y}{Em}}\sqrt{1+\frac{A_{wc}}{3A_f}}$$

$$= 1.1\times\frac{23400}{400}\sqrt{\frac{355}{210\times10^3\times1.00}}\times\sqrt{1+\frac{18375}{3\times16000}} = 3.11 > 0.2$$

使用曲线 d，但此时直接根据 3-1-1/图 6.4 取 χ_{LT} 值，得 $\chi_{LT} = 0.09$。

如果遵循 EN 1993-2 的建议取 M_2 为 0（且 $V_2 = V_1$），则 $m = 1.88$，因此：

$$\overline{\lambda}_{LT} = 1.1\frac{L}{b}\sqrt{\frac{f_y}{Em}}\sqrt{1+\frac{A_{wc}}{3A_f}}$$

$$= 1.1\times\frac{23400}{400}\sqrt{\frac{355}{210\times10^3\times1.88}}\times\sqrt{1+\frac{18375}{3\times16000}} = 2.27 > 0.2$$

使用曲线 d，根据 3-1-1/图 6.4 取 $\chi_{LT} = \mathbf{0.14}$。

支撑处的负弯矩至少为支点处最大弯矩的 60%（支撑处为共存值而非最大值），但承载力仅为支点负弯矩承载力的约 17%。因此需要另一个支撑。在 EN 1994-2 设计指南[7] 中给出了一个类似的例子。在例子中，考虑了连接到顶板的腹板提供的连续 U 形框架作用，因此如在正文中所述，$m = 2.24$。这样的考虑做出了显著的改进，但是仍不足以避免需要更多的支撑。考虑连续 U 形框架作用也有缺点，即腹板和栓钉的设计必须考虑该作用产生的效应。

实例 6.3-6　中承式桥

图 6.3-27 所示为一座跨径 36m 的简支中承式桥的截面几何形状和截面特性。梁高 2.8m，腹板厚 20mm。（上翼缘理想化但是实际上由两块 60mm 厚的板组成。）图 6.3-27 所示为毛截面弹性中性轴，每个翼缘基于毛截面特性的截面模量为 $2.378\times10^8\text{mm}^3$。交叉梁间距恒为 3.0 m。钢材等级为 S355，由于板厚 60mm，因此屈服应力保守地取为 335MPa（根据 EN 10025）。计算弯扭失稳承载力。

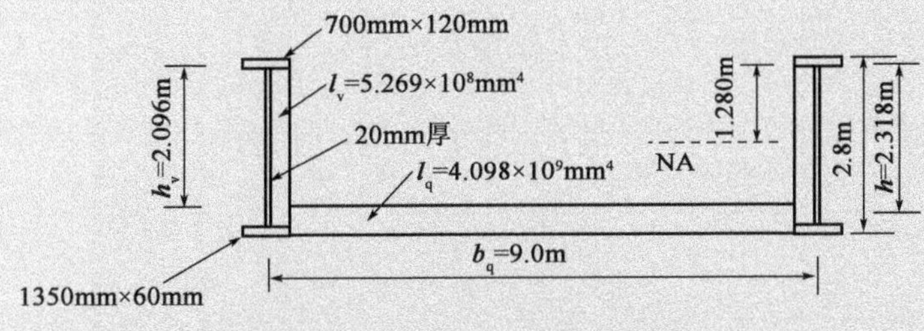

图 6.3-27　实例 6.3-6 中的中承式桥

首先检查截面类别。通过检验，上翼缘为 1 类截面。从图 6.3-27 可看出，腹板在受压时的弹性高度为 1280mm，受拉高度为 1340mm，因此应力比为：

$$\psi = -\frac{1280}{1340} = -0.96$$

根据 3-1-1/表 5.2,3 类腹板的限值为:

$$c/t \leqslant 62\varepsilon(1-\psi)\sqrt{-\psi} = 62 \times \sqrt{\frac{235}{335}} \times (1+0.96)\sqrt{0.96}$$

$$= 99 < \frac{2620}{20} = 131$$

所以,腹板实际上是 4 类截面。因此,腹板受压区应使用有效截面。根据本指南 6.2.2.5 的图 6.2-13 可得:

$$b/t\sqrt{\frac{f_y}{235}} = 2620/20\sqrt{\frac{335}{235}} = 156 \text{ 且 } \psi \approx -1$$

受压区的折减系数为 $\rho = 0.80$。这导致 3-1-5/表 4.1 要求的位置上一小块受压区无效,无效受压区高度 $= (1-0.80) \times 1280 = 256\text{mm}$。需要对截面特性进行修正以考虑这种折减,因此最小截面模量(上翼缘,保守地取外边缘处,而不是翼缘的中间平面处)变为 $2.328 \times 10^8\text{mm}^3$。新质心距离腹板顶部 1298mm。(6.2.2.5 中的实例 6.2-3 中介绍了 4 类截面截面特性的推导。)

上翼缘的横向惯性矩为 $\frac{1}{12} \times 700^3 \times 120 = 3.43 \times 10^9\text{mm}^4$(忽略腹板的微小贡献)。

根据 3-2/条款 6.3.4.2(7),有效受压面积为:

$$A_{eff} = A_f + A_{wc}/3 = 700 \times 120 + (1298 - 256) \times 20/3 = 90947\text{mm}^2$$

根据 3-2/附录 D,U 形框架的刚度为:

$$C_d = \frac{EI_v}{\frac{h_v^3}{3} + \frac{h^2 b_q I_v}{2I_q}} = \frac{210 \times 10^3 \times 5.269 \times 10^8}{\frac{2096^3}{3} + \frac{2318^2 \times 9000 \times 5.269 \times 10^8}{2 \times 4.098 \times 10^9}} = 17910\text{N} \cdot \text{mm}^{-1}$$

因此 $c = C_d/l = 17910/3000 = 5.97\text{N} \cdot \text{mm}^{-2}$

由于假设节点类型为焊接并完全加劲,因此在横梁的连接中不考虑任何节点的柔性。如果按照 3-1-8/条款 5.2.2,该节点是“半连续的”,节点柔度 S_j 必须根据 3-1-8/条款 6.3(或正文中讨论的保守值)确定,并包括在 C_d 的计算中。这通常适用于由未加劲端板制成的连接。

通过检验可得端部 U 形框架不是刚性的。因此,3-2/式(6.12)中 m 的公式无效,必须使用式(D6.3-37)来考虑端部 U 形框架的刚度不足:

$$X = \frac{C_e}{\sqrt{2}}\left(\frac{l^3}{C_d^3 EI}\right)^{0.25} = \frac{17910}{\sqrt{2}}\left(\frac{3000^3}{17910^3 \times 210 \times 10^3 \times 3.43 \times 10^9}\right)^{0.25} = 0.64\text{m}$$

$$= \frac{\sqrt{\gamma}}{\left(\frac{\pi}{\sqrt{2}} + \frac{0.69}{X+0.5}\right)^2} = \frac{\sqrt{\frac{5.97 \times 36000^4}{210 \times 10^3 \times 3.43 \times 10^9}}}{\left(\frac{\pi}{\sqrt{2}} + \frac{0.69}{0.64+0.5}\right)^2} = 14.766$$

由 3-2/式(6.12)可知：

$$N_{crit}=mN_E=14.766\times\pi^2\times210\times10^3\times3.43\times10^9/36000^2$$
$$=81000\text{kN}$$

根据 3-1-1/图 6.4 可知：

$$\bar{\lambda}_{LT}=\sqrt{\frac{A_{eff}f_y}{N_{crit}}}=\sqrt{\frac{90947\times335}{81000\times10^3}}=0.61>0.2$$

因此，该截面易于发生弯扭屈曲。

根据表 6.4，选取 3-1-1/式(6.56)所需的相关稳定曲线，由于 $h/b=2800/700=4.0>2$，因此选曲线 d，于是由 3-1-1/图 6.4 可得，$\chi_{LT}=0.70$。

因此，弯扭屈曲的折减系数为 **0.70**。

然后，根据 3-1-1/式(6.55)计算承载力：

$$M_{b,Rd}=\chi_{LT}W_{el,y}\frac{f_y}{\gamma_{M1}}=0.70\times2.328\times10^8\times\frac{335}{1.1}=\mathbf{49416kN\cdot m}$$

6.3.4.2.6　支撑和 U 形框架的强度

受压翼缘上支撑和 U 形框架约束的设计力由 ***3-2/条款6.3.4.2(5)*** 推出。基于弹性地基梁得到用于验算受压翼缘的公式。当翼缘加载时，受压翼缘的初始弯曲缺陷会引起约束受力且进一步增大弯曲，即 5.2 节中讨论的二阶效应。 ***3-2/条款 6.3.4.2(5)***

$$\text{如果 } l_k<1.2l, F_{Ed}=\frac{N_{Ed}}{100}$$

$$\text{如果 } l_k>1.2l, F_{Ed}=\frac{l}{l_k}\frac{N_{Ed}}{80}\frac{1}{1-\dfrac{N_{Ed}}{N_{crit}}}$$

式中，l 为约束间的距离，不论刚性还是柔性约束，l_k 为有效长度。如果在第二个公式中消去 l，则可以将其改写为：

$$F_{Ed}=\frac{N_{Ed}}{N_{crit}-N_{Ed}}\times\frac{l_k}{20\pi^2}\times C_d \tag{D6.3-42}$$

这有效地表示了初始弯曲挠度乘以约束弹簧在该挠度下刚度 C_d 的增长。初始缺陷是 $l_k/(20\pi^2)$，大约等于 $l_k/200$，对应于表 3-1-1/条款 5.1 中的 c 型初始弯曲。弹簧处弯曲的增长为：

$$\frac{N_{Ed}}{N_{crit}-N_{Ed}}\times\frac{l_k}{20\pi^2}$$

而根据 5.2 节中的理论，最终的总弯曲为：

$$\frac{N_{crit}}{N_{crit}-N_{Ed}}\times\frac{l_k}{20\pi^2}$$

给出 $F_{Ed}=N_{Ed}/100$ 的极限，使第二个方程的支撑力不会超过刚性支撑的支撑力。当使用带有离散约束的方程，屈曲模式变为一系列刚性约束间的半波长，且屈曲临界荷载不再随着约束刚度的增加而增加时，需要该限制。但是，如果提供连续约束(例如连续 U 形框架)，则对第一个方程没有影响，而第二个方程的使用应始终基于每单位长度的力。

没有关于 N_{Ed}计算的特别说明,假设其在整个屈曲半波长中是恒定的。它总是保守地基于跨度中的最大值,或者使用相关屈曲半波长中的最大值。

如果存在两个或多个相互连接的梁,EN 1993-2 没有规定力 F_{Ed}需要考虑的数量。对每个梁施加力 F_{Ed}则偏于保守。合理的方法是参考 BS 5400 :第 3 部分[4],只要求任意两个梁的力一起考虑,反映了不可能在所有翼缘上都发现最坏情况缺陷的现实。如果有很多梁连接在同一支撑对上,则应该特别注意, 因为只考虑两个力可能不安全。在这种情况下,可以对每个梁施加力 F_{Ed},但是需要根据 3-1-1/条款 5.3.3(1)中的公式计算折减系数 $\alpha_m \leq 1.0$,然后对每个力进行修正。效应不应小于任何两个梁的施加力 F_{Ed}。每个梁的力 F_{Ed}应施加在使所考虑的构件效应最大的方向上。

除了由于支撑受压翼缘所产生的力外,还应考虑支撑相关作用组合中的其他力。这些力包括风荷载和主梁间差异挠度的影响。对于后一种作用,将忽略支撑后获得的主梁位移应用于支撑的平面框架模型,以确定支撑中的力。此外,可以在整体分析中包括支撑并且直接确定支撑力。(如果使用梁格分析,则可以将支撑建模为等效横向构件,其受剪面积代表支撑的畸变刚度,抗弯惯性矩代表支撑的抗弯刚度。)在横梁上加载时,U 形框架构件(包括弦杆)也会产生额外的力,导
3-2/条款6.3.4.2(2) 致相邻框架之间的挠度差异。这种效应在 ***3-2/条款6.3.4.2(2)*** 注 2 中有提及,但是 EN 1993-2 则不直接说明。本指南 6.8 节给出了附加指南。

建议在承载力极限状态下按弹性极限设计支撑构件,因为塑性(特别是对于弯矩作用下的约束构件)将导致未修正的刚度损失,并可能使受压翼缘失稳。同样,在承载力极限状态下,螺栓应按不滑动设计。

通过平面支撑系统将约束力传递到端支点时,平面支撑系统应设计成能够抵抗比每个约束作用力 F_{Ed} 更大的效应,约束间长度等于屈曲半波长,且根据 EN 1993-1-1 的条款 5.3.3,力由每个翼缘上的整体弯曲产生。在后一种情况下,对于一个刚度很大的支撑系统,不发生一阶横向变形,每个翼缘上施加的力共为 $(N_{Ed}/62.5)\alpha_m$,其在平面支撑上均匀分布,其中 α_m 是 3-1-1/条款 5.3.3(1)中相互连接梁数量的折减系数。

实例 6.3-7 交叉支撑的刚度和强度

实例 6.3-5 中连续桥的支撑为由 150 × 150 × 18 角钢制成的交叉支撑,连接于腹板上,而在 25mm 厚的腹板上设有 100 × 20 加劲肋。验算支撑是否为"刚性",计算支撑翼缘所产生的轴力。假设中支点翼缘内的最大压应力为 300MPa。

如图 6.3-28 所示,首先根据平面框架模型计算支撑的刚度。(梁间弯矩作用下,如果在梁中间高度处设槽钢代替交叉支撑, 则施加同向力会比反向力产生更大的挠度。)

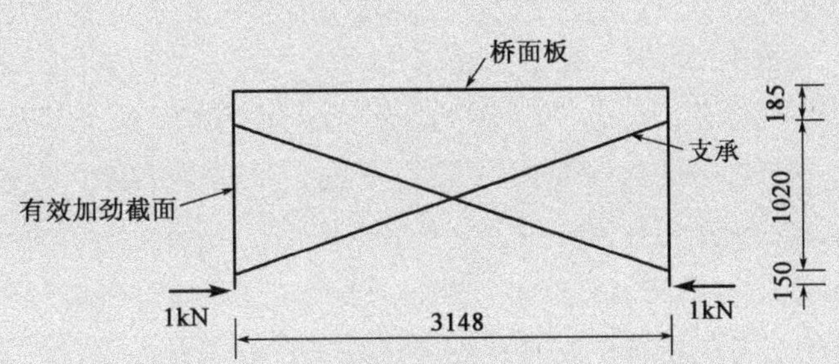

图 6.3-28　实例 6.3-7 中的交叉支撑（尺寸单位：mm）

加劲肋有效截面特性（3-1-5/图 9.1）：

附加腹板宽度 $=30\varepsilon t_w + t_{stiffener} = 30 \times 0.81 \times 25 + 20 = 628$mm

从而，$A_{st} = 17700\text{mm}^2$，$I_{st} = 9.41 \times 10^6 \text{mm}^4$

桥面板：

根据 EN 1994-2 中的剪力滞规定，使用桥面板的附加宽度。

平面框架模型在 1kN 的荷载作用下产生 1.25×10^{-5}m 的挠度。

因此支撑刚度为：

$$\frac{1000}{1.25 \times 10^{-2}} = 80000\text{N/mm}$$

根据 3-2/式（6.13），支撑视为刚性支撑时所需的刚度为（定义长度 $L=$ 3.8m）：

$$\frac{4\pi^2 EI}{L^3} = \frac{4\pi^2 \times 210 \times 10^3 \times 2.133 \times 10^8}{3800^3} = 32227\text{N/mm} < 80000\text{N/mm}$$

因此，可认为支撑是完全刚性的，L 可取支撑间的长度。由于支撑是完全刚性的，且 l_k 被限制为支撑之间的距离 l，因此可用 3-2/式（6.11）中的第一个等式确定支撑中的力。因此，

$$F_{Ed} = \frac{N_{Ed}}{100} = 300 \times \left(16000 + \frac{18375}{3}\right)/100 = 66.4\text{kN}$$

如图 6.3-28 所示，该力通过每个梁施加到支撑上。

支撑中的轴力为：

$$\frac{66.4}{\cos(\tan^{-1}1020/3148)} = \mathbf{69.8kN}$$

6.4　格构式受压构件

传统上，格构式受压构件多用于大型骨架结构中，因为预制“实腹”构件对于整体结构来说太过沉重。格构式构件的制造工作量相当大，通常不是最经济的选择。非连续的缀条或缀板会在结构上形成剪切柔性支撑。剪切柔性会通过增加二阶力矩降低屈曲承载力。EN 1993-2 直接参考 EN 1993-1-1 对格构式受压构件进行设计。

6.4.1 一般规定

3-1-1/条款 6.4 仅涉及长度为 L 的铰接等截面柱。对于其他端部约束,可以使用有效长度 L_{cr}代替 L。与 3-1-1/条款 6.3.1 中针对实腹构件的验算方法相比,

3-1-1/条款 6.4.1(1) 用于验算格构式受压构件屈曲承载力的方法稍有不同。***3-1-1/条款6.4.1(1)*** 允许将该构件看作具有剪切柔性支撑的柱,采用 $e_0 = L/500$ 的正弦形初始弯曲缺陷。该规定仅明确适用于单向弯矩作用。对于双向弯矩的建议如下:

3-1-1/条款 6.4.1(2) ***3-1-1/条款6.4.1(2)*** 说明上述规定假设在推导剪切刚度时缀条和缀板的间距恒定。如果它们不是恒定的,则可以基于最大间距进行设计,除非进行更细致的计算。由于缀条和缀板都理想化为剪切变形,因此还需要至少三倍跨径长度来考虑横向柔性。

验算首先确定肢中力,考虑构件的整体二阶效应。然后验算肢本身的截面承

3-1-1/条款 6.4.1(5) 载力以及缀条节点或缀板位置之间的屈曲,参见 ***3-1-1/条款6.4.1(5)***。

双肢构件

3-1-1/条款 6.4.1(6) 如图 6.4-1a)所示,构件只有两个肢,并且绕 z-z 轴施加任意弯矩。由***3-1-1/条款6.4.1(6)*** 计算肢中的力,如下:

$$N_{\mathrm{ch,Ed}} = 0.5N_{\mathrm{Ed}} + \frac{M_{\mathrm{Ed}}h_0A_{\mathrm{ch}}}{2I_{\mathrm{eff}}} \qquad \text{3-1-1/(6.69)}$$

式中,

$$M_{\mathrm{Ed}} = \frac{N_{\mathrm{Ed}}e_0 + M_{\mathrm{Ed}}^{\mathrm{I}}}{1 - \dfrac{N_{\mathrm{Ed}}}{N_{\mathrm{cr}}} - \dfrac{N_{\mathrm{Ed}}}{S_{\mathrm{v}}}}$$

式中:N_{cr}——格构式构件关于 z-z 轴的有效弹性屈曲临界承载力,$N_{cr} = \dfrac{\pi^2 EI_{eff}}{L^2}$;

N_{Ed}——施加在格构式构件上的压力设计值;

M_{Ed}^{I}——格构式构件中部绕 z-z 轴的最大弯矩设计值,不考虑二阶效应,即该弯矩取自忽略初始弯曲缺陷的一阶效应分析;

h_0——双肢形心间距;

A_{ch}——单肢截面面积;

I_{eff}、S_v——格构式构件的有效惯性矩和剪切刚度,这两个值取决于格构式构件采用缀条还是缀板。缀条式构件的轴向收缩或者缀板式构件中缀板和肢的空腹作用将产生剪切柔性。

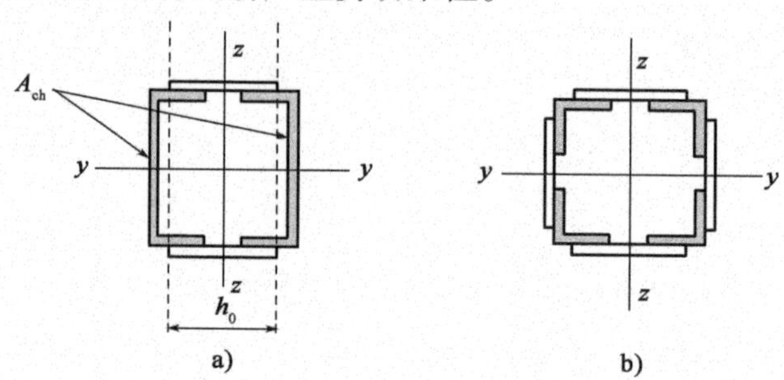

图 6.4-1 典型的格构式构件

3-1-1/式(6.69)实际上是关于 z-z 轴的整体屈曲验算。弯矩 M_{Ed} 为一阶弯矩 $N_{\mathrm{Ed}}e_0+M_{\mathrm{Ed}}^{\mathrm{I}}$ 被如下系数放大后的值：

$$\frac{1}{1-\frac{N_{\mathrm{Ed}}}{N_{\mathrm{cr}}}-\frac{N_{\mathrm{Ed}}}{S_{\mathrm{v}}}}$$

本指南的 5.2 节中讨论过系数 $1/[1-(N_{\mathrm{Ed}}/N_{\mathrm{cr}})]$。由于剪切位移会进一步放大弯矩，因此采用附加项 $N_{\mathrm{Ed}}/S_{\mathrm{v}}$ 表征。采用 3-1-1/式(6.69)计算肢中力时，假设 M_{Ed} 由作用在两个肢上的相反力承担，力臂为 h_0，而所施加的轴力 N_{Ed} 由两个肢共同承担。

确定肢中力后，必须验算肢本身的截面承载力以及在缀条节点或缀板位置之间绕 z-z 轴的屈曲。

并没有编写针对双向弯矩的规定，因此在 EN 1993-1-1 中没有给出与绕 y-y 轴弯矩 $M_{\mathrm{y,Ed}}^{\mathrm{I}}$ 的相互作用。这种弯矩的效应是在每个肢中产生关于 y-y 轴的弯矩 $M_{\mathrm{ch,y,Ed}}$，而肢的验算中也要包含这个部分。绕 y-y 轴的整体弯矩需要考虑适用的整体二阶效应。这可以通过一阶弯矩乘以以下系数实现。

$$\frac{1}{1-\frac{N_{\mathrm{Ed}}}{N_{\mathrm{cr,y}}}}$$

式中，$N_{\mathrm{cr,y}}$ 为绕 y-y 轴弯曲屈曲的弹性屈曲临界荷载。没有必要同时考虑两个方向的弯曲缺陷。因此当采用 3-1-1/式(6.69)确定肢中力时，由于公式已经考虑了关于 z-z 轴的弯曲缺陷，从而在计算 $M_{\mathrm{ch,y,Ed}}$ 时不需要考虑关于 y-y 轴的弯曲缺陷。

还应该验算关于 y-y 轴的整体屈曲，但是 3-1-1/条款 6.4 也没有涵盖这一点。在这种情况下，需要考虑关于 y-y 轴而不是关于 z-z 轴的弯曲缺陷。肢中轴力可从以下公式得到：

$$N_{\mathrm{ch,Ed}}=0.5N_{\mathrm{Ed}}+\frac{M_{\mathrm{z,Ed}}^{\mathrm{I}}h_0A_{\mathrm{ch}}}{2I_{\mathrm{eff}}\left(1-\frac{N_{\mathrm{Ed}}}{N_{\mathrm{cr,z}}}-\frac{N_{\mathrm{Ed}}}{S_{\mathrm{v}}}\right)} \tag{D6.4-1}$$

式中：$N_{\mathrm{cr,z}}$——格构式构件关于 z-z 轴的有效弹性屈曲临界承载力；

$M_{\mathrm{z,Ed}}^{\mathrm{I}}$——格构式构件中部绕 z-z 轴的最大弯矩设计值，不考虑二阶效应，即该弯矩取自忽略初始弯曲缺陷的一阶效应分析。

每个肢中绕 y-y 轴的弯矩为：

$$M_{\mathrm{ch,y,Ed}}=0.5\frac{N_{\mathrm{Ed}}e_0+M_{\mathrm{y,Ed}}^{\mathrm{I}}}{1-\frac{N_{\mathrm{Ed}}}{N_{\mathrm{cr,y}}}} \tag{D6.4-2}$$

四肢构件

如图 6.4-1b)所示，当有四个肢时，肢中力可以用类似于 3-1-1/式(6.69)的方式计算,但对于单向弯矩,$N_{ch,Ed}$指的是一对肢中的力。当存在双向弯矩时,需要额外项以考虑另一方向上的弯矩。然后,在两个不同方向上各进行一次肢中力的计算,以考虑两个方向上的弯曲缺陷。最后验算每个肢的截面承载力以及缀条节点或缀板位置间的屈曲。应验算关于肢最弱轴的屈曲。

验算缀条和缀板的剪力

为了设计缀条和它们间的连接,有必要考虑格构柱中的剪力。如图 6.4-2 所示,在轴向荷载作用下,外部的侧向力和柱的弯曲都会产生剪力。

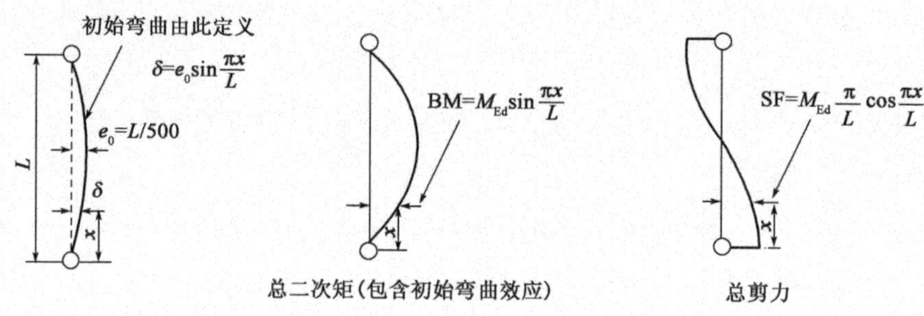

图 6.4-2　初始弯曲的格构式受压构件

初始弯曲为正弦曲线,并且保守地假设由任意外部作用引起的一阶弯矩 M_{Ed}^{I} 都是正弦形的。因此,假设放大后的弯矩为正弦分布,即 $M_{Ed}\sin(\pi x/L)$,尽管剪切变形意味着这个假设并不严格正确。从而,由下式得到剪力为:

$$V=\frac{\mathrm{d}}{\mathrm{d}x}\left(M_{Ed}\sin\frac{\pi x}{L}\right)=M_{Ed}\frac{\pi}{L}\cos\frac{\pi x}{L}$$

3-1-1/条款 6.4.1(7)　剪力的最大值在 $x=0$ 的支点处。因此,***3-1-1/条款6.4.1(7)*** 中给出的用于设计缀条和缀板的剪力为:

$$V_{Ed}=M_{Ed}\frac{\pi}{L}\qquad 3\text{-}1\text{-}1/(6.70)$$

如下节所述,这种剪力作用会对缀条和缀板产生不同的影响。

6.4.2　缀条式受压构件

3-1-1/条款 6.4.2.1(1)　*3-1-1/条款 6.4.2.1(2)*　必须验算肢和缀条的屈曲,见 ***3-1-1/条款6.4.2.1(1)***。肢和整体构件可如上面 6.4.1 所述进行验算。对于缀条节点间的肢屈曲,可以根据 ***3-1-1/条款6.4.2.1(2)*** 中的 3-1-1/图 6.8 计算有效长度。

如 3-1-1/图 6.9 所示,缀条式格构受压构件在受压肢的连接处为三角格构式布置。由轴力作用下缀条的轴向收缩可以推导出剪切刚度值 S_v。整个构件的有

3-1-1/条款 6.4.2.1(4)　效惯性矩可以按照 ***3-1-1/条款6.4.2.1(4)*** 计算,$I_{eff}=0.5h_0^2A_{ch}$。假设每个肢的面积集中在其形心处。

需要用 3-1-1/式(6.70)中的剪力设计缀条。缀条系统的设计力如图 6.4-3 所示,因此,缀条 n 平面上的力为 $V_{Ed}/\cos\theta$。

如果缀条与缀板组合,则需要特别注意。对于单一的缀条系统,如 3-1-1/图 6.9左侧的系统,肢在轴力下移动,但不会由此在缀条中产生力。如果引入缀

板，特别是与缀条系统一起使用，则缀板可以防止肢在轴力作用下移动，并且在缀条和缀板中产生力。在这种情况下，缀条和缀板应该在结构模型中与肢共同建模，并且在最终的作用下设计构件。

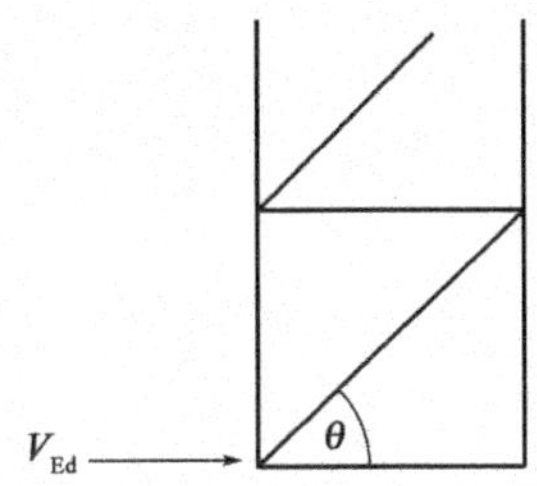

图 6.4-3 缀条的设计力

6.4.3 缀板式受压构件

如图 6.4-4 所示，缀板式格构受压构件具有水平支撑（"缀板"），以空腹式布置连接各个受压肢。空腹式格构受压构件通过缀板和肢的组合弯曲抵抗剪力荷载，因此剪切刚度取决于缀板和肢惯性矩。剪切刚度根据 ***3-1-1/条款 6.4.3.1(2)*** 计算： ***3-1-1/条款 6.4.3.1(2)***

$$S_v = \frac{24EI_{ch}}{a^2\left[1+\frac{2I_{ch}h_0}{nI_b a}\right]} \leqslant \frac{2\pi^2 EI_{ch}}{a^2} \qquad \text{3-1-1/(6.73)}$$

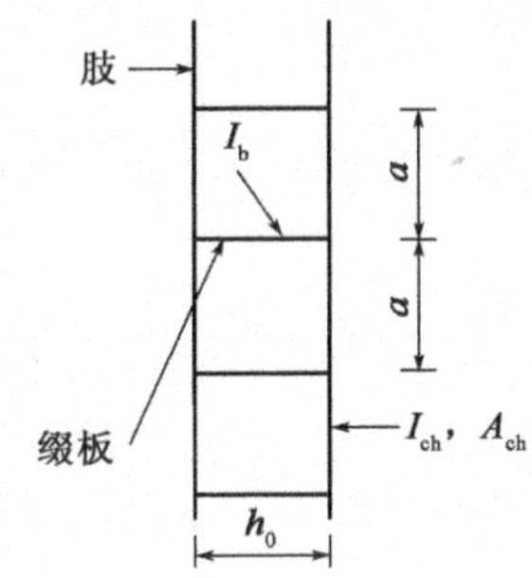

图 6.4-4 考虑 S_v 值的典型缀板布置

缀板式格构构件的有效惯性矩 I_{eff} 按 ***3-1-1/条款 6.4.3.1(3)***，可取为： ***3-1-1/条款 6.4.3.1(3)***

$$I_{eff} = 0.5h_0^2A_{ch} + 2\mu I_{ch} \qquad \text{3-1-1/(6.74)}$$

式中，μ 为取自 3-1-1/表 6.8 的效率系数：

当 $\lambda \geqslant 150$ 时，$\mu = 0$

当 $75 < \lambda < 150$ 时，$\mu = 2 - \frac{\lambda}{75}$

当 $\lambda \leqslant 75$ 时，$\mu = 1.0$

其中 $\lambda = L/i_0$，$i_0 = \sqrt{I_1/(2A_{ch})}$ 且 $I_1 = 0.5h_0^2A_{ch} + 2I_{ch}$

必须按照上面 6.4.1 的内容，在由 3-1-1/式(6.69)求得的最大肢中力 $N_{ch,Ed}$ 作用下，验算肢和整体构件。对于缀板式构件，3-1-1/式(6.70)的剪力也会在肢中产生弯矩。跨端的弯矩如 3-1-1/图 6.11 所示，这里不再说明。因此，缀板间肢的

3-1-1/条款 6.4.3.1(1) 局部验算也必须包括这些附加局部弯矩。***3-1-1/条款6.4.3.1(1)***要求在端部(根据 3-1-1/式(6.70)得到剪力,此时空腹效应最大但肢中力最小)和柱屈曲半波长的中心处(此时肢中力最大但是空腹效应最小)验算肢和缀板。然而,最大肢中力与最大剪力相结合是最简单的。通常希望设置缀板间距使肢长细比$\bar{\lambda}$小于0.2;然后仅需要验算肢的截面承载力。

6.4.4 紧凑型格构构件

被归类为"紧凑型"的格构式受压构件可以根据 EN 1993 的 6.2 节和 6.3 节按普通构件设计。假设受压构件在连接节点间不易失稳(在 3-1-1/表 6.9 中定义为"相互连接"),3-1-1/表 6.9 中定义了最大相互连接间距,以确保不发生局部屈曲。

6.5 板件屈曲

本指南将该部分分为以下 2 小节:

- 未施加面外荷载的板件。 *6.5.1*
- 施加面外荷载的板件。 *6.5.2*

6.5.1 未施加面外荷载的板件

3-2/条款6.5(1) *3-2/条款6.5(2)* ***3-2/条款6.5(1)***参考了 EN 1993-1-5,以进行板屈曲验算。在面内应力作用下,加劲梁或不设加劲肋的 4 类截面中板件的局部屈曲可以选择***3-2/条款6.5(2)***中两种方法中的一种来验算:

(a)在应力分析中折减截面特性(本指南 6.2.2.5),用于验算弯矩和轴力作用下的截面。剪力和横向荷载共同作用下的 4 类截面可按本指南 6.2.8 ~ 6.2.11 进行验算。如本指南 6.2.2.5 所述,在满足某些几何限制时该方法才适用。

(b)使用在毛截面上得到的应力(折减应力方法,见本指南 6.2.2.6)进行逐板屈曲验算。该方法直接考虑了剪应力和正应力之间的相互作用。

6.5.2 施加面外荷载的板件

3-2/条款6.5(3) 存在面外荷载时,如交通荷载作用下设纵向加劲肋的桥面板中会出现这种情况,而 EN 1993-2 中没有特别好地涵盖这种情况,见***3-2/条款6.5(3)***。类似的问题也会出现在翼缘在立面内发生弯曲时,如本指南 6.10 节所述,此时也会产生面外弯矩。EN 1993-1-7 中将会涵盖面外荷载,但在编写本指南时这一部分尚未完成。根据上述方法(a)或(b)设计加劲板,方法会有所不同。下面讨论的两种方法(6.5.2.1和 6.5.2.2),还需要考虑翼缘起拱或弯曲引起的附加弯矩,见本指南 6.10 节。下面仅考虑加劲板。对于非加劲板,可以研究出类似的方法,而在这种情况下,下文 6.5.2.1(i)b)和 6.5.2.1(ii)中的放大系数将基于$\sigma_{cr,p}$而不是$\sigma_{cr,c}$。

6.5.2.1 有效截面方法

对于纵向加劲板,需要验算加劲肋稳定性,并验算剪力和横向弯矩的相互作用。这些将分别在下面的(i)、(ii)和(iii)中考虑。

(i)纵向加劲肋稳定性

为了确定加劲肋中的纵向面外弯矩,可以采用梁单元将桥面板建模为梁格,如图 6.5-1 所示;或者更实际地用板壳单元建模。对于梁格模型,纵向构件应设置在每个纵向加劲肋的轴线上。纵向加劲肋的横向约束间的横向构件代表桥面板。每个纵向构件应包含加劲肋和翼缘板附加宽度。附加宽度对分析的影响不大,因此可以根据 3-1-5/条款 4.4,将由加劲肋间格构板屈曲推导出的有效宽度作为附加宽度,而且这与下文中的强度验算一致,还给出了所涉及桥面板的合理刚度。如本指南 6.2.2.3 所述,根据 EN 1993-1-5,如果需要也可以考虑剪力滞效应对局部弯矩附加宽度的进一步折减。

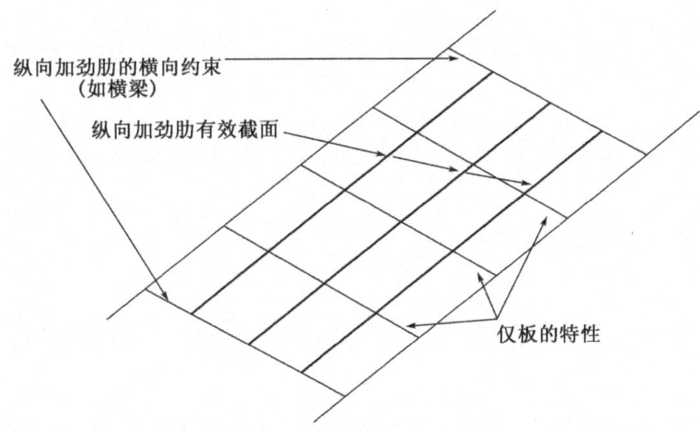

图 6.5-1　纵向加劲板的梁格理想化

加劲桥面板的整体纵向应力应根据 6.2.2.5 中讨论的弯矩和轴力作用下的桥梁有效截面确定。这必须包括 6.2.2.3 中讨论的剪力滞效应。

于是,有两种可能的方法来体现相互作用:

(a)3-1-1/条款6.3.3 中的梁-柱相互作用

3-2/条款6.5(3)建议,使用 3-2/条款 6.3.3 或 3-1-1/条款 6.3.3 中给出的轴力和弯矩的相互作用,来验算因面外荷载而受压弯作用的桥面板。为了定义梁-柱,可以根据 3-1-5/条款 4.5.1(4)得到作为支撑的每个加劲肋的有效截面,忽略了翼缘整体屈曲的影响。使用忽略加劲板整体屈曲的有效截面的原因在于 3-2/条款 6.3.3中已经考虑了整体屈曲。从而,有效面积为: *3-2/条款6.5(3)*

$$A_{c,eff,loc}=A_{sl,eff}+\rho_{loc}b_{c,loc}t \quad (D6.5\text{-}1)$$

式中:$A_{sl,eff}$——受压区内加劲肋的有效截面面积,如果相关,考虑板屈曲引起的折减;

$\rho_{loc}b_{c,loc}t$——受压区内相邻子区格板的有效截面面积,如图 6.5-2a)所示,考虑局部板件屈曲引起的折减。对于闭口加劲肋,还需考虑加劲肋两个肢端间桥面板的有效宽度。

应该注意的是,这里 $A_{c,eff,loc}$ 的定义是单个加劲肋的有效截面面积,与在 3-1-5/条款4.5.1(4)中定义的整个受压区的面积不同。

然后有必要确定作用在图 6.5-2a)中有效截面上的弯矩和轴力。假定横向荷载的纵向局部弯矩作用于该有效截面。如图 6.5-2b) 所示,作用在有效截面上的纵向力 N_{Ed} 可以根据加劲肋有效截面中的翼缘力推导得出(考虑翼缘整体屈曲的影响)。该有效截面相当于3-1-5/条款 4.5.1(3) 中的截面面积 $A_{c,eff}$,但仅考虑单个加劲肋有效截面面积,而不考虑整个受压区面积。翼缘力则可由翼缘整体应力(按照 3-1-5/条款 4 的步骤计算得出)乘以加劲肋有效截面面积得到,考虑图 6.5-2b) 中整体屈曲的影响。(如果直接将应力施加在图 6.5-2a) 中的截面上,加劲板中的力将被高估,使结果偏于保守。) 如果加劲肋有效截面上的应力沿高度方向变化显著,则需要根据考虑翼缘整体屈曲后的有效截面计算弯矩 $N_{Ed} \times e$。然后将该弯矩与局部荷载的弯矩相叠加。

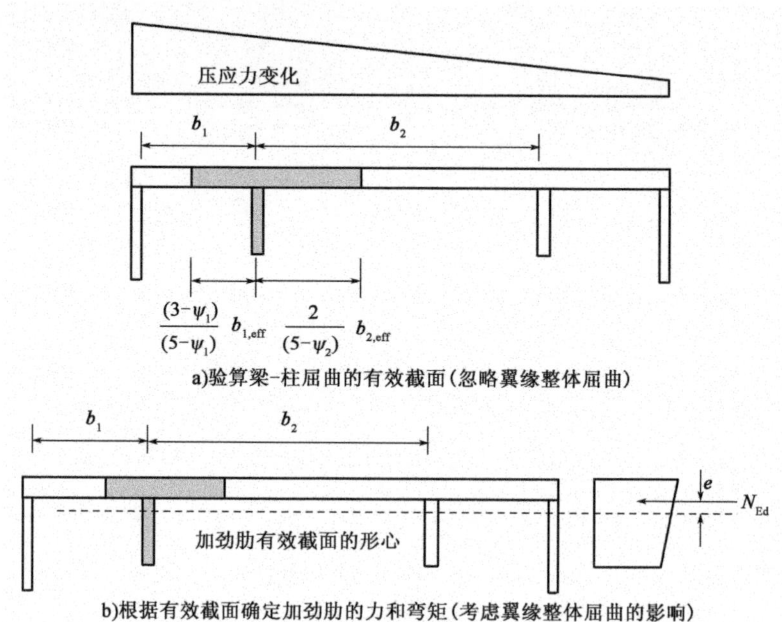

图 6.5-2　验算梁-柱屈曲的有效截面和作用的推导

然后可以使用用于屈曲验算的 3-2/条款 6.3.3 或 3-1-1/条款 6.3.3 验算图 6.5-2a) 中弯矩和轴力作用下加劲肋的有效截面。应使用 3-1-5/条款 4.5.3(5) 中适用柱屈曲的增加缺陷参数 α_e 计算压杆屈曲折减系数。

$$\alpha_e = \alpha + \frac{0.09}{i/e}$$

通过使用图 6.5-2b) 中的加劲肋有效截面可以避免上述两个有效截面的潜在混淆,但实际上仍考虑了两次整体屈曲,所以这样做偏保守。

(b)不使用 EN 1993-2 中相互作用的简化方法

作为一种简化方法,首先根据本指南 6.2.10 计算没有局部横向荷载作用时的 η_1,但需要附加项以考虑加劲肋有效截面中的局部纵向弯曲应力 。加劲板的最大纵向局部弯曲应力 $\sigma_{bend,long}$,可以通过梁格模型或有限元模型计算。这种局部弯曲将因翼缘受压而被放大。如果与纵向加劲肋垂直的面内正应力不大,则保守的放大系数为:

$$\frac{\sigma_{cr,c}}{\sigma_{cr,c} - \sigma_{Ed}}$$

所以较为保守的标准是：

$$\eta_{1,\text{mod}} = \frac{N_{\text{Ed}}}{A_{\text{eff}} f_y / \gamma_{\text{M0}}} + \frac{M_{y,\text{Ed}} + N_{\text{Ed}} e_{\text{Ny}}}{W_{\text{eff},y} f_y / \gamma_{\text{M0}}} + \frac{M_{z,\text{Ed}} + N_{\text{Ed}} e_{\text{Nz}}}{W_{\text{eff},z} f_y / \gamma_{\text{M0}}} + \frac{\sigma_{\text{bend,long}}}{f_y / \gamma_{\text{M0}}} \frac{\sigma_{\text{cr,c}}}{\sigma_{\text{cr,c}} - \sigma_{\text{Ed}}} \leqslant 1.0 \quad \text{(D6.5-2)}$$

式中：$\sigma_{\text{cr,c}}$——按照本指南6.2.2.5讨论的由3-1-5/条款4确定的压杆失稳临界屈曲应力；

σ_{Ed}——加劲肋验算位置的加劲桥面板形心处由整体效应引起的压应力（使用确定 η_1 时所用的有效截面特性），这可以保守地作为最大外边缘应力；

$\sigma_{\text{bend,long}}$——加劲板中的最大纵向局部弯曲应力，用于加劲肋有效截面的外边缘，使式（D6.5-2）的值最大化。这是将式（D6.5-2）的修正版本分别应用于有效截面每个外边缘的保守替代方案。

其他项的含义与3-1-5/条款4.6相同。

式（D6.5-2）假设，当承受最大荷载加劲肋有效截面中的应力达到屈服强度时，破坏发生。在设有许多纵向加劲肋并且局部弯矩仅影响桥面板宽度范围内一小部分的情况下（如整体纵向应力可以分布到相邻承载较小的加劲肋上），这样做偏于保守。此外，当 $\sigma_{\text{cr,p}}$ 远大于 $\sigma_{\text{cr,c}}$ 时，板在横向限制了屈曲的发生，于是上述的放大系数也偏保守。在上述放大系数中使用基于有效截面的翼缘轴向应力是保守的，因为柱型屈曲应力是在毛截面上导出的。因此，σ_{Ed} 可调整为基于毛截面（仍包含剪力滞效应）计算，用于推导 $\sigma_{\text{cr,c}}$，以进行不太保守的验算。

垂直于加劲肋的面内正应力将使加劲肋弯矩产生类似的附加放大，并且需要对式（D6.5-2）中的放大系数进行修正。

（ii）与加劲板面内剪力的相互作用

如本指南的6.2.9.2.3所述，必须使用3-1-5/条款7.1验算翼缘面内剪应力和正应力间的相互作用，此外该节还给出了一个算例。然而，当翼缘上存在局部横向荷载时，必须增加附加项 $\overline{\eta}_1$ 以考虑加劲板中局部纵向弯曲应力：

$$\overline{\eta}_1 = \eta_{1,\text{mod}} = \frac{N_{\text{Ed}}}{A_{\text{eff}} f_y / \gamma_{\text{M0}}} + \frac{M_{y,\text{Ed}} + N_{\text{Ed}} e_{\text{Ny}}}{W_{\text{eff},y} f_y / \gamma_{\text{M0}}} + \frac{M_{z,\text{Ed}} + N_{\text{Ed}} e_{\text{Nz}}}{W_{\text{eff},z} f_y / \gamma_{\text{M0}}} + \frac{\sigma_{\text{bend,long}}}{f_y / \gamma_{\text{M0}}} \frac{\sigma_{\text{cr,c}}}{\sigma_{\text{cr,c}} - \sigma_{\text{Ed}}}$$

于是与剪力的相互作用为：

$$\eta_{1,\text{mod}} + (2\overline{\eta}_3 - 1)^2 \leqslant 1.0 \quad \text{(D6.5-3)}$$

对于子区格板屈曲的验算，可以将 $\sigma_{\text{bend,long}}$ 作为翼缘板中间平面的应力值。对于整体屈曲，则应使用加劲桥面板中的最大值。关于 $\sigma_{\text{cr,c}}$ 与 σ_{Ed} 的使用，见上述（i）（b）的讨论。

尽管不大可能，但加劲肋本身的局部荷载产生的竖直剪应力可能很大，即大于其塑性承载力的 50%。在这种情况下,应该在弯曲应力、正应力和剪应力共同作用下验算加劲肋有效截面的截面承载力,且将加劲肋视为 3 类截面,具体步骤见本指南 6.2.11.1.2 的讨论。

(iii)桥面板

当正应力 $\sigma_{z,Ed}$ 垂直于加劲肋时,需要进一步验算母板的屈服。除了翼缘板中的纵向局部弯曲应力外,还有横向弯曲应力 $\sigma_{bend,trans}$,由腹板与加劲肋之间的翼缘横向跨距及面内剪力产生。对于这种组合没有提出相互作用的验算方法,因此可以采取以下方法进行 3-1-1/条款 6.2.1 的 Von Mises 验算(类似于 BS 5400:第 3 部分[4] 中要求的验算):

$$\left(\frac{\sigma_{x,Ed}}{f_y/\gamma_{M0}}\right)^2+\left(\frac{\sigma_{z,Ed}}{f_y/\gamma_{M0}}\right)^2-\left(\frac{\sigma_{x,Ed}}{f_y/\gamma_{M0}}\right)\left(\frac{\sigma_{z,Ed}}{f_y/\gamma_{M0}}\right)+3\left(\frac{\tau_{Ed}}{f_y/\gamma_{M0}}\right)^2\leqslant 1.0 \quad (D6.5\text{-}4)$$

式中:$\sigma_{x,Ed}$——翼缘板中间平面上的纵向正应力,计算基于有效截面,考虑板件屈曲和剪力滞效应,且包括计算得到的桥面板中间平面上的局部弯曲应力 $\sigma_{bend,long}$;

$\sigma_{z,Ed}$——翼缘板外边缘的横向正应力,包括 $\sigma_{bend,trans}$(使用翼缘最外边缘上的应力,否则翼缘的横向弯曲不会产生任何作用);

τ_{Ed}——基于弹性剪力分布的翼缘面内剪应力。在类似的验算中,BS 5400:第 3 部分[4] 允许剪应力取腹板-翼缘连接处最大剪应力的 50%,因为最大剪应力为梁上竖直剪力产生的剪应力加上 100% 的扭转剪应力。这类似于 3-1-5/条款 7.1 中关于翼缘整体屈曲的验算方法,本指南 6.2.9.2.3 也对此进行了讨论,因此这里这样假设是合理的。如果畸变和水平荷载产生的剪应力比较大,则也应该包括在内。

上述的局部弯曲应力可以通过类似于式(D6.5-2)的放大系数保守地进行考虑,但是 Von Mises 屈服准则通常足够保守而不用考虑局部弯曲应力放大。尽管不大可能,但是桥面板厚度方向上的剪应力可能很大。在这种情况下,本指南 6.2.1中更一般的 Von Mises 准则可包含这个额外的剪应力分量。

6.5.2.2　折减应力法

如果使用 3-1-5/条款 10 的极限应力法,则可修正加劲板整体屈曲的相互作用如下:

$$\left[\frac{\sigma_{x,Ed}}{\rho_x f_y/\gamma_{M1}}+\frac{\sigma_{bend,long}}{f_y/\gamma_{M1}}\left(\frac{1}{1-1/\alpha_{cr}}\right)\right]^2+\left[\frac{\sigma_{z,Ed}}{\rho_z f_y/\gamma_{M1}}+\frac{\sigma_{bend,trans}}{f_y/\gamma_{M1}}\left(\frac{1}{1-1/\alpha_{cr}}\right)\right]^2-$$
$$\left[\frac{\sigma_{x,Ed}}{\rho_x f_y/\gamma_{M1}}+\frac{\sigma_{bend,long}}{f_y/\gamma_{M1}}\left(\frac{1}{1-1/\alpha_{cr}}\right)\right]\left[\frac{\sigma_{z,Ed}}{\rho_z f_y/\gamma_{M1}}+\frac{\sigma_{bend,trans}}{f_y/\gamma_{M1}}\left(\frac{1}{1-1/\alpha_{cr}}\right)\right]+$$
$$3\left(\frac{\tau_{Ed}}{\chi_v f_y/\gamma_{M1}}\right)^2\leqslant 1.0 \quad (D6.5\text{-}5)$$

式中:α_{cr}——所有应力作用下使板发生弹性临界屈曲的设计荷载所需的最小荷载系数,但不包括面外荷载的应力,如本指南 6.2.2.6 所述;这种乘数的使用将是保守的,因为并非所有的面内荷载都有助于放大局部弯曲应力;

$\sigma_{x,Ed}$——根据整体分析(即排除局部弯矩),在 3-1-5/条款 10 中定义的桥面板方向(平行于加劲肋)上的应力;

$\sigma_{z,Ed}$——根据整体分析(即排除局部弯矩),在 3-1-5/条款 10 中定义的桥面板横向(垂直于加劲肋)上的应力;

τ_{Ed}——翼缘面内剪应力,等于腹板-翼缘连接处最大剪应力的 50%,最大剪应力为由梁上竖直剪力产生的剪应力加上 100% 的扭转剪应力;如果存在来自其他效应的剪应力,如来自翘曲或水平荷载的剪应力,则这种剪应力也应该包含在内;本指南 6.2.9.2.3 对此进行了进一步讨论;

$\sigma_{bend,trans}$、$\sigma_{bend,long}$——翼缘板中的最大横向、纵向弯曲应力。式(D6.5-5)中的折减系数应该根据忽略局部弯矩的 α_{cr} 确定。除了考虑剪力滞效应外,还应使用毛截面特性。

对于子区格板屈曲,可以使用 3-1-5/条款 10 的方法,修改如下:

$$\left(\frac{\sigma_{x,Ed}}{\rho_x f_y/\gamma_{M1}}\right)^2+\left[\frac{\sigma_{z,Ed}}{\rho_z f_y/\gamma_{M1}}+\frac{\sigma_{bend,trans}}{f_y/\gamma_{M1}}\left(\frac{1}{1-1/\alpha_{cr}}\right)\right]^2-\left(\frac{\sigma_{x,Ed}}{\rho_x f_y/\gamma_{M1}}\right)\left[\frac{\sigma_{z,Ed}}{\rho_z f_y/\gamma_{M1}}+\frac{\sigma_{bend,trans}}{f_y/\gamma_{M1}}\left(\frac{1}{1-1/\alpha_{cr}}\right)\right]+3\left(\frac{\tau_{Ed}}{\chi_v f_y/\gamma_{M1}}\right)^2\leqslant 1.0$$

式中:$\sigma_{x,Ed}$——现在应该包括在翼缘板的中间平面上计算得到的 $\sigma_{bend,long}$(因为在翼缘板中产生了不小的轴力);

τ_{Ed}——根据弹性剪力分布计算得到的翼缘子区格板的平均面内剪应力。

其余符号含义同上。

计算 $\sigma_{x,Ed}$、$\sigma_{z,Ed}$ 和 τ_{Ed} 的过程中需要用到 α_{cr} 和折减系数。

6.6　中间横向加劲肋(附加小节)

EN 1993-2 中没有针对中间横向加劲肋设计的规定,因此须参考 EN 1993-1-5 第 9 章。本节将介绍 EN 1993-1-5 中相关规定。它涵盖了以下几点:

- 加劲肋有效截面和设计方法的选择　*6.6.1*
- 腹板横向加劲肋——一般方法　*6.6.2*
- 腹板横向加劲肋,不需要在正应力作用下对腹板充分利用作出贡献　*6.6.3*
- 应用于特定腹板横向加劲肋上的附加效应　*6.6.4*
- 翼缘横向加劲肋　*6.6.5*

6.6.1　加劲肋有效截面和设计方法的选择

如图 6.6-1 所示,加劲肋有效截面特性是根据 3-1-5/条款 9.1(2)规定,取加劲肋面积外加两侧附加宽度为 $15\varepsilon t$ 的腹板面积计算所得,但不应大于可用宽度,其中 $\varepsilon=\sqrt{235/f_y}$。

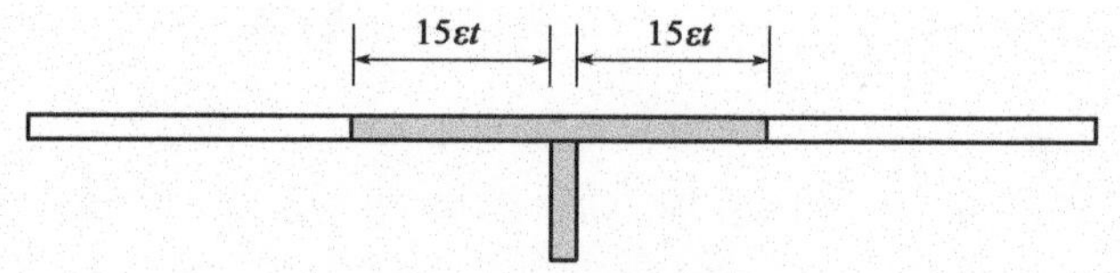

图 6.6-1　加劲肋有效截面

设计人员可以采用不同的设计方法,这取决于正应力作用(由轴力和弯矩产生)下腹板充分利用是否依赖于横向加劲肋的存在。当横向加劲肋支撑纵向加劲肋时,必须采用以下 6.6.2 中的方法。在没有纵向加劲肋的情况下,不明确要求选择哪种方法,但 6.6.2 中的方法仍然适用。EN 1993-1-5 的起草者并不打算考虑 3-1-5/条款 9.2.1 中正应力产生的面外效应,除非在计算腹板对正应力的抗力时需要考虑横向加劲肋。然而,正如下文6.6.2.4(a)中所讨论的,在所有情况下都有理由考虑面外效应。

通常会发现,除非加劲肋间距很小($a/b < 1$),否则由 3-1-5/条款 9.2.1 中所述腹板正应力导致的横向加劲肋面外受力对未加劲腹板来说偏小。除非加劲肋对腹板在正应力作用下的抗力有贡献,否则 3-1-5/条款 9.2.1 中横向加劲肋的刚度准则可以忽略;没有加劲肋时腹板足以承受正应力。在这种情况下,使用 6.6.3 中的简化方法是合理的。这仍然要验算横向加劲肋在腹板受压导致的平面外力作用下的强度,但忽略了刚度验算。

6.6.2　腹板横向加劲肋——一般方法

应符合下列条件:

(i)外伸部分应满足 3-1-5/条款 9.2.1 中防止扭转屈曲的限值。

(ii)有效截面必须满足 3-1-5/条款 9.3.3 中抗剪的最小刚度要求。

(iii)有效截面必须抵抗剪切张力场作用的力(根据 3-1-5 条款9.3.3确定)以及任意外加力和力矩(根据 3-1-5/条款 9.1 第 3 段确定)。6.6.4 与后者有关。

(iv)有效截面必须满足 3-1-5/条款 9.2.1 中规定的最小强度和刚度要求,其中假定横向加劲肋可以约束未加劲或加劲的腹板在正应力作用下的屈曲。加劲肋中产生的约束腹板的力通常被认为是来自"腹板的不稳定影响"。在验算强度和刚度时,根据 3-1-5/条款 9.3.3 所述,剪切张力场产生的力,以及任意外加力力矩,也必须包括在内。

(v)根据 3-1-5/条款 9.4(2)的规定,应验算加载端处的截面承载力。

这些要求分别在 6.6.2.1 ~6.6.2.5 中依次讨论。

6.6.2.1　扭转屈曲

加劲肋外伸部分的扭转屈曲会导致加劲肋整体有效截面过早失效,因此必须加以预防。这方面的指导意见见本指南 6.9 节。

6.6.2.2　剪切作用下腹板横向加劲肋作为腹板区格板刚性支撑所需最小刚度

3-1-5/条款 9.3.3(3)

对于作为受剪腹板刚性支撑的加劲肋,其有效截面需要满足 ***3-1-5/条款9.3.3(3)*** 中的刚度要求:

$$\text{当 } a/h_w < \sqrt{2} \text{ 时} \quad I_{st} \geq 1.5 h_w^3 t^3 / a^2$$
$$\text{当 } a/h_w \geq \sqrt{2} \text{ 时} \quad I_{st} \geq 0.75 h_w t^3 \qquad \text{3-1-5(9.6)}$$

这些公式与 BS 5950:第 1 部分[26]中所提供的公式相同，尽管加劲肋惯性矩的定义略有不同。对于剪切屈曲，弹性临界剪应力随着加劲肋刚度的增加而增加。加劲肋趋于刚性时的极限值，因为沿加劲肋线的屈曲模态中的节点线仅用于完全刚性加劲肋，上述刚度远远大于达到全刚性边界弹性临界屈曲 95% 所需的刚度值。有必要考虑实际板件中的初始缺陷。对于长度超过$\sqrt{2}h_w$的面板，所需的加劲肋惯性矩与面板长度无关。对于长面板，由于其屈曲模态变为多重屈曲，因此面板长度的影响较小。

如果加劲肋不符合“刚性”性能的最小刚度要求，它仍然可以作为“柔性”加劲肋来计算抗剪承载力。这是 EN 1993-1-5 允许的，但没有给出计入它对弹性屈曲临界应力τ_{cr}的贡献的方法。本指南 6.2.6 中对此进行了讨论。

6.6.2.3　剪切拉力场中的力加上外部竖向荷载和弯矩

提出以下的简单准则来验算作为受剪腹板刚性约束的加劲肋的强度。***3-1-5/条款9.3.3(3)***要求验算加劲肋上实际施加的剪力与腹板弹性临界剪力的差异，这与剪切设计中所使用的旋转应力理论并不完全一致。该理论不要求加劲肋承受任何荷载，除了由翼缘锚定的张力场部分(对应于 $V_{bf,Rd}$)；在无刚性翼缘贡献 $V_{bf,Rd}$ 的情况下，加劲肋只对提高腹板的弹性临界剪应力起作用。 *3-1-5/条款9.3.3(3)*

尽管 EN 1993-1-5 给出以上预测，但在实际的变形协调过程中，加劲肋上会产生应力，这是由于加劲肋的存在使得腹板在加劲肋处保持平直，从而改变了腹板的应力状态。加劲肋上的应力以一种复杂的方式变化，加上其他外加荷载效应的联合作用，加劲肋可能并不总是具有足够的屈曲后延性以适应这些应力；即使加劲肋具有足够的屈曲后延性，可能仍需要验算其正常使用阶段的适用性。因此，3-1-5/条款 9.3.3(3)有效地要求剪力中超过弹性屈曲临界荷载的部分由加劲肋承担。这使得加劲肋的设计受力为：

$$P_{shear} = V_{Ed} - \frac{h_w t \tau_{cr}}{\gamma_{M1}} \qquad \text{(D6.6-1)}$$

式(D6.6-1)由图 6.6-2 所示的一个简单桁架导出。加劲肋上的力用 P 表示，以区别于用 N 表示的腹板轴向力。这个等式在起草阶段没有得到普遍认同，大多数人认为这样过于保守。几个欧洲国家的标准以前只提供了建立在一些试验结论基础上的刚度要求，这些试验结果表明，在刚度足够的横向加劲肋中只产生了较小的力[13]。然而，BS 5400:第 3 部分[4] 的公式(当梁具有等宽翼缘且不受轴向力时，类似于式(D6.6-1))与 Evans 和 Tang[25]对没有纵向加劲肋的梁进行的试验进行了比较，结果发现该公式只是略保守，而不是“不合理地那么”保守。然而，特别需要指出的是，即使是在意图产生加劲肋失效的试验中，也没有出现加劲肋实际失效的情况。

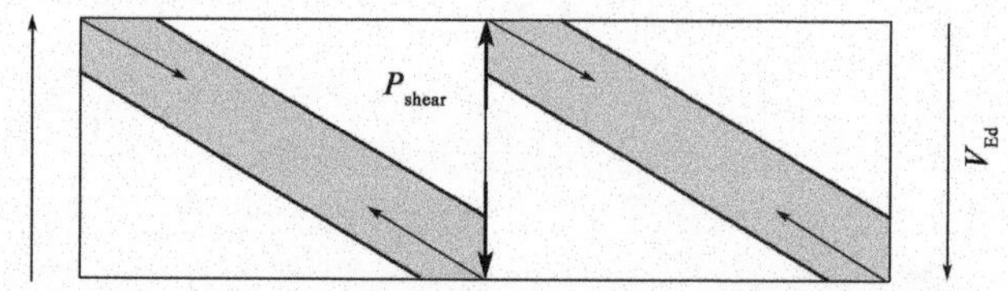

图 6.6.2 在加劲肋上产生力的张力带机制

英国一些专家对式(D6.6-1)提出了进一步的批评,以期望保留 BS 5400 中的条款:对于由弯曲和轴力引起正应力的腹板,允许其在剪应力小于τ_{cr}时出现弹性临界屈曲,这是 EN 1993-1-5 所不允许的。BS 5400:第 3 部分[4] 考虑了这种效应,并在存在正应力的情况下减小了τ_{cr},尽管尚不清楚这是否合理,因为剪力和轴力的屈曲模态有很大不同。这些考虑导致了与 EN 1993-1-5 中不等宽翼缘梁规定的显著差异(并因此导致平均腹板压力的显著不同)。鉴于欧洲大陆普遍认为式(D6.6-1)所得的内力已经过于保守,因此 EN 1993-1-5 的起草者拒绝进一步增加加劲肋的设计荷载。

本指南的第一作者及其同事 Francesco Presta 通过改变梁的几何形状、弯矩-剪力比以及轴力大小,进行了 40 多种不同情况的非线性有限元参数化研究。在所有情况下,EN 1993-1-5 的规定都被证明是安全的。此外,在每个测试案例中,3-1-5/条款 9.3.3(3)的刚度要求本身就足以作为设计标准。观测到的行为也与 Höglund 旋转应力场理论预测得非常一致。在剪应力达到弹性临界值之时,弯曲应力沿截面高度均呈线性分布。除了这种剪应力,梁体中也产生了影响正应力分布的薄膜张力。这就在腹板中产生了净拉力,并被翼缘内的反向压力所平衡,使得一个翼缘内的弯曲压应力增加,而另一个翼缘内的弯曲拉应力减少。这一特性使受压翼缘内力的增加超出了仅从截面弯曲分析预测的值,而不是根据3-1-5/条款 7 中 EN 1993-1-5 的剪力-弯矩相互作用预测的值。对于翼缘较强的情况,一些附加的拉力场被翼缘锚定,内力转移到加劲肋上。其结论是,EN 1993-1-5 的规定有些保守。

由于剪切板的长细比为:

$$\overline{\lambda}_w = \sqrt{\frac{\tau_y}{\tau_{cr}}} = \sqrt{\frac{f_y}{\sqrt{3}\tau_{cr}}}$$

代入式(D6.6-1)中,可得出 3-1-5/条款 9.3.3(3)中的表达式:

$$P_{shear} = V_{Ed} - \frac{1}{\overline{\lambda}_w^2}\frac{f_{yw}h_w t}{\sqrt{3}\gamma_{M1}} \tag{D6.6-2}$$

受初始缺陷影响,在达到τ_{cr}之前加劲肋可能会产生一些力,为此引入 γ_{M1}。对于理想桁架,在初始缺陷没有什么影响的高长细比情况下,这种“修正”是保守的;但在初始缺陷影响最大的中等长细比情况下,这种“修正”可能会有些不保守。考虑到整个桁架模型的保守性,不用担忧结果的安全性。

尽管有上面关于保守性的评论,但是参照 3-1-5 /条款 9.3.3 (3),用于计算 P_{shear}的剪力值应该基于距离板块最大应力端 $0.5h_w$ 处的值来确定。计算 λ_w 的方法在本指南6.2.6中进行了说明。如果加劲肋两侧的板不同,则可计算各相邻板的P_{shear},设计时采用计算出的较大值。这对于计算加劲肋的屈曲是保守的,因为两块板上的拉力带会在加劲肋的顶部和底部产生不同的力,所以中间三分之一处的值会小于最大值。BS 5400:第3部分[4]允许使用两个面板的平均力,但对加劲肋端部附近的屈服验算来说,这显然不安全。EN 1993-1-1的ENV版本要求使用更大的内力。当存在纵向加劲肋时,在任何子区格板或腹板整体屈曲中,λ_w均可保守地取最大值。在子区格板屈曲控制设计时,当一个面板的长细比其他面板大得多时,上面计算显然是保守的。在这种情况下,BS 5400允许τ_{cr}基于子区格板两个最低τ_{cr}值的平均值,这也是较为合理的。

加劲肋设计力P_{shear}作用于腹板平面内(虽然在EN 1993-1-5中没有明确说明),且假定沿腹板高度保持不变。任何作用于加劲肋轴向的外部荷载(P_{ext})都必须添加到以上由剪切产生的荷载中,因此用于设计加劲肋的总轴向荷载为:

$$P_{Ed} = P_{shear} + P_{ext} \qquad (D6.6\text{-}3)$$

如果加劲肋有效截面是非对称的,根据***3-1-5/条款9.4(3)***的规定,应考虑由此导致的偏心在加劲肋截面形心产生的弯矩作用。外部施加荷载的任何偏心应与施加的任意弯矩一起考虑在内。由此可知,加劲肋有效截面应进行弯曲和轴力组合作用下的验算,相应地应采用3-1-1/条款6.3.3或3-1-1/条款6.3.4中所述的相互作用内容,但假定加劲肋不易发生弯扭屈曲。在这种情况下,使用3-1-1/条款6.3.3规定并不容易。而使用3-2/条款6.3.3相对简单,实例6.6-1中就采用的这个条款中的方法。另一种选择是使用本指南6.7.2针对支承加劲肋提供的相互作用公式(D6.7-2)。在所有情况下,***3-1-5/条款9.4(2)***要求弯曲屈曲的有效长度不小于$0.75h_w$,并使用屈曲曲线c。

3-1-5/条款9.4(3)

3-1-5/条款9.4(2)

这里建议在弯曲和轴向荷载作用下的验算应基于弹性截面特性,因为横向加劲肋的塑性变形与刚度的假设不一致。如果需要进行下面6.6.2.4中的验算(由于腹板中的正应力不稳定而必须进行),加劲肋自动满足弹性性能。

在上述(iv)使用处,进行3-1-5/条款9.2.1中强度和刚度验算时,由外部荷载和剪切张力场在加劲肋上产生的轴向荷载也应考虑在内。3-1-5/条款9.2.1本身包含屈曲验算,使得按照3-2/条款6.3.3进行屈曲验算有些多余。

6.6.2.4 对腹板有不稳定影响的强度和刚度

本节涉及3-1-5/条款9.2.1中的验算。根据轴向力与(存在于加劲肋中的)腹板不稳定力组合作用的形式,有三种可能的情况,其中(c)最为普遍:

(a)无竖向荷载;

(b)竖向荷载;

(c)竖向荷载和弯矩。

情况(a)和(b)可推导出情况(c),下面依次讨论。

(a)腹板正应力不稳定影响的设计——加劲肋中无轴力或弯矩

当腹板上布置有纵向加劲肋,且其受横向加劲肋约束时,必须采用3-1-5/条款 9.2.1 的方法设计横向加劲肋以提供这种约束。当横向加劲肋会增加腹板对正应力的抗力时,比如无限长面板的承载力会因横向加劲肋的存在而增大,横向加劲肋设计中还必须考虑无纵向加劲肋的 4 类腹板的正应力所产生的力。后一种情况并不常见,因为横向加劲肋的间距满足 $a<b$,且上述有效宽度的益处,必须计算并利用在设计中。

EN 1993-1-5 的起草者并没有打算将这种验算应用于横向加劲肋,这些加劲肋对正应力作用下腹板的性能没有影响,因为如果去掉加劲肋,腹板仍然是足够的(用于正应力)。然而,BS 5400 第 3 部分[4] 在所有情况下进行了类似的验算,不考虑无加劲肋的腹板是否满足正应力要求。这样做的原因是,虽然加劲肋不需要在那里,但它的存在可能会吸引它可能无法摆脱的荷载。这些可能会在加劲肋上造成一些额外的弓形变形,可能与张力场力相互作用,也可能导致使用可靠性问题。

如果依据 EN 1993-1-5 中条款验算不增加腹板正应力承载力的加劲肋,通常情况下加劲肋产生的应力可以忽略不计,这一问题的重要性也降低了。这是由于 $\sigma_{cr,c}/\sigma_{cr,p}$ 比值的影响,下面对此进行了讨论。在此基础上,当横向加劲肋无助于增加腹板的正应力抗力时,建议根据 6.6.3 进行验算就足够了,这是比较简单的。在实例 6.6-1 中对这两种方法进行了举例说明。

3-1-5/条款 9.2.1(4) **3-1-5/条款9.2.1(4)** 规定的设计准则是,加劲肋应力不应超过屈服强度且荷载作用下的挠度不应超过 $b/300$。挠度准则是为了确保纵向腹板和/或加劲肋的支撑有足够的刚度。当加劲肋在剪切拉力场作用或外力作用下不产生竖向应力时,

3-1-5/条款 9.2.1(5) 可采用 **3-1-5/条款9.2.1(5)** 中的简化验算方法,该验算方法既适用于强度要求,也适用于刚度要求。其中最小惯性矩要求的推导如下。

图 6.6-3 中的加劲肋具有最大尺寸为 w_0 的初始正弦形弯曲。如果相邻的横

3-1-5/条款 9.2.1(3) 向加劲肋假定为平直且具有足够刚性(**3-1-5/条款9.2.1(3)** 作此假设),并且假定纵向加劲肋和腹板与需要验算的横向加劲肋铰接,则加劲肋上每米的面外变化力约为:

$$q(x)=w(x)\left[\left(\frac{1}{a_1}+\frac{1}{a_2}\right)\frac{N_{Ed}}{b}\right] \tag{D6.6-4}$$

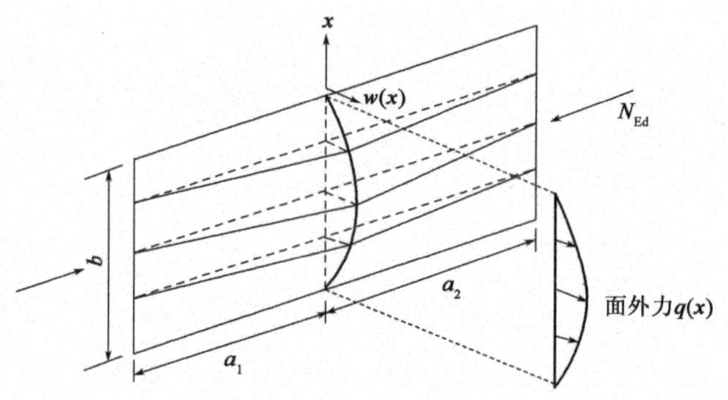

图 6.6-3 承受正应力腹板上的横向加劲肋上作用的面外力

其中各变量如图 6.6-3 所示。N_{Ed}取为作用在被加劲板件上的压力，但其不小于最大压应力乘以受弯腹板压缩区有效面积的一半。加劲肋的挠度 $w(x)$ 假定为正弦形式，面外力 $q(x)$ 也假定为正弦形式，尽管在纵向加劲肋水平线上存在局部荷载。对于在腹板中间高度处仅设一个大的纵向加劲肋的情况，本规定可能因此有点不保守。

相邻加劲肋是平直且刚性的假设与 BS 5400：第 3 部分[4] 的假设有差异。BS 5400中假设相邻的加劲肋向相反的方向弯曲，对于给定的加劲肋弯曲形状，BS 5400的假定增加了腹板弯曲角，并因此增加了平面外力。项目小组认为，3-1-5/条款 9.2.1(2) 中使用的初始弯曲的大小，以及相邻加劲肋以最大容许值向相反方向弯曲的概率很小，因此采用 EN 1993-1-5 方法具有充分的理由。

由于腹板本身也能抵抗腹板的面外弯曲，通过引入腹板的临界屈曲应力可以减小式(D6.6-4)中的力：

$$q(x)=w(x)\frac{\sigma_{cr,c}}{\sigma_{cr,p}}\left[\left(\frac{1}{a_1}+\frac{1}{a_2}\right)\frac{N_{Ed}}{b}\right]=w(x)\sigma_m \qquad (D6.6\text{-}5)$$

式中，

$$\sigma_m=\frac{\sigma_{cr,c}}{\sigma_{cr,p}}\left[\left(\frac{1}{a_1}+\frac{1}{a_2}\right)\frac{N_{Ed}}{b}\right]$$

$\sigma_{cr,c}/\sigma_{cr,p}$是柱型屈曲临界应力与板型屈曲临界应力的比值。本指南 6.2.2.5 中讨论了这些术语的计算。取 $\sigma_{cr,c}/\sigma_{cr,p}=1.0$ 总是保守的，但对于无纵向加劲肋的腹板，这种简化通常会过分保守。EN 1993-1-5 没有阐明计算 $\sigma_{cr,c}$和 $\sigma_{cr,p}$时节间长度如何取值。对于图 6.6-3 中的模态，a_1+a_2 的长度是合适的，但也可以使用相间的加劲肋向相反方向移动的模态。后一种模式认为长度等于 $0.5(a_1+a_2)$ 是合适的。这里推荐的使用短板的长度计算临界压力总是保守的，因为这将使 $\sigma_{cr,c}/\sigma_{cr,p}$的比值最大化。这种面板长度的临界应力可能可以通过其他计算得到；针对其他长度就不用计算。

对于没有纵向加劲肋的腹板，$\sigma_{cr,c}/\sigma_{cr,p}$ 可以非常小（如实例 6.6-1 所示），一些专家建议为其设定下限值。反对设下限值的理由是：如果在正应力作用下腹板不需要加劲肋，则加劲肋可能会消除所产生的应力。设置下限值的理由是，当考虑 3-1-5/条款 9.3.3(3) 的拉力场引发加劲肋的轴力效应时，面外变形产生的作用类似于一种增加的初始缺陷。在 EN 1993-1-5 中没有规定任何限制。第一作者在有限的非线性有限元研究过程中没有发现任何需要设置限值的情况。

如果初弯曲正弦曲线 $\omega_0(x)$ 中点的最大幅值为 ω_0，且附加挠度 $\delta(x)$ 中点的最大幅值是 δ，那么总挠度为：

$$w(x)=w_0(x)+\delta(x) \qquad (D6.6\text{-}6)$$

中点的峰值分布荷载为：

$$q_{max}=(w_0+\delta)\sigma_m \qquad (D6.6\text{-}7)$$

在正弦荷载作用下，具有惯性矩 I_{st}的加劲肋峰值附加挠度必须满足：

$$\delta = \frac{(w_0 + \delta)\sigma_m b^4}{\pi^4 EI_{st}} \tag{D6.6-8}$$

正弦荷载作用下加劲肋应力为:

$$\sigma_s = \frac{(w_0 + \delta)\sigma_m b^2 e_{max}}{\pi^2 I_{st}} \tag{D6.6-9}$$

其中,e_{max}为从加劲肋有效截面中性轴到有效截面某一边缘纤维的最大距离。

根据式(D6.6-8)和式(D6.6-9),并设加劲肋应力为设计屈服应力($f_{yd} = f_y/\gamma_{M1}$),屈服发生时额外的挠度为:

$$\delta = \frac{b^2 f_{yd}}{\pi^2 E e_{max}} \tag{D6.6-10}$$

将式(D6.6-10)代入式(D6.6-8),得到基于极限应力的不等式:

$$I_{st} = \frac{\sigma_m}{E}\left(\frac{b}{\pi}\right)^4\left(1 + w_0\frac{\pi^2 E e_{max}}{b^2 f_{yd}}\right) \tag{D6.6-11}$$

由于附加挠度也必须限制在 $b/300$ 以内,将其应用于式(D6.6-6)可以得出:

$$I_{st} = \frac{\sigma_m}{E}\left(\frac{b}{\pi}\right)^4\left(1 + w_0\frac{300}{b}\right) \tag{D6.6-12}$$

式(D6.6-11)和式(D6.6-12)都必须满足,但如果通过比较,可以得出一个方程:

$$\frac{\pi^2 E e_{max}}{b^2 f_{yd}} \geqslant 300/b$$

因此:

$$u = \frac{\pi^2 E e_{max}}{f_{yd} 300 b} \geqslant 1.0 \tag{D6.6-13}$$

将式(D6.6-13)代入式(D6.6-11),得到3-1-5/条款9.2.1(5)中的表达式:

$$I_{st} \geqslant \frac{\sigma_m}{E}\left(\frac{b}{\pi}\right)^4\left(1 + w_0\frac{300}{b}u\right) \quad 3\text{-}1\text{-}5/(9.1)$$

式中 u 由式(D6.6-13)得到,但为了控制挠度,其值不应小于 1.0,σ_m 由式(D6.6-5)得到。

由于初始缺陷 w_0 是 $b/300$ 或 $a/300$ 中的较小值,因此不会出现 BS 5400:第 3 部分类似条款中发现的问题,即当加劲肋间距趋于零时,密集加劲肋的扭结力趋向于无穷大。

(b)腹板正应力不稳定影响的设计——加劲肋中有轴力,无偏心或其他弯矩

根据3-1-5/条款9.3.3(3)的规定,当施加于加劲肋上的外力或加劲肋承受剪切拉力场作用产生的轴向力时,单独验算上述最小惯性矩和对轴向力的承载力是不够的。在这种情况下,考虑到加劲肋轴向力的放大效应,需要满足3-1-5/条款9.2.1(4)中给出的挠度和应力的基本要求。可以根据3-1-5/条款9.2.1的假设,采用大挠度(位移)计算机分析来实现。可以使用壳单元,也可以将腹板理想化为一系列离散的撑杆,其中纵向加劲肋按照实际的位置表示。或者,可以使用上述计算的修正版本来考虑加劲肋轴向力的放大作用。由于加劲肋横截面面积也变得相关,因此不再可能对所需的加劲肋惯性矩提供单一表达式。

下面提出了一个可行的手算方法建议,再次假设腹板存在一个呈正弦变化的力。这也是***3-1-5/条款9.2.1(6)***的基础。当加劲肋中存在轴向力 P_{Ed},加劲肋的有效长度 $L > 0.75\ b$(在上面的分析中为了端部约束的(一致)协调性,通常假定 L 等于 b)时,式(D6.6-8)变为: *3-1-5条款9.2.1(6)*

$$\delta = \frac{(w_0 + \delta)\sigma_{\mathrm{m}} b^4}{\pi^4 EI_{\mathrm{st}}} + \frac{(w_0 + \delta) P_{\mathrm{Ed}} L^2}{\pi^2 EI_{\mathrm{st}}} = \frac{(w_0 + \delta)}{EI_{\mathrm{st}}}\left(\frac{\sigma_{\mathrm{m}} b^4}{\pi^4} + \frac{P_{\mathrm{Ed}} L^2}{\pi^2}\right) \qquad \text{(D6.6-14)}$$

重新排列式(D6.6-14),额外挠度为:

$$\delta = w_0\left(\frac{EI_{\mathrm{st}}}{\frac{\sigma_{\mathrm{m}} b^4}{\pi^4} + \frac{P_{\mathrm{Ed}} L^2}{\pi^2}} - 1\right)^{-1} \qquad \text{(D6.6-15)}$$

将最大挠度增量设为 $b/300$,可得到基于刚度加劲肋所需的惯性矩表达式如下:

$$I_{\mathrm{st}} \geqslant \frac{1}{E}\left(1 + w_0 \frac{300}{b}\right)\left(\frac{\sigma_{\mathrm{m}} b^4}{\pi^4} + \frac{P_{\mathrm{Ed}} L^2}{\pi^2}\right) \qquad \text{(D6.6-16)}$$

为控制加劲肋的边缘极限应力低于屈服应力,应力表达式为:

$$\sigma_{\mathrm{s}} = \frac{(w_0 + \delta)\sigma_{\mathrm{m}} b^2 e_{\max}}{\pi^2 I_{\mathrm{st}}} + \frac{P_{\mathrm{Ed}}}{A_{\mathrm{st}}} + \frac{P_{\mathrm{Ed}}(w_0 + \delta) e_{\max}}{I_{\mathrm{st}}}$$

$$= \frac{(w_0 + \delta) e_{\max}}{I_{\mathrm{st}}}\left(\frac{\sigma_{\mathrm{m}} b^2}{\pi^2} + P_{\mathrm{Ed}}\right) + \frac{P_{\mathrm{Ed}}}{A_{\mathrm{st}}} \leqslant f_{\mathrm{yd}} \qquad \text{(D6.6-17)}$$

根据式(D6.6-16)计算挠度所需的最小惯性矩,然后用式(D6.6-17)验算应力。当加劲肋中轴向荷载为零时,这些公式给出了与3-1-5/式(9.1)相同的结果。对于腹板内正应力为零的情况,它们相当于初始挠度 w_0 和弯矩 $P_{\mathrm{Ed}} w_0$ 的增长乘以放大系数:

$$\frac{1}{1 - P_{\mathrm{Ed}}/P_{\mathrm{cr}}}$$

正如本指南5.2节中所讨论的一样。

以上是3-1-5/条款9.2.1(6)的依据,该条款允许加劲肋的轴向力取为:

$$P_{\mathrm{Ed}} + \frac{\sigma_{\mathrm{m}} b^2}{\pi^2}$$

来考虑腹板面内力和加劲肋力。这一项

$$P_{\mathrm{Ed}} + \frac{\sigma_{\mathrm{m}} b^2}{\pi^2}$$

从式(D6.6-17)可见,其中 $\sigma_{\mathrm{m}} b^2/\pi^2$ 只对弯曲项有贡献,而对轴力项没有贡献。由这个假想的轴力引起的支柱挠度增加为:

$$\delta = w_0\left(\frac{P_{cr}}{P_{Ed}+\frac{\sigma_m b^2}{\pi^2}}-1\right)^{-1} = w_0\left[\frac{\pi^2 EI}{\left(P_{Ed}+\frac{\sigma_m b^2}{\pi^2}\right)b^2}-1\right]^{-1}$$

$$= w_0\left(\frac{EI_{st}}{\frac{\sigma_m b^4}{\pi^4}+\frac{P_{Ed}b^2}{\pi^2}}-1\right)^{-1}$$

与 $L=b$ 时的式(D6.6-15)相同。

在上述分析中,假定加劲肋的轴力沿其高度方向不变。对于仅在加劲肋一端施加外部力的情况来说,这是保守的;在加劲肋中,这样的荷载所产生的力可以认为从加载端最大到另一端为零。在这种情况下,可以合理地使用加劲肋高度中间三分之一处的 P_{Ed} 值。如果这样做的话,还应该对加劲肋端部最大效应下的应力进行截面验算。拉力场作用(6.6.2.3)产生的轴力任何分量都应该被认为沿加劲肋高度不变。

(c)腹板正应力不稳定影响的设计——加劲肋中有轴力,且有偏心和(或)其他弯矩

EN 1993-1-5 的另一个限制是,上述情况不包括任何轴向荷载的偏心效应(如在典型的单侧加劲肋中发生的偏心效应)。轴力偏心产生的初始弯矩效应,或者其他施加的弯矩,必须增至上述情况中。这不在 EN 1993-1-5 的条款范围内。均匀的端部弯矩 M_0,可通过在 w_0 上增加一阶挠度来考虑,对铰接端情况来说为 $M_0b^2/(8EI_{st})$。由于这种一阶挠度本身也是在荷载作用下产生的挠度增加,所以在式(D6.6-15)和与 $b/300$ 的挠度极限相比较的总和中应该加上这种挠度。因此,如果端部弯矩没有类似的修正,则不应使用式(D6.6-16)。另一项 M_0e_{max}/I_{st},也必须引入式(D6.6-17)以考虑初始弯矩。

上述讨论假设弯矩 M_0 可反转或作用在某个方向上,使具有最小截面模量的边缘受压(离截面形心的距离 e_{max}),就像在腹板纵向应力下,选择上述分析中的弯曲方向将压力施加于该边缘。如果不是这种情况,下面推出的式(D6.6-20)是保守的,而后续的方法可以得到一个不那么保守的答案。

对于有端部弯矩 M_0 的加劲肋,无论端部弯矩是由偏心荷载引起还是施加弯矩,都假定在加劲肋的整个高度上都是恒定的。因此,推导过程如下:

$$\delta = w_0'\left(\frac{EI_{st}}{\frac{\sigma_m b^4}{\pi^4}+\frac{P_{Ed}L^2}{\pi^2}}-1\right)^{-1} \tag{D6.6-18}$$

式中,$w_0' = w_0 + \frac{M_0b^2}{8EI_{st}}$

需满足总挠度小于 $b/300$ 的要求,因此:

$$\delta + \frac{M_0b^2}{8EI_{st}} \leqslant \frac{b}{300} \tag{D6.6-19}$$

需满足应力小于设计屈服应力的要求：

$$\sigma_s = \frac{(w_0' + \delta)e_{max}}{I_{st}}\left(\frac{\sigma_m b^2}{\pi^2} + P_{Ed}\right) + \frac{P_{Ed}}{A_{st}} + \frac{M_0 e_{max}}{I_{st}} \leqslant f_{yd} \qquad (D6.6\text{-}20)$$

这是近似的解法，略微低估了挠度和应力，因为分析方法假定 M_0 的初始分布是正弦分布，而不是均匀分布（除了通过 M_0 计算最大挠度 $M_0b^2/(8EI_{st})$）。不过这样做的误差比较小。

当加劲肋的轴力和弯矩随加劲肋高度的变化而变化时，可以合理地使用如上文情况（b）所述的中间三分之一处的值。

一般来说，弯矩 M_0 的作用方向不太可能使截面模量最小的边缘（距离截面形心 e_{max}处）受压。在大多数情况下，它更有可能减小压应力，因为弯矩通常是由施加在单侧加劲肋腹板位置的荷载引起的，因此加劲肋外伸部分处于受拉状态。严格地说，如果一个弯矩没有作用到使最小截面模量边缘受压，那么就需要进行一些验算。需要考虑加劲肋向任意方向弯曲，并相应地修改式（D6.6-20）。

对于向较大截面模量边缘产生压缩的弯矩方向弯曲，受压边缘验算如下（将 P 和 M_0 始终看作正值）：

$$\sigma_s = \frac{(w_0' + \delta)e_{min}}{I_{st}}\left(\frac{\sigma_m b^2}{\pi^2} + P_{Ed}\right) + \frac{P_{Ed}}{A_{st}} + \frac{M_0 e_{min}}{I_{st}} \leqslant f_{yd}(\text{压应力} + \text{ve})$$

式中，$w_0' = w_0 + M_0b^2/(8EI_{st})$

受拉边缘应进行如下验算：

$$\sigma_s = \frac{(w_0' + \delta)e_{max}}{I_{st}}\left(\frac{\sigma_m b^2}{\pi^2} + P_{Ed}\right) - \frac{P_{Ed}}{A_{st}} + \frac{M_0 e_{max}}{I_{st}} \leqslant f_{yd}(\text{拉应力} + \text{ve})$$

对于向较大截面模量边缘产生压力弯矩方向的相反方向弯曲时，受压边缘（定义为在弯矩 $P_{Ed}w_0$ 作用下的压缩）可以验算如下：

$$\sigma_s = \frac{(w_0' + \delta)e_{max}}{I_{st}}\left(\frac{\sigma_m b^2}{\pi^2} + P_{Ed}\right) + \frac{P_{Ed}}{A_{st}} - \frac{M_0 e_{max}}{I_{st}} \leqslant f_{yd}(\text{压应力} + \text{ve})$$

式中，$w_0' = w_0 - M_0b^2/(8EI_{st})$

受拉边缘应进行如下验算：

$$\sigma_s = \frac{(w_0' + \delta)e_{min}}{I_{st}}\left(\frac{\sigma_m b^2}{\pi^2} + P_{Ed}\right) - \frac{P_{Ed}}{A_{st}} - \frac{M_0 e_{min}}{I_{st}} \leqslant f_{yd}(\text{拉应力} + \text{ve})$$

显然，使用式（D6.6-20）忽略弯矩的实际符号在所有情况下都是保守的。该方法在实例 6.6-1 中进行了说明。

6.6.2.5　加载端承压应力

根据 ***3-1-5/条款9.4(2)*** 的规定，在加劲肋上有断口的地方，应验算加载端处的截面抗力。在接触面积小于加劲肋有效截面面积的情况下，验算承压压力也是合理的。如果在上面 6.6.2.4 的验算中使用的加劲肋轴力是基于中间三分之一处的值，则同样需要在端部进行验算。 ***3-1-5/条款9.4(2)***

6.6.3 腹板横向加劲肋,不需要在正应力作用下对腹板的充分利用作出贡献

如6.6.1 中所述,在没有纵向加劲肋,没有假定横向加劲肋对腹板有效截面承受轴力和弯矩有贡献的情况下,那么腹板的充分利用并不依赖于横向加劲肋。因此,在 3-1-5/条款 9.2.1 中要求加劲肋为腹板提供刚性支护以承受正应力的要求是不相关的,因为没有加劲肋的腹板承受正应力下足够的。因此,正如 6.6.2.4(a)中所讨论的,加劲肋挠度要求也不相关,但强度要求仍然是相关的。

在这种情况下,可以通过考虑额外的等效垂直力 $\sigma_{\mathrm{m}}b^2/\pi^2$,从而考虑腹板对加劲肋的不稳定影响,如在 6.6.2.4(b)和 6.6.2.3 中加劲肋验算确定的一样。该等效垂直力也在 3.1.5/条款 9.2.1(6)中确定。它在屈曲验算中的使用是保守的,因为它只在弯曲撑杆中产生一个弯矩,而没有产生像 6.6.2.4(b)所讨论的轴向应力。应考虑该力沿加劲肋有效截面的形心作用。6.6.2.1、6.6.2.2 和 6.6.2.5 中给出的验算也应执行,但不应该执行 6.6.2.4 中的验算。在加劲肋自由端截面验算中,不应考虑力 $\sigma_{\mathrm{m}}b^2/\pi^2$,因为它不是真正的轴力,而且其效应在加劲肋端部没有产生应力。6.6.2 和 6.6.3 中的方法在实例 6.6-1 中进行了说明。前一种方法更为普遍。

6.6.4 应用于特定腹板横向加劲肋上的附加效应

横向加劲肋中可能会产生一些附加效应,这些效应在 EN 1993-1-5 中并没有明确地包括在内,但也应该加以考虑:

(i)当加劲肋作为 U 形框架的一部分时,对受压翼缘的支撑作用将在其上产生力。考虑方法请参阅本指南 3-2/条款 6.3.4.2(2)和条款 6.3.4.2。产生的弯矩需要添加到验算其他影响时的弯矩和轴力中。

(ii)当在带有横向加劲肋 U 形框架上的横向构件作用有荷载时,相邻框架之间的差异挠度会导致加劲肋和主梁受压翼缘受到额外的力。这一点在 EN 1993 没有明确规定,但本指南 6.8 节提供了指导。所产生的弯矩还需要添加到加劲肋验算中。

(iii)施加在加劲肋上的外部轴力还应包括翼缘方向改变所产生的影响。

应注意到,在 EN 1993-1-5 中并没有对加劲肋有效截面的附加腹板部分进行有效应力验算,这部分也参与主梁弯曲和剪切而产生了整体应力。起草者认为,试验证据表明,主梁剪力和弯矩相互作用的基本验算已经涵盖了这种行为,且由于外部荷载对加劲肋的轴力有助于腹板的剪力,因此不应重复计算。但是在 BS 5400第 3 部分[4] 中这是需要验算的。当加劲肋的轴向荷载存在明显的偏心时,可能需要进行验算,这可能会在腹板中产生明显的正应力,且其不隐含在剪力-弯矩的相互作用中。3-1-1/式(6.1)中给出的 Von Mises 等效应力关系可以用来结合腹板中的剪力、纵向正应力和横向正应力,但它不考虑局部塑性弯曲应力分布(如 BS 5400: 第 3 部分所述),因此它会有些保守。

实例 6.6-1　不设置纵向加劲肋的主梁

一根材质为 S355 钢，截面类型为 3 类的连续梁的板件尺寸如图 6.6-4 所示。每隔 4000mm 设置加劲肋。面板中最大剪力为 1700kN，正应力变化如图所示。对每个加劲肋而言没有明显的外部荷载作用。验算中间横向加劲肋的充分性（是否满足要求）。

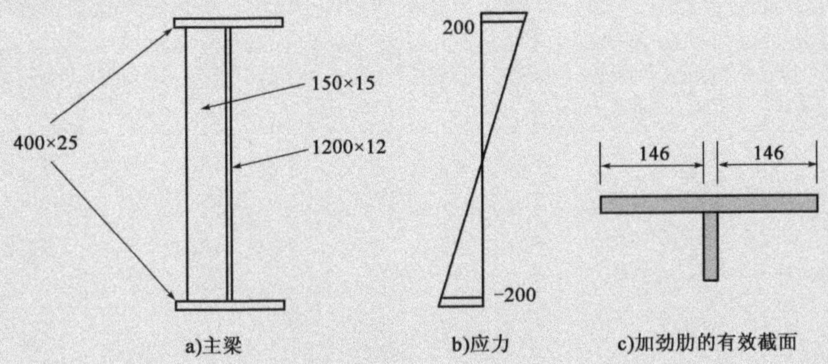

图 6.6-4　实例采用梁（尺寸单位：mm）

3-1-5/条款 9.1 的加劲肋有效截面如图 6.6-4 所示，其中 $I_{st}=1.343\times10^7\text{mm}^4$，$A_{st}=5934\text{mm}^2$，质心与腹板后部的距离为 36.7mm。腹板截面模量和外伸部分截面模量分别为 $3.658\times10^5\ \text{mm}^3$ 和 $1.072\times10^5\ \text{mm}^3$。

(i)扭转屈曲(6.6.2.1)

加劲肋的高厚比为 10，对于 S355 加劲肋来说是满足要求的，见本指南的 6.9 节。

(ii)依据3-1-5/条款9.3.3(6.6.2.2)，抗剪所需最小刚度

对于 $a/h_w\geqslant\sqrt{2}$，$I_{st}\geqslant0.75h_wt^3=0.75\times1200\times12^3=1.56\times10^6\text{mm}^4$。

实际 $I_{st}=1.343\times10^7\ \text{mm}^4$，所以有足够的刚度。

(iii)由剪力产生的加劲肋轴力(6.6.2.3)

首先需要计算剪切长细比。

根据 3-1-5 / 条款 5.2 可知：

$$k_\tau=5.34+4.00\left(\frac{b}{a}\right)+k_{\tau st}=5.34+4.00\left(\frac{1200}{4000}\right)^2+0=5.70$$

$$\tau_{cr}=\frac{k_\tau\pi^2Et^2}{12(1-\nu^2)b^2}=\frac{5.7\times\pi^2\times210000\times12^2}{12(1-0.3^2)\times1200^2}=108.2\text{MPa}$$

$$\overline{\lambda}_w=0.76\sqrt{\frac{f_{yw}}{\tau_{cr}}}=0.76\sqrt{\frac{355}{108.2}}=1.377$$

这就可以推导出剪切承载力为 1771kN，其中忽略了翼缘的贡献，并使用了刚性端柱条件。加劲肋中产生的竖向力可由下式得到：

$$P_{shear}=V_{Ed}-\frac{1}{\overline{\lambda}_w^2}\frac{f_{yw}h_wt}{\sqrt{3}\gamma_{M1}}=1700\times10^3-\frac{1}{1.377^2}\frac{355\times1200\times12}{\sqrt{3}\times1.1}=\mathbf{285kN}$$

由于没有外部荷载,因此:

$$P_{\mathrm{Ed}}=P_{\mathrm{shear}}+P_{\mathrm{ext}}=285+0=285\ \mathrm{kN}$$

下面对该加劲肋的轴向力作用和腹板的不稳定效应一起进行验算。

(iv)腹板的不稳定效应(6.6.2.4 和6.6.3)

如本指南的6.6.1 所述,使用6.6.3 中所述的简化方法是合理的,因为当加劲肋对正应力下腹板的承载力没有贡献时,没有要求使用 3-1-5/条款9.2.1的方法。由于主梁是 3 类截面,显然,加劲肋的存在并不能提高腹板抵抗正应力的能力。但是,为了举例说明,这里采用了两种方法(6.6.2.4 和6.3 节)验算加劲肋。在这两种情况下,都需要根据 3-1-5/条款 9.2.1(6)的内容来计算 $\sigma_{\mathrm{m}}b^2/\pi^2$。

根据 3-1-5/条款 4 可知:

$$\sigma_{\mathrm{cr,p}}=\frac{k_{\sigma}\pi^2Et^2}{12(1-\nu^2)b^2}=\frac{23.9\times\pi^2\times210000\times12^2}{12(1-0.3^2)\times1200^2}=453.6\mathrm{MPa}$$

$$\sigma_{\mathrm{cr,c}}=\frac{\pi^2Et^2}{12(1-\nu^2)a^2}=\frac{\pi^2\times210000\times12^2}{12(1-0.3^2)\times4000^2}=1.71\mathrm{MPa}$$

(临界应力是基于如上所述的单个面板。)

根据 3-1-5/条款 9.2.1(5)可知:

$$\sigma_{\mathrm{m}}=\frac{\sigma_{\mathrm{cr,c}}}{\sigma_{\mathrm{cr,p}}}\left[\left(\frac{1}{a_1}+\frac{1}{a_2}\right)\frac{N_{\mathrm{Ed}}}{b}\right]=\frac{1.71}{453.6}\left[\left(\frac{1}{4000}+\frac{1}{4000}\right)\frac{200\times0.5\times12\times1200/2}{1200}\right]$$

$$=1.13\times10^{-3}\mathrm{MPa}$$

因此,加劲肋的等效轴力(见式(D6.6-17)的讨论)为:

$$\frac{\sigma_{\mathrm{m}}b^2}{\pi^2}=\frac{1.13\times10^{-3}\times1200^2}{\pi^2}=0.17\mathrm{kN}$$

这要比剪切作用下要小得多。对于 $a/b<1$ 的未加劲腹板,通常会出现这种横向加劲肋对受正应力作用腹板的稳定性没有贡献的情况。正文中对比值 $\sigma_{\mathrm{cr,c}}/\sigma_{\mathrm{cr,p}}$进行了评述。

(a)6.3.3 中的方法

加劲肋中表示腹板失稳效应的等效轴力 =0.17 kN。剪切张力场作用引起的轴力 =285kN。因此,加劲肋的总轴力为:

$$P_{\mathrm{Ed}}+\frac{\sigma_{\mathrm{m}}b^2}{\pi^2}=285+0.17=285\mathrm{kN}\text{(即前一个力可以忽略不计)}$$

加劲肋弯矩为:

$285\times10^3\times(36.71-12/2)=8.75\ \mathrm{kN\cdot m}$(腹板高度上为常数)

必须满足 3-2/条款 6.3.3 规定的相互作用:

$$\frac{N_{\mathrm{Ed}}}{\frac{\chi_{\mathrm{y}}N_{\mathrm{Rk}}}{\gamma_{\mathrm{M1}}}}+\beta_{\mathrm{m}}\frac{M_{\mathrm{y,Ed}}+\Delta M_{\mathrm{y,Ed}}}{\frac{M_{\mathrm{y,Rk}}}{\gamma_{\mathrm{M1}}}}\leqslant0.9$$

（注意这个表达式中 N_{Ed}是加劲肋的轴力）

$$\bar{\lambda} = \sqrt{\frac{Af_y}{N_{cr}}} = \sqrt{\frac{5934 \times 355}{19330 \times 10^3}} = 0.33$$

其中

$$N_{cr} = N_{cr,y} = \frac{\pi^2 EI}{L_{cr,y}^2} = \frac{\pi^2 \times 210 \times 10^3 \times 1.343 \times 10^7}{1200^2} = 19330\text{kN}$$

从 3-1-1/图 6.4 的曲线 c 可得，$\chi_y = 0.93$。

从 3-1-1/表 A.2 可知，对于均布弯矩而言，$\psi = 1.0$，且有：

$$\beta_m = C_{my,0} = 0.79 + 0.21\psi + 0.36(\psi - 0.33)N_{Ed}/N_{cr,y}$$

$$= 0.79 + 0.21 + 0.36(1 - 0.33)285/19330 = 1.00$$

$$M_{y,Rk} = W_{el,min} f_y = 1.072 \times 10^5 \times 355 = 38.1\text{kN} \cdot \text{m}$$

这个结论是保守的，因为它是基于加劲肋外伸部分，实际上施加的弯矩会引起腹板受压。出现这个问题是因为 3-1-1/条款 6.3.3 中的公式是针对双轴对称截面的。在此应用实例中使用腹板的截面模量是合理的。

$$N_{Rk} = 5934 \times 355 = 2107\text{kN}$$

$$\frac{N_{Ed}}{\dfrac{\chi_y N_{Rk}}{\gamma_{M1}}} + \beta_m \frac{M_{y,Ed} + \Delta M_{y,Ed}}{\dfrac{M_{y,Rk}}{\gamma_{M1}}} = \frac{285}{\dfrac{0.93 \times 2107}{1.1}} + 1.00 \times \frac{8.70}{\dfrac{38.1}{1.1}}$$

$$= 0.16 + 0.25$$

$$= 0.41 < 0.9$$

因此，加劲肋**使用率为 46%**，加劲肋足够。

（b）6.6.2.4 中的方法

可以保守地假设，弯矩作用使具有最小截面模量的边缘纤维进入受压状态，即使这里的情况是相反的。有关不太保守的方法，请参阅正文。根据上文，轴力和弯矩分别为 $P_{Ed} = 285\text{kN}$ 和 $M_0 = 8.75\text{kN} \cdot \text{m}$。

由式（D6.6-18）可知，初始弯曲为：

$$w_0' = w_0 + \frac{M_0 b^2}{8EI_{st}} = 1200/300 + \frac{8.75 \times 10^6 \times 1200^2}{8 \times 210 \times 10^3 \times 1.343 \times 10^7}$$

$$= 4 + 0.56 = 4.56\text{mm}$$

附加挠度为：

$$\delta = w_0' \left(\frac{EI_{st}}{\dfrac{\sigma_m b^4}{\pi^4} + \dfrac{P_{Ed} L^2}{\pi^2}} - 1 \right)^{-1}$$

$$= 4.56 \left(\frac{210 \times 10^3 \times 1.343 \times 10^7}{\dfrac{1.13 \times 10^{-3} \times 1200^4}{\pi^4} + \dfrac{285 \times 10^3 \times 1200^2}{\pi^2}} - 1 \right)^{-1}$$

$$= 0.068\text{mm}$$

从式(D6.6-19)可以看出,总附加挠度小于 $b/300$:

$$\delta+\frac{M_0b^2}{8EI_{\mathrm{st}}}=0.068+0.56=0.63\mathrm{mm}\leqslant\frac{b}{300}=4\mathrm{mm}$$

所以挠度是可以接受的。

由式(D6.6-20)可知,需确定该应力小于设计屈服应力:

$$\sigma_{\mathrm{s}}=\frac{(w_0'+\delta)e_{\max}}{I_{\mathrm{st}}}\left(\frac{\sigma_{\mathrm{m}}b^2}{\pi^2}+P_{\mathrm{Ed}}\right)+\frac{P_{\mathrm{Ed}}}{A_{\mathrm{st}}}+\frac{M_0e_{\max}}{I_{\mathrm{st}}}$$

$$=\frac{(4.56+0.068)\times125.3}{1.343\times10^7}\left(\frac{1.13\times10^{-3}\times1200^2}{\pi^2}+285\times10^3\right)+$$

$$\frac{285\times10^3}{5934}+\frac{8.75\times10^6\times125.3}{1.343\times10^7}$$

$$=12.3+48.0+81.6=141.9\mathrm{MPa}<355/1.1=322.7\mathrm{MPa}$$

因此,加劲肋的**使用率为 44%**,加劲肋足够。

(v)加载端承压应力(6.6.2.5)

加劲肋有效截面在加劲肋端部断口处的应力也应根据 3-1-5/条款 9.4(2)的规定进行验算,但这里显然是足够的。

6.6.5 翼缘横向加劲肋

如上文 6.6.2 中所述,受压翼缘上的翼缘横向加劲肋,原则上可以采用与腹板横向加劲肋相同的设计方法,采用依照 3-1-5/条款 9.1 得到的有效截面,以及 3-1-5/条款 9.2.1 中的设计方法。不过,通常需要增加三种额外的荷载:

(i)作用于桥面板横向加劲肋位置上由车辆产生的局部横向荷载;

(ii)任何翼缘垂直曲率产生的局部横向荷载;

(iii)组合翼缘上的湿混凝土重量及其他施工荷载。

荷载(ii)的确定在本指南 6.10 节中讨论。当考虑这些效应时,可以直接使用式(D6.6-18)~式(D6.6-20),方法是将弯矩 M_0 设为上述横向荷载产生的一阶弯矩的峰值。这种方法可能略微保守,因为该弯矩不太可能在加肋肋上均匀分布,因此由它引起的一阶挠度将小于 $M_0b^2/(8EI_{\mathrm{st}})$。如果弯矩分布更接近于抛物线或三角形,则式(D6.6-18)~式(D6.6-20)可修改如下:

$$\delta=w_0'\left(\frac{EI_{\mathrm{st}}}{\dfrac{\sigma_{\mathrm{m}}b^4}{\pi^4}+\dfrac{P_{\mathrm{Ed}}L^2}{\pi^2}}-1\right)^{-1}\qquad(\mathrm{D6.6\text{-}21})$$

其中 $w_0'=w_0+\Delta$,式中 Δ 是横向荷载引起的一阶挠度峰值。总挠度必须小于 $b/300$,因此:

$$\delta+\Delta\leqslant\frac{b}{300}\qquad(\mathrm{D6.6\text{-}22})$$

最后的应力验算仍如式(D6.6-20)所示。关于在 6.6.2 中做出的与最小截面模量边缘纤维相关的施加弯矩符号的评论也适用于此。

6.7　支承加劲肋和梁体扭转约束(附加小节)

EN 1993-2 中没有针对支承加劲肋设计的规定,因此须参考 EN 1993-1-5 第9章。本节将介绍 EN 1993-1-5 中相关规则。它涵盖了以下几点:

- 支承加劲肋的有效截面　*6.7.1*
- 简支梁端支承加劲肋的设计要求。　*6.7.2*
- 中支点支承加劲肋的设计要求。　*6.7.3*
- 配套支座。　*6.7.4*
- 应用于特定支承加劲肋上的附加效应。　*6.7.5*
- 支承处梁体扭转约束。　*6.7.6*

6.7.1　支承加劲肋的有效截面

加劲肋的有效截面特性,采用加劲肋自身加上两侧各附加 $15\varepsilon t$ 的腹板宽度来计算,如图 6.7-1 所示($\varepsilon=\sqrt{235/f_y}$),但不大于可用宽度,参见 3-1-5/条款 9.1(2)。如果相邻两根加劲肋的附加宽度重叠,那么相邻的加劲肋可以看作是共同受力的。

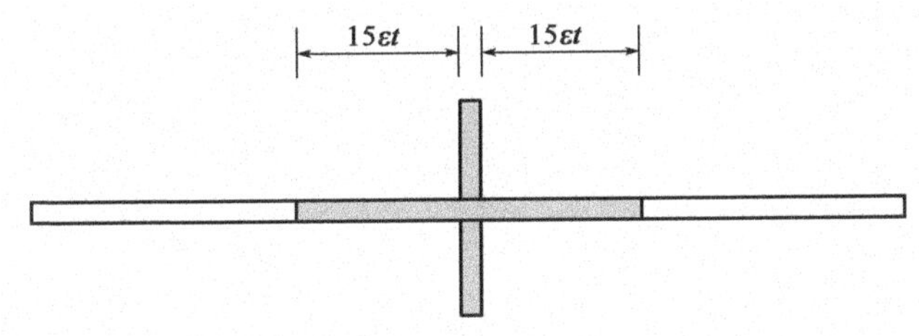

图 6.7-1　加劲肋有效截面

6.7.2　简支梁端支承加劲肋的设计要求

应满足下列要求:

(i)外伸部分的长度应满足 3-1-5/条款 9.2.1 中规定的防止扭转屈曲的限值。这将在本指南的 6.9 节中进行讨论。

(ii)依据 3-1-5/条款 9.4(2)的要求,有效截面必须承受支承反力。

(iii)根据 3-1-5/条款 9.4(2)的规定,在加劲肋有断口的地方,应验算加载端处的横截面抗力。

(iv)在基于"刚性端柱"条件的剪切设计中,加劲肋还必须能够抵抗拉力场作用产生的薄膜力,并满足最小刚度要求。

下文将讨论(ii)~(iv)的要求。

6.7.2.1　支承反力作用下的屈曲验算

支承加劲肋必须设计成 ***3-1-5/条款9.4(2)*** 规定的撑杆以承受支承反力,以及温度运动产生的任何偏心和由于桥面板旋转产生的接触点运动。3-1-5/条款 9.4　***3-1-5/条款9.4(2)***

没有提到除了加劲肋不对称外的荷载偏心。温度引起的运动可以使用 EN 1993-2 附件 A 中的方法计算(这一条将移至 EN 1990,因为它不是特定针对钢桥),另外在有关滚轴支座的 EN 1337-4 中可以找到不同接触点偏心的指南。

支座定位偏差和不平整基座引起的偏心也应包括在内,但 EN 1993-2 中没有给出任何指导。这样使用 BS 5400:第 3 部分[4] 中的值来表示偏差和不平整基座是合理的,如下所示:

- 对于与平坦支承表面接触的平顶摇轴支座,为平坦支承表面宽度的一半加上 10mm;
- 对支承于平面或球面下部部件上的球面上部支座,为 3mm;
- 对支承于球面下部构件上的平板上部支座,为 10mm。

3-1-5/条款9.4(3)

如果一个加劲肋有效截面是关于腹板非对称的,那么根据 ***3-1-5/条款9.4(3)*** 的规定,应该考虑结构偏心产生的作用于加劲肋截面形心上的弯矩。在任何可能的情况下,通常应使支承加劲肋对称。

3-1-5/条款 9.4(2)要求使用 3-1-1/条款 6.3.3 或 3-1-1/条款6.3.4中的弯矩和轴力组合相互作用来验算支承加劲肋有效截面,以确保加劲肋不能在腹板平面上发生屈曲。在这些情况下,使用 3-1-1/条款 6.3.3 并不容易。3-2/条款 6.3.3 中简化的验算更易于应用,但需要对该公式进行扩展以囊括腹板平面上的弯矩,如下所示:

$$\frac{N_{Ed}}{\frac{\chi_y N_{Rk}}{\gamma_{M1}}} + C_{mi,o}\frac{M_{y,Ed}}{\frac{M_{y,Rk}}{\gamma_{M1}}} + \frac{M_{z,Ed}}{\frac{M_{z,Rk}}{\gamma_{M1}}} \leqslant 0.9 \qquad (D6.7\text{-}1)$$

如本指南 6.3.3 所述,$M_{y,Ed}$是加劲肋的峰值弯矩,弯矩图的形状由系数 $C_{mi,o}$ 决定。类似的系数可用于 $M_{z,Ed}$,或者像英国以前的做法那样,将 $M_{z,Ed}$取为中间三分之一处的最大值。

或者,可以使用 6.3.3 中的式(D6.3-29)(在任何情况下,对于防止弯扭屈曲的情况,该方程都是 3-2/条款 6.3.3 中公式的来源)和 M_z 弯矩的附加项。因为腹板平面内屈曲被阻止,M_z 弯矩不需要放大系数。可推导出以下相互作用公式:

$$\frac{N_{Ed}}{\chi_y N_{pl,Rd}} + \frac{1}{1-(N_{Ed}/N_{cr,y})}\frac{M_{y,Ed}}{M_{y,Rd}} + \frac{M_{z,Ed}}{M_{z,Rd}} \leqslant 1.0 \qquad (D6.7\text{-}2)$$

其中 $N_{pl,Rd}=\frac{Af_y}{\gamma_{M1}}$,$M_{y,Rd}=\frac{W_{el,y}f_y}{\gamma_{M1}}$和 $M_{z,Rd}=\frac{W_{el,z}f_y}{\gamma_{M1}}$。

截面模量应适用于所验算加劲肋上的点。由于此处不包含弯矩图形状的系数,因此可以使用加劲肋中间三分之一高度上的最大值。这里建议采用弹性特性进行验算,因为在支承加劲肋中发生塑性变形是不期望发生的;这可能与对其刚度的假设不一致。

在式(D6.7-1)和式(D6.7-2)中,支承反力中的轴向力在加劲肋上通常不是恒定的,通常从加载端的最大值变化到顶部的 0。沿整个长度方向力是恒定的假设,对于屈曲验算是保守的。一个合理的方法是在铰接支承加劲的屈曲验算中使用三分之二的反力(中间三分之一的最大值)。在这种情况下,必须在加劲肋的两端验算截面承载力。支承反力引起的设计效应必须与支承加劲肋作为刚性端柱所产生的任意弯矩相结合,如下所述。

弯曲屈曲的有效长度不能小于$0.75h_w$,且应使用3-1-1/图6.4中的屈曲曲线c,见3-1-5/条款9.4(2)。当从支座上悬出的支承加劲肋提供唯一的扭转约束时,必须注意其有效长度,就像U形框架桥的情况一样。在这种情况下,有效长度将大于或等于$2.0h_w$,取决于U形框架横向构件所提供的约束。

6.7.2.2 加载端承压应力和横截面一般抗力

根据3-1-5/条款9.4(2)的规定,在加劲肋上有断口的地方,应验算加载端处的横截面承载力。在接触面积小于加劲肋有效截面面积的情况下,还应适当验算支承压力。

尽管没有说明,一般情况下应该验算截面承载力,特别是如果在屈曲验算中考虑了轴向力和弯矩沿加劲肋高度变化的有利之处。实例6.7-1说明了这一点。

6.7.2.3 作为刚性端柱加劲肋的薄膜力

如果假设由刚性端柱产生抗剪承载力(见本指南的6.2.6),那么根据***3-1-5/条款9.3.1(1)***的规定,支承加劲肋应设计为两翼缘之间的梁,以抵抗由此产生的腹板纵向薄膜应力。它还必须满足最小刚度要求。 ***3-1-5/条款9.3.1(1)***

3-1-5/条款9.3.1(2)要求将刚性端柱设计为双面加劲肋以形成梁,如图6.7-2所示。根据***3-1-5/条款9.3.1(3)***的要求,形成的梁要求具有最小截面模量: ***3-1-5/条款9.3.1(2)*** ***3-1-5/条款9.3.1(3)***

$$z_{\min} = 4h_w t^2 \qquad \text{(D6.7-3)}$$

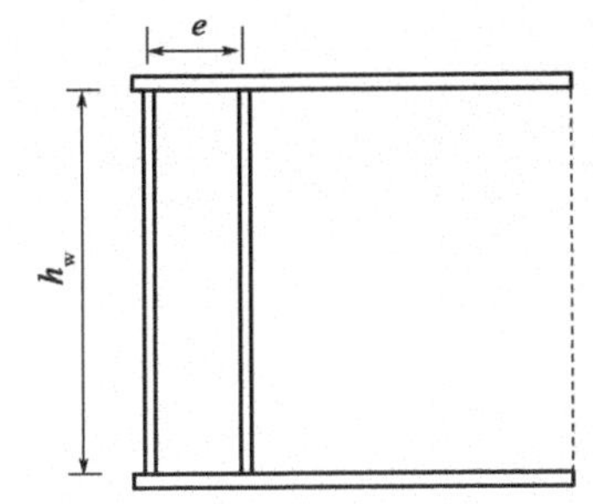

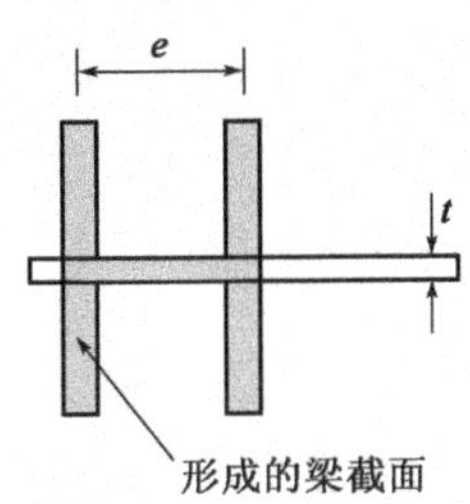

图6.7-2 刚性端柱

如果加劲肋是扁钢,这相当于要求每一组双侧加劲肋具有最小横截面面积:

$$A_{\min} = 4h_w t^2 / e \qquad \text{(D6.7-4)}$$

加劲肋的间距e必须大于$0.1h_w$。

薄膜力的计算方法未在EN 1993-1-5中给出,但可以从6.2.6.2讨论的剪切屈曲模型中推导出来。6.2.6.2中示出了对于理想平板,其薄膜力可由下式得出:

$$N_H = h_w t_w \left(\frac{\tau^2}{\tau_{cr}} - \tau_{cr} \right) \geq 0 \qquad \text{(D6.7-5)}$$

其中,h_w和t_w分别为腹板的高度和厚度。这种方法是保守的,因为薄膜应力并没有在整个腹板高度上充分发展;而式(D6.7-5)假设它是充分发展的。可以看出,直到弹性剪切应力达到临界值τ_{cr},才有薄膜抗力。τ_{cr}可以按照本指南 6.2.6.2 中讨论的方法计算。在有纵向加劲肋的地方,τ_{cr}可以保守地根据加劲板整体屈曲或最弱子区格块屈曲中的较小值确定。当由子区格板屈曲控制时,若一个板块的柔度远大于其他板块,上面的计算显然是保守的。BS 5400 允许τ_{cr}在这种情况下取子区格板屈曲的两个最小值的平均值,这样可认为是合理的。

然而在实际设计时,式(D6.7-5)在长细比小于 1.2 左右时,将导致剪切规则不连续,因为这使τ_{cr}有可能超过从 3-1-5 / 图 5.2 获得的刚性端柱极限剪切应力。这意味着,尽管刚性端柱的存在带来了好处,但式(D6.7-5)不会对其设计产生任何影响。这个问题的出现是因为腹板的缺陷导致旋转应力场实际上在应力低于τ_{cr}的柔性区域开始发展。为了避免这种异常,可以如图 6.7-3 所示,为τ_{cr}使用 1.2 的折减系数。这个系数也使得剪力设计中考虑 $\gamma_{M1}=1.1$,并在细长比为 1.08 时确保薄膜力大约是零,此时刚性和非刚性端柱剪切抗力曲线分离。对于较高的长细比,由于存在刚性端柱,腹板抗剪能力增强,薄膜力大于零。薄膜力的表达式为:

$$N_H = h_w t_w \left(\frac{\tau^2}{\tau_{cr}/1.2} - \tau_{cr}/1.2 \right) \geqslant 0 \qquad (D6.7\text{-}6)$$

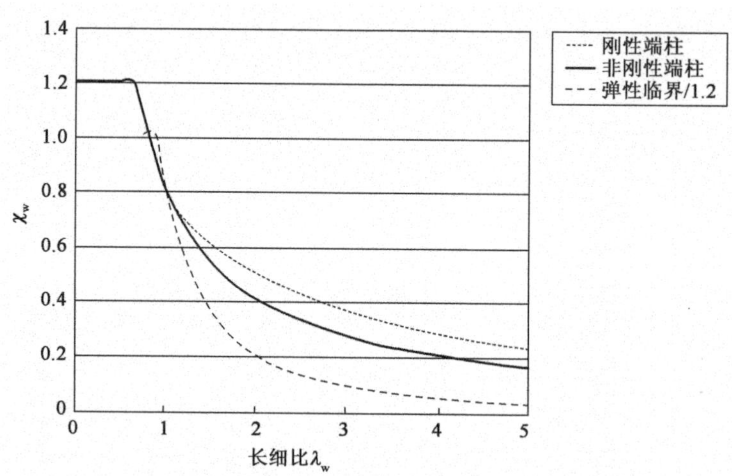

图 6.7-3 τ_{cr}的折减系数,避免与刚性端柱不连续的情况

在更高的长细比情况下,剪应力接近τ_{cr}时拉力场将开始作用,因为初始缺陷在高长细比情况下会有更小的效应,这时τ_{cr}的折减系数将非常保守。采用随长细比减少的折减系数确实是必要的,以便在更大的长细比中使用式(D6.7-5)。而式(D6.7-6)总是保守的。

在图 6.7-2 中,将薄膜力作为均匀分布荷载作用于梁截面,这样梁在腹板平面内弯曲时半高处所能承担的最大弯矩为 $N_H h_w/8$。对于屈曲验算,只需在屈曲相互作用中加入另一个 $M_{z,Ed}/M_{z,Rd}$项,就可以增加作用于端柱上的薄膜力力矩的影响,类似地在截面阻力验算中也可如此考虑。需要注意的是,刚性端柱的有效截面(图 6.7-2)与支承加劲肋的有效截面(图 6.7-1)不同。在组合应力时应考虑到这一点。为简单起见,在两个有效截面的基础上发展出的腹板和加劲肋的应力可以简单地相加。

可以通过两种方法来避免将支承加劲肋设计为刚性端柱时产生的叠加效应。首先,很明显,剪切设计可以在非刚性端柱的情况下进行,除非根据3-1-5/表5.1,腹板长细比大于1.08,否则腹板设计不会造成经济损失。第二,*3-1-5/条款9.3.1(4)*提供了另一种形成刚性端部条件的方法,即将中间横向加劲肋充分靠近支承加劲肋,使横向加劲肋与支承加劲肋之间的板块在设计时满足非刚性端柱条件。在横向加劲肋之外,刚性端柱条件适用于如图6.7-4所示情况。在任何情况下,为主梁提供全高度的顶托加劲肋,都可能是特别合适的。 *3-1-5/条款9.3.1(4)*

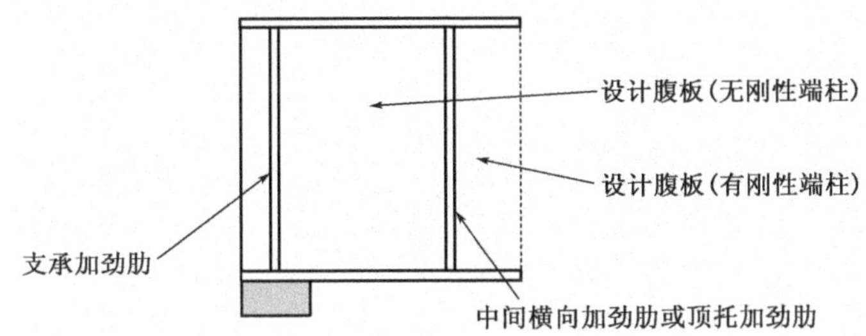

图6.7-4 剪切设计中除了提供刚性端柱仍能保持刚性端部条件的替代方法

6.7.3 中支点支承加劲肋的设计要求

应满足下列要求:

(i)外伸部分应满足3-1-5/条款9.2.1中防止扭转屈曲的限值。这一条在本指南6.9节中进行讨论。

(ii)有效截面必须满足3-1-5/条款9.4.2中承受支承反力的要求。

(iii)根据3-1-5/条款9.4(2)的规定,在加劲肋上有断口的地方,应验算加载端处的截面承载力。

(iv)有效截面必须满足3-1-5/条款9.2.1中规定的最小强度和刚度要求,在该条款中,假定横向加劲肋可以约束在正应力作用下的未加劲或加劲腹板区格块。这与承受的支承反力有关。

项目(ii)和(iii)的设计方法如上文6.7.2所述。下面讨论项目(iv)。

6.7.3.1 正应力下为腹板提供约束的设计

当腹板上的纵向加劲肋设计为受支承加劲肋约束时,支承加劲肋本身必须按照3-1-5/条款9.2.1的规定设计以提供这种支撑,同时还要抵抗支承反力。支承加劲肋也可以根据在未加劲腹板中类似的内力进行设计,如6.6.1中所讨论的,但这些力将小得多。由于支承反力与腹板纵向正应力产生的面外力相互作用,因此可以使用本指南6.6.2.4中讨论的方法进行屈曲验算。式(D6.6-20)中还需要加上一项,即$M_{z,Ed}/W_{z,el}$,以考虑腹板平面内的弯矩:

$$\sigma_s = \frac{(w_0' + \delta)}{W_{y,el}}\left(\frac{\sigma_m b^2}{\pi^2} + P_{Ed}\right) + \frac{P_{Ed}}{A_{st}} + \frac{M_{y,Ed}}{W_{y,el}} + \frac{M_{z,Ed}}{W_{z,el}} \leqslant f_{yd} \quad (D6.7\text{-}7)$$

以上术语的含义如本指南 6.6.2.4 中所定义,用上面的 $M_{y,Ed}$ 替换了 6.6 节中的 M_0。此处 $W_{y,el}$ 是用来代替 e_{max}/I_{st} 的。$W_{y,el}$ 和 $W_{z,el}$ 是被验算点对应的截面模量。选取模量时应使它们在加劲肋各验算点上共存。由于加劲肋是典型的十字形,即 $W_{y,el}$ 和 $W_{z,el}$ 的最小值一般不会在一个位置共存。如果加劲肋关于腹板不对称(这是不可取的),则根据弯矩的方向式(D6.7-7)可能变得保守,并且适用 6.6.2.4 末尾的注释。式(D6.6-19)的挠度验算无须修改即可使用,上述 M_0 除外。

如果轴向力和弯矩是基于加劲肋中间三分之一处的值,则较为合理的方式除了式(D6.7-7)的校核外,还需要对截面承载力进行校核。

或者,更简单地,可以使用上面 6.7.2.1 中应用的屈曲验算(式(D6.7-1)或式(D6.7-2)),并且通过使用一个虚构的轴力,$\sigma_m b^2/\pi^2$,来考虑加劲或未加劲腹板不稳定的影响,其中符号在本指南6.6.2.4和 3-1-5/条款 9.2.1 中有定义。本指南 6.6.3讨论了这个术语的起源。由于该轴力不是一种真实的力,它的目的只是为了在弯曲撑杆中产生一个弯矩,而不是产生轴向应力,因此它的使用是保守的,见 3-1-5/条款 9.2.1(6)和本指南的 6.6.2.4(b)。3-1-5/条款 9.2.1 要求的挠度验算一般通过检查就能满足,因为支承加劲肋通常会有足够的刚度,因为它需要抵抗支承反力。因此使用额外的轴力 $\sigma_m b^2/\pi^2$ 是实用性简化。在实例 6.7-1 中说明了这两种方法。

6.7.4　配套支座

尽管 EN 1993 没有对此进行讨论,如果完全接触端支承是按照 EN 1090 规定的,那么在承载能力极限状态通过支座承受所有直接压力是合理的。如果采用这种做法,仍须对所提供的焊缝进行疲劳验算,假设所有的压力都通过焊缝,而没有通过直接支座。实例 8.2-1 示出了承载能力极限状态的焊接设计,而实例 9-4 针对焊缝疲劳设计。

6.7.5　应用于特定支承加劲肋上的附加效应

还有一些可施加于支承加劲肋的附加作用,但 EN 1993-1-5 并没有特别涉及这些作用。本指南 6.6.4 中(i)~(iii)项是相关的。此外,如果支承加劲肋有助于对主梁提供扭转约束,这种效应应该包括在加劲肋设计中。这部分内容在

3-1-5/条款9.4(3)　6.7.6中讨论。***3-1-5/条款9.4(3)*** 还提醒设计人员,支承加劲肋的刚度必须与弯扭屈曲设计中假定的刚度一致。

如本指南 6.6.4 所述,在 EN 1993-1-5 中没有对加劲肋有效截面中的附加腹板部分进行等效应力验算。其中对何时进行这种验算提出了建议。

实例 6.7-1:梁端支承加劲肋

桥梁端部固定支座上方的支承加劲肋有两对双侧加劲肋,如图 6.7-5 所示。主梁在其末端通过支撑约束绕其纵轴的旋转,并且没有中间加劲肋。在假定有

刚性端柱的情况下，验算支承加劲肋是否足以承受与腹板的完全抗剪能力相当的反力。结构全部采用 S355 钢。

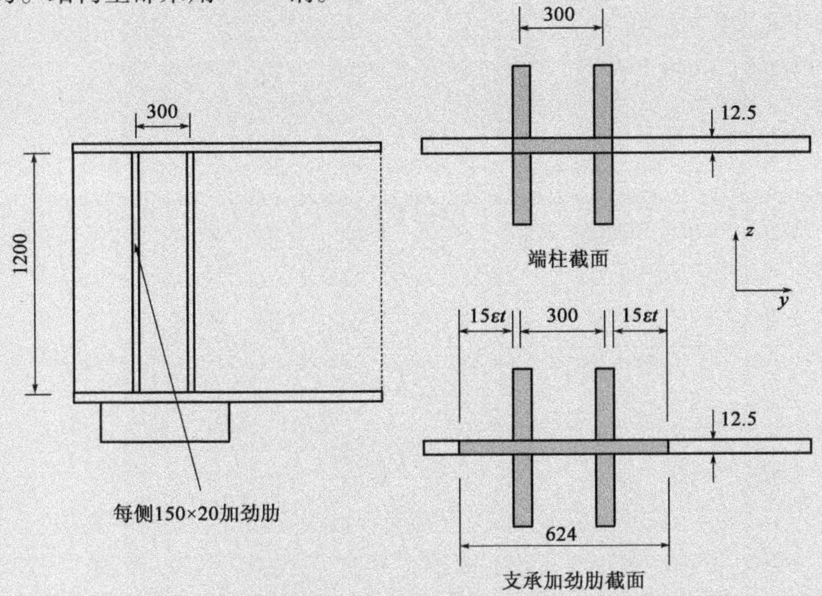

图 6.7-5　实例 6.7-1 中的支承加劲肋（尺寸单位：mm）

由于没有中间加劲肋，剪切长细比可由式 3-1-5/式(5.5)求得：

$$\overline{\lambda}_{w}=\frac{h_{w}}{86.4t\varepsilon}=\frac{1200}{86.4\times 12.5\times 0.81}=1.372$$

临界剪应力从 3-1-5/式(5.4)获得，且对于 $a/b>>1$，$k_{\tau}=5.34$：

$$\tau_{cr}=\frac{k_{\tau}\pi^{2}Et^{2}}{12(1-\nu^{2})b^{2}}=\frac{5.34\pi^{2}\times 210\times 10^{3}\times 12.5^{2}}{12(1-0.3^{2})1200^{2}}=110\text{MPa}$$

若剪切设计中采用刚性端柱，由 3-1-5/表 5.1 可知：

$$\chi_{w}=\frac{1.37}{0.7+\overline{\lambda}_{w}}=\frac{1.37}{0.7+1.372}=0.66$$

在没有中间加劲肋的情况下，翼缘的贡献可以忽略不计。从而，腹板的抗剪承载力为：

$$V_{bRd}=\frac{\chi_{v}f_{yw}h_{w}t}{\sqrt{3}\gamma_{M1}}=\frac{0.66\times 355\times 1200\times 12.5}{\sqrt{3}\times 1.1}=1845\text{kN}$$

因此，设计支承反力为 1845kN。

作为支承加劲肋

支承加劲肋的附加腹板宽度为：

$30\varepsilon t+300+20=30\times 0.81\times 12.5+300+20=624\text{mm}$

如图 6.7-5 所示，支承加劲肋截面特性为：

$A=19800\text{mm}^{2}$

$I_{yy}=1.018\times 10^{8}\text{mm}^{4}$

$I_{zz}=5.235\times 10^{8}\text{mm}^{4}$

对于一个固定的球面支承,允许在每个方向上有 10mm 偏心。支承加劲肋有效截面上的作用力设计值为:

$N_{Ed} = 1845\text{kN}$

$M_{y,Ed} = M_{z,Ed} = 18.45\text{kN} \cdot \text{m}$

腹板最大应力为:

$$\frac{1845 \times 10^3}{19800} + \frac{18.45 \times 10^6}{5.235 \times 10^8 / 312} = 104\text{MPa}$$

加劲肋的最大应力为:

$$\frac{1845 \times 10^3}{19800} + \frac{18.45 \times 10^6}{5.235 \times 10^8 / 160} + \frac{18.45 \times 10^6}{1.018 \times 10^8 / 156} = 127\text{MPa}$$

(对于腹板无正应力的梁端,6.7.3.1 中的附加力与 $\sigma_m b^2/\pi^2$ 无关)。

作为刚性端柱

如图 6.7-5 所示,采用一种略微不同的有效截面,扣除腹板外部部分。每个双面加劲肋必须提供根据 3-1-5/条款 9.3.1(3)规定的最小面积:

$A_{min} = 4h_w t^2/e = 4 \times 1200 \times 12.5^2/300 = 2500\ \text{mm}^2$

实际提供:$2 \times 150 \times 20 = 6000\ \text{mm}^2 > 2500\text{mm}^2$,因此面积是足够的。

端柱的截面惯性矩 $I_{zz} \approx 6000 \times 150^2 \times 2 = 2.700 \times 10^8 \text{mm}^4$。

施加剪应力:

$$\tau_{Ed} = \frac{1845 \times 10^3}{1200 \times 12.5} = 123\text{MPa}$$

根据式(D6.7-6)计算薄膜力:

$$N_H = h_w t_w \left(\frac{\tau 2}{\tau_{cr}/1.2} - \tau_{cr}/1.2 \right) = 1200 \times 12.5 \left(\frac{123^2}{110/1.2} - 110/1.2 \right)$$

$$= 1101\text{kN}$$

那么在梁上一半的平面力矩是

$M_{z,Ed} = N_H h_w/8 = 1101 \times 1.200/8 = 165\text{kN} \cdot \text{m}$

薄膜作用对加劲肋的最大应力:

$$\frac{165 \times 10^6}{2.700 \times 108/160} = 98\text{MPa}$$

根据 3-1-5/条款 9.4,应按照 3-1-1/条款 6.3.3 或条款 6.3.4 验算加劲肋在弯矩和轴力联合作用下的屈曲情况,横截面承载力也应验算。首先验算横截面承载力,如正文所述,假设采用截面弹性性能。

横截面抗力验算

为了简单起见,即使薄膜作用和支承反力发生在加劲肋的不同高度,保守的方法就是将由两者产生的最大应力加在一起。因此,根据 EN 10025,对于材质 S355 的 20mm 的钢板,加劲肋的最大总应力 = 127 + 98 = 225MPa < 345/1.0 =

345MPa。目前，尽管英国国家附件要求使用 EN 10025 中的值，但 3-1-1/表 3.1 允许该厚度使用 355MPa，并用于下述屈曲验算。

屈曲验算

加劲肋的长细比为：

$$\bar{\lambda}=\sqrt{\frac{Af_y}{N_{cr,y}}}=\sqrt{\frac{19800\times355}{146523\times10^3}}=0.22$$

式中

$$N_{cr,y}=\frac{\pi^2EI_{yy}}{L_{cr,y}^2}=\frac{\pi^2\times210\times10^3\times1.018\times10^8}{1200^2}=146523\text{kN}$$

从 3-1-1/图 6.4 曲线 c 可知，$\chi_y=0.99$。

$$N_{pl,Rd}=\frac{Af_y}{\gamma_{M1}}=\frac{19800\times355}{1.1}=6390\text{kN}$$

绕 y 轴和 z 轴的弯曲截面模量将基于加劲肋外伸部分，因为这在截面承载力验算中非常关键。注意，绕 z 轴的弯曲截面模量与薄膜作用和支承偏心产生的弯矩不同。

$$M_{y,Rd}=\frac{W_{el,y}f_y}{\gamma_{M1}}=\frac{(1.018\times10^8/156)\times355}{1.1}=210.6\text{kN}\cdot\text{m}$$

$$M_{z,Rd}=\frac{W_{el,z}f_y}{\gamma_{M1}}=\frac{(5.235\times10^8/160)\times355}{1.1}$$

$$=1055.9\text{kN}\cdot\text{m}\quad(\text{对于支承偏心})$$

$$M_{z,Rd}=\frac{W_{el,z}f_y}{\gamma_{M1}}=\frac{(2.700\times10^8/160)\times355}{1.1}$$

$$=544.6\text{kN}\cdot\text{m}\quad(\text{对于薄膜力})$$

采用加劲肋中间三分之一处的最大值：

$M_{y,Ed}=0.67\times18.45=12.4\text{kN}\cdot\text{m}$

$M_{z,Ed}=0.67\times18.45=12.4\text{kN}\cdot\text{m}$（支承偏心产生）

$M_{z,Ed}=165\text{kN}\cdot\text{m}$（对于薄膜力，在半高处最大）

$N_{Ed}=0.67\times1845=1236\ \text{kN}$

利用式(D6.7-2)的简化相互作用，验算如下：

$$\frac{N_{Ed}}{\chi_yN_{pl,Rd}}+\frac{1}{1-(N_{Ed}/N_{cr,y})}\frac{M_{y,Ed}}{M_{y,Rd}}+\frac{M_{z,Ed}}{M_{z,Rd}}$$

$$=\frac{1236}{0.99\times6390}+\frac{1}{1-(1236/146523)}\frac{12.4}{210.6}+\left(\frac{12.4}{1055.9}+\frac{165}{544.6}\right)$$

$$=0.195+0.059+0.315=0.569<1.0$$

因此，加劲肋是足够的。

如果加劲肋上有断口或支承面积小于有效截面面积，还应验算腹板和加劲肋上的端部支承应力。由于上述截面承载力验算非常保守且其不控制设计，因此这里不再验算。

6.7.6 支承处主梁扭转约束

主梁必须在支座处进行约束以保证整体稳定性,防止其绕纵向轴的旋转,但在 EN 1993 中没有对这方面的设计提供指导。为了达到这种目的,通常在支座上提供竖向支撑或隔板,但也可以利用支承加劲肋的弯曲刚度来防止旋转(就像可能在 U 形框架桥中发生的情况那样)。约束的设计应考虑到由于主梁初始几何缺陷和斜交的影响而产生的力。如果分析模型足够详细,所有的效应都可以通过对相关缺陷建模的二阶分析来确定。这些效应包括:

(i)受压翼缘上初始弯曲所产生的力。翼缘在跨度上的初始弯曲缺陷被二阶效应放大,在支座处产生反力。

(ii)由于支承处腹板不竖直而产生的力:

(a)当梁的两端在相反的方向各有一个初始的竖向偏转,这将导致翼缘在该跨长度上的进一步缺陷。这种缺陷在压力荷载下的增长会在约束中产生一种与约束刚度成正比的反力。

(b)如果梁在支座处不是竖直的,则约束必须能够抵抗由桥面板上施加荷载引起支承反力偏心所产生的倾覆力矩。

(iii)由斜交效应引起的力:

(a)当两端支撑约束斜交(与梁非正交)放置时,主梁在绕其横轴的竖直荷载下旋转时,必须绕自身纵轴旋转。这将导致在上面(ii)(b)中包含额外的不垂直度。

(b)上面的扭转旋转也使梁发生扭转,产生的扭转反力的大小取决于梁的扭转刚度。

这里没有对梁末端的扭转约束给出进一步的指导。请参阅 BS 5400:第 3 部分:2000[4],了解上述适用设计内力的更多细节。英国国家附件提供了适用的指导。

6.8 施加于 U 形框架横梁处的荷载(附加小节)

在 6.3.4.2 中讨论了受压翼缘的屈曲和约束这些翼缘的加劲肋的设计内力。然而,横梁上的局部荷载在 U 形框架构件(包括翼缘)中产生附加力,这会导致相邻框架之间的差异变形。如图 6.8-1 所示,在横向构件上加载会使该横向构件在其与竖向加劲肋的连接处发生偏移和旋转。因此,加劲肋会试图向内偏转。如果所有的横梁并不是同样的加载,这就倾向于在加劲肋顶部产生差异挠度,但这种差异挠度是由翼缘横向弯曲所承受。从而,在与施加局部荷载的横向构件相连的加劲肋顶部产生向外的力。这在加劲肋中产生了一个弯矩,该弯矩必须包含在加劲肋的设计中。在受压翼缘的稳定性验算中,需要考虑翼缘因约束加劲肋偏转而产生的弯矩。

在 BS 5400:第 3 部分[4] 中提出了一种简单的计算方法。该方法考虑作为 U 形框架一部分的加劲肋在局部加载下的内力时,假设翼缘是完全刚性的。在计算上翼缘弯矩时,假设上翼缘的跨度为发生弯曲的加劲肋两侧的刚性加劲肋之间的距离,使翼缘的位移等于加劲肋的自由挠度。这给出了非常保守的结果,但很容易操作。还有不那么保守的方法是使用如图 6.8-1 所示的空间框架模型，使用表 6.8-1所列的截面特性。

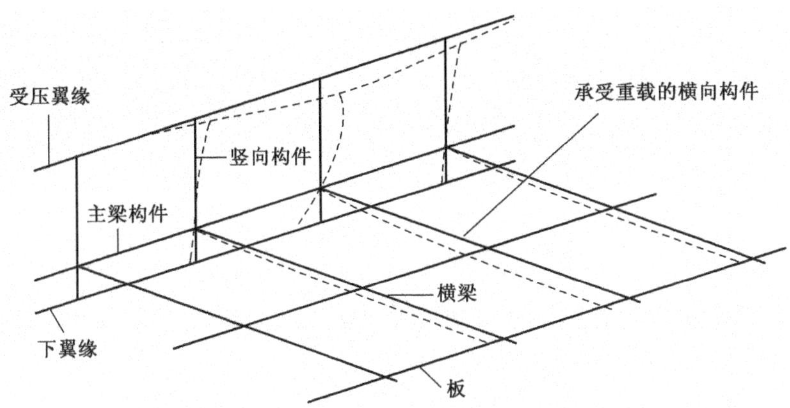

图 6.8-1 在横梁荷载作用下的 U 形框架桥的挠曲变形

图 6.8-1 所示 U 形框架桥空间框架的截面特性 表 6.8-1

构件类型	截面特性			
	面积(A)	$I_{竖向}$	$I_{横向}$	$I_{T扭转}$
主梁：				
翼缘	无	无	$I_{翼缘}$	$I_{T翼缘}$
竖向加劲肋	$A_{加劲肋}$	无	$I_{加劲肋}$	$I_{T加劲肋}$
主梁	$A_{梁}$	$I_{梁}$	$I_{腹板}$	$I_{T腹板}$
桥面系：				
右侧空间	$A_{梁}$	$I_{梁}$	$I_{梁}$	$I_{T钢梁}+0.5I_{T板}$
板	$A_{板}$	$I_{板}$	$I_{板}$	$0.5I_{T板}$

除非采用二阶分析，否则从空间框架分析得到的上翼缘和竖直构件的弯矩需要乘以(下面的系数)：

$$\frac{1}{1-N_{Ed}/N_{cr}}$$

以包括压力荷载作用下上翼缘弯曲的 P-δ 失稳效应。N_{Ed} 为受压翼缘的力，N_{cr} 为 6.3.4.2 中确定的受压翼缘的弹性屈曲临界荷载。

6.9 加劲肋外伸部分扭转屈曲——外伸限值(附加小节)

加劲肋伸出肢可能会在垂直于母板平面的扭转屈曲模态下发生局部屈曲，可能与母板平面外加劲肋的整体屈曲相结合。加劲肋外伸部分的扭转屈曲如图 6.9-1所示。假设加劲肋沿其与母板的连接处简支(不像图 6.9-1 所示)，一般加劲肋的弹性扭转屈曲临界应力为：

$$\sigma_{cr}=\frac{1}{I_p}\left(GI_T+\frac{\pi^2 EC_w}{L^2}\right) \tag{D6.9-1}$$

式中：I_T——仅计入加劲肋外伸部分的圣维南扭转常数；

I_p——仅计入加劲肋外伸部分的绕加劲肋与板连接点的极惯性矩；

C_w——加劲肋绕连接线的翘曲常数；

L——加劲肋横向约束之间的长度。

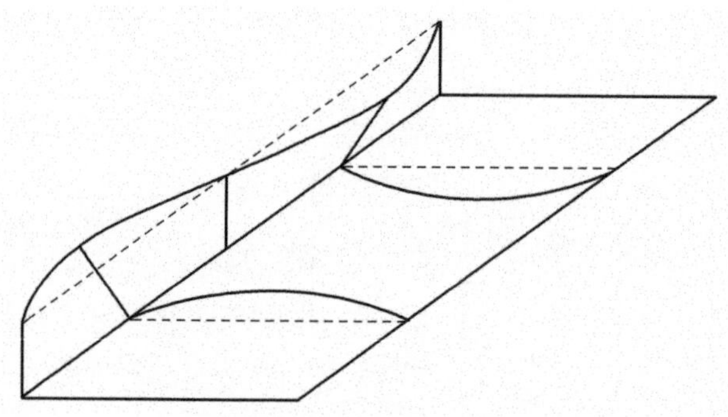

图 6.9-1 加劲肋的扭转屈曲

在加劲肋与母板之间存在简支边的假设下,屈曲波长将是加劲肋在横向约束之间的长度。“真实”的行为将在后面讨论。

如果翘曲常数很小,如对于扁钢加劲肋或一些球型扁钢加劲肋,则式(D6.9-1)可近似为:

$$\sigma_{cr} = \frac{GI_T}{I_p} \qquad (D6.9\text{-}2)$$

正因如此,I_T/I_p 是小翘曲抗力加劲肋的弹性扭转屈曲临界应力的一种度量。

3-1-5/条款 9.2.1(8)

3-1-5/条款9.2.1(8) 对具有较小或零翘曲抗力的加劲肋作了限制,以防止扭转屈曲:

$$\frac{I_T}{I_p} \geqslant 5.3\frac{f_y}{E} \qquad 3\text{-}1\text{-}5/(9.3)$$

对于具有可观翘曲抗力的加劲肋来说,这是保守的。这些限制同样适用于横向加劲肋和纵向加劲肋。由于扭转屈曲会导致快速破坏,因此在第 3-1-5/条款 4 中 4 类截面使用有效宽度法时应避免这种情况。

将 3-1-5/式(9.3)代入式(D6.9-2)可得:

$$\sigma_{cr} = \frac{GI_T}{I_p} \geqslant 2.04f_y$$

这相当于限制长细比为:

$$\sqrt{f_y/\sigma_{cr}} = 0.70$$

这类似于 3-1-5/条款 4.4 中规定的外伸部分板的长细比限值大约为 0.75。对于扁平加劲肋,这种相似性是可以预期的,因为扭转屈曲荷载可以很容易显示为与外伸板弹性板屈曲临界荷载一样。

对于扁平加劲肋:

$$I_p = \frac{1}{3}h_s^3t_s + \frac{1}{12}h_st_s^3 \text{ 且 } I_T = \frac{1}{3}h_st_s^3$$

式中,h_s 和 t_s 分别为扁平加劲肋高度和厚度。可以推导出:

$$\frac{I_T}{I_p} \approx \left(\frac{t_s}{h_s}\right)^2$$

将该值代入 3-1-5/式(9.3)中,得到 S355 钢的 h_s/t_s 限制约为 10.5(实际上是 10.56),而 BS 5400:第 3 部分的限值是 10。因此,扁平加劲肋的一般限值为:

$$\frac{h_s}{t_s}\sqrt{\frac{f_y}{355}} \leqslant 10.5 \tag{D6.9-3}$$

有翘曲抗力的加劲肋——T 肋和 L 肋

当加劲肋具有明显的翘曲抗力且横向约束之间的长度较小时，使用 EN 1993-1-5 中提供的简化判据是保守的。对于具有显著翘曲抗力的加劲肋，如 L 肋和 T 肋，可以使用式(D6.9-1)计算临界屈曲应力，并进一步计算长细比：

$$\lambda = \sqrt{\frac{f_y}{\sigma_{cr}}} = \sqrt{\frac{f_y}{\frac{1}{I_p}\left[GI_T + \frac{\pi^2 EC_w}{L^2}\right]}} \leqslant X \tag{D6.9-4}$$

如 3-1-1/图 6.4 所示，柱型屈曲长细比极限 X 为 0.2，板型屈曲长细比极限 X 为0.75。3-1-5/条款 9.2.1(9)建议 $\sigma_{cr} \geqslant \theta f_y$，其中 $\theta = 6$。这相当于在上面的公式中，$X = 0.4$，这被认为是合适的，因为具有翘曲抗力的加劲肋的扭转屈曲行为部分是板型的，部分是柱型的。在没有翘曲刚度的极限情况下，使用这个较低的限制长细比 0.4，意味着式(D6.9-4)产生的抗力要低于 3-1-5/式(9.3)，后式基于较大的限制长细比 0.7。在这种情况下，当翘曲抗力较低时，只需要满足 3-1-5/条款 9.2.1(8)和(9)这两项准则中较容易满足的那条即可。

对于 L 肋截面：

$$C_w = \frac{1.3B^3H^2t_f}{3}\left(\frac{\frac{B^3t_f}{3H^2} + Bt_f + \frac{Ht_s}{3}}{Bt_f + Ht_s}\right) \tag{D6.9-5}$$

对于 T 肋截面：

$$C_w = \frac{1.1B^3H^2t_f}{12}\left(\frac{\frac{B^3t_f}{12H^2} + Bt_f + \frac{Ht_s}{3}}{Bt_f + Ht_s}\right) \tag{D6.9-6}$$

相关尺寸如图 6.9-2 所示。

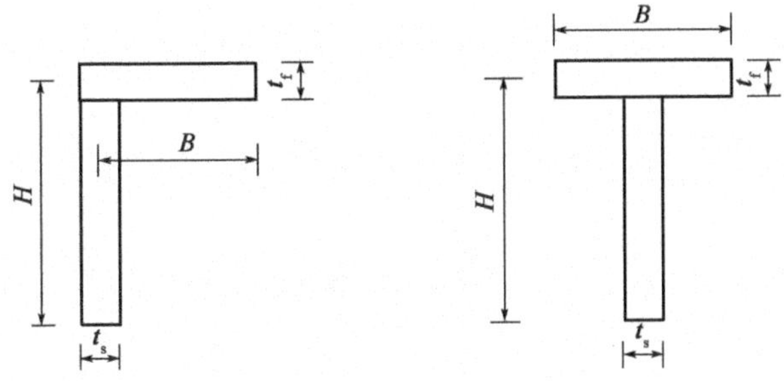

图 6.9-2　L 肋和 T 肋的符号表示

上述方法忽略了任何与母板的有利相互作用，因为 3-1-5/条款 9.2.1(9)要求忽略母板的转动约束。这主要是因为未能就如何考虑这一点达成共识。实际上，屈曲行为是复杂的，因为简支支承的母板板件和简支支承的加劲肋的屈曲波长通常是不同的，但为了变形协调，在实际加劲板中必须是相同的。EN 1993-1-5 的早期草案规定，加劲肋的弹性屈曲临界荷载应大于与其相连的相邻板的弹性屈曲临界荷载。然而,这导致随着加劲肋进一步分离,加劲肋的稳定性增加。这与通常在试验和有限元分析中观察到的行为相反,即当板的跨度很小时,由母板提供给加劲肋的旋转约束是显著的,与 BS 5400:第 3 部分给出的关系相反。

因此,EN 1993-1-5 的规则可以被认为是保守的。忽略任何由母板提供给加劲肋的转动约束的作用,意味着某些加劲肋类型,特别是球型扁钢,不太可能满足要求。如果需要使用这种加劲肋,就需要使用更细致的有限元模型,考虑加劲肋板全部的几何形状,来验算结构行为。

实例 6.9-1:L 肋扭转屈曲的验算

S355 钢的 L 形加劲肋截面如图 6.9-3 所示。对于(i)横向约束相隔很远与(ii)横向约束之间长度为 1400mm 的情况,验算加劲肋抗扭屈曲是否满足要求。

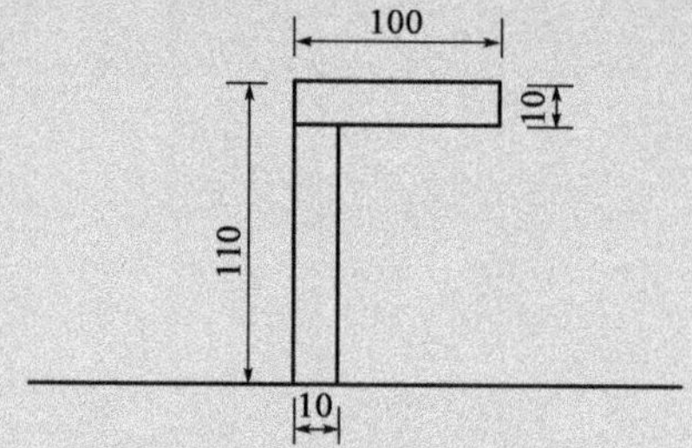

图 6.9-3　实例 6.9-1 中的 L 形加劲肋(尺寸单位:mm)

(i)约束相隔很远的情况

对于宽间距约束,翘曲抗力将是无关紧要的,且 3-1-5/条款 9.2.1(8)中内容是相关的。

$$I_T = \frac{1}{3}(Ht_s^3 + Bt_f^3) = \frac{1}{3}(105 \times 10^3 + 95 \times 10^3) = 66.7 \times 10^3 \text{mm}^4$$

$$I_p = \left(\frac{1}{12} \times 100^3 \times 10 + (100 \times 10 \times 50^2) + \frac{1}{12} \times 10^3 \times 100 + 100 \times 10 \times 105^2\right) + \left(\frac{1}{12} \times 100^3 \times 10 + 100 \times 10 \times 45^2\right) = 1.723 \times 10^7 \text{mm}^4$$

$$\frac{I_T}{I_p} = \frac{66.7 \times 10^3}{1.723 \times 10^7} = 3.87 \times 10^{-3} < 5.3\frac{f_y}{E} = 8.96 \times 10^{-3}$$

可得此加劲肋不满足要求。

试着把加劲肋的厚度增加到 15mm:

$$I_T = \frac{1}{3}(Ht_s^3 + Bt_f^3) = \frac{1}{3}(107.5 \times 15^3 + 92.5 \times 15^3) = 2.251 \times 10^5 \text{mm}^4$$

$$I_p = \left(\frac{1}{12} \times 100^3 \times 15 + 100 \times 15 \times 50^2 + \frac{1}{12} \times 15^3 \times 100 + 100 \times 15 \times 107.5^2\right) + \left(\frac{1}{12} \times 100^3 \times 15 + 100 \times 15 \times 42.5^2\right) = 2.632 \times 10^7 \text{mm}^4$$

$$\frac{I_T}{I_p} = \frac{2.251 \times 10^5}{2.632 \times 10^7} = 8.55 \times 10^{-3} < 5.3\frac{f_y}{E} = 8.96 \times 10^{-3}$$

可得此加劲肋仍然不完全满足要求。通过验算，16mm 厚的加劲肋就足够了。

(ii) 约束中心间隔 1400mm

如果原来的 10mm 厚的加劲肋横向固定在中心间距 1400mm 处，那么翘曲抗力将变得非常大，且 3-1-5/条款 9.2.1(9) 中内容是相关的。

且由式(D6.9-5)可得：

$$C_w = \frac{1.3\times95^3\times105^2\times10}{3}\left[\frac{\dfrac{95^3\times10}{3\times105^2}+95\times10+\dfrac{105\times10}{3}}{95\times10+105\times10}\right]$$

$$=3.193\times10^{10}\text{mm}^6$$

且由式(D6.9-4)可得：

$$\lambda=\sqrt{\frac{355}{\dfrac{1}{1.723\times10^7}\left[80.77\times10^3\times66.7\times10^3+\dfrac{\pi^2\times210\times10^3\times3.193\times10^{10}}{1400^2}\right]}}$$

$$=0.395$$

λ 小于 0.40 就可以防止加劲肋扭转屈曲。然而，如此密集的约束加劲肋可能是不切实际的。

6.10 翼缘诱导型屈曲和曲率效应(附加小节)

6.10.1 翼缘诱导型屈曲及腹板和横向构件中的翼缘诱导力

6.10.1.1 翼缘无纵向加劲肋的 I 形截面梁

对于 I 形梁，通常假定腹板为受压翼缘提供了刚性的线支承，以抵抗腹板的面内屈曲。但是，如果翼缘足够大，而且腹板非常纤细，整个翼缘有可能通过诱导腹板自身屈曲而在腹板平面内发生屈曲，如图 6.10-1 所示。

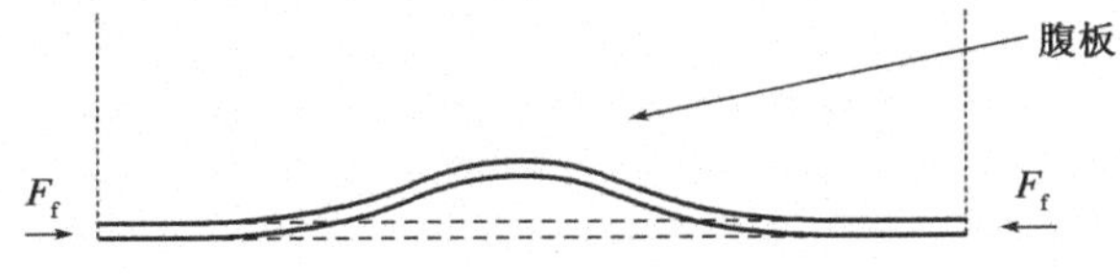

图 6.10-1 腹板上的翼缘诱导屈曲

如果受压翼缘在立面上连续弯曲，无论是由于梁底面本身就是曲线，还是由于整个梁在立面上起拱，由于翼缘上力方向的连续变化，在腹板平面内会产生径向力，如图 6.10-3 所示，径向力增加了翼缘向腹板内诱导屈曲的可能性。对半径为 r 的弯曲翼缘，单位长度翼缘施加的横向力如下：

$$P_T = F_f/r \qquad \text{(D6.10-1)}$$

式中，F_f 为翼缘内的轴向力。

梁的初始缺陷和梁在荷载作用下的挠度造成的曲率使翼缘产生了类似的力。

3-1-5/条款8(2)

为了防止翼缘诱导型屈曲,在 ***3-1-5/条款8(2)*** 中给出了腹板高度与厚度的简单限值,主要用于没有加劲肋的 I 形梁:

$$\frac{h_w}{t_w} \leqslant \frac{k\dfrac{E}{f_{yf}}\sqrt{\dfrac{A_w}{A_{fc}}}}{\sqrt{1+\dfrac{h_w E}{3rf_{yf}}}} \qquad \text{3-1-5/(8.2)}$$

式中:A_w——腹板截面面积;

A_{fc}——翼缘有效截面面积;

h_w、t_w——腹板的高度和厚度;

r——翼缘立面的弯曲半径;

k——随着翼缘预期应变增加而降低的系数,因此:

$k=0.3$ 适用于形成塑性铰的塑性整体分析(一般不适用于桥梁,因为只有在某些偶然情况下才允许进行塑性分析);

$k=0.4$ 适用于塑性截面分析;

$k=0.55$ 适用于弹性截面分析。

3-1-5/式(8.2)还假设受压翼缘位于内凹面。如果不是内凹面,则翼缘会在腹板上引起横向张力,从而不会引起屈曲。若翼缘立面上不弯曲,可采用 3-1-5/式(8.1)的简化表达式。

上面示例的推导可以基于等翼缘宽度的竖向弯曲 I 形梁,其中翼缘半径均假定为 r_t。这两个弯曲的翼缘,一个受拉和一个受压,在腹板顶面和底面产生大小相等、向相反的压缩横向力。对于无纵向加劲肋且横向荷载均匀分布的长腹板,屈曲模态为柱型屈曲,临界应力为:

$$\sigma_{cr}=\frac{\pi^2 E}{12(1-\nu^2)}\left(\frac{t_w}{h_w}\right)^2 \qquad \text{(D6.10-2)}$$

由式(D6.10-1)可得,使一定长度的弯曲翼缘达到屈服点所需施加的横向压力为:

$$P_T=\frac{f_{yf}A_{fc}}{r_t}$$

所以在腹板的顶部和底部的横向应力是:

$$\sigma_T=\frac{f_{yf}A_{fc}}{r_t t_w} \qquad \text{(D6.10-3)}$$

为了防止腹板屈曲,屈曲临界应力必须大于横向施加应力乘以一定的系数 α,以满足要求:

$$\sigma_{cr}=\frac{\pi^2 E}{12(1-\nu^2)}\left(\frac{t_w}{h_w}\right)^2 \geqslant \alpha\frac{f_{yf}A_{fc}}{r_t t_w} \qquad \text{(D6.10-4)}$$

重新整理式(D6.10.4),可得:

$$\frac{h_w}{t_w} \leqslant \sqrt{\frac{\pi^2 E}{12\alpha(1-\nu^2)} \frac{r_t A_w}{f_{yf} A_{fc} h_w}} = \sqrt{\frac{\pi^2}{12\alpha(1-\nu^2)}} \sqrt{\frac{E r_t A_w}{f_{yf} A_{fc} h_w}}$$

因而：

$$\frac{h_w}{t_w} \leqslant \sqrt{\frac{\pi^2}{12\alpha(1-\nu^2)}} \frac{\frac{E}{f_{yf}}\sqrt{\frac{A_w}{A_{fc}}}}{\sqrt{\frac{h_w E}{r_t f_{yf}}}} \tag{D6.10-5}$$

曲率 $1/r_t$ 包括有意设置的曲率 $1/r$ 以及考虑荷载作用下挠度和初始缺陷的进一步的曲率。对于弹性行为，两个翼缘的应力限制在初始屈服值 f_{yf} 以内，所以沿高度 h_w 的应变差为 $2f_{yf}/E$，曲率为 $2f_{yf}/(h_w E)$。这种附加的曲率不考虑超过初始屈服的翼缘应变，也不考虑翼缘和构件缺陷的影响。这些都可以通过采用一个额外的系数 β（大于 1）来考虑，此时附加曲率 $1/r_i$ 被表示为：

$$\frac{1}{r_i} = \frac{2\beta f_{yf}}{h_w E} \tag{D6.10-6}$$

假设曲率方向相同，则总曲率为：

$$\frac{1}{r_t} = \frac{1}{r} + \frac{2\beta f_{yf}}{h_w E} \tag{D6.10-7}$$

将式（D6.10-7）代入式（D6.10-5）可得：

$$\frac{h_w}{t_w} \leqslant \frac{1}{\sqrt{2\alpha\beta}} \sqrt{\frac{\pi^2}{12(1-\nu^2)}} \frac{\frac{E}{f_{yf}}\sqrt{\frac{A_w}{A_{fc}}}}{\sqrt{1+\frac{h_w E}{2\beta r f_{yf}}}}$$

因此：

$$\frac{h_w}{t_w} \leqslant \frac{0.672}{\sqrt{\alpha\beta}} \frac{\frac{E}{f_{yf}}\sqrt{\frac{A_w}{A_{fc}}}}{\sqrt{1+\frac{h_w E}{2\beta r f_{yf}}}} \tag{D6.10-8}$$

系数 $0.672/\sqrt{\alpha\beta}$ 对应 3-1-5/式（8.1）和式（8.2）中的系数 k。

对于柱型屈曲和高长细比的情况，腹板竖向受压的情况通常是这样，实际的屈曲荷载非常接近弹性屈曲临界荷载，因此 $\alpha = 1$ 可以用在前面的式（D6.10-4）中。对于更厚实的腹板，如高厚比 $h_w/t_w < 45$，当选用材质 S355 钢时，对应柱长细比 $\bar{\lambda}_c < 2.0$，由于腹板的缺陷，真正的屈曲荷载小于弹性屈曲临界荷载，因此 $\alpha > 1$ 将是合适的。（更为普遍的是，对于其他钢材强度来说，这种近似限值为 $h_w/t_w < 870\sqrt{f_{yf}}$。）3-1-5/条款 8 中的条件对于有足够厚实腹板的直梁来说通常会很容易满足，因此这种情况下选择略不保守的系数 α 不是问题。而对于弯梁，当 $h_w/t_w < 870\sqrt{f_{yf}}$ 时，仅满足 3-1-5 /条款 8 的要求还需注意其他问题。需要指明的是，对于仅有一个翼缘弯曲的梁，整个推导是保守的，因为压力只作用于腹板的一个边缘，相应的屈曲临界荷载要高得多。

无任何几何缺陷的弹性分析中系数 β 可取 1.0。为了考虑缺陷,EN 1993-1-5 中取 $\beta = 1.5$。对于塑性截面分析以及塑性整体分析中翼缘产生较大应变的情形,系数 β 以及 3-1-5/式(8.1)中的系数 k 应取较大的值。对于弹性截面设计,将 $\beta = 1.5$和 $\alpha = 1$ 代到式(D6.10-8)可得:

$$\frac{h_w}{t_w} \leqslant 0.55 \frac{\frac{E}{f_{yf}}\sqrt{\frac{A_w}{A_{fc}}}}{\sqrt{1+\frac{h_w E}{3r f_{yf}}}} \tag{D6.10-9}$$

上式即为弹性截面设计时的 3-1-5/式(8.2),其中 $k = 0.55$。

如果翼缘未有意弯曲,则 r 为无穷大,式(D6.10-8)为:

$$\frac{h_w}{t_w} \leqslant 0.55 \frac{E}{f_{yf}} \sqrt{\frac{A_w}{A_{fc}}} \tag{D6.10-10}$$

上式为弹性截面设计时的 3-1-5/式(8.1),其中 $k = 0.55$。

如上所述,当 h_w/t_w 小于 $870\sqrt{f_{yf}}$ 时,3-1-5 /条款 8 公式推导中隐含的 α 值似乎略不保守,但对于只有一侧翼缘弯曲的梁,其余的推导是保守的。因此需谨慎使用 3-1-5 /条款 8 中的公式,如当主梁整体竖向弯曲以及 $h_w/t_w < 870\sqrt{f_{yf}}$ 时。在这种情况下,α 的值可以用来确定真正的屈曲强度(通过 3-1-1/图 6.4 中柱型屈曲曲线来确定)与弹性临界屈曲荷载的比值。这个值可以与式(D6.10-8)结合使用。

对于 I 形梁,3-1-5/式(8.2)中的限制显然没有考虑腹板上的竖向加劲肋,但对于加劲肋紧密间隔的连续弯曲翼缘,这些限制的好处是有限的,因此通常可以忽略不计,而无须过分保守。同样没有考虑腹板纵向加劲肋,但可以对公式进行修正,以验算加劲肋板和最薄弱的子区格板的屈曲情况。对于由一系列直板形成的具有曲率的梁,通常需要在每个弯曲位置放置横向加劲肋,以承受集中力。在这种情况下,应该验算腹板是否会发生翼缘诱导型屈曲,假设翼缘是直的(具有无限半径),并且应该考虑翼缘在每个弯曲处的偏差力来设计加劲肋。

对于有直接受压翼缘的梁,翼缘诱导型屈曲不太可能控制腹板尺寸,除非腹板是异常纤细的 4 类截面。然而,所给出的防止翼缘诱导型屈曲的规定与加劲肋扭转屈曲的规定相似,截面必须符合这一限制,因为没有给出可考虑到翼缘诱导型屈曲的方法,以获取其他效应的折减抗力。

翼缘诱导的腹板横向应力与弯矩、剪力和轴力之间的相互作用

尽管 3-1-5/式(8.2)适用于翼缘竖向弯曲的梁,但 EN 1993 没有提供关于翼缘引起的横向应力与其他效应相互作用的指导,但应对此进行验算。严格地说,EN 1993-1-5 要求根据 3-1-5/条款 2.5(非等截面构件)的要求,使用 3-1-5/条款 10 进行变高度弯曲构件的设计。因此,可以通过使用 3-1-5/条款 10 的折减应力法来验算相互作用。如果是想确保腹板没有因为翼缘弯曲而产生二阶效应,可以确保式(D6.10-4)中 $\alpha \geqslant 10$;这是 3-2/条款 5.2.1(4)中忽略二阶效应的规定。这可以作为竖向弯曲梁按照 3-1-5 /条款 7.1 中直梁设计的一个标准,但考虑翼缘卷曲

(本指南的6.10.2.1)和腹板上的支承应力在3-1-5/式(7.1)中使用,来推导翼缘和腹板各自的折减有效屈服应力。折减有效屈服应力可由本指南6.2.1中的Von Mises方程推导出来。

如果根据3-1-5/条款6可以确定等效的横向力和抗力,则可以采用3-1-5/条款7.2的相互作用作为考虑翼缘诱导的腹板横向应力的另一种方法。这种方法虽然合乎逻辑,但没有经过试验验证。应满足EN 1993-1-5条款2.3的几何要求(除了对平行翼缘的要求外,对于只有一侧翼缘弯曲的梁,显然不能满足这种要求)。在推导3-1-5/条款6中的局部荷载抗力时,若只有受压翼缘存在立面弯曲的情况,可以使用3-1-5/图6.1中的类型(a)屈曲系数,在两侧翼缘都是弯曲的情况下可以使用类型(b)系数。由此产生了确定翼缘的适用长度的问题,需要在计算局部荷载及其抗力时加以考虑。保守估计翼缘长度(例如受压总长度)和翼缘应力(例如翼缘内任意位置的最大应力)可用于确定局部荷载的大小。当使用3-1-5/条款7.2时,可以在不减少对正应力的承载能力的情况下承受相当大的局部荷载,因此保守的假设通常就足够了。

如果翼缘在立面上是弯曲的,还应该对翼缘进行单独的屈服验算,以考虑横向弯曲的影响。下面6.10.2将对此进行讨论。

6.10.1.2 箱梁

对于不带纵向加劲肋的箱梁,以及横隔板或横向构件间距较大的箱梁,可以将3-1-5/式(8.2)应用于独立腹板及其连接翼缘的相关部分,取其为腹板和任何附加外伸部分之间有效翼缘宽度的一半。

然而,对于具有纵向加劲肋和横隔板或横向构件中心距较小的箱梁,3-1-5/式(8.2)可能过于保守,不能反映实际行为。在纵向加劲翼缘板中,纵向弯曲翼缘所产生的横向荷载倾向于由横向构件之间的加劲肋纵向承担,如图6.10-4所示。

在这个情况下没有提供验算方法,但如下面6.10.2所讨论的那样,可以将式(D6.10-1)中的弯曲力作为分布式荷载应用到加劲板的计算机模型上,并确定腹板和横隔板上的支承压力。另一种合理的近似方法是假设腹板和距腹板最近的纵向加劲肋之间的翼缘有效宽度的一半,连同任何翼缘外伸部分,共同将其力传递到腹板。然后可以使用3-1-5/式(8.2)验算腹板,基于上述翼缘有效面积A_f。这对纵向加劲腹板来说仍然是保守的,因为没有考虑它们(加劲肋)提供的额外屈曲抗力。6.10.1.1中关于缺乏考虑其他效应的交互方程以及考虑其他效应的可能方法的评论也适用于此。

对横向构件也需要验算弯曲翼缘所产生的力。横向构件所受的力可以从计算机模型中或上面的简化方法之一获得,如下所示:

$$\overline{P} = \overline{F}_f a/r \qquad (D6.10\text{-}11)$$

式中,$\overline{P}$是分布在对应于翼缘组成区域上的横隔板宽度上的总荷载;a是加劲板的长度;$\overline{F}_f$是腹板之间的翼缘中的内力,扣除连接到腹板上的子区格板半宽的内力。横向构件还必须承受来自翼缘偶然偏差(几何缺陷)产生的力。这种条件下,3-1-5/条款 9.2.1 的要求是适用的。如果横向构件是横向加劲肋,则必须施加式(D6.10-11)的力,还要施加从 3-1-5/条款 9.2.1 中得到的进一步的偏离力。如本指南 6.6.5 所述,横向加劲肋由于偏离平面而产生二阶效应。如果横向构件是横隔板,同样的方法也可以使用,但是横隔板的横向刚性意味着上述力可以直接作用于横隔板,而不需考虑二阶效应。

对于刚性横隔板使用 3-1-5/条款 9.2.1 的另一种替代方法是考虑纵向加劲肋的允许缺陷。由 3-1-5/表 C.2 可知,分析采用的初始缺陷幅值为 $L/400$。如果取 L 为两个被加劲板块的长度 $2a$,在考虑的横隔板处施加 $L/400 = a/200$ 的弯折缺陷,则横隔上的横向力如图 6.10-2 所示。该力可以应用于向上或向下的方向。

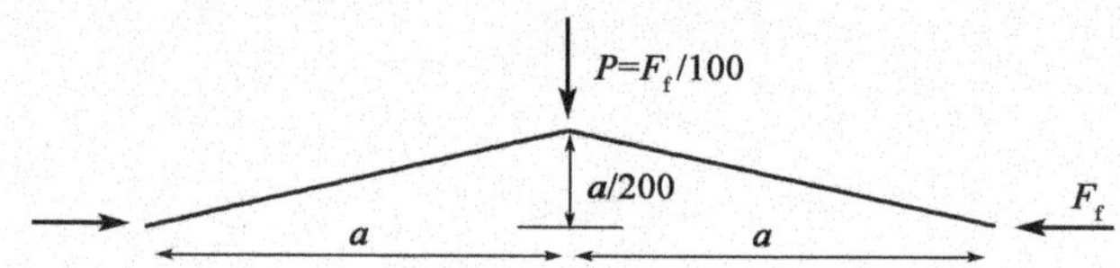

图 6.10-2　由于纵向加劲肋的初始缺陷而在横隔板内产生的力

6.10.2　竖向弯曲翼缘中的应力(连续弯曲)

在 EN 1993 中,没有对翼缘在立面上连续弯曲的梁的设计给出指导意见,主要是因为 EN 1993-2 或 EN 1993-1-5 中未涉及板件区格中的横向弯曲。EN 1993-1-7 包含横向荷载(并未特别针对弯曲梁),但并不完全适用于桥梁构件。具有竖向曲率的梁在翼缘上具有平面外的弯矩。对于 I 形梁,这种翼缘横向弯曲有时被称为"翼缘卷曲",如图 6.10-3b)所示。交互作用公式没有明确地涵盖它,尽管在上面 6.10.1.1 中建议将其包含在 3-1-5/式(7.1)的剪切-弯矩验算中。

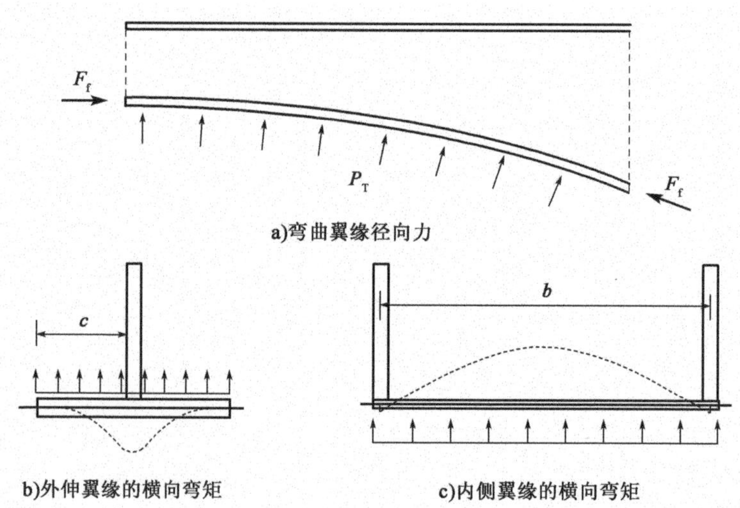

图 6.10-3　翼缘曲率产生的力和弯矩

式(D6.10-1)的荷载可以作为横向荷载作用于翼缘的宽度方向上,以确定翼缘的弯曲效应(横向和纵向)以及腹板、加劲肋和横隔板的支承应力。

6.10.2.1 无纵向加劲肋的主梁翼缘

对于具有宽间距横向加劲肋且无纵向加劲肋的对称I形梁上厚度为t的外伸翼缘，式(D6.10-1)在腹板面上产生横向力矩M_T，如图6.10-3b)所示。

$$M_T = F_f/2r \times c/2 = F_f c/(4r) = \sigma_f c^2 t/(2r) \qquad (D6.10\text{-}12)$$

式中，σ_f为翼缘的轴向应力。横向弯曲应力如下所示：

$$\sigma_T = 3\sigma_f c^2/(rt) \qquad (D6.10\text{-}13)$$

对于没有纵向加劲肋且横隔梁/横隔板间距较宽的箱梁，翼缘横向跨越腹板之间。翼缘弯矩取决于腹板的弯曲刚度。但是，假设腹板抗弯刚度较小，使翼缘简支于腹板之间，式(D6.10-1)给出了腹板中间的横向力矩M_T，如图6.10-3b)所示。

$$M_T = F_f/r \times b/8 = \sigma_f b^2 t/(8r) \qquad (D6.10\text{-}14)$$

横向弯曲应力如下所示：

$$\sigma_T = 3\sigma_f b^2/(4rt) \qquad (D6.10\text{-}15)$$

如果有外伸翼缘，则可根据上述原理计算翼缘的弯矩和应力。

对于横向约束间隔较大的情况，竖向曲率引起的翼缘板一阶横向弯曲应力和位移不会因轴力(的二阶效应)而明显放大。对于横向约束距离较近的箱梁，在轴向荷载作用下，翼缘板的第一屈曲模态为横向约束之间的纵向半波，翼缘弯曲力沿翼缘的纵横向分布。因此，横向一阶弯矩将小于式(D6.10-14)所预测的值，但随后可能发生由于翼缘压缩而引起的纵向和横向弯曲应力的放大。在实际应用中不太可能如此密集设置横向约束，但是，如果一定要密集设置，在任何情况下使用式(D6.10-14)中保守的横向弯矩通常是令人满意的，且不用放大。

在验算翼缘时，没有考虑横向弯曲与其他效应组合，因此可使用3-1-1/条款6.2.1中的Von Mises屈服准则，参考本指南6.5.2.1中的式(D6.5-4)。折减有效翼缘屈服应力也可以通过这种方法得到(但是忽略了由于翼缘剪切应力存在而导致的翼缘屈服应力的降低)，用于剪切弯矩相互作用验算，如6.10.1.1所述。

对于整体构件屈曲验算，还必须在屈曲验算中考虑翼缘屈服应力的有效降低。折减的屈服应力可以再次通过使用Von Mises准则得到，同样忽略了共存的剪应力，正如通常在构件整体屈曲验算中所做的一样。

6.10.2.2 有纵向加劲肋和横向加劲肋或横隔的主梁翼缘

纵向加劲板平面外弯曲应力的确定更为复杂，因为加劲板将同时跨越纵向和横向。由于其纵向抗弯刚度较大，横向整体弯矩较小，加劲板块主要考虑其纵向跨越，如图6.10-4所示。然而，与图6.10-3c)中相似，纵向加劲肋之间仍会产生局部横向弯曲作用。这种作用产生的母板中的横向弯曲应力与上面未加劲板的应力相同。使用式(D6.10-15)将是保守的，因为翼缘子区格板不是简支于纵向加劲肋之间，而是连续支承在它们上面。

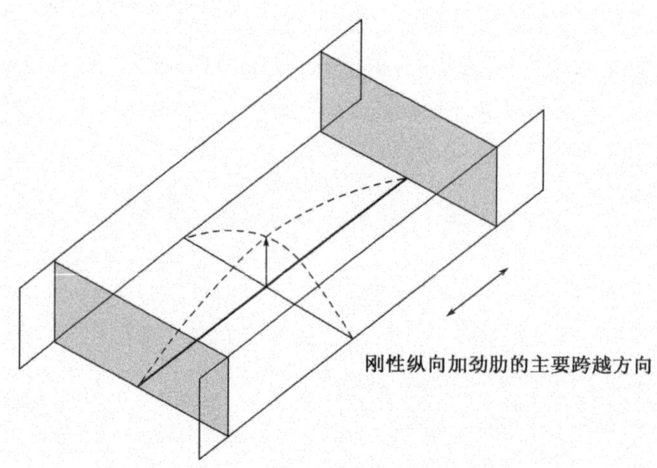

图 6.10-4　横向荷载作用下纵向加劲肋的跨越方向

为了更好地确定双向弯曲效应,式(D6.10-1)中的横向荷载应该应用于梁格或有限元模型,作为子区格板和加劲肋上与其面内力成比例的分布荷载。这也将模拟纵向加劲肋在横向构件上的连续性,从而减少纵向加劲肋跨中的弯矩。

加劲肋和翼缘可以根据本指南 6.5.2 中讨论的整体和局部效应进行验算,曲率产生的一阶应力被视为局部效应。

在 6.5.2 中提出在局部荷载加上整体荷载作用对加劲肋进行验算的另一种方法是,直接在加劲肋屈曲承载力曲线中考虑由翼缘曲率在加劲肋中引起的初始不平直。如 6.3.1.2 所述,几何缺陷的撑杆 Pemy-Robertson(P-R)缺陷参数为 ye_0/i^2,其中 y 为从加劲肋有效截面中心轴线到加劲肋有效截面外边缘的最大距离,e_0 为缺陷大小,i 为回转半径。

EN 1993 中的缺陷参数取为 $\eta = \alpha(\overline{\lambda} - 0.2)$,这也考虑到了结构缺陷。如果考虑附加缺陷 e_f,用以表示受横向约束之间直线曲率影响的加劲肋最大偏移量,则可以在 3-1-1/条款 6.3.1.2 中的压杆曲线的附加参数中加入 ye_f/i^2 的附加项。对于纵向加劲肋,3-1-5 /条款 4.5.3(5)中假设对于直线型加劲肋 $\alpha = \alpha_e$。因此,对于弯曲翼缘加劲肋,$\eta = \alpha_e(\overline{\lambda} - 0.2)$需要替换为:

$$\eta = \alpha_e(\overline{\lambda} - 0.2) + ye_f/i^2$$

在 3-1-1/式(6.49)中,根据 3-1-5/条款 4.5.3(5)得到 4 类截面特性时需进行上述操作。如 6.5.2.1 所述,仍然需要对翼缘母板进行屈服验算。

正如 6.5 节中提出的那样,上述公式是保守的,因为由此产生的缺陷参数没有考虑曲率方向是否会对临界边缘(隐含在初始缺陷参数中)造成不利或有利影响。如果纵向加劲肋不在端部,使其在横向约束上具有连续性,则可减少弯曲对这种连续性的影响。可以将缺陷参数取为:

$$\eta = \alpha_e(\overline{\lambda} - 0.2) + \frac{ye_f}{2i^2}$$

如果采用这种附加缺陷方法来模拟曲率,则用于推导有效截面特性的整体板屈曲折减系数应仅基于柱型特性,在考虑板型屈曲时,可以对曲率做一些类似的考虑,请参阅本指南的6.2.2.4。

6.10.3 平面弧形梁腹板和翼缘中的应力

EN 1993中没有对平面弧形梁的设计提供指导。受弯的平面弧形梁会因弯曲而产生与底板竖向弯曲的梁类似的力和面外弯矩。然而,也会有翼缘的平面内弯曲和横截面的畸变。弯曲受压翼缘和受拉翼缘在相反方向上产生横向力,从而产生扭矩。如图6.10-5所示,一个箱形截面的腹板在高度上发生了类似的上下相反的横向力。(这一效应与梁理论中的效应相同,据此可得一个强轴弯矩将自身分解为一个扭矩以及一个沿曲线变化的弯矩。)

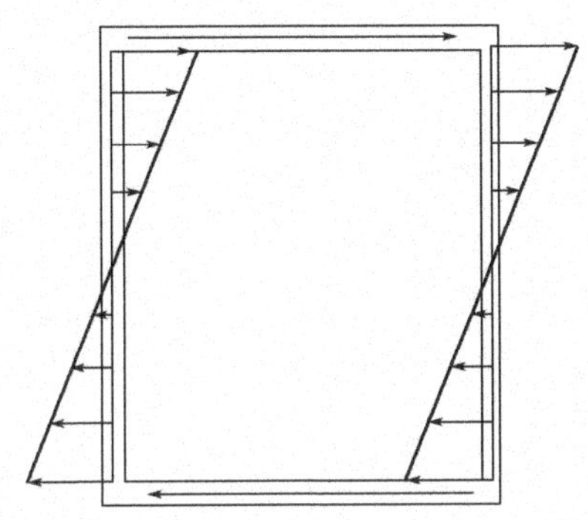

图6.10-5 由平面曲率引起的作用在受弯箱梁上的力

对于间距非常密的刚性横隔板,图6.10-5中的力产生的畸变由横隔板控制,扭矩以纯圣维南扭转的方式传递。如果没有横隔板或横隔板间距较大,则翼缘和腹板的横向弯曲以及个别板件的翘曲就与本指南6.2.7讨论的由偏心荷载引起的弯曲和翘曲类似。这种效应可以按照与偏心荷载相同的方式进行建模,但必须考虑在腹板中发生的横向弯曲,即使在箱角的翘曲被约束的情况下也是如此。

在效应组合时,弹性截面分析是最简单的。附加的翘曲应力应该加到其他正应力上。利用Von Mises等效应力准则,可以将畸变弯曲应力与其他应力相结合。这可以采用与本指南6.5.2中讨论的局部和整体效应组合相同的方式来实现。

第 7 章　正常使用极限状态

本章在下列条款中讨论了 EN 1993-2 的第 7 章中所涉及的正常使用极限状态。

- 一般规定　*条款7.1*
- 计算模型　*条款7.2*
- 应力限值　*条款7.3*
- 腹板反复翘曲(呼吸作用)限制　*条款7.4*
- 条款中各种正常使用极限状态的要求　*条款7.5～条款7.12*

7.1　一般规定

正常使用极限状态主要关注桥梁的功能适用、桥梁外观和桥梁使用者的舒适性。用 EN 1993-1-1 中的方法，***3-2/条款7.1(1)*** 引用了 EN 1990 中条款 3.4 的内容，对正常使用极限状态的验算提出了以下建议：

3-2/条款7.1(1)

“(3)对正常使用极限状态的验算应基于以下方面的标准：

a)影响以下各项的变形

——外观(大挠度、表面开裂等方面)；

——用户舒适性；

——结构的功能(包括机器或服务的功能)；

或对饰面或非结构构件造成损害的变形；

b)振动

——会给人带来不适；

——限制结构功能的有效性；

c)可能产生不利影响的损坏

——外观；

——耐久性；

——结构的功能。”

3-2/条款7.1(4)

3-2/条款7.1(4) 将这些 EN 1990 规定的通用建议与具体的但并非详尽的正常使用极限状态建议联系起来。这些将在条款 7.3～条款 7.12 中更详细地介绍。如果设计者遵循条款 7.3～条款 7.12 的建议，则符合 EN 1990 的正常使用极限状态规定。

7.2 计算模型

与第9章中讨论的疲劳应力计算一样,正常使用极限状态(SLS)应力的计算一般应使用尽可能准确的分析方法,包括结构简化和荷载选用。

这种准确性也适用于挠度(的计算),尽管它们显然与应力密切相关。参考EN 1993-1-5,***3-2/条款7.2(1)***和***3-2/条款7.2(3)***要求采用线弹性分析方法和折减后的截面特性来计算正常使用极限状态的应力和挠度,这些截面特性包括由于局部板件屈曲和剪力滞引起的刚度折减(如相关)。根据3-1-5/条款2.2(5)的规定,在整体分析中通常不需要考虑板的屈曲效应。在下面的7.3节中讨论的应力分析中一般也不需要考虑板的屈曲。整体分析的截面特性在本指南5.1节中有更详细的讨论,而应力分析的截面特性受剪力滞的影响在6.2.2.3中进行讨论。剪力滞效应通常只对宽翼缘构件有显著影响。 *3-2/条款7.2(1)* *3-2/条款7.2(3)*

如果采用有限单元模型进行整体分析,剪力滞效应根据网格划分的详细情况,部分或全部自动包括在内。板的屈曲效应只有当采用二阶分析且模型中考虑初始缺陷时,才会被包括在内。

7.3 应力限值

必须限制(结构)应力,以便在正常使用条件下不发生屈服,这样主要是为了避免过度的永久性挠度和对防腐系统的破坏。***3-2/条款7.3(1)***规定了正常使用阶段的应力限值: *3-2/条款7.3(1)*

$$\sigma_{\mathrm{Ed,ser}} \leq \frac{f_y}{\gamma_{\mathrm{M,ser}}} \qquad 3\text{-}2/(7.1)$$

$$\tau_{\mathrm{Ed,ser}} \leq \frac{f_y}{\sqrt{3}\gamma_{\mathrm{M,ser}}} \qquad 3\text{-}2/(7.2)$$

$$\sqrt{\sigma_{\mathrm{Ed,ser}}^2 + 3\tau_{\mathrm{Ed,ser}}^2} \leq \frac{f_y}{\gamma_{\mathrm{M,ser}}} \qquad 3\text{-}2/(7.3)$$

式中:$\sigma_{\mathrm{Ed,ser}}$——从荷载标准组合中获得的正应力;

$\tau_{\mathrm{Ed,ser}}$——从荷载标准组合中获得的剪应力;

$\gamma_{\mathrm{M,ser}}$——分项系数,3-2/条款7.3(1)注2的推荐值是1.0。

$\sigma_{\mathrm{Ed,ser}}$和$\tau_{\mathrm{Ed,ser}}$必须包括剪力滞效应和任何二阶效应(由挠度引起的),如桁架节点刚度产生的弯矩。这一点很重要,因为同样的效应在承载能力极限状态验算时,将节点简化为铰接而被合理地忽略。

3-2/条款7.3假设只有单轴正应力和单一平面的剪切力存在。对于更一般的应力场,可以将3-2/式(7.3)扩展到本指南6.2.1中提供的一般Von Mises表达式。如本指南6.2.2.3.2中所述,如果有局部横向荷载施加到桥梁构件,比如作用在桥面板平面的集中轮载,产生的应力$\sigma_{\mathrm{z,Ed}}$可采用3-1-5/条款3.2.3中的离散规则来计算。

对 3 类和 4 类截面,即使这两类截面在承载能力极限状态下满足弹性验算,通常也有必要进行正常使用极限状态(SLS)的应力验算。这是因为在承载能力极限状态(ULS)中,如果某些效应会通过一点点屈服而消散,则这些效应可能会被忽略。如果在承载能力极限状态(ULS)中忽略了扭转翘曲或圣维南(自由)扭转效应,如 3-2/条款 6.2.7 所允许的,则验算正常使用极限状态(SLS)应力时应考虑到这些扭转效应,因为它们可能导致屈服的发生。剪力滞也可能导致在正常使用极限状态(SLS)时屈服;因为考虑塑性重新分布,在承载能力极限状态(ULS)下的有效翼缘宽度更大。通常不需要考虑板件的屈曲效应。如果板件屈曲极限状态折减系数 ρ 超过 0.5,3-1-5/条款 2.3(2)允许在正常使用极限状态(SLS)和疲劳应力计算时使用总截面面积,但要考虑剪力滞。3-2/条款 7.3(1)的注 3 中也有类似的建议。如果不满足这一标准,则可以在板件屈曲计算时保守地使用承载能力极限状态(ULS)有效截面,或者使用 3-1-5/附录 E 推导出不那么繁琐的有效截面。

根据 3-1-9/条款 8(1),只有在频遇荷载作用下的正应力幅和剪应力幅分别小
3-2/条款7.3(2) 于 $1.5f_y$ 和 $1.5f_y/\sqrt{3}$ 时,3-2/条款 9.5.1(1)的疲劳验算才有效。***3-2/条款7.3(2)*** 中通过将频遇组合中可变作用引起的应力幅 $\Delta\sigma_{fre}$ 限制在 $1.5f_y/\gamma_{M,ser}$ 强化了上述这一点。另外还应遵守剪应力的等效限值。

3-2/条款7.3(3) ***3-2/条款7.3(3)*** 要求,在作用标准组合下非预紧螺栓的正常使用极限状态(SLS)受力应受下列限制,以避免因螺栓承载而产生较大位移:

$$F_{b,Rd,ser} \leqslant 0.7F_{b,Rd} \qquad 3\text{-}2/(7.4)$$

式中:$F_{b,Rd,ser}$——线弹性正常使用极限状态分析得到的螺栓力;

$F_{b,Rd}$——由 3-1-8/表 3.4 推导出的螺栓承载力。

B 类预紧螺栓连接的螺栓力,设计为在正常使用状态下不发生滑动,应根据
3-2/条款7.3(4) 3-1-8/条款 3.9.1 确定的承载力进行验算,参考 ***3-2/条款7.3(4)***。螺栓力采用荷载标准组合进行计算。

7.4 腹板反复翘曲(呼吸作用)限制

3-2/条款7.4(1) 腹板呼吸是一种影响细长板的现象,如 ***3-2/条款7.4(1)*** 所述。如图 7-1 所示,板材初始几何缺陷在荷载作用下增大,在荷载移除后减小。之所以使用"呼吸"这个术语,是因为板块平面外的循环运动类似于呼吸时胸部的扩张和收缩。它会导致板块边界的疲劳损伤,比如在腹板和翼缘、腹板和加劲肋之间的连接处或相邻处。然而,呼吸作用通常不会控制典型桥梁类型的尺寸。

为了避免详细考虑腹板呼吸效应的潜在损害,可以通过适当的 b/t 比值来限制板件长细比,也可以进行相互作用,将施加的应力与弹性屈曲的应力限值联系起来。在 EN 1993-2 中对公路和铁路桥梁的区别进行了阐述,因为后者对疲劳更为敏感。

公路桥梁

早期的 EN 1993-2 草案建议,如果使用 3-1-5/条款(10)中的折减应力法进行

承载能力极限状态时截面验算,则不需要进一步验算呼吸作用。然而,如果使用6.2.2.5中讨论的有效面积法,则仍需明确地验算呼吸效应。这是因为有效面积法可以允许板件之间相当大的卸载,这在正常使用极限状态阶段是不允许的。EN 1993-2的定稿中删除这部分内容,国家附件允许规定哪些情形不需要根据3-2/条款7.4(1)验算呼吸作用。根据***3-2/条款7.4(2)***的规定,如果满足下式要求,则可以忽略呼吸作用： *3-2/条款7.4(2)*

$$b/t \leqslant 30 + 4.0L \quad 但\ b/t \leqslant 300 \qquad 3\text{-}2/(7.5)$$

式中：b——无纵向加劲肋腹板的腹板高度或有纵向加劲肋腹板中最大子区格板的高度；

L——构件的相关跨长,但取值不小于20m。

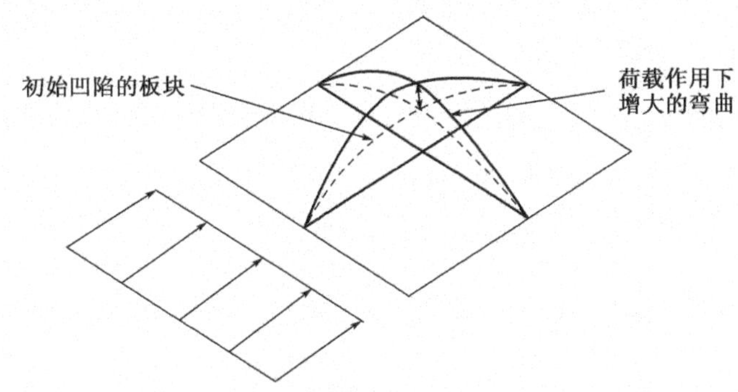

图7-1　轴向荷载作用下腹板呼吸作用示意

如果存在纵向加劲肋,整个腹板高度仍应验算呼吸作用,但在EN 1993-2中没有提供指导。3-2/式(7.5)可以保守地应用于整个腹板高度(通常仍是足够的),或者下面的一般验算可用于基于整体加劲板的屈曲系数。

铁路桥梁

根据3-2/条款7.4(2)的规定,如果满足下式要求,则可忽略呼吸作用：

$$b/t \leqslant 55 + 3.3L \quad 但 \quad b/t \leqslant 250 \qquad 3\text{-}2/(7.6)$$

其中b和L定义同上。

一般相互作用

如果不能满足3-2/式(7.5)或3-2/式(7.6)中对b/t的简单限值,则应验算***3-2/条款7.4(3)***中给出的以下一般相互作用。做法是直接将施加的应力与它们的弹性临界应力极限值进行比较(后者通常小于本指南中讨论的实际极限强度)。对于纵向加劲腹板,应依次对每个子区格板和整个加劲板进行验算。 *3-2/条款7.4(3)*

$$\sqrt{\left(\frac{\sigma_{x,Ed,ser}}{k_\sigma \sigma_E}\right)^2 + \left(\frac{1.1\tau_{Ed,ser}}{k_\tau \sigma_E}\right)^2} \leqslant 1.1 \qquad 3\text{-}2/(7.7)$$

式中：$\sigma_{x,Ed,ser}$、$\tau_{Ed,ser}$——频遇荷载组合下的应力；

$k_\sigma \sigma_E$、$k_\tau \sigma_E$——考虑板件的线弹性屈曲临界应力，$k_\sigma \sigma_E = \dfrac{k_\sigma \pi^2 E t^2}{12(1-\nu^2)b^2}$，$k_\tau \sigma_E = \dfrac{k_\tau \pi^2 E t^2}{12(1-\nu^2)b^2}$。

根据本指南 6.2.2.5 和 6.2.6,这些临界应力可以分别根据 3-1-5/条款 4 和 5 确定。如果应力沿面板长度变化,3-2/条款 7.4(3)的注释参照 3-1-5/条款 4.6(3)。这样可以在与面板应力最大端相距 $0.4a$ 或 $0.5b$(以较小的为准)的位置进行验算。

对于完全受拉板件,由于拉力的增加不会导致屈曲,因此取 $\sigma_{x,Ed,ser}/(k_\sigma \sigma_E)$ 为零是合理的。在现实中,在拉应力下,缺陷仍然会通过板件的拉直而"呼吸",但这种呼吸作用产生的应力要比在同等大小的压力下的呼吸作用小得多。出于类似的原因,如果板块的两侧的正应力,一侧的拉应力比另一侧的压应力大,受压边的 $\sigma_{x,Ed,ser}/(k_\sigma \sigma_E)$ 仍需计算。无论正应力是压应力还是拉应力,都必须对剪切项进行评估。

实例 7.4-1:未加劲腹板板块的呼吸作用验算

某公路桥跨度为 60m,其梁腹板高为 3000mm,厚 10mm,无纵向加劲肋。仅在支座处提供横向加劲肋。频遇荷载组合在腹板顶部产生 100MPa 的弯曲应力,在腹板底部产生 -100MPa 的应力。剪应力为 50MPa。验算腹板面板在这些应力下的呼吸作用。

因 $b/t = 300 > 30 + 4.0 \times 60 = 270$,不满足 3-2/式(7.5)的简单标准。因此,必须用 3-2/式(7.7)的相互作用来验算过度呼吸作用。

正应力:

从 EN 1993-1-5 表 4.1 可知,对于纯弯曲,$\psi = -1$ 和 $k_\sigma = 23.9$,则有:

$$k_\sigma \sigma_E = \sigma_{cr,x} = \frac{k_\sigma \pi^2 E t^2}{12(1-\nu^2)\,b^2} = \frac{23.9 \times \pi^2 \times 210 \times 10^3 \times 10^2}{12(1-0.3^2) \times 3000^2} = 50.4\text{MPa}$$

剪应力:

从 EN 1993-1-5 附录 A.3 中可得,对于一个非常长的板块:

$$k_\tau \sigma_E = \tau_{cr} = \frac{k_\tau \pi^2 E t^2}{12(1-\nu^2)\,b^2} = \frac{5.34 \times \pi^2 \times 210 \times 10^3 \times 10^2}{12(1-0.3^2) \times 3000^2} = 11.3\text{MPa}$$

式中:$k_\tau = 5.34 + 4.00\left(\frac{\bar{b}}{a}\right)^2 = 5.34 + 0 = 5.34$

由 3-2/式(7.7)可得:

$$\sqrt{\left(\frac{\sigma_{x,Ed,ser}}{k_\sigma \sigma_E}\right)^2 + \left(\frac{1.1\tau_{Ed,ser}}{k_\tau \sigma_E}\right)^2} = \sqrt{\left(\frac{100}{50.4}\right)^2 + \left(\frac{1.1 \times 50}{11.3}\right)^2} = 5.26 \gg 1.1$$

腹板显然是太柔了。当然这是一个不太现实的例子,从承载能力极限状态考虑,这样的梁也是不可接受的。

7.5　条款 7.5 ~ 条款 7.12 中其他正常使用极限状态的要求

3-2/条款 7.5 ~ 3-2/条款 7.12 中提供了关于其他正常使用极限状态的指导,在此没有详细介绍。所涵盖的问题包括:

(i)桥上或桥下的净空不足,以致高车身车辆无法安全通过。如果桥梁的结构完整性在一辆从桥下驶过的高车身车辆碰撞的情况下受到破坏,这可能变为承载能力极限状态。

(ii)过度的下沉变形,给人强度不足的视觉印象。这通常可以通过设置预拱度来克服。

(iii)活载作用下的过度变形会损坏桥面铺装、防腐、防水、排水系统等,并可能导致动力问题。

(iv)钢构件在空气动力或行人致振作用下的共振,造成使用者不适。如果由于构件过度振动而导致的疲劳失效会破坏桥梁的结构完整性,则这可能变为承载能力极限状态。发散性的风致振动,如驰振和颤振,也会导致倒塌。在 EN 1990 和 EN 1991-1-4 中对这些问题提出了指导意见。

(v)缺乏抵达需要定期检查、清洁和涂漆的构造细节的路径。

(vi)由于排水系统不足或现有排水系统堵塞而造成的排水不畅。这会造成腐蚀问题。

EN 1993-2 的指导意见和建议是相当全面的,但共振引起的问题除外,这不是钢结构桥梁特有的问题。因此,这些条款不再进一步讨论。

第 8 章　紧固件、焊缝、连接和节点

本章在下列条款中讨论了 EN 1993-2 的第 8 章中所涉及的紧固件、焊缝、连接及节点。

- 螺栓、铆钉和销轴连接　*条款8.1*
- 焊接连接　*条款8.2*

上述条款中所列的大部分要求参照 EN 1993-1-8。

8.1　螺栓、铆钉和销轴连接

8.1.1　螺栓连接的类型

3-1-8/条款 3.4 将连接分为以下五类:

8.1.1.1　抗剪连接

3-1-8/条款 3.4.1(2)

- **A 类:承压型**。***3-1-8/条款3.4.1(2)***将 A 类描述为无预紧的剪力连接,包含 4.6 ~ 10.9 级螺栓。这涵盖了更为熟悉的“受剪粗制螺栓”。由于 A 类连接具有较低的抗疲劳性能,且在反复振动下容易松动,建议不在桥梁的永久结构连接中使用,参见 3-2/条款 2.1.3.3。在承载能力极限状态下,螺栓剪力不应超过螺栓抗剪承载力或设计承压承载力。
- **B 类:在正常使用极限状态下的抗滑型**。3-1-8/条款 3.4.1(2)描述 B 类为有可控预紧力的 8.8 级或 10.9 级螺栓,在正常使用极限状态下可防止滑动。这涵盖了更熟悉的“正常使用极限状态下无滑动的摩擦夹紧型螺栓”。建议将 B 类连接用于桥梁的永久性结构连接,在这种情况下,承载能力极限状态时连接刚度一定程度的降低不重要,正如本指南 5.2.1“螺栓滑移”所描述的那样。一个合适的例子是主梁节点板。在承载能力极限状态下,螺栓剪切力不应超过螺栓抗剪承载力或设计承压承载力。
- **C 类:在承载能力极限状态下的抗滑型**。3-1-8/条款 3.4.1(2)将 C 类描述为有可控预紧力的 8.8 级或 10.9 级螺栓,在承载能力极限状态下防止滑移。这涵盖了更熟悉的“承载能力极限状态下无滑动的摩擦夹紧型螺栓”。C 类连接推荐用于桥梁承载能力极限状态下的连接刚度很重要的永久结构连接。一个合适的例子是支承构件连接,其中支承刚度影响主梁翼缘在承载能力极限状态下的屈曲力。在承载能力极限状态下,螺栓剪力不应超过螺栓抗滑力或设计支承抗力。需要对该类型螺栓的承压能力进行验算,以防由于螺栓安装错误等原因导

致连接处发生滑动。(无需对螺栓抗剪承载力进行验算,因为它大于抗滑承载力。)

8.1.1.2 抗拉连接

- **D类:非预紧螺栓连接。*3-1-8/条款3.4.2(2)*** 描述D类螺栓为4.6~10.9级无预紧力螺栓。这涵盖了更熟悉的"受拉粗制螺栓"。与A类中列出的原因一样,不建议将其用于桥梁的永久结构连接。

3-1-8/条款3.4.2(2)

- **E类:预紧8.8或10.9级螺栓的连接。** 3-1-8/条款3.4.2(2)描述E类为有预紧力的8.8或10.9级抗拉螺栓。这包括更熟悉的"受拉型摩擦夹紧螺栓"。

8.1.2 螺栓和铆钉开孔的布置

3-1-8/表3.3给出了螺栓间距的最大和最小允许值以及端部和边缘距离的详细规则。螺栓横向最大间距要比BS 5400:第3部分[4]所规定的要小得多,拉伸应力方向的最大螺栓间距取决于钢是否处于暴露环境。对于桥梁来说,暴露环境是常态。还要求验算受压构件在受压方向上的螺栓孔之间的局部屈曲,$p_1 \leqslant 9\varepsilon t$,其中$t$是母板的厚度。对于S355钢,$\varepsilon = 0.81$。因此,这可能是受压构件螺栓间距的实际上限,而不是取$14t$与200mm两者的较小值作为上限。

允许的最小螺栓间距为拧紧(操作)提供了空间,并有效地限制了由于孔间撕裂破坏产生的板承压能力折减量。最小边距和端距同样限制了承压能力的折减量,但如果使用最小边距,并且螺栓承受指向自由边的拉力,折减量仍然是相当大的。在所有情况下,验算承压能力仍然很重要。最大间距和边缘距离确保连接中的板件被充分地夹紧,因此可以认为它们是密封的,以防止腐蚀。

8.1.3 单个紧固件的承载力设计值

3-1-8/条款3.6.1涉及紧固件承载力。

8.1.3.1 螺栓(预紧或非预紧)和铆钉

(i)螺栓抗剪承载力

3-1-8/表3.4中给出了在正常的螺栓孔间距下,每个剪切面上的单个螺栓抗剪承载力:

$$F_{v,Rd} = \frac{\alpha_v f_{ub} A}{\gamma_{M2}} \tag{D8.1-1}$$

式中:α_v——螺栓材料极限抗拉应力转化为最大允许剪切应力的系数。英国常用螺栓等级为4.6级和8.8级,对于这些螺栓,α_v取0.6,不管剪切破坏面是在螺栓的有螺纹还是无螺纹部分。如果设计者希望采用等级为4.8、5.8、6.8和10.9的螺栓,且$\alpha_v = 0.6$,必须详细说明最大允许螺纹长度,以确保剪切破坏面不发生在螺纹区域,否则应取$\alpha_v = 0.5$;

f_{ub}——3-1-8/表3.1中螺栓材料的极限抗拉强度;

A——穿过剪切破坏平面的螺栓拉应力区的面积。A等于总面积(A)或螺纹段面积(A_s),取决于剪切平面是穿过螺栓杆的螺纹截面还是无螺纹截

面。在螺纹长度缺乏详细说明的情况下,建议始终使用螺纹段面积 A_s;

γ_{M2}——抗剪螺栓的分项系数。3-2/条款 6.1 推荐的值为 1.25,国家附件可对此进行修正。

(ii)承压螺栓

螺栓的**承压承载力**由 3-1-8/表 3.4 得到,如下:

$$F_{b,Rd} = \frac{k_1 \alpha_b f_u d t}{\gamma_{M2}} \qquad (D8.1\text{-}2)$$

其中 f_u 为板材的极限抗拉强度。折减系数 α_b 既考虑了小端距与间距的螺栓承压承载力的不利影响,同时也考虑了母板的实际抗拉极限应力可能会小于螺栓的情况,这将限制螺栓达到其支承压力。如果端排螺栓从自由边缘脱离,则对端排螺栓进行折减就不适用了,而应对内部螺栓进行折减。系数 k_1 考虑将横向撕裂作为边缘距离和横向间距的函数。

此外,对只有一行螺栓的单搭接接头,按照 3-1-8/条款 3.6.1(10)的要求,承载力应不超过 $1.5f_u dt/\gamma_{M2}$。

(iii)螺栓抗拉承载力

螺栓的抗拉承载力可由 3-1-8/表 3.4 得到,如下:

$$F_{t,Rd} = \frac{k_2 f_{ub} A_s}{\gamma_{M2}} \qquad (D8.1\text{-}3)$$

除沉头螺栓外,系数 k_2 取 0.9。该系数与 EN 1993-1-1 中构件净截面的抗拉承载力是一致的。

(iv)螺栓连接的抗冲切承载力

3-1-8/表 3.4 要求,对于装载受拉螺栓母板的抗冲切性能,须用 $0.6f_u$ 的抗剪承载力来校核。对英国设计者来说这是一项新的验算,并且它可能会控制设计,但只可能是在母板厚度相比于螺栓直径异常薄的情况下。母板的抗冲切承载力由下式确定:

$$B_{p,Rd} = \frac{0.6\pi d_m t_p f_u}{\gamma_{M2}} \qquad (D8.1\text{-}4)$$

式中:$d_m = \frac{d_{points} + d_{flats}}{2}$,如图 8.1-1 所示;

t_p——母板的厚度;

f_u——母板的极限抗拉强度。

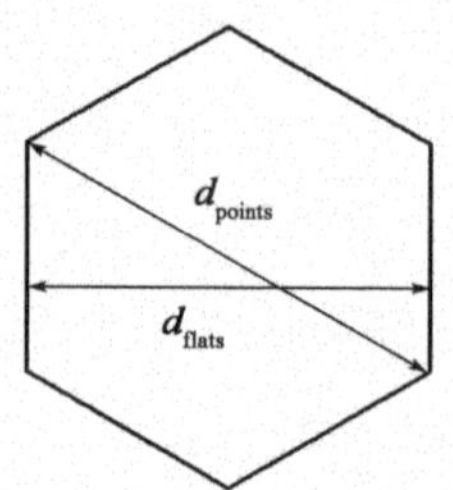

图 8.1-1 六角头螺栓/螺母

(v) 剪力和拉力组合

3-1-8/表 3.4 给出了剪力与拉力组合的相互作用公式，如下：

$$\frac{F_{v,Ed}}{F_{v,Rd}}+\frac{F_{t,Ed}}{1.4F_{t,Rd}}\leqslant 1.0 \tag{D8.1-5}$$

式中：$F_{v,Ed}$——承载能力极限状态下每个螺栓的剪力设计值；

$F_{v,Rd}$——每个螺栓的抗剪承载力设计值；

$F_{t,Ed}$——承载能力极限状态下每个螺栓的拉力设计值；

$F_{t,Rd}$——每个螺栓的抗拉承载力设计值。

需要注意的是，即使在剪力作用下螺栓达到其全部抗剪承载力，也可以容纳一定的拉力。在本指南 8.1.6 中讨论了这种相互作用对预紧螺栓的使用限制。

(vi) 沉头螺栓和铆钉

3-1-8/条款 3.6 还为沉头螺栓和铆钉给出了规定。本指南不予讨论，因为它们并不常用。

8.1.3.2　注脂螺栓

3-1-8/条款 3.6.2 对注脂螺栓给出设计指导。在本指南中没有进一步讨论注脂螺栓。

8.1.4　紧固件组

3-1-8/条款3.7(1) 中规定，假设每个紧固件的 $F_{v,Rd}>F_{b,Rd}$，通过将每个紧固件的抗力 $F_{b,Rd}$ 进行求和，设计者即可计算出一组紧固件的抗力。允许这样做的原因是，承压的失效是延性的，允许在连接件之间进行力的重分配；而螺栓抗剪失效延性较小。如果不满足上述要求，则紧固件组的承载力必须取紧固件数量和最小的紧固件承载力的乘积。在大多数情况下，紧固件的承压承载力大于抗剪承载力，因此需要遵循抗剪承载力。 *3-1-8/条款3.7(1)*

如果要求紧固件组传递弯矩，则本条款不适用，因为紧固件组传递弯矩的能力不仅与其数量有关，还取决于围绕旋转中心的紧固件布置。本指南 8.1.9 提供了进一步的指导。

8.1.5　长节点

当紧固件的布置长度（最外侧两行紧固件之间的距离）超过 15d 时，***3-1-8/条款3.8(1)*** 要求把各行紧固件承载力乘以折减系数 β_{Lf}，来获得紧固件组的总承载力。对于非常长的节点，折减系数取 0.75。当连接板上的纵向应变沿其长度的分布不相同时，这种折减适用，因为这导致各个紧固件中的力不相等。当一个板的全部力在连接的长度上被转移到另一板件或多个板件上时，上述折减适用。它不适用于预制梁腹板与翼缘之间的螺栓连接，这种连接传递纵向剪力，其中各连接部分具有相同的纵向应变分布。 *3-1-8/条款3.8(1)*

8.1.6　使用 8.8 级和 10.9 级螺栓的抗滑移连接

8.1.6.1　抗滑移力

3-1-8/条款 3.9.1(1)

3-1-8/条款3.9.1(1) 给出了 8.8 级或 10.9 级预紧螺栓的抗滑移力设计值 $F_{s,Rd}$ 的计算公式:

$$F_{s,Rd} = \frac{k_s n \mu}{\gamma_{M3}} F_{p,C} \qquad 3\text{-}1\text{-}8/(3.6)$$

式中:k_s——3-1-8/表 3.6 的螺栓孔尺寸系数。对于正常尺寸的螺栓孔,系数为 1;对于较大的螺栓孔,系数小于 1,以反映滑移出现后的较严重后果;

n——摩擦面的数量;

μ——摩擦(接合)表面的摩擦系数,可取值为 0.5、0.4、0.3、0.2,取值取决于摩擦表面的类型(A、B、C 或 D 类)。不同种类的摩擦表面在 EN 1090 中有定义,为了方便起见,在下面列出:

A 级:表面喷丸或喷砂,去除任何疏松的铁锈,无斑蚀。

表面喷丸或喷砂,并喷铝金属化。

表面喷丸或喷砂,并喷涂金属化锌基涂层,经验算提供不少于 0.5 的滑移系数。

B 级:喷丸或喷砂的表面,涂以碱-锌硅酸盐(无机锌硅酸盐)漆,涂层厚度为 50 ~ 80μm。

C 级:表面用钢丝刷或火焰清理,去除表面任何松散的锈。

D 级:未处理的表面。

$F_{p,C}$——螺栓预紧力取 $0.7 f_{ub} A_s$。

$\gamma_{M3}=1.25$,为 EN 1993-2 表 6.1 中推荐的承载能力极限状态下的分项系数,与 EN 1993-1-8 中疲劳荷载作用下的推荐值一致,在桥梁中通常采用 1.25 这个分项系数。在正常使用极限状态下,EN 1993-2 表 6.1 推荐值为 1.1。螺栓的滑动会导致预紧力的损失(因为螺栓上的剪应力会导致塑性变形),因此在未来使用荷载的情况下,抗滑力会降低。出于对疲劳的考虑,更频繁的滑移是不可取的。泊松比效应还会导致受拉板件的厚度减小,进而缩短螺栓并降低预紧力。推荐值 $\gamma_{M3,ser}=1.1$,小于 BS 5400:第 3 部分[4] 中的等效值 1.2。

对于仅在承载能力极限状态剪力作用下滑动的预紧螺栓,不需要根据式(D8.1-5)进行剪力和拉力的校核(由预紧引起)。从塑性的角度来看,这是合理的。当螺栓在剪力和预紧力联合作用下屈服时,预紧力趋于松弛,剪力被充分调动。需要注意的是,如果不这样假设,在剪力和预紧力联合作用下,根据式(D8.1-5),具有 A 类摩擦面的高强度摩擦夹紧(HSFG)螺栓一旦发生滑移,就将失效。

8.1.6.2　拉力和剪力组合作用

当施加外部拉力时,将导致连接板之间的夹紧力减小,而不是增加螺栓本身的力。这是因为在板厚度方向上，板的刚度远大于螺栓的刚度，如图8.1-2中的模型所示。然而，螺栓拉力将略有增加。因此，***3-1-8/条款3.9.2(1)***中给出了抗滑移承载力折减后的计算公式： *3-1-8/条款3.9.2(1)*

$$F_{s,Rd}=\frac{k_s n\mu(F_{p,C}-0.8F_{t,Ed})}{\gamma_{M3}} \qquad 3\text{-}1\text{-}8/(3.1)$$

其中$F_{t,Ed}$分别为B类或C类连接在正常使用极限状态或承载能力极限状态下对螺栓施加的拉力。0.8的系数考虑了外部拉伸作用使得螺栓拉力增加的影响，而不是整体降低板材的夹紧力。与保守值1.0相比，这似乎是一个比较低的系数，应该谨慎使用。

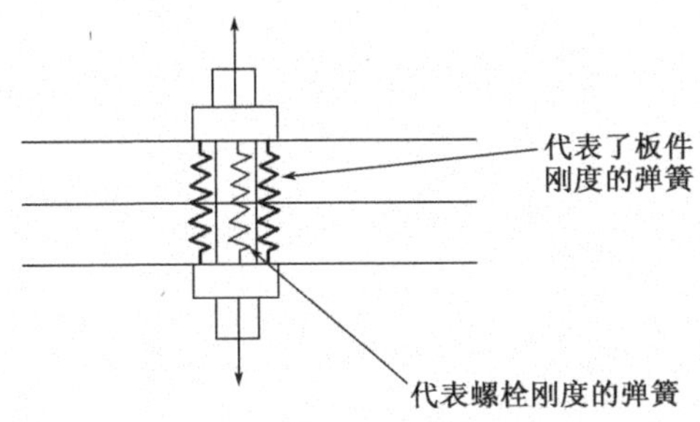

图8.1-2 外部拉伸预紧节点刚度模型

在应用上述方法时，通常不需要考虑撬力，因为按8.1.8中讨论的那样，施加在螺栓上的拉力倾向于松开板材，该拉力的增加通过一个与夹紧板材的螺栓大小相等、方向相反的压力来平衡。然而，下列两种情况下，抗滑承载力应考虑撬力：

(i)如果计算中假设的接合面没有延伸到端板的整个区域，那么在压缩撬力作用下产生的摩擦可能无法平衡螺栓下的摩擦损失。在这种情况下，除非可以建立相关的折减摩擦系数，否则建议在计算$F_{t,Ed}$时加入撬力。

(ii)如果撬拔作用导致螺栓力超过螺栓预紧力(或者近似地说，外部拉力加上撬力超过预紧力)，可能会由于塑性而导致预紧力的松弛。在这种情况下，建议在$F_{t,Ed}$的计算中加入撬力，以考虑这种预紧力的损失。

对于在剪力和外部拉伸作用下的预紧螺栓，在承载能力极限状态下发生滑移时，确实需要根据式(D8.1-5)对剪力和拉力进行校核。然而，上述关于预紧螺栓仅在剪切时的塑性论证仍然可以用来证明$F_{t,Ed}$的应用值等于外部施加的拉力(而不是预紧力)，包括任何撬力。外部拉力也不应超过螺栓抗拉承载力。一般不建议在拉力和剪力下使用10.9级HSFG螺栓。这是因为他们可能没有足够的延展性来实现上述假设。

8.1.6.3 混合连接

"混合"连接包括螺栓、焊缝和其他连接部件的组合。在这种情况下，***3-1-8/条款2.4(3)***要求具有最大刚度的连接件承受所有荷载。这意味着焊接接头由于刚度非常大，将承受全部荷载(即使节点中设置了螺栓)。***3-1-8/条款3.9.3(1)***允 *3-1-8/条款2.4(3)* *3-1-8/条款3.9.3(1)*

许C 类螺栓连接与焊缝共同承担荷载(假如螺栓在焊接完成后拧紧),因为无滑动螺栓连接本身刚度非常大。为了考虑不同类型的连接件在刚度和延性方面的差异,英国国家附件对以这种方式获得的组合承载力规定了限值,为螺栓和焊缝的承载力合力的 90%。

8.1.7　紧固件开孔的扣除

8.1.7.1　一般规定

本指南 6.2 节讨论了构件设计中紧固件开孔的相关折减。

8.1.7.2　块状撕裂设计

除了以上构件的净截面验算外,也可能由于"块状撕裂"在构件端部连接件处发生破坏。这涉及螺栓群的局部撕裂,其破坏机理包括剪力和拉力破坏面。

3-1-8/条款 3.10.2

3-1-8/条款3.10.2 确定了典型情况,并给出了承载力公式。破坏最有可能发生在占据连接构件相对较小区域的螺栓群位置。

8.1.7.3　单肢连接的角钢

本指南 6.2.3 讨论了角钢仅在单肢上采用螺栓进行连接时的设计。

8.1.8　撬力

撬力一般发生承受拉力的端板连接(特别是未加劲的连接)中。这种连接在桥梁荷载作用下特别容易产生疲劳破坏,因此应尽可能避免。本质上,有两种极端情况:

(i)翼缘在螺栓线处无力矩,通常发生在翼缘很厚的情况下。此时撬力为零。

(ii)翼缘在螺栓线处出现完全塑性弯矩,通常发生在翼缘较薄的情况下。此时撬力最大。

这两种极端情况如图 8.1-3a) 和 b) 所示。F_T 是外部拉力,$\sum F_t/2$ 为同一条线上的螺栓力之和,Q 为所考虑螺栓的总撬力。

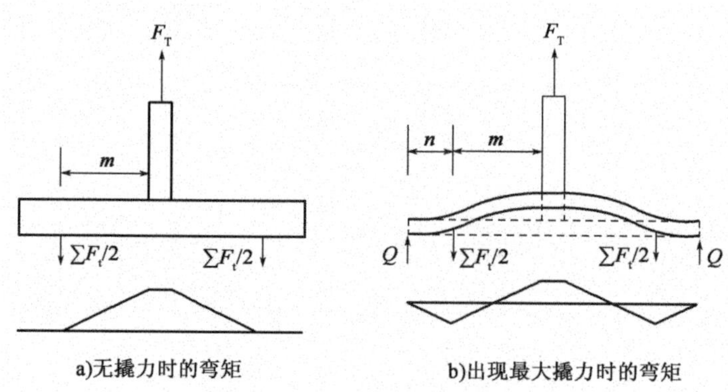

图 8.1-3　有撬力和无撬力的翼缘连接

3-1-8/条款 6.2.4

3-1-8/条款6.2.4 给出了一种验算这种连接的极限抗拉强度的方法,其中隐含考虑了撬力。它被称为等效 T 形卡头法。在实际应用中,端板构造的抗力必须考虑螺栓群失效以及单排螺栓的失效所对应的最小抗力。因此,力 Q、F_T 和 $\sum F_t/2$ 可以适用于单排螺栓或一组螺栓,视情况而定。但是,该方法不允许在施加拉力情况下确定的撬力用于其他验算,如 HSFG 螺栓抗剪承载力,见下面的注释。详细

的讨论超出了本指南的范围,但基本流程如下。

首先使用3-1-8/表6.2 的准则确定是否需要考虑撬力来保证端板充分利用。事实上,总会有一些撬力。

无撬力发生

抗力是通过以下不同破坏模式中最小的抗力确定的,如图 8.1-3a)所示的翼缘破坏模式,则有:

$$F_{\mathrm{T,Rd}} \leqslant \frac{2M_{\mathrm{pl,Rd}}}{m} \quad (\text{模式 1 或模式 2})$$

或者对于螺栓破坏模式,则有:

$$F_{\mathrm{T,Rd}} = \sum F_{\mathrm{t,Rd}} \quad (\text{模式 3})$$

$M_{\mathrm{pl,Rd}}$是翼缘在有效长度上的塑性抗力,视情况按照 3-1-8/表6.4 ~ 表 6.6计算得到。如上述讨论,连接的抗力应该取螺栓群以及单排螺栓的破坏中最小的抗力,这反映在由这些表中得出的有效长度上。图 8.1-4 所示为导致所提供有效长度的一些典型屈服线机制。$F_{\mathrm{T,Rd}}$是连接构造的抗力,$\sum F_{\mathrm{t,Rd}}$是连接有效长度内所有螺栓的抗拉承载力。

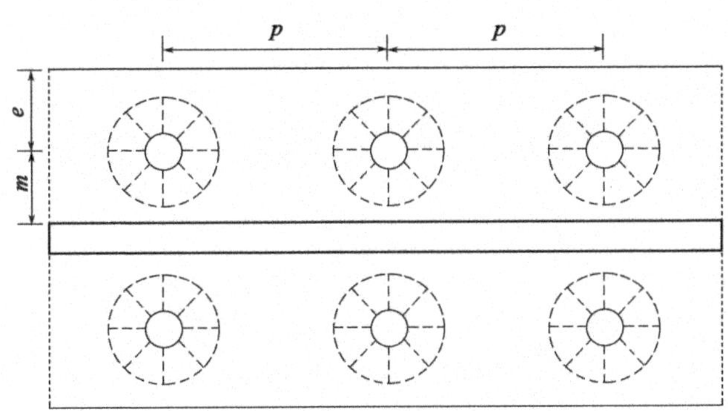

a)单独螺栓的圆线模式失效

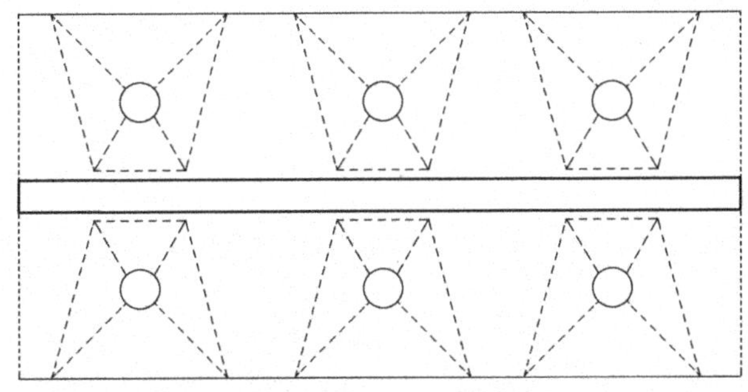

b)单独螺栓的非圆线模式失效

图　8.1-4

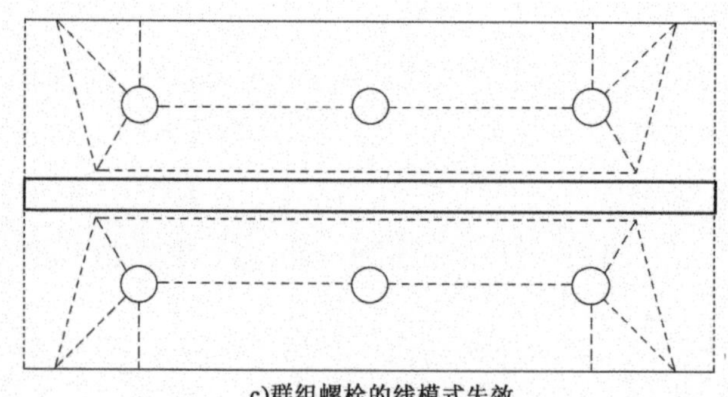

c)群组螺栓的线模式失效

图 8.1-4　在 T 形卡头有效长度推导中使用的典型屈服线模式

有撬力发生

抗力是通过以下不同破坏模式中最小的抗力确定的,对于如图 8.1-3b)所示的根部和螺栓连线位置翼缘破坏模式,则有:

$$F_{\mathrm{T,Rd}} = \frac{4M_{\mathrm{pl,Rd}}}{m} \quad (模式 1)$$

或者对于螺栓破坏模式,则有:

$$F_{\mathrm{T,Rd}} = \sum F_{\mathrm{t,Rd}} \quad (模式 3)$$

或翼缘根部和螺栓同时失效(模式 2)。在后一种情况下,撬力 $Q = 0.5(\sum F_{\mathrm{t,Rd}} - F_{\mathrm{T}})$,因此根部弯矩为:

$$M_{\mathrm{pl}} = \frac{F_{\mathrm{T,Rd}} m}{2} - 0.5(\sum F_{\mathrm{t,Rd}} - F_{\mathrm{T,Rd}}) n$$

连接破坏荷载为:

$$F_{\mathrm{T,Rd}} = \frac{2M_{\mathrm{pl}} + n\sum F_{\mathrm{t,Rd}}}{m + n}$$

M_{pl}是翼缘在一定长度上的塑性抗力,必须计算,且在不同的模式下其值也不同。

至于桥梁,不建议对有撬力的连接构造做详图设计,在此建议将连接构造设计为 3-1-8/表 6.2 中的"无撬力"类型。因为翼缘不是无限刚性,撬力无法避免,可以取撬力为螺栓之间共同承受的外部拉力的 10%,这与英国标准 BS 5400:第 3 部分[4] 中所采取的办法相同。对撬力更为详细的计算研究(图 8.1-3a)和 b)之间的情形)可以参阅参考文献 27。

8.1.9　承载能力极限状态下紧固件之间力的分配

3-2/条款 8.1.9(1)

桥梁在弯矩作用下,螺栓群或焊缝群不允许进行塑性分析。***3-2/条款8.1.9(1)*** 要求计算受弯连接中单个紧固件的力时,假定力与它们距旋转中心的距离成线性比例。因此,梁的腹板拼接螺栓组除了像以前英国的做法那样针对腹板进行抗剪设计外,还需要根据梁的腹板所承受的弯矩进行弹性设计。实例 8.1-1 展示了这一点。然而,即使没有 EN 1993-2 的规定,大多数连接需要根据 EN 1993-1-8 进行弹性分析。C 类连接不具备塑料分析所需的"延性",因为根据定义不允许出现滑移。在 A 类或 B 类连接中,由于抗剪能力小于承压承载力,螺栓剪切破坏同样不能提供足够的延性来重新分配力,因此不允许进行塑性分析。EN 1993-1-8 还禁止在发生振动或荷载反向时进行塑性分析,这符合大多数桥梁的情况。

8.1.10　销轴连接

3-1-8/条款 3.13 中涉及了销轴连接的内容，在本指南中不再进一步讨论。

实例 8.1-1：钢板梁螺栓连接设计

在图 8.1-5 所示的板梁截面上设计了螺栓连接。所有的板材均采用 EN 10025 中的 S355 级，制造商希望所有紧固件使用普通 8.8 级，直径 M24 的 HSFG 螺栓。承载能力极限状态和正常使用极限状态下的拼接位置设计数据如下：

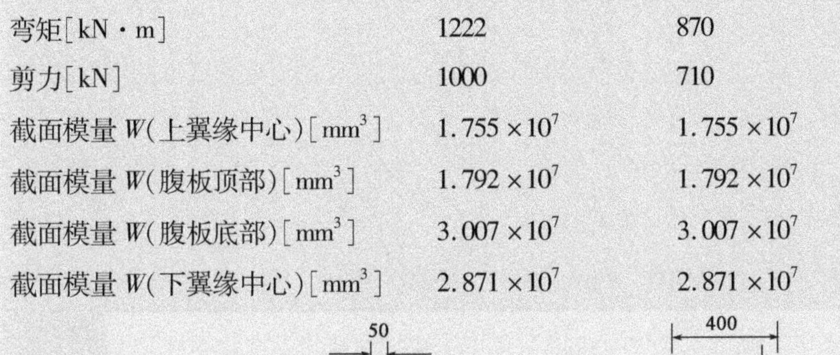

	承载能力极限状态	正常使用极限状态
弯矩[kN·m]	1222	870
剪力[kN]	1000	710
截面模量 W(上翼缘中心)[mm^3]	1.755×10^7	1.755×10^7
截面模量 W(腹板顶部)[mm^3]	1.792×10^7	1.792×10^7
截面模量 W(腹板底部)[mm^3]	3.007×10^7	3.007×10^7
截面模量 W(下翼缘中心)[mm^3]	2.871×10^7	2.871×10^7

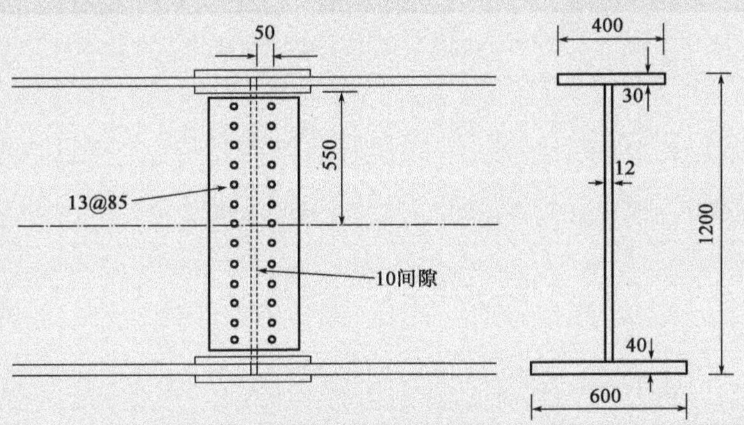

图 8.1-5　实例 8.1-1 中的钢梁(尺寸单位：mm)

计算正常使用极限状态和承载能力极限状态下的螺栓承载力

由于螺栓滑移对承载能力极限状态的影响并不关键，螺栓可以按照3-1-8/条款 3.4.1 设计为 B 类螺栓。

正常使用极限状态下螺栓的摩擦抗力

根据 3-1-8/式(3.6)：

$$F_{s,Rd,ser}=\frac{k_s n\mu}{\gamma_{M3}}F_{p,C}$$

式中：$k_s=1.0$(3-1-8/表 3.6，标准间隙孔)；

$n=2$(两侧受剪螺栓)；

$\mu=0.50$(3-1-8/表 3.7，A 类表面)；

$\gamma_{M3}=1.1$(3-2/表 6.1，可以根据国家附件修正，见上述 8.1.6.1 中的评论)；

$F_{p,C}$ = 预紧力 $=0.7f_{ub}A_s$(3-1-8/式(3.7))。

采用预紧 8.8 级螺栓 $f_{ub}=800\text{MPa}$，M24 螺栓 $A_s=358\text{mm}^2$：

$$F_{p,C} = 0.7 \times 800 \times 358 \times 10^{-3} = 200.5\text{kN}$$

因此:

$$F_{s,Rd,ser} = \frac{1.0 \times 2 \times 0.5 \times 200.5}{1.1}$$

$= \mathbf{182.3kN}$(正常使用极限状态下,双面受剪)

每个剪切面的抗剪承载力

当螺栓可以在承载能力极限状态下滑动时,必须对承载能力状态下螺栓的抗剪承载力进行验算。从式(D8.1-1)可得:

$$F_{v,Rd} = \frac{\alpha_v f_{ub} A}{\gamma_{M2}}$$

式中:$\alpha_v = 0.6$(3-1-8/表 3.4,8.8 级螺栓);

$f_{ub} = 800\text{MPa}$(3-1-8/表 3.1);

A = 螺纹面积 = 358mm^2(M24 螺栓);

$\gamma_{M2} = 1.25$(3-2/表 6.1,可以根据国家附件修正);

$$F_{v,Rd} = \frac{0.6 \times 800 \times 358}{1.25} = 137.5\text{kN}(\text{每个剪切面})。$$

由于螺栓是双面受剪的,所以剪切面数为 2。因此,螺栓抗剪承载力 = 2 × $F_{v,Rd} = 274.8\text{kN}$。

螺栓最小间距(3-1-8/表3.3)

边缘距离:

$e_1 = e_2 = 1.2d_0 = 1.2 \times 26\text{mm}$ 开孔直径 = 31.2mm。

最小边缘距离取 40mm,最小端距取 50mm。

间距:

$p_1 = 2.2d_0 = 2.2 \times 26\text{mm}$ 开孔直径 = 57.2mm

$p_2 = 2.4d_0 = 2.4 \times 26\text{mm}$ 开孔直径 = 62.4mm

使用最小的螺栓间距,即 75mm。

螺栓承压抗力

根据式(D8.1-2):

$$F_{v,Rd} = \frac{k_1 \alpha_b f_u d t}{\gamma_{M2}}$$

式中:α_b——α_d f_{ub}/f_u 或 1.0 三者之中的最小值;

f_{ub}——螺栓的极限强度,取 800MPa(3-1-8/表 3.1);

f_u——板材的极限强度,取 490MPa(EN 10025)。

$$\frac{f_{ub}}{f_u} = \frac{800}{490} = 1.63;$$

$$\text{对端部螺栓 } \alpha_d = \frac{e_1}{3d_0} = \frac{50}{3 \times 26} = 0.64$$

对内部螺栓 $\alpha_d = \frac{p_1}{3d_0} - \frac{1}{4} = \frac{75}{3 \times 26} - \frac{1}{4} = 0.71$

对于边缘螺栓，k_1 为2.5和 $2.8\frac{e_2}{d_0} - 1.7 = 2.8\frac{40}{26} - 1.7 = 2.61$ 中的最小值，因此 $k_1 = 2.5$；

对于内部螺栓，$k_1 = 2.5$ 或 $1.4\frac{p_2}{d_0} - 1.7 = 1.4\frac{75}{26} - 1.7 = 2.34$ 中的最小值；

d——螺栓直径(24mm)；

t——抵抗承压应力的板材厚度，由于螺栓是双面受剪的，t 等于母板厚度或母板两侧盖板的总厚度中的较小值。

保守取为所有螺栓取 $\alpha_b = 0.64$，$k_1 = 2.34$。

假设盖板厚度为12mm，腹板拼接的承压抗力由腹板厚度决定：

$$F_{b,Rd} = \frac{2.34 \times 0.64 \times 490 \times 24 \times 12}{1.25} = 169\text{kN}$$

因此，腹板上螺栓的承载能力极限状态的抗力取 **169kN**(承压为决定性的)。

可以看出，由于承载能力极限状态下承压抗力实际上小于正常使用极限状态的滑动抗力，因此承载能力极限状态是腹板拼接的关键。通过增加螺栓端距，可以使正常使用极限状态控制设计，但在本例中还没有这样做。通过验算，承压不会是翼缘的控制因素，因为母板更厚。然而，为了简单起见，在本例中，在承载能力极限状态下翼缘螺栓的数量计算时，采用与腹板螺栓相同的承压抗力。

翼缘螺栓

上翼缘中由螺栓传递的内力为：

$$\frac{1222 \times 10^6 \times 12000}{1.755 \times 10^7} = 836\text{kN}$$

需要的螺栓数量 = 836/169 = 4.7——在上翼缘使用至少 **5** 个螺栓。

下翼缘中由螺栓传递的内力为：

$$\frac{1222 \times 10^6 \times 24000}{2.871 \times 10^7} = 1022\text{kN}$$

需要的螺栓数量 = 1022/169 = 6.04——下翼缘采用 **6** 个螺栓刚好足够。

腹板螺栓

尝试采用图8.1-5中的螺栓布置。(请注意，垂直螺栓间距略大于承压抗力计算中假设的值，但这不会改变承载能力极限状态是关键的结论。)

外部螺栓 $Z = \frac{\sum z^2}{z_{max}} = \frac{2(85^2 + 170^2 + 255^2 + 340^2 + 425^2 + 510^2)}{510} = 2578\text{mm}$

腹板顶部承载能力极限状态应力：

$$-\frac{1222 \times 10^6}{1.792 \times 10^7} = -68.2\text{MPa}$$

腹板底部承载能力极限状态应力：

$$\frac{1222\times10^6}{3.007\times10^7}=40.6\text{MPa}$$

腹板中的轴力:

$$N_{\text{web}}=0.5(68.2-40.6)\times1130\times12=187\text{kN}$$

腹板中的弯矩:

$$M_{\text{web}}=\frac{0.5(68.2+40.6)\times1130^2\times12}{6}=139\text{kN}\cdot\text{m}$$

腹板外侧螺栓的最大水平力:

$$\frac{M_{\text{web}}}{Z_{\text{bolts}}}+\frac{V_{\text{web}}\times e_{\text{bolts}}}{Z_{\text{bolts}}}+\frac{N_{\text{web}}}{\text{螺栓数量}}$$

$$=\frac{139\times10^3}{2578}+\frac{1000\times(50+5)}{2578}+\frac{187}{13}=89.6\text{kN}$$

腹板螺栓的竖向力:

$$\frac{V_{\text{web}}}{\text{螺栓数量}}=\frac{1000}{13}=76.9\text{kN}$$

最大螺栓力合力等于水平力和垂直力的矢量和:

$$\sqrt{(89.6)^2+(76.9)^2}=118\text{kN}<169\text{kN}$$

腹板螺栓是足够的,有余地进一步减少螺栓的数量。

在腹板和受拉翼缘的盖板和母板上的螺栓孔位置的净截面也应进行验算。受拉翼缘应根据 3-1-1 条款 6.2.3 做净截面验算,并根据 3-1-8/条款 3.10.2 做块状撕裂规则验算(这里并不进行示例,但是很简单)。对腹板的验算不太明确。在这种情况下,如果不修改块状撕裂规则,则不适用,因为螺栓组承受弯矩和剪力。此外,任何撕裂机理必然会从翼缘撕裂,所以不太可能是关键影响因素。忽略后面这一事实,如果块状撕裂规则作为书面规则应用,剪切平面垂直从腹板面穿过所有的螺栓面,将会得到一个更低的抗力,要比剪切平面扩展到所有的螺栓,但水平拉力平面从外部螺栓扩展到垂直自由边的抗力更低。因此,建议对腹板和盖板的净截面进行弯矩和剪力的验算。如果保守地完全扣除孔洞面积,则净腹板的截面特性为:

$$A=9504\text{mm}^2$$

$$W=1.790\times10^6\text{mm}^3$$

承载能力极限状态腹板最大纵向应力:

$$\frac{139\times10^6}{1.790\times10^6}+\frac{187\times10^3}{9504}=97\text{MPa}$$

承载能力极限状态剪应力:

$$\frac{1000\times10^3}{9504}=105\text{MPa}$$

根据 3-1-1/条款 6.1 规定的 Von Mises 等效应力准则进行应力验算:

$$\left(\frac{\sigma_{x,\text{Ed}}}{f_y/\gamma_{\text{M0}}}\right)^2+3\left(\frac{\tau_{\text{Ed}}}{f_y/\gamma_{\text{M0}}}\right)^2=\left(\frac{97}{355/1.0}\right)^2+3\left(\frac{105}{355/1.0}\right)^2=0.34\leqslant1.0$$

因此,腹板是满足要求的。还应对盖板进行类似验算。

8.2　焊接连接

8.2.1　几何构造和尺寸

3-1-8/条款 4.3 中详细讨论了角焊缝、对接焊缝、塞焊缝和扩口坡口焊缝的允许几何构造和尺寸。本指南中没有对这些规则进一步讨论。

8.2.2　有填料焊接

用填料隔开焊接连接板的设计规则一目了然且与 BS 5400:第 3 部分的规则相同,因此不在这里讨论。

8.2.3　角焊缝的承载力设计值

8.2.3.1　焊缝有效长度

3-1-8/条款4.5.1(1)规定角焊缝的长度是指焊缝完全尺寸的长度。在实践中,焊缝在开始和结束时通常尺寸不足,在设计中允许从长度上减去 2 倍的焊喉厚度 a 来对比进行考虑。***3-1-8/条款4.5.1(2)***要求结构焊缝的有效长度至少大于 $6a$ 和 30mm。

3-1-8/条款4.5.1(1)
3-1-8/条款4.5.1(2)

8.2.3.2　有效焊喉厚度

3-1-8/条款4.5.2(1)定义了有效焊喉厚度 a,为图 8.2-1 所示的最大三角形(等边或不等边)的高度,三角形内接于融合面和焊缝表面,高度三角形最外边的垂线。***3-1-8/条款4.3.2.1(1)***要求角焊缝一般只能用在熔合面夹角为 60° ~ 120°的地方。但是,如果熔合面形成的角度小于 60°,角焊缝可以设计为部分熔透对接焊缝,且焊喉厚度可通过焊接工艺试验确定。这种限制是必要的,因为要保证焊缝完全熔透根部很困难。

3-1-8/条款4.5.2(1)
3-1-8/条款4.3.2.1(1)

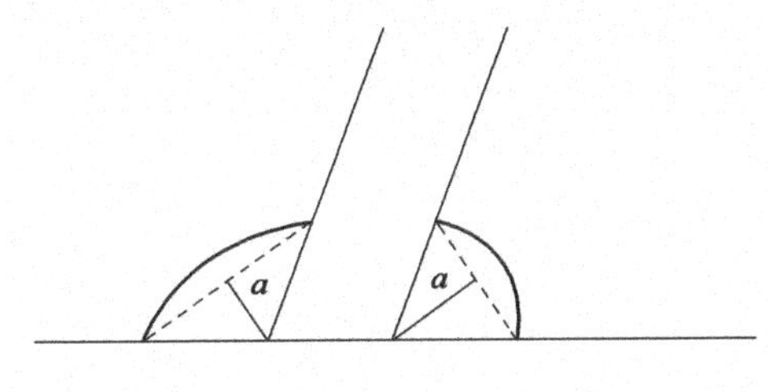

图 8.2-1　角焊缝的有效焊喉厚度

通常英国的做法是对于融合面之间小于 90°的焊缝,计算中限制焊喉厚度在焊边长的 0.71 倍内,这同样是因为可能没有熔透根部。如果需要更大的焊喉厚度,焊喉(而不是焊边长)可以直接在图纸上指定。一般来说,只有在焊接工艺试验表明能获得稳定的焊透深度时,才能从通过增加母板中的熔深来获得额外的焊喉厚度,参见***3-1-8/条款4.5.2(3)***。母板中总是会有部分被熔透,但板件之间也总是会有一些“装配”间隙会减少有效焊喉。通常情况下,设计者在其焊缝尺寸规格中忽略后者是合理的,因为它被额外焊接渗透所抵消。然而,如果根部间隙超过 1mm,制造商可能需要增加焊边长度。

3-1-8/条款4.5.2(3)

8.2.3.3 角焊缝的承载力设计值

3-1-8/条款 4.5.3.2(6)

3-1-8/条款4.5.3.2(6)要求角焊缝符合以下标准:

$$\left[\sigma_{\perp}^{2}+3(\tau_{\perp}^{2}+\tau_{\parallel}^{2})\right]^{0.5}\leqslant\frac{f_{u}}{\beta_{w}\gamma_{M2}} \text{ 和 } \sigma_{\perp}\leqslant\frac{f_{u}}{\gamma_{M2}} \qquad \text{3-1-8/(4.1)}$$

式中:$\sigma_{\perp}$——垂直于焊喉的法向应力;

$\tau_{\perp}$——垂直于焊缝轴线的剪应力(在焊喉平面内);

$\tau_{\parallel}$——平行于焊缝轴线的剪应力(在焊喉平面内);

f_u——连接较弱部分的名义极限抗拉强度;

β_w——从 3-1-8/表 4.1 获得的相关性系数,把焊缝金属的强度与母板的强度联系起来。

应力如图 8.2-2 所示。应该注意的是,不需要考虑纵向正压力 $\sigma_{\parallel}$。

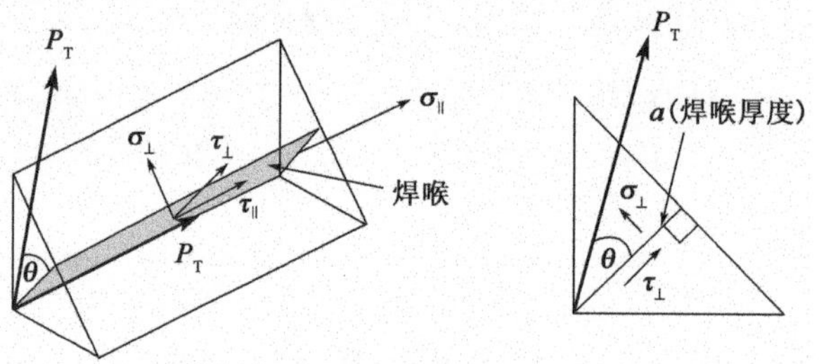

图 8.2-2 角焊缝符号

3-1-8/式(4.1)对于设计来说不太实用,因为它涉及假定焊缝尺寸,然后再通过迭代验算。因此,下面从 3-1-8/式(4.1)中导出了另一种可供选择的焊缝设计公式,该公式允许一次性计算出焊喉尺寸。图 8.2-2 显示了焊缝单位长度上的合力。P_L 是焊缝单位长度的纵向力,P_T 是焊缝单位长度的横向合力,θ 是 P_T 和焊喉之间的夹角。依据这些应力的合力,焊喉的应力为:

$$\sigma_{\perp}=\frac{P_{T}\sin\theta}{a}$$

$$\tau_{\perp}=\frac{P_{T}\cos\theta}{a}$$

$$\tau_{\parallel}=\frac{P_{L}}{a}$$

将上述公式代入 3-1-8/式(4.1)可得:

$$\left(\frac{P_{T}^{2}\sin^{2}\theta}{a^{2}}+\frac{3P_{T}^{2}\cos^{2}\theta}{a^{2}}+\frac{3P_{L}^{2}}{a^{2}}\right)^{0.5}\leqslant\frac{f_{u}}{\beta_{w}\gamma_{M2}}$$

可以改写为:

$$\frac{1}{a}\left(\frac{P_{T}^{2}}{K^{2}}+P_{L}^{2}\right)^{0.5}=\frac{f_{u}}{\sqrt{3}\beta_{w}\gamma_{M2}} \quad \text{其中 } K=\sqrt{\frac{3}{(1+2\cos^{2}\theta)}} \qquad \text{(D8.2-1)}$$

还有必要验算:

$$\sigma_{\perp} = \frac{P_{\mathrm{T}}\sin\theta}{a} \leqslant \frac{f_{\mathrm{u}}}{\gamma_{\mathrm{M2}}} \qquad (D8.2\text{-}2)$$

对于加劲肋设计，如实例 8.2-1 所述，可以指定一个配套支座，以减少所需的角焊缝尺寸。

8.2.3.4　角焊缝的抗力简化计算方法

3-1-8/条款4.5.3.3 提供了 3-1-8/式(4.1)的备选使用方法。简化后的方法要求设计者计算焊缝单位长度的合力，然后将其与设计抗剪强度进行比较，使： ***3-1-8/条款4.5.3.3***

$$F_{\mathrm{w,Ed}} \leqslant F_{\mathrm{w,Rd}}$$

式中：$F_{\mathrm{w,Ed}}$——单位长度的焊接力设计值；

$F_{\mathrm{w,Rd}}$——单位长度的焊接抗力设计值 $F_{\mathrm{w,Rd}} = a\dfrac{f_{\mathrm{u}}\sqrt{3}}{\beta_{\mathrm{w}}\gamma_{\mathrm{M2}}}$。

由图 8.2-2 可知，$F_{\mathrm{w,Ed}}$为焊缝横向力和纵向力的矢量和：

$$F_{\mathrm{w,Ed}} = (P_{\mathrm{T}}^{2} + P_{\mathrm{L}}^{2})^{0.5}$$

结合上述 $F_{\mathrm{w,Ed}}$、$F_{\mathrm{w,Rd}}$的公式，给出：

$$\frac{1}{a}(P_{\mathrm{T}}^{2} + P_{\mathrm{L}}^{2})^{0.5} = \frac{f_{\mathrm{u}}}{\sqrt{3}\beta_{\mathrm{w}}\gamma_{\mathrm{M2}}}$$

这可以直接与焊缝设计式(D8.2-1)进行比较。可以得出这样的结论：依据 3-1-8/条款 4.5.4 的"简化方法"给出了仅受剪的焊喉的计算结果，与依照 3-1-8/条款 4.5.3 计算方法得出相同的结果，但在焊喉能够抵抗正应力的情况下，将给出保守的结果。式(D8.2-1)的简化表示意味着根本不需要使用 3-1-8/条款 4.5.3.3 中的简化方法。

8.2.4　周边角焊缝的承载力设计值

3-1-8/条款4.6(1) 允许使用 8.2.3 中的任何一种方法来验算周边角焊缝的抗力。 ***3-1-8/条款4.6(1)***

8.2.5　对接焊缝的承载力设计值

8.2.5.1　全熔透对接焊缝

3-1-8/条款4.7.1(1) 允许将全熔透对接焊缝的抗力取为焊缝所连接的较弱部件的抗力，前提是焊缝的极限抗拉强度和屈服强度至少等于母板的极限抗拉强度和屈服强度。 ***3-1-8/条款4.7.1(1)***

8.2.5.2　部分熔透对接焊缝

3-1-8/条款4.7.2 要求部分熔透对接焊缝按照 8.2.3.2 讨论的深熔透角焊缝进行设计。在没有焊接工艺试验的情况下，BS 5400：第 3 部分要求在计算焊喉厚度时，从做了 V 形或斜面形坡口处理的焊缝熔透深度中扣除 3mm。这是一种预防未焊透到预处理根部的措施。在使用 EN 1993 时也可以采取类似的预防措施，尽管制造商有责任提供满足规定的焊喉厚度。 ***3-1-8/条款4.7.2***

8.2.5.3 T 形对接连接

3-1-8/条款4.7.3 ***3-1-8/条款4.7.3*** 允许在假定焊缝是有效的完全熔透对接焊缝的前提下,确定两个部分熔透对接焊缝的抗力。只有当焊喉的组合厚度大于附加板的厚度 t,且未焊接的间隙小于 $t/5$ 或 3mm 时,才允许出现这种情况。

8.2.6 塞焊缝的承载力设计值

3-1-8/条款 4.8 中涉及了塞焊缝的内容,在本指南中不再进一步讨论。

8.2.7 力的分布

3-1-8/条款4.9 ***3-1-8/条款4.9*** 给出了计算焊缝群中力分布的规则。焊缝群可以进行塑性分析,但必须证明焊缝的变形能力足以发展成为假定的力分布方式。

8.2.8 与未加劲翼缘的连接

3-1-8/条款4.10 ***3-1-8/条款4.10*** 给出了验算未加劲翼缘连接强度的详细规则。这些规则太长,不在这里进一步讨论。

8.2.9 长节点

3-1-8/条款4.11 出于 8.1.5 中概述的类似原因,***3-1-8/条款4.11*** 要求设计师采用系数 $\beta_{\mathrm{Lw},1}$ 减少长焊缝的设计抗力,以考虑沿焊缝长度的不均匀应力分布。同样,这些规则并不适用于腹板与翼缘焊接,在这种焊接中,焊缝的纵向应力状态与其所连接的板的纵向应力状态相同。

8.2.10 偏心受力的单侧角焊缝或单侧部分熔透对接焊缝

3-1-8/条款 4.12 对单侧角焊缝或单侧部分熔透对接焊缝的使用提供了指导。*3-1-8/条款 4.12(1)* ***3-1-8/条款4.12(1)*** 建议尽可能避免这种焊缝承受绕纵向轴的弯矩。弯矩可能来自于焊接的开口处(例如抵抗畸变的箱梁的腹板-翼缘连接处),或者来自于相连部件之间的轴力,其对焊喉有偏心(后一种情况中,如果焊缝位于空心截面的边缘,*3-1-8/条款 4.12(3)* 若钢板不能自由旋转,则不会产生弯矩,参见 ***3-1-8/条款4.12(3)***)。如果这样的焊缝受到这种类型的荷载,他们将受到通过焊喉的弯曲应力,严重降低其疲劳寿命。

8.2.11 单肢连接的角钢

3-1-8/条款 4.13 建议验算由单肢连接的角钢的强度。本指南的 6.2.3 对此进行了讨论。

8.2.12 冷弯区域的焊接

3-1-8/条款 4.14(1) ***3-1-8/条款4.14(1)*** 提供了钢构件冷弯区域焊接的指南。此内容在本指南中不再进一步讨论。

8.2.13 H 形和 I 形截面连接结构节点分析

EN 1993-1-8 的第 5 章和第 6 章提供了详细的方法来评估 H 形和 I 形截面之间连接的强度和刚度。*3-1-8/条款5.1* ***3-1-8/条款5.1*** 要求,如果节点转动比较明显,则设计者在

整体分析中应包含该行为。对于弹性分析,连接划分为如下等级:

- 简支——名义上的铰接行为。
- 连续——构件之间的完全刚性连接。
- 半连续——非完全刚性连接,所以节点具有一定的旋转柔性。

大多数桥梁节点都是连续的,简支节点和连续节点都易于建模。然而,半连续节点不太容易建模,因为它们必须使用弹簧单元。如本指南5.1.2中所述,桥梁一般应避免采用半连续节点。可能的桥梁半连续节点实例是,当横向构件通过未加劲的端板与主梁连接时,在U形框架桥面上可能存在半连续节点。

8.2.14 空心截面节点

EN 1993-1-8第7章给出了评估空心截面结构之间连接强度的指南。这些指南在很大程度上是基于参考文献28的研究结果,内容太长不在本指南中详细介绍。

实例8.2-1:支承加劲肋焊缝设计

支承加劲肋的有效截面(包括腹板翼缘焊缝的开孔部位)如图8.2-3所示。按照EN 1090-2的要求,加劲肋与翼缘相符,以实现完全支承接触,但翼缘并没有与腹板符合。支承加劲肋具有以下截面特性:

面积 $=37040\text{mm}^2$

$I_{zz}=5.83\times10^8\ \text{mm}^4$

$I_{yy}=1.33\times10^9\ \text{mm}^4$

主梁受力情况如下:

承载能力极限状态最大反力 $N_{Ed}=5000\ \text{kN}$

承载能力极限状态最大剪力 $V_{Ed}=3000\text{kN}$

最大纵向偏心距 = 50mm

最大横向偏心距 = 20mm

下翼缘至腹板的弹性剪力流参数为:$Az/I=0.398\times10^{-3}\ \text{mm}^{-1}$

设计了加劲肋与翼缘连接和腹板与翼缘连接的焊缝。

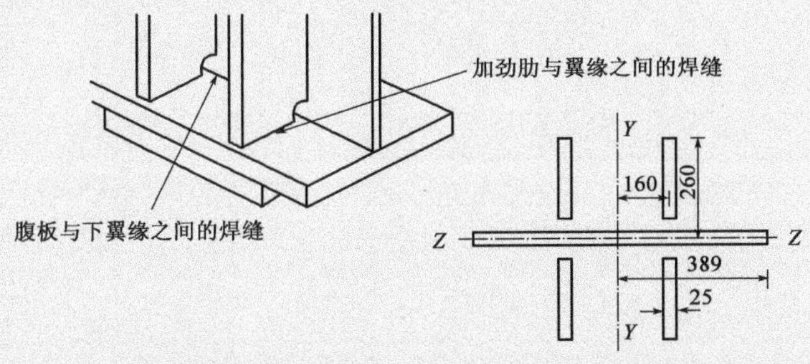

图8.2-3 实例8.2-1中的支承加劲肋(尺寸单位:mm)

加劲肋与翼缘间焊缝

加劲肋的最大应力:

$$\frac{N_{Ed}}{A}+\frac{M_{y,Ed}}{W_y}+\frac{M_{z,Ed}}{W_z}$$

$$=\frac{5000\times10^3}{37040}+\frac{5000\times10^3\times160\times50}{1.33\times10^9}+\frac{5000\times10^3\times20\times260}{5.83\times10^8}$$

$$=135.0+30.1+44.6$$

$$=209.7\text{MPa}$$

如果支座匹配是按照 EN 1090-2 规定的,通过支座传递的所有的正压力是合理的,尽管 EN 1993 没有讨论这一点。如果这样做了,仍然必须对所提供的焊缝进行疲劳验算,假设所有的压力通过焊缝传递,没有从支座传递。在这个例子中,焊缝已经设计为充分受压来说明设计过程。

如果将角焊缝设置在加劲肋外伸部分的任意一侧,每条焊缝单位长度的力为:

$$P_T=\frac{209.7\times25}{2}=2620\text{N/mm}$$

由式(D8.2-1)可知:

$$\frac{1}{a}\left[\frac{P_T^2}{K^2}+P_L^2\right]^{0.5}=\frac{f_u}{\sqrt{3}\beta_w\gamma_{M2}}$$

式中:

$$K=\sqrt{\frac{3}{(1+2\cos^2\theta)}}$$

f_u=490MPa(EN 10025);

β_w=0.9 (3-1-8/表 4.1);

γ_{M2} = 1.25 (3-2/表 6.1);

P_T=2620 N/mm;

P_L=0 N/mm (焊缝无纵向应力);

θ= 45° (P_T 垂直施加),因此 K = 1.225;

a=需要的焊喉尺寸,由下式得 a=8.5 mm。

$$\frac{1}{a}\left[\frac{2620^2}{1.225^2}+0\right]^{0.5}=\frac{490}{\sqrt{3}\times0.9\times1.25}$$

因此指定焊缝的焊喉宽度为 8.5mm,即焊边长=12mm(经验算,式(D8.2-2)是非决定性的)。

腹板与下翼缘间焊缝

每条焊缝纵向剪力:

$$P_L=\frac{3000\times10^3}{2}\times0.398\times10^{-3}=597\text{N/mm}$$

腹板中横向应力：

$$\frac{N_{\mathrm{Ed}}}{A}+\frac{M_{\mathrm{y,Ed}}}{W_{\mathrm{y}}}+\frac{M_{\mathrm{z,Ed}}}{W_{\mathrm{z}}}$$

$$=\frac{5000\times10^{3}}{37040}+\frac{5000\times10^{3}\times389\times50}{1.33\times10^{9}}+0$$

$$=135.0+73.1+0$$

$$=208.1\mathrm{MPa}$$

腹板厚度 = 20mm，每条焊缝的 P_{T} 为：

$$\frac{208.1\times20}{2}=2081\mathrm{N/mm}$$

$$\frac{1}{a}\left[\frac{P_{\mathrm{T}}^{2}}{K^{2}}+P_{\mathrm{L}}^{2}\right]^{0.5}=\frac{f_{\mathrm{u}}}{\sqrt{3}\beta_{\mathrm{w}}\gamma_{\mathrm{M2}}}$$

$$\frac{1}{a}\left[\frac{2081^{2}}{1.225^{2}}+597^{2}\right]^{0.5}=\frac{490}{\sqrt{3}\times0.9\times1.25}$$

$a=7.2$ mm，因此指定焊缝的焊喉宽度为 7.2mm，即焊边长 11mm。

第 9 章　疲劳评估

本章在下列条款中讨论了 EN 1993-2 的第 9 章中所涉及的疲劳评估的内容。

- 一般规定　*条款9.1*
- 疲劳荷载　*条款9.2*
- 疲劳验算分项系数　*条款9.3*
- 疲劳应力幅　*条款9.4*
- 疲劳评估流程　*条款9.5*
- 疲劳强度　*条款9.6*
- 焊后处理　*条款9.7*

9.1　一般规定

9.1.1　疲劳评估要求

3-2/条款 9.1.1(1) *3-2/条款 9.1.1(2)*

在桥梁的使用寿命中,道路或铁路上持续的交通在桥梁上移动会在钢构件中产生大量的重复循环加载。这些构件容易受到疲劳损坏。因此,***3-2/条款9.1.1(1)***要求对所有钢构件进行疲劳评估,但***3-2/条款9.1.1(2)***中给出的构件除外,如下所示:

(i)不易受行人振动影响的人行天桥;

(ii)航道桥;

(iii)以静载为主的桥梁;

(iv)既不承受交通荷载也不承受风载激励作用的部分铁路桥或公路桥。

在上述情况下,如果桥梁被认为易受风载激励,仍然需要进行疲劳评估。风致疲劳的主要原因是涡旋脱落,这在 EN 1991-1-4 中有说明,在此不再作进一步讨论。

3-2/条款 9.1.2(2)

EN 1993-1-9 解决一般疲劳问题,EN 1993-2 给出了桥梁的具体规则。如***3-2/条款9.1.2(2)***所述,构造细节疲劳强度和补充指南需要参考 EN 1993-1-9。

9.1.2　公路桥梁疲劳设计

3-2/条款 9.1.2(1)

一般而言,***3-2/条款9.1.2(1)***要求所有的公路桥构件都要进行疲劳验算,除非有先例或通过试验来确定其不需验算。国家附件可以对不需要进行疲劳验算的情况给出指南。英国国家附件要求有循环加载的情况均需进行疲劳验算。

9.1.3 铁路桥梁疲劳设计

3-2/条款9.1.3(1)要求对所有钢结构铁路桥梁构件进行疲劳荷载验算。由于铁路桥对疲劳的敏感性更强,因此没有关于免除的建议。然而,国家附件仍然可以提供例外情况。 ***3-2/条款9.1.3(1)***

9.2 疲劳荷载

3-2/条款9.2.1 指示设计人员参照EN 1991-2 使用交通荷载模型,参照EN 1991-1-4 使用风载激励。 ***3-2/条款9.2.1***

疲劳评估的基本原则是确定钢构件上特定应力幅的循环次数,然后根据下文9.6节中讨论的疲劳强度确保钢构件能够承受这种循环次数。实例9-1 演示了使用这个原理进行的简单疲劳验算,其中只有一种循环应力幅。

钢构件在不同程度的重复应力作用下的疲劳寿命可以用Miner求和法进行验算。这是一个线性累积损伤计算方法:

$$\sum_{i}^{n}\frac{n_{\mathrm{Ei}}}{N_{\mathrm{Ri}}}\leqslant 1.0 \qquad \text{(D9-1)}$$

式中,n_{Ei}为某一应力幅的加载循环数;N_{Ri}为该应力幅作用下发生疲劳破坏对应的加载循环数。实例9-2 演示了公式(D9-1)的使用。

对于大多数桥梁来说,以上是一个复杂的计算,因为每个钢构件的应力通常因车辆随机通过而在一定范围内变化。如设计时已知加载体系,则可使用上述方法评估道路或铁路桥的构造细节。这包括在桥梁设计生命周期中使用每条车道或轨道的每种车辆的重量和数量,以及每条车道或轨道之间的受载相互关系。3-2/条款9.4.1(6)允许设计师使用上述过程进行疲劳评估,(EN 1991-1-2 中规定的荷载模型4 或5),但在大多数情况下,这将产生一个冗长的计算,因为在桥梁的设计寿命中将有大量不同的车辆通过桥梁。

作为替代方案,***3-2/条款9.2.2*** 和***3-2/条款9.2.3*** 允许在公路桥梁和铁路桥梁中分别使用EN 1991-2 简化的疲劳荷载模型3 和71,以减少疲劳评估计算的复杂性。假设虚构的车辆/火车单独引起了疲劳损伤。然后,用车辆计算出的应力通过各种系数进行调整,得到一个单一的应力幅,在200 万次周期内,造成与桥梁实际生命周期内相同的疲劳损伤。这被称为"损伤等效应力",下文9.4 节将对此进行讨论。 ***3-2/条款9.2.2*** ***3-2/条款 9.2.3***

9.3 疲劳验算分项系数

疲劳荷载必须乘以荷载分项系数γ_{Ff}。***3-2/条款9.3(1)P*** 建议取γ_{Ff}值为1.0,该值可能在国家附件修正。 ***3-2/条款9.3(1)P***

疲劳强度必须除以分项系数γ_{Mf}以涵盖以下一些不确定性:

(i)构造细节的尺寸。

(ii)不连续处的尺寸、形状和接近性。

(iii)焊接的不确定性引起的局部应力集中。

(iv) 焊接工艺及金相效应。

(v)整个设计寿命周期内的校核范围。

(vi) 构造细节疲劳破坏对整体结构完整性的影响。

3-2/条款9.3(2)P

γ_{Mf}的推荐值可从3-1-9/表3.1 中得到,在表9-1 中重新给出。经***3-2/条款9.3(2)P*** 允许,这些值可在国家附件中加以修订。

γ_{Mf} 的 建 议 值　　表 9-1

设 计 理 念	破 坏 后 果	
	轻微失效后果	严重失效后果
损伤容限	1.00	1.15
安全寿命	1.15	1.35

对于在设计寿命周期内有定期维护和检查方案的钢构件的疲劳验算,根据3-1-9/条款 3"损伤容限"概念可以理论上用于推导 γ_{Mf}。实际情况是,常规桥梁检查并不会对足够的细节进行疲劳裂纹检测,除非在桥梁的特定可达区域有特别需要关注的原因。这种详细的检查将大大增加桥梁的全寿命周期成本。某些构造细节,如钢-混凝土组合桥梁中的栓钉无法进行损伤检查,这使得损伤容限方法不合适。因此,除非另有协议,由主要桥梁业主推动的国家附件很可能要求使用安全寿命概念。

英国桥梁实践以前并没有区分轻微失效后果和严重失效后果。在表 9.1 中,"严重失效后果"可能适用于钢构件疲劳破坏将导致严重损坏或桥梁倒塌的情况。死亡的可能性也是一个因素。当结构有足够的冗余时,失效的后果较轻是合适的,这样钢构件的局部疲劳破坏会因为存在可选的荷载路径而不会导致灾难性的后果。"严重后果"通常适用于桥梁,因为尽管通常存在结构冗余,但在组件失效的情况下,它往往不能保证足够的可靠性,除非结构是专门为此设计的。

下面的实例使用从表 9-1 得到的推荐值 γ_{Mf}。然而,英国国家附件一直要求采用安全寿命方法,通过校准研究后采用综合系数 γ_{Mf} = 1.1。

9.4　疲劳应力幅

9.4.1　一般规定

在分别使用公路和铁路疲劳荷载模型 3 和 71 的简化损伤等效方法的情况下,疲劳评估中的"参考应力幅"由 ***3-2/条款9.4.1(3)*** 给出:

3-2/条款9.4.1(3)

$$\Delta\sigma_{p} = |\sigma_{p,max} - \sigma_{p,min}| \qquad 3\text{-}2/(9.1)$$

根据 EN 1991-2,上式为在疲劳荷载模型作用下,构造细节中应力的最大变化值。根据 BS 5400:第 10 部分[29]中所述,英国以往的做法是,采用车辆作用在不同车道上的最大及最小效应来计算应力幅。然而,EN 1991-2 条款 4.6.4(2)暗示,最大应力幅应根据车辆沿任一车道通过所产生的最大应力幅来计算。在撰写本文时,英国国家附件草案明确规定,应使用前一种解释(这是两种解释中较安全的一种),但 EN 1991-2 中没有国家规定允许使用前一种解释,未来可能不得不取消这一指导意见。

应力的计算应尽可能精确,以线弹性分析为基础,并应包括所有的效应,即使在承载能力极限状态(例如扭转翘曲)中忽略了这些影响。对于 4 类截面,如本指南 7.3 节所述,如果由于板材屈曲而导致的承载能力极限状态下板材面积折减超过 50%,则疲劳应力计算可能需要采用有效宽度。

$\Delta\sigma_p$ 计算后,应力需要被转换成一个循环次数为 2×10^6 的等效应力幅($\Delta\sigma_{E,2}$),这样这种应力幅可以直接与疲劳强度相比较,疲劳强度与单一应力幅的循环次数 2×10^6 相关。***3-2/条款9.4.1(4)*** 提供了公式来处理: ***3-2/条款9.4.1(4)***

$$\Delta\sigma_{E2} = \lambda\Phi_2\Delta\sigma_p \qquad 3\text{-}2/(9.2)$$

式中:λ——在 9.5.2 中探讨的损伤等效系数;

Φ_2——损伤等效冲击系数。对于公路桥,可以取 1.0(因为它已经包含在疲劳荷载模型 3 的荷载值中了),对于铁路桥,可以从 EN 1991-2 推导。然而,对于公路桥梁,需要通过一个额外的系数 $\Delta\varphi_{fat}$来包括伸缩缝 6m 范围内的横截面构造细节。这个系数在 1-2/条款 4.6.1 中给出,在距离伸缩缝 0 ~ 6m 范围内,系数从 1.30 ~ 1.00 之间线性变化,但国家附件可以改变这个系数。

如果构造细节中有基本疲劳构造细节类型中未包含的严重应力集中,则必须根据 3-1-9/条款 6.3 将应力幅乘以应力集中系数 k_f。严重应力集中包括截面的突变和未加劲连接处的硬点。(各种未加劲孔洞和凹角的应力集中系数可在文献 29 和其他标准文本中找到。)如果检查的细部构造是桁架空心截面的焊接节点,只要考虑节点之间的局部荷载在连接处引起的弯矩。3-1-9/条款 4 允许为了计算疲劳应力幅,将节点建模为铰接节点。根据 3-1-9/条款 6.4,由于连接刚度而引起的节点上的二次弯矩必须通过将应力幅乘以一个额外的系数 k_1 来考虑。显然,这种方法不适用于空腹桁架系统的疲劳分析。

通过一个类似的计算来确定剪切应力幅 $\Delta\tau_p = |\tau_{p,max} - \tau_{p,min}|$,然后:

$$\Delta\tau_{E2} = \lambda\Phi_2\Delta\tau_p \qquad (D9.2)$$

剪应力应根据剪应力的弹性分布,而不是平均分布,如 3-1-9/表 8.1所示。

在某些情况下,必须用主应力进行疲劳计算。这将在下面的9.5.1中讨论。

有关焊接应力幅,请参阅 3-1-9/条款 5。对两种应力幅进行了计算。垂直于焊缝轴线的法向应力是 $\sigma_{wf} = \sqrt{\sigma_{\perp f}^2 + \tau_{\perp f}^2}$,沿焊缝的纵向剪应力是 $\tau_{wf} = \tau_{\parallel f}$。各应力如图 9-1 所示。损伤等效应力幅的计算方法与 3-2/式(9.2)、式(D9-2)相同。

9.4.2　疲劳分析

一般来说,疲劳应力,同正常使用极限状态应力一样,应根据 7.2 节和 7.3 节

3-2/条款9.4.2.2

中讨论的尽可能“实际可行的分析”计算。**3-2/条款9.4.2.2** 为计算正交各向异性钢桥面的疲劳应力提供了详细的分析指南,其中包括本指南附录 C 中讨论的可导致加劲桥面板连接和横梁疲劳损伤的横向空腹桁架作用。

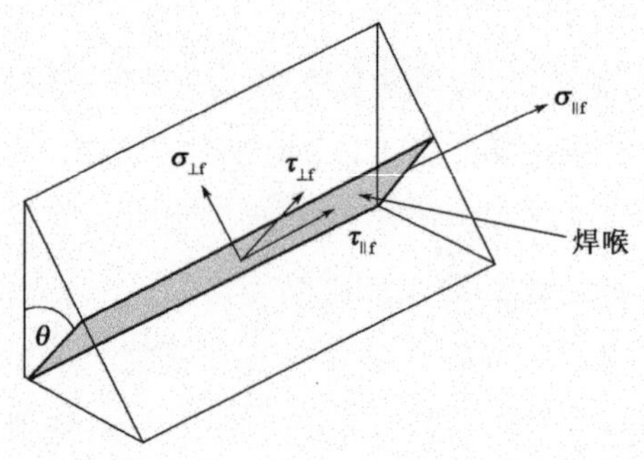

图 9-1 焊缝的应力分量

9.5 疲劳评估流程

9.5.1 疲劳评估

3-2/条款 9.5.1(1)

根据 3-1-9/条款 8(1),**3-2/条款9.5.1(1)** 中的疲劳验算仅在频遇荷载引起的正应力和剪应力幅分别小于 $1.5f_y$ 和 $1.5f_y/\sqrt{3}$ 时有效。EN 1993-2 的一般疲劳评定方程假定采用了等效损伤法。

对于正应力:

$$\gamma_{Ff}\Delta\sigma_{E2} \leqslant \frac{\Delta\sigma_c}{\gamma_{Mf}} \qquad 3\text{-}2/(9.7)$$

对于剪应力:

$$\gamma_{Ff}\Delta\tau_{E2} \leqslant \frac{\Delta\tau_c}{\gamma_{Mf}} \qquad 3\text{-}2/(9.8)$$

式中,$\Delta\sigma_{E2}$ 和 $\Delta\tau_{E2}$ 分别为在 9.4 节讨论的 2×10^6 次循环下的等效疲劳剪应力和正应力。$\Delta\sigma_c$ 和 $\Delta\tau_c$ 分别为可以经受 2×10^6 次应力循环而不发生疲劳破坏的正应力幅和剪应力幅。它们在数字上等于3-1-9/表 8.1 ~ 表 8.10 的构造细节类别对应值。这些值的确定将在 9.6 节中讨论。

对于剪应力和正应力组合,EN 1993-2 中要求的方法并不明确。EN 1993-2 没有提供任何组合验算方法,而 3-1-9/式(8.3)规定,除非 EN 1993-1-9 表8.8 和表8.9 另有说明,否则应进行组合验算:

$$\left(\frac{\gamma_{MF}\gamma_{Ff}\Delta\sigma_{E2}}{\Delta\sigma_c}\right)^3 + \left(\frac{\gamma_{MF}\gamma_{Ff}\Delta\tau_{E2}}{\Delta\sigma_c}\right)^5 \leqslant 1.0 \qquad 3\text{-}1\text{-}9/(8.3)$$

3-1-9/条款 8(2)的注释还指出,应力幅应基于 3-1-9/表 8.1 ~ 表 8.9 所认定的主应力。一个要求使用主应力的典型例子,是在验算腹板时,被验算腹板的加劲肋在腹板中缩短,如表 8.4 所示。在下面的 9.6(vi)中讨论的几何(热点)应力方法中也必须使用主应力。

设计时应明确考虑剪应力幅和正应力幅的共同作用。EN 1993-1-1[19]的ENV版本提供了相关信息,以便决定是使用主应力还是通过3-1-9/式(8.3)进行验算。建议如下:

- 在焊喉以外的位置,如果相同加载工况产生的正应力和剪应力同时变化,或者如果最大主应力平面在加载工况中未有巨大变化,疲劳验算中可以使用最大主应力幅替代最大正应力幅。

- 如果在某一位置,法向应力和剪应力是独立变化的,则根据3-2/式(9.7)和式(9.8)分别采用正应力和剪应力进行疲劳验算,并使用3-1-9/式(8.3)进行组合验算。

- 对于焊喉,根据3-2/式(9.7)和式(9.8)进行的正应力和剪应力疲劳验算应单独进行,并使用3-1-9/式(8.3)进行组合验算。

对于其他情况,在国家附件中缺乏指导的情况下,在这里建议使用主应力幅作为验算的通用方法。

如果没有包含在3-1-9/表8.1~表8.10中的某一特定细节,应采用下文9.6(vi)中讨论的几何(热点)应力法对其进行验算。

9.5.2 公路桥梁损伤等效系数

3-2/条款9.5.2(1)为跨度不超过80m公路桥梁定义了损伤等效系数λ,如下式所示: *3-2/条款9.5.2(1)*

$$\lambda = \lambda_1 \times \lambda_2 \times \lambda_3 \times \lambda_4 \quad \text{但} \lambda \leqslant \lambda_{max} \qquad 3\text{-}2/(9.9)$$

λ_1考虑了交通荷载的损伤效应,该值取决于影响线或影响面的临界长度。对于在图9.5中使用的反力、剪切、弯矩以及其他效应的合适"跨长",***3-2/条款9.5.2(2)***中给出了详细说明。虽然该图形的标注为"弯矩",但它也用于剪力和反力。参考3-2/图9.7,判断"跨中"或"支承"曲线是否与特定位置相关。例如,梁端支座位置在3-2/图9.7中被划分为"跨中截面"。 *3-2/条款9.5.2(2)*

3-2/条款9.5.2(3)中λ_2考虑了交通频率和与轴重的谱特性,并对照疲劳荷载模型3的车辆重量进行校准,其中Q_0=480kN。这是一个相当粗略的系数,因为它是根据车辆的自重,而非车辆的实际加载效应来调整荷载模型3。对于小跨径桥梁,车辆加载效应是轴重和间距的函数,而非总重量。拟使用的交通荷载谱的详细资料可于适当时候在国家附件中提供,但该条款实际上规定数据应由"主管当局"提供。实例9-3给出了一个公路桥的λ_2的计算实例,该实例是基于BS 5400:第10部分:表11[29]的交通数据。EN 1991-2的表4.7的荷载模型也可以使用;然而,EN 1991-2的英国国家附件采用与BS 5400:第10部分非常相似的数据替代了推荐的荷载模型4,同时也允许使用BS 5400:第10部分:表11。虽然没有明确地声明这些数据应该用于计算λ_2,但在英国它被用于校准计算。 *3-2/条款9.5.2(3)*

λ_3是考虑了桥梁设计使用年限的系数:

$$\lambda_3 = \left(\frac{t_{Ld}}{100}\right)^{1/5} \quad 3\text{-}2/(9.11)$$

式中,t_{Ld}为桥梁的设计使用年限(英国国家附件规定为 120 年)。

λ_4 考虑了其他车道上的交通荷载。由于大多数桥梁具有横向传递荷载的能力,桥梁的细部构造通常会受远离该细部正上方车道的通过车辆影响而引起疲劳应力。因此,***3-2/条款9.5.2(6)***中提出的公式包括相邻车道影响系数的相对大小和这些车道上的卡车数量。

3-2/条款 9.5.2(6)

λ_{max}被定义为考虑疲劳极限的最大的 λ 值。λ_{max}根据 3-2/图 9.6 来计算。

这些系数的使用将在实例 9-4 中进行说明。

9.5.3　铁路桥梁损伤等效系数

铁路桥梁等效损伤系数 λ 是采用与公路桥梁类似的方式来确定的。对于跨度不超过 100m 的桥梁,系数为:

$$\lambda = \lambda_1 \times \lambda_2 \times \lambda_3 \times \lambda_4 \quad 但\ \lambda \leqslant \lambda_{max} \quad 3\text{-}2/(9.13)$$

式中:λ_1——定义为一个针对不同类型梁的系数,该系数考虑了交通荷载的损伤效应,并取决于影响线的长度或面积。3-2/条款 9.5.3(2)建议采用表 9.3 或表9.4 中的值,但国家附件可以指定该值;

λ_2——考虑交通量影响;

λ_3——考虑桥梁设计使用年限,λ_3 值从 3-2/表 9.6 中获得;

λ_4——考虑多个轨道同时加载所产生的额外疲劳损伤的系数,从 3-2/表 9.7 中可获取 λ_4 值;

λ_{max} = 1.4,根据 3-2/条款 9.5.3(9)确定。

9.5.4　局部和整体应力幅损伤组合

在计算 $\Delta\sigma_{E2}$时,应将由局部轮载引起的钢桥面的整体效应和局部效应结合起来。局部和整体荷载的效应在横梁和横隔板附近尤为显著,在这些地方,车轮荷载会引起额外的局部负弯矩。***3-2/条款9.5.4(1)***提供了一种保守的相互作用,即对整体和局部作用分别确定损伤等效应力幅,然后进行累加,得出整体损伤等效应力幅。

3-2/条款 9.5.4(1)

9.6　疲劳强度

3-2/条款 9.6 参考 EN 1993-1-9 进行疲劳强度计算。由于循环应力幅($\Delta\sigma$)和破坏循环次数(N)之间的关系是指数关系,这种关系通常绘图时采用 $\log\Delta\sigma$-$\log N$ 曲线形式,一般缩写为"S-N 曲线"。3-1-9/条款 7.1 用 S-N 曲线描述了钢的细部构造疲劳性能。3-1-9/图 7.1 给出了不同细节类别的典型 S-N 曲线,如图 9-2 所示。

在 3-1-9/图 7.2 中,剪应力幅也给出了类似的曲线,但截止限值之前应力幅的指数为"5"。

对于 9.5.1 中讨论的损伤等效方法，疲劳强度 $\Delta\sigma_c$ 为 2×10^6 次应力循环所对应的值，以与 $\Delta\sigma_{E2}$ 匹配。图 9-2 中的各种限值不需要考虑。所有需要的是实际的构造细节分类，其数值等于 $\Delta\sigma_c$ 或 $\Delta\tau_c$，视情况而定。EN 1993-1-9 表 8.1 ~ 表 8.10中给出了典型构造细节以及细部构造疲劳等级。对于某些细节，容许应力必须用“k_s”折减以考虑“尺寸效应”。这反映了一个事实，即较厚的板可能表现出较低的断裂韧性，从而降低了疲劳性能。表中给出了在适用条件下的“k_s”。对于没有包含在上面的特定构造细节，则必须使用下面 9.6(ⅵ)中讨论的几何(热点)方法。

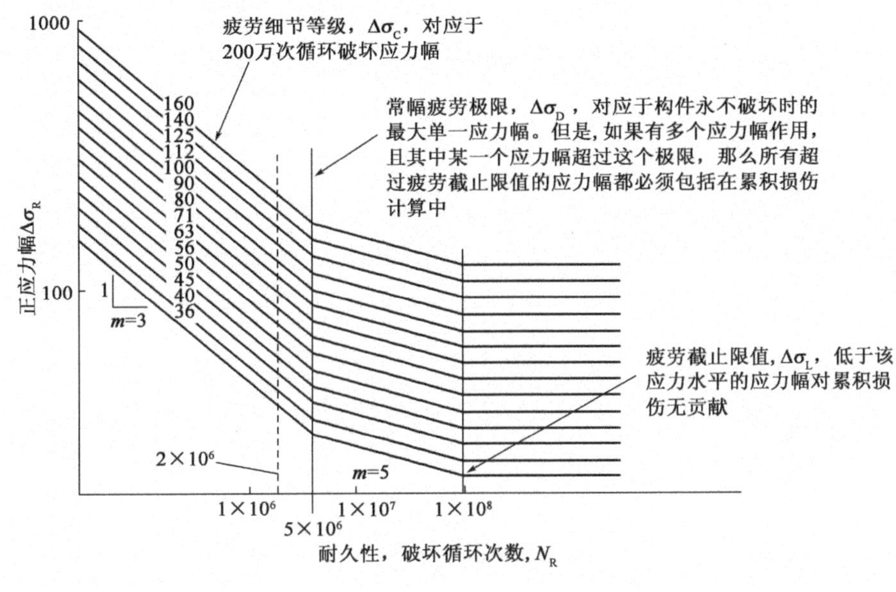

图 9-2　典型 *S-N* 曲线

对于基于实际车辆荷载谱的计算方法，需要使用图 9-2。对于应力幅大于常幅疲劳极限的情况，其疲劳失效循环次数可从公式 $\Delta\sigma_R^3 N_R = \Delta\sigma_C^3 \times 2\times10^6$ 中得到。对于应力幅低于常幅疲劳极限，但高于疲劳截止限值的情况，在疲劳累计损伤计算中使用的疲劳失效循环次数可以从公式 $\Delta\sigma_R^5 N_R = \Delta\sigma_D^5 \times 5\times10^6$ 中得到。如果所有应力幅都低于常幅疲劳极限，则不需要进行累积损伤计算，构件不会受到任何疲劳损伤。

下面将讨论一些典型的桥梁构造细节及其疲劳等级：

(ⅰ)板和配合螺栓受剪力作用

一般情况下，构造细节疲劳等级 100 适用于受剪的所有母材、全熔透对接焊缝和承压型配合螺栓，参照 3-1-9/表 8.1。当采用主应力进行计算时，构造细节分类应基于正应力的构造细节分类。

(ⅱ)非焊接构造细节的疲劳强度

非焊接构造细节的疲劳裂纹一般发生在螺栓孔附近或母板有缺陷的地方。3-1-9/表 8.1 提供了典型的构造细节疲劳等级。疲劳损伤主要发生在钢构件受到反复拉应力循环时。在焊接部件中，焊接残余应力会引起锁定的拉伸应力，因此即使外部施加的应力是拉伸的，在循环过程中，应力仍然可以保持拉伸。对于非焊接部件,情况并非如此。3-1-9/条款 7.2.1 考虑到这一事实,允许设计人员对非焊接的细节将应力循环的任何压应力部分减少 40%。

(iii)焊接构件含(或不含)焊接附件的疲劳强度

靠近焊接细节的母板容易疲劳开裂,3-1-9/表 8.2 ~ 表 8.5 提供了其构造细节分类。由于在制造过程中的焊接收缩,即使详细分析表明焊接细节只受到压力,总是有大量拉伸残余应力锁定在构造细节中。与焊缝相邻的母板也存在相同的情况。因此,EN 1993 不允许在焊接细节中减少应力循环的压应力部分,除非已经进行了应力消除。对于某些构造细节,容许应力必须由"尺寸效应"因子 k_s 来折减。当母板厚度大于 25mm 时,横向对接焊缝的分类通常需要考虑尺寸效应系数。

限制构件自身疲劳强度的典型构造细节有:

- 加劲肋——构造细节疲劳等级为 71 或 80,取决于加劲肋和连接焊缝的组合厚度(3-1-9/表 8.4,结构细节 7)。
- 纵向连接——如果夹具长度超过 100mm,且两端不呈放射状或锥形(3-1-9/表 8.4),则纵向连接可提供低至 56 的构造细节疲劳等级。
- 双层板材(鞍形板)/单面焊接拼接板材——对于双层板材的板端和焊缝不经磨削的情况,可提供低至 36 的构造细节疲劳等级(3-1-9/表 8.5,构造细节 6)。
- 十字形接头——可以根据板和焊缝尺寸给出从 80 到 40 的构造细节疲劳等级,对于一般构造细节的几何尺寸,将趋向于具有这个范围中较高的疲劳等级(3-1-9/表 8.5,构造细节 1)。
- 焊接到翼缘边缘的角撑板——如果弧形倒角的半径足够大,可以有 90 的构造细节疲劳等级,如果无倒角,则可疲劳等级低至 40(3-1-9/表 8.4,构造细节 4 和 5)。

对于焊趾接近翼缘板边缘的加劲肋(或其他附件),没有给出其疲劳等级。在工程实践中为避免这种情况,最好保持焊趾与板边缘具有至少 10mm 的距离。如果无法避免,建议使用构造细节类别 40 用作 3-1-9/表 8.4 构造细节 5。

(iv)焊缝的疲劳强度

承载焊缝本身容易疲劳开裂。3-1-9/表 8.3 和表 8.5 分别提供对接焊缝和角焊缝的构造细节分类。对于母板临近焊缝位置,计算对接焊缝的 $\Delta\sigma_{E2}$。角焊缝和部分熔透对接焊缝的 $\Delta\sigma_{E2}$ 按照上面 9.4.1 中的讨论计算。

对于角焊缝或部分熔透对接焊缝中的纵向剪应力 $\Delta\tau_{wf}$,极限应力 $\Delta\tau_C$ 是 80MPa。对于焊缝横向应力 $\Delta\sigma_{wf}$,极限应力 $\Delta\sigma_C$ 是 36^* MPa。星号表示该构造细节一般具有更高一级构造细节的疲劳性能,但常幅疲劳极限达到了 1000 万次而不是 500 万次。若采用累积损伤计算,则计算可以保守的基于构造细节等级 36 或修正的构造细节等级 40 的 *S-N* 曲线(加长部分斜率 $m = 3$)。用于损伤等效计算时,$\Delta\sigma_C$ 取值 40。若角焊缝中有横向应力,则必须在母板的焊趾位置验算疲劳强度，根据板和焊缝尺寸，该位置构造细节疲劳等级可从80到40(见3-1-9/表8.4，构造细节1)，但对于一般的几何参数，倾向于取该范围中的较大值。

(v)空心截面节点的疲劳强度

在使用3-1-9/表8.7中的空心截面节点构造细节分类时应该当心。所示的节点是二维的，而桥梁结构中使用的空心截面连接大部分是三维的。如果设计者确信节点的三维几何形状不会对疲劳性能产生不利影响，则只应使用3-1-9/表8.7。如果存在不确定性，应采用几何(热点)应力法。

(vi)非分类构造细节的疲劳强度——几何(热点)应力方法

如果某一特定构造细节(例如，板厚超过12.5mm的空心截面)没有在3-1-9/表8.1~表8.10中涵盖，则必须准确地确定焊趾附近的主应力幅。"准确"包括考虑整体几何形状，其中包含板的偏差，但不包含焊接本身引起的局部应力集中。壳体有限元建模是一种合适的建模技术。这在EN 1993-1-9中称为几何(热点)应力。然后将计算得到的应力幅与3-1-9/附录B中节点类型的应力幅限值进行比较。无论是否使用损伤等效方法，以上做法都是适用的。

3-1-9/表B.1给出了从对接焊缝焊趾、角焊缝附件焊趾和十字形接头角焊缝焊趾开展的疲劳裂纹的构造细节分类。该方法不适用于裂纹萌生和扩展发生于焊缝本身的节点。

实例9-1:使用EN 1993-1-9中的标准疲劳*S-N*曲线

焊接钢梁的翼缘按EN 1993-1-9规定被归为"构造细节类别125"。该部件承受50万次应力幅为200MPa的循环。本例对疲劳强度进行验算。对于这个示例，$\gamma_{Mf}=1.15$，$\gamma_{Ff}=1.0$。

$$\gamma_{Ff}\Delta\sigma \leqslant \frac{\Delta\sigma_R}{\gamma_{Mf}} \quad 其中\ \Delta\sigma = 200\text{MPa}$$

$\Delta\sigma_R$需要从EN 1993-1-9构造细节类别125的*S-N*曲线(见图9-3)中读取，或从3-1-9/式7.1(2)中获得：

$$\Delta\sigma_R^3 N_R = \Delta\sigma_C^3 \times 2\times10^6\ 因此\ \Delta\sigma_R^3 N_R = 125^3\times2\times10^6$$

其中，$N_R = 500000$

$$\Delta\sigma_R = \sqrt[3]{\frac{125^3\times2\times10^6}{500000}} = 198\text{MPa}$$

$$\frac{\Delta\sigma_R}{\gamma_{Mf}} = \frac{198\text{MPa}}{1.15} = 172\text{MPa}$$

$$\gamma_{Ff}\Delta\sigma = 200\times1.0 = 200\text{MPa}$$

由此可知：

$$\gamma_{Ff}\Delta\sigma > \frac{\Delta\sigma_R}{\gamma_{Mf}}$$

因此，该疲劳强度不可接受。

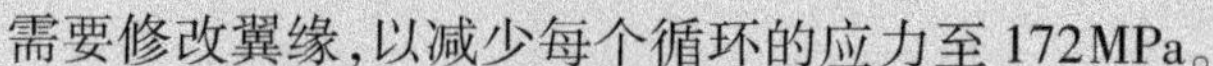
需要修改翼缘,以减少每个循环的应力至 172MPa。

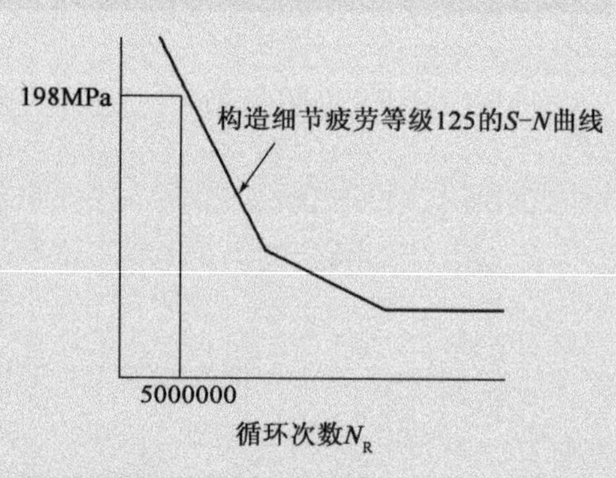

图 9-3　构造细节类别 125 的 S-N 曲线

实例 9-2:采用 EN 1993-1-9 附录 A 中的 P-M 累计损伤准则进行疲劳评估

钢引桥结构焊接细部的疲劳性能可以用 3-1-9/图 7.1 中对应于构造细节 36 类的 S-N 曲线表示。从渡轮上运载的典型车辆重量分别为 1 吨、2 吨和 5 吨。各车辆作用下焊接细节的应力幅如下:

1t 车辆 = 20MPa

2t 车辆 = 40MPa

5t 车辆 = 100MPa

渡轮平均载运 50 辆车辆,1 吨、2 吨和 5 吨车辆分别占 70%、28% 和 2%,每天通过引桥两次。通过详细的评估以确定该细节构造是否能具备 40 年的使用寿命。在任何时间,最多只能有一辆车使用引桥。取 $\gamma_{Ff} = 1.0$,$\gamma_{Mf} = 1.15$。

根据 3-1-9/附录 A 中的 P-M 准则:

$$\sum_{i}^{n} \frac{n_{Ei}}{N_{Ri}} \leqslant 1.0$$

从图 9-4 中构造细节等级 36 的 S-N 曲线中可以得到每种车辆荷载下的疲劳破坏循环次数。

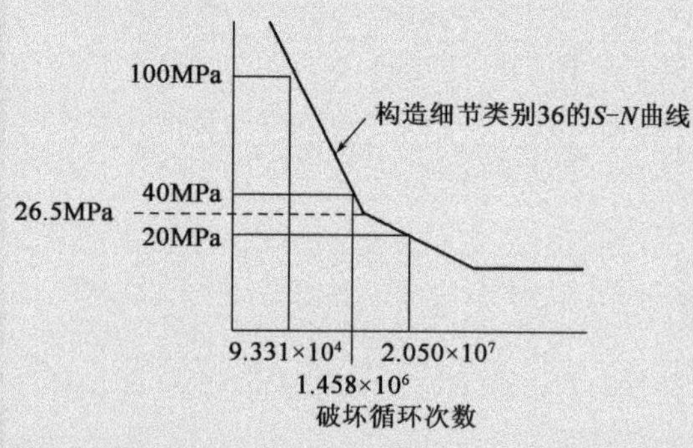

图 9-4　构造细节类别 36 的 S-N 曲线

常幅疲劳极限 $\Delta\sigma_D$,发生在 500 万次循环时。因此 $\Delta\sigma_D^3 N_R = \Delta\sigma_C^3 \times 2 \times 10^6$,$\Delta\sigma_D^3 \times 5 \times 10^6 = 36^3 \times 2 \times 10^6$,得 $\Delta\sigma_D = 26.5\text{MPa}$。根据 $\Delta\sigma_D^3 N_R = 36^3 \times 2 \times 10^6$,

100MPa 和 40MPa 的应力循环造成的损伤高于常幅疲劳极限，而根据 $\Delta\sigma_D^5 N_R = 26.5^5 \times 5 \times 10^6$，20MPa 应力循环造成损伤低于常幅疲劳极限。故疲劳破坏循环次数如下：

1T 车辆(20MPa) $=2.05\times10^7$ 次循环至破坏

2T 车辆(40MPa) $=1.458\times10^6$ 次循环至破坏

5T 车辆(100MPa) $=9.331\times10^4$ 次循环至破坏

下一步是计算每种类型车辆在设计使用年限内的加载循环次数。

在 40 年设计寿命期内使用引桥的车辆的数量

一天 2 次 ×50 辆车 × 一年 365 天 ×40 年 $=1.460\times10^6$ 辆

1 吨车辆数量 $=70\%\times1.460\times10^6=1.022\times10^6$ 辆

2 吨车辆数量 $=28\%\times1.460\times10^6=4.088\times10^5$ 辆

5 吨车辆数量 $=2\%\times1.460\times10^6=2.920\times10^4$ 辆

$$\sum_i^n \frac{n_{Ei}}{N_{Ri}} = \frac{n_{1吨}\gamma_{Mf}\gamma_{Ff}}{N_{1吨}} + \frac{n_{2吨}\gamma_{Mf}\gamma_{Ff}}{N_{2吨}} + \frac{n_{5吨}\gamma_{Mf}\gamma_{Ff}}{N_{5吨}}$$

$$= \frac{1.022\times10^6\times1.15\times1.0}{2.05\times10^7} + \frac{4.088\times10^5\times1.15\times1.0}{1.458\times10^6} + \frac{2.920\times10^4\times1.15\times1.0}{9.331\times10^4}$$

$$=0.057+0.322+0.360=0.74<1.0$$

所以疲劳寿命是足够的。

实例 9-3：计算公路桥梁中对应的 λ_2

公路桥的 λ_2 由采用 BS 5400：第 10 部分：表 11 定义的车辆荷载谱来确定。根据 EN 1991-2 表 4.5，慢车道估计每年可运载 50 万辆车辆。

车辆参照	重量[kN] Q_i	数量/百万车辆，n_i	$n_iQ_i^5$
18GTH	3680	10	6.749×10^{18}
18GTM	1520	30	2.434×10^{17}
9TT-H	1610	20	2.164×10^{17}
9TT-M	750	40	9.492×10^{15}
7GT-H	1310	30	1.157×10^{17}
7GT-M	680	70	1.018×10^{16}
7A-H	790	20	6.154×10^{15}
5A-H	630	280	2.779×10^{16}
5A-M	360	14500	8.768×10^{16}
5A-L	250	15000	1.465×10^{16}
4A-H	335	90000	3.797×10^{17}
4A-M	260	90000	1.069×10^{17}
4A-L	145	90000	5.769×10^{15}
4R-H	280	15000	2.582×10^{16}
4R-M	240	15000	1.194×10^{16}

续上表

车 辆 参 照	重量[kN]Q_i	数量/百万车辆,n_i	$n_i Q_i^5$
4R-L	120	15000	3.732×10^{14}
3A-H	215	30000	1.378×10^{16}
3A-M	140	30000	1.613×10^{15}
3A-L	90	30000	1.771×10^{14}
3R-H	240	15000	1.194×10^{16}
3R-M	195	15000	4.229×10^{15}
3R-L	120	15000	3.732×10^{14}
2R-H	135	170000	7.623×10^{15}
2R-M	65	170000	1.972×10^{14}
2R-L	30	180000	4.374×10^{12}
总计		1.000×10^{6}	8.051×10^{18}

根据 3-2/条款 9.5.2(3)可知:

$$Q_{m1}=\left(\frac{\sum n_i Q_i^5}{\sum n_i}\right)^{1/5}=\left(\frac{8.051\times10^{18}}{1.000\times10^{6}}\right)^{1/5}=381.2\text{kN}$$

$$N_{Obs}=0.5\times10^{6}$$

$$N_0=0.5\times10^{6}$$

Q_0=480kN(荷载模型 3 的重量)

因此:

$$\lambda_2=\frac{Q_{m1}}{Q_0}\left(\frac{N_{Obs}}{N_0}\right)^{1/5}=\frac{381.2}{480}\left(\frac{0.5\times10^{6}}{0.5\times10^{6}}\right)^{1/5}=\mathbf{0.794}$$

需要指出的是,车辆 18GTH 由于其自身重量大,成为 λ_2 的主要贡献者。这并不意味着这辆车一定会造成最大的疲劳损伤,因为正如正文所讨论的那样,车轴的重量和间距可能更为重要,特别是对于中等跨度桥梁。

实例 9-4:依据 EN 1993-1-9,对支承加劲肋和焊缝的疲劳验算

如图 9-5 所示为一座两车道公路桥。计算出合适的焊缝尺寸,以满足加劲肋与下翼缘之间的焊缝和腹板与下翼缘之间焊缝的抗疲劳要求,并对腹板和翼缘的疲劳性能进行了验算。客户要求 120 年的设计使用年限,EN 1991-2 表 4.5 将该桥划分为每条慢车道每年有 50 万辆重型车辆。客户指定了损伤容限的使用方法,因为会有定期检查,包括疲劳裂纹检查。(不过,请注意正文中关于在检查可靠性使用“损伤容限”办法的评论。“安全寿命”通常是一个更合适的方法。)

验算 1:计算加劲肋与下翼缘焊接处合适的焊缝尺寸

荷载模型 3 产生作用于桥上的支承反力:

Max = +401.1kN

Min = −113.6kN

疲劳反力幅 = 401.1 − (−113.6) = 514.7kN

假设疲劳荷载下支承位置纵向和横向平均偏心为 ±10mm,这样 $M_{Ed,z}=M_{Ed,y}=514.7\times0.01=5.1\text{kN}\cdot\text{m}$。

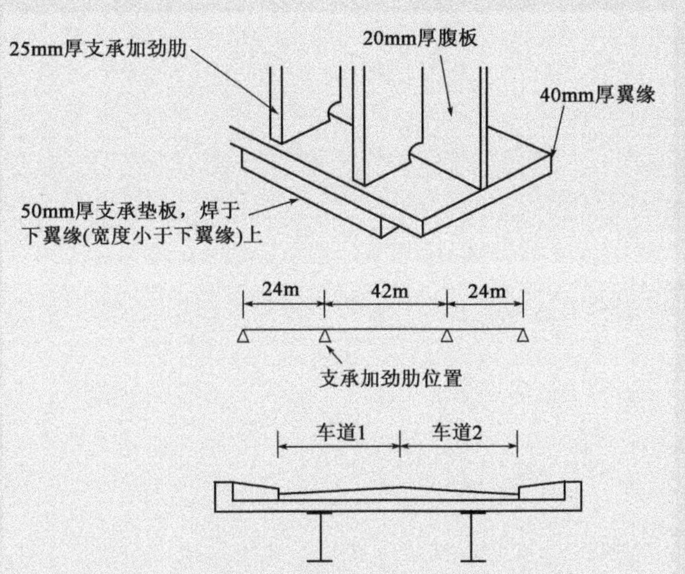

图9-5　实例9-4中的桥梁横截面、跨径和加劲肋布置

根据3-1-9/表8.5，需要进行两项验算。分别是构造细节等级80的母板焊趾开裂和构造细节等级36*的焊根开裂。显然后者至关重要。

加劲肋外伸部分的竖向应力幅=15.5MPa(根据加劲肋有效截面计算，未示出)。

焊缝横向应力幅为：

$$\sigma_{wf} = \frac{15.5 \times 25}{2a} = 194/a$$

其中a是25mm厚的加劲肋在每一侧的焊喉尺寸。

现按照2×10^6次循环计算$\Delta\sigma_{E,2}$。

根据3-2/条款9.5.2(1)：

$$\lambda = \lambda_1 \times \lambda_2 \times \lambda_3 \times \lambda_4 \leqslant \lambda_{max}$$

根据3-2/图9.5：

$$\lambda_1 = 1.7 + 0.5\left(\frac{L-30}{50}\right) = 1.7 + 0.5\left(\frac{66-30}{50}\right) = 2.03$$

式中L为3-2/条款9.5.2(2)中用于计算反力的相邻跨径之和，即$L = 24 + 42 = 66$m。“支承处”实例适用于中间支承位置，如3-2/图9.7所示。

根据3-2/条款9.5.2(3)可知：

$$\lambda_2 = \frac{Q_{m1}}{Q_0}\left(\frac{N_{obs}}{N_0}\right)^{1/5}$$

对于位于英国的一座桥梁，其中$N_{Obs} = 0.5 \times 10^6$，从实例9-3可得，取$\lambda_2 = 0.794$是合理的。

根据3-2/条款9.5.2(5)可知：

对于120年的设计使用年限，$\lambda_3 = \left(\frac{t_{Ld}}{100}\right)^{1/5} = 1.037$

根据3-2/条款9.5.2(6)可知：

$$\lambda_4 = \left[1 + \frac{N_2}{N_1}\left(\frac{\eta_2 Q_{m2}}{\eta_1 Q_{m1}}\right)^5 + \frac{N_3}{N_1}\left(\frac{\eta_3 Q_{m3}}{\eta_1 Q_{m1}}\right)^5 + \cdots + \frac{N_k}{N_1}\left(\frac{\eta_k Q_{mk}}{\eta_1 Q_{m1}}\right)^5\right]^{1/5}$$

车道 2 的影响系数保守估计为车道 1 的 75%。两车道均为慢车道,并且其上车辆数量为 $N = 0.5 \times 10^6$ 辆/年:

$$\lambda_4 = \left[1 + \frac{N_2}{N_1}\left(\frac{\eta_2 Q_{m2}}{\eta_1 Q_{m1}}\right)^5\right]^{1/5} = \left[1 + \frac{0.5 \times 10^6}{0.5 \times 10^6}\left(\frac{0.75}{1.0}\right)^5\right]^{1/5} = 1.044$$

根据 3-2/图 9.6 可知:

$$\lambda_{max} = 1.80 + 0.90\left(\frac{L - 30}{50}\right) = 1.80 + 0.90\left(\frac{66 - 30}{50}\right) = 2.39$$

$$\lambda = \lambda_1 \times \lambda_2 \times \lambda_3 \times \lambda_4 = 2.03 \times 0.794 \times 1.037 \times 1.044 = 1.745 < \lambda_{max} = 239$$

对于母板加劲肋,$\Delta\sigma_{E2} = \lambda\Phi_2\Delta\sigma_p = 1.745 \times 1.0 \times 15.5 = 27.0\text{MPa}$

对于焊缝,$\Delta\sigma_{E2} = \lambda\Phi_2\Delta\sigma_{wf} = 1.745 \times 1.0 \times 194/a = 338/a\text{MPa}$

对于焊缝,正如正文中所讨论,对于构造细节等级 36* 有 $\Delta\sigma_c = 40\text{MPa}$。在整个设计使用年限内,将对焊缝定期检查。如果焊缝失效,则通过加劲肋和翼缘之间的直接接触提供另一种传力路径,因此不太可能发生完全失效。因此,该细节构造可以归入“损伤容限,低失效后果”,从 3-1-9/表 3.1 可得,$\gamma_{Mf} = 1.00$。

根据 3-2/条款 9.5 可知:

$$\gamma_{Ff}\Delta\sigma_{E2} \leqslant \frac{\Delta\sigma_c}{\gamma_{Mf}}, \frac{1.0 \times 338}{a} \leqslant \frac{40}{1.00} \quad 因此 a = \frac{338}{40} = 8.5\text{mm}$$

采用角焊缝焊脚长度 $8.5 \times \sqrt{2} \approx 12\text{mm}$

验算2:计算承压面内腹板与下翼缘焊接处焊缝的合适尺寸

焊缝必须承受腹板与翼缘之间的支承反力和纵向剪力。从上述反力和偏心可以看出,腹板的最大横向应力为 15.4 MPa。焊缝的横向应力幅为:

$$\sigma_{wf} = \frac{15.4 \times 20}{2a} = 154/a$$

其中 a 为 20 mm 厚腹板两侧的焊喉尺寸。荷载模型 3 作用下的最大剪力幅为 329.3 kN。

下翼缘 $Az/I = 0.394 \times 10^{-3}/\text{mm}$ (正常使用极限状态混凝土开裂截面特性)。

焊缝纵向应力:

$$\tau_{wf} = \frac{329.3 \times 10^3 \times 0.394 \times 10^{-3}}{2a} = 64.9/a$$

(i)横向应力

对于横向荷载,构造细节等级为 36*,如正文所讨论的 $\Delta\sigma_c = 40$ MPa。在整个设计使用年限内,焊缝将定期检查,但如果焊缝失效,则不提供传递腹板-翼缘纵向剪切的替代路径。然而,裂纹必须扩展到一定的长度后才会出现真正的问题。此处的构造细节可以被保守地归类为“损伤容限,严重失效后果”(“低失效后果”可能是足够的),从 3-1-9/表 3.1 可得,$\gamma_{mf} = 1.15$。损伤等效参数为:

$$\Delta\sigma_{E2} = \lambda\Phi_2\Delta\sigma_{wf} = 1.745 \times 1.0 \times 154/a = 268.7/a$$

根据 3-2/条款 9.5.1 可知：

$$\gamma_{Ff}\Delta\sigma_{E2} \leqslant \frac{\Delta\sigma_c}{\gamma_{Mf}},\text{因此}\frac{1.0 \times 268.7}{a} \leqslant \frac{40}{1.15},\text{所以 } a = 7.7\text{mm}$$

焊边长 12mm 时即足够，此时 $a = 8.49$mm。

(ii)纵向应力

从 3-1-9/表 8.5 可以看出，构造细节等级为 80。用于计算 λ_1 的长度 L 再次保守地取为相邻跨径长度之和，因为较长的长度是保守的，并且两跨同时负载时产生最大剪力。3-2/条款 9.5.2(3) 建议使用“考察跨度”（即 $L = 42$ m）作为近似。

$$\Delta\sigma_{E2} = \lambda\Phi_2\Delta\sigma_{wf} = 1.745 \times 1.0 \times 64.9/a = 113.3/a$$

根据 3-2/条款 9.5.1 可知：

$$\gamma_{Ff}\Delta\tau_{E2} \leqslant \frac{\Delta\tau_c}{\gamma_{Mf}},\text{因此}\frac{1.0 \times 113.3}{a} \leqslant \frac{80}{1.15}$$

所以 $a = 1.6$mm，即比横向应力下的结果小得多。

(iii)组合验算

假设使用焊缝边长为 12mm。

$\Delta\sigma_{E2} = 268.7/8.49 = 31.7$ MPa

$\Delta\tau_{E2} = 113.3/8.49 = 13.4$ MPa

根据 3-1-9/条款 8(3) 可知：

$$\left(\frac{\gamma_{Mf}\gamma_{Ff}\Delta\sigma_{E2}}{\Delta\sigma_c}\right)^3 + \left(\frac{\gamma_{Mf}\gamma_{Ff}\Delta\tau_{E2}}{\Delta\tau_c}\right)^5 \leqslant 1.0$$

$$= \left(\frac{1.15 \times 1.0 \times 31.7}{40}\right)^3 + \left(\frac{1.15 \times 1.0 \times 13.4}{80}\right)^5$$

$$= 0.757 + 0.0003 = 0.757 \leqslant 1.0$$

纵向剪切项有非常小的效应，因为构造细节等级相当高，$(\Delta\tau_{E2}/\Delta\tau_c)^5$ 这一项就可以忽略不计。这通常是角焊缝纵向和横向联合受力的结论。

验算 3：验算由于附属加劲肋焊接导致的腹板开裂

潜在裂缝位置如图 9-6 所示。该构造细节属于 3-1-9/表 8.4 中的疲劳等级 80（因为加劲肋和焊缝组合宽度刚好小于 50mm），且由于加劲肋终止于腹板，该构造细节要求 Δσ 基于主应力。

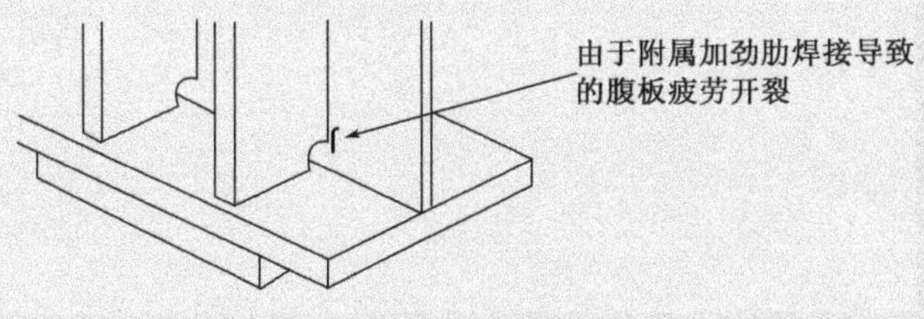

图 9-6　腹板加劲肋焊缝位置处的潜在开裂

在这种情况下,用于 λ_1 计算的长度 L 是不同的,由于应力将被弯曲控制,其中根据 3-2/条款 9.5.2(2)(a)规定,L 是相邻跨径的平均值,即 $L = 0.5 \times (24 + 42) = 33\text{m}$

$$\lambda_1 = 1.7 + 0.5\left(\frac{L-30}{50}\right) = 1.7 + 0.5\left(\frac{33-30}{50}\right) = 1.73$$

$$\lambda_{max} = 1.80 + 0.90\left(\frac{L-30}{50}\right) = 1.80 + 0.90\left(\frac{33-30}{50}\right) = 1.85$$

其他参数可以像以前一样使用。λ_4 对于弯曲仍然是保守的。

$$\lambda = \lambda_1 \times \lambda_2 \times \lambda_3 \times \lambda_4 = 1.73 \times 0.794 \times 1.037 \times 1.044 = 1.487 < \lambda_{max}$$

梁上支承加劲肋位置处,疲劳荷载模型 3 产生的弯矩幅可确定为 1567kN · m。

$W_{(腹板下部)} = 72.9 \times 10^6\ \text{mm}^3$(正常使用极限状态特性,保守地基于翼缘位置)

腹板底部纵向应力幅:

$$\Delta\sigma_p = \frac{1567 \times 10^6}{72.9 \times 10^6} = 21.5\text{MPa}$$

根据验算 2 可得下翼缘/腹板 $A\bar{z}/I = 0.394 \times 10^{-3}/\text{mm}$,最大剪切力 = 329.3kN。

因此,在腹板基面上的剪应力幅:

$$\Delta\tau_p = \frac{329.3 \times 10^3 \times 0.394 \times 10^{-3}}{20} = 6.5\text{MPa}$$

腹板基面上的主应力幅:

$$\frac{\sigma}{2} + \frac{1}{2}\sqrt{\sigma^2 + 4\tau^2} = \frac{21.5}{2} + \frac{1}{2}\sqrt{21.5^2 + 4 \times 6.5^2} = 23.3\text{MPa}$$

$$\Delta\sigma_{E2} = \lambda\Phi_2\Delta\sigma_p = 1.487 \times 1.0 \times 23.3 = 34.7\text{MPa}$$

根据 3-2/条款 9.5.1 可知:

$$\gamma_{Ff}\Delta\sigma_{E2} \leqslant \frac{\Delta\sigma_c}{\gamma_{Mf}}$$

$$\gamma_{Ff}\Delta\sigma_{E2} = 1.0 \times 34.7 = 34.7 < \frac{\Delta\sigma_c}{\gamma_{Mf}} = \frac{80}{1.15} = 69.6\text{MPa}$$

(腹板在这里被归类为“损伤容限,严重失效后果”。)因此,腹板的疲劳寿命是足够的。

验算 4:验算由于附属焊件焊接导致的翼缘开裂

潜在裂缝位置如图 9-7 所示。

根据验算 3,疲劳荷载模型 3 作用下的下翼缘应力幅 $\Delta\sigma_p = 21.5$ MPa。参数 λ 将与验算 3 中的值相同。

$$\Delta\sigma_{E2} = \lambda\Phi_2\Delta\sigma_p = 1.487 \times 1.0 \times 21.5 = 32.0\ \text{MPa}$$

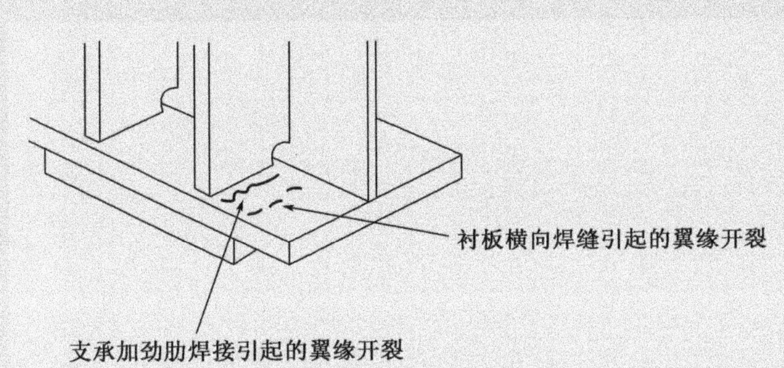

图 9-7　下翼缘潜在开裂位置

对于 40mm 厚翼缘和 50mm 厚衬板，横向衬板焊缝引起的翼缘开裂属于构造细节等级 40（3-1-9/表 8.5，构造细节 6）。该类别要比支承加劲肋表面得到的构造细节等级 80 更糟。对于“损伤容限，高危害后果”仍取 $\gamma_{Mf}=1.15$。

$$\frac{\Delta\sigma_c}{\gamma_{Mf}}=\frac{40}{1.15}=34.8\text{MPa}>\gamma_{Mf}\Delta\sigma_{webE2}=32.0\text{MPa}$$

因此，翼缘的疲劳寿命是足够的。

9.7　焊后处理

为了提高焊接件的疲劳寿命，***3-2/条款9.7(1)*** 规定了设计人员指定焊后处理技术的范围。采用以下方法可以提高角焊件的疲劳强度： ***3-2/条款9.7(1)***

(i) 降低应力集中效应

焊趾打磨、焊趾区域 TIG(惰性气体保护焊)重熔、焊趾区域等离子体重熔等技术都是为了使焊趾轮廓光滑。这降低了角焊缝焊趾的应力集中，提高了焊缝的疲劳寿命。

(ii) 引入压缩残余应力

焊接细节疲劳强度低的主要原因是存在较大的拉伸残余应力。因此，施加的压应力仍然可能导致完全处于拉伸范围的应力循环。如果能在构造细节中引入压缩残余应力，则所有应力都在压缩范围内循环，从而延长疲劳寿命。锤击、喷丸都是根据这个原理起作用的。角焊缝的焊趾是在压缩状态下作冷处理，这就产生了压缩残余应力。这延迟了焊缝疲劳裂纹的形成，从而延长了焊缝的疲劳寿命。

EN 1993-1-9 没有提供任何关于如何评估使用焊后处理技术而获得的疲劳寿命增加的指导。一般来说，引入压缩残余应力比降低上述应力集中效应更容易增加疲劳寿命。然而，强烈建议设计师在评估焊后处理所造成的疲劳寿命增加之前，先征求专家意见。此外，焊接后的处理需要仔细规定和密切监督，因为处理的成功与否很大程度上取决于工艺质量。

第 10 章 试验辅助设计

- 一般规定
- 试验类型
- 桥梁气动效应试验验证

10.1 一般规定

如因任何原因,需要进行试验以验证桥梁构件的设计强度,则设计人员应参阅 EN 1990 附录 D 的要求。由于对 EN 1990 的讨论超出了本指南的范围,所以这里不详细讨论试验要求。应直接参考 EN 1990,注释见参考文献 1。

10.2 试验类型

3-2/条款 10.2 将试验分为两种不同的类型。第一类试验用于量化设计强度或参数,以便在后续设计计算中使用。第二种类型用于验证在设计计算中假定的设计强度或参数是否安全。本节基本上从 EN 1990 附录 D 的 D3 中摘录,因此在此不再讨论。

10.3 桥梁气动效应试验验证

对于桥梁的气动性能无法通过计算得到充分验证的,或者在适用的情况下,不能通过与相似结构的结果对比验证的,应当进行试验。3-2/条款 10.3 提供风洞试验指南,以评估钢桥的空气动力行为在承载能力极限状态和正常使用极限状态下是否可接受。在此建议,应为所有风洞试验征求专家意见,以确保试验是必要的,并能正确解释试验结果。

附录 A　支座的技术标准(资料性)

本附件并非特别针对钢桥,拟将其移至 EN 1990。因此,并未对本附件提出评论。

附录 B 公路桥梁伸缩缝的技术标准(资料性)

本附件并非特别针对钢桥,拟将其移至 EN 1990。因此,并未对本附件提出评论。

附录 C　钢桥面板构造细节设计建议(资料性)

C.1　公路桥梁

C.1.1　一般规定

本附录主要基于现有的运营良好的德国桥梁,对正交异性(正交各向异性的)钢桥面的设计提出建议。它不涉及在横向框架或横隔板之间具有中间横向加劲肋的桥面板,尽管在这种情况下它仍然可以提供有用的参考。

附录 C 内的建议仅作为参考,因此设计师有余地拟订其他构造细节。它们旨在提供不需要显式疲劳计算的"抗疲劳"构造细节。然而,由于钢制正交各向异性面板可能非常容易疲劳,因此在本指南中建议,正交各向异性面板应始终进行疲劳验算,即使其已经满足本指南的要求。无论何种情况,附录 C 都要求对横梁进行疲劳验算。加劲肋和横梁之间的焊缝也必须验算,因为加劲肋通过断口处的焊缝尺寸没有被直接指定,详见以下C. 1. 3(ii)。

C.1.2　桥面板

有关桥面板厚度、加劲肋间距和纵向加劲肋最小刚度的设计指导见 3-2/条款 C. 1. 2。桥面板的疲劳,特别是加劲肋与母板之间焊缝的疲劳,主要是由于施加在桥面板上的局部车轮荷载引起的。远离横梁的应力来自加劲肋和桥面板的横向框架弯曲以及相邻加劲肋之间的差异挠度的组合,如图 C-1 所示。然而,疲劳危害特别严重的一个地方是横梁,该处的板和加劲肋不能变形,如图 C-1 所示,因此板和焊缝中会产生附加力矩。

疲劳应力也产生于横跨横梁之间的加劲肋的剪切和弯曲以及加劲肋和支撑加劲肋的横梁腹板之间连接处的局部应力。

桥面板对疲劳的敏感度取决于诸多因素,包括:

- 桥面板的厚度。
- 加劲肋腹板之间的桥面板跨度。
- 加劲肋的厚度。
- 桥面板与加劲肋之间的焊接构造细节。

附录 C 提供了关于这些方面的指导,一些建议的尺寸显示出比英国现有桥梁更大的保守性。例如,许多现有英国公路桥梁的桥面板厚度为 12mm,铺装厚度为

3-2/条款 C.1.2.2(1)注1

40mm。对于该桥面铺装厚度,***3-2/条款C.1.2.2(1)注1*** 建议桥面板厚度采用16mm。EN 1993-2 中推荐对于更厚的桥面铺装可减少桥面板厚度,这反映了一个事实,桥面板和桥面铺装之间会产生组合作用,从而降低应力。这种组合性能相当复杂,在夏季桥面铺装软化后组合效应可能彻底消失。对于人行天桥来说,桥面板的疲劳问题不大。钢桥小组指南注释 2.10[30] 建议 6mm 厚桥面板的最大跨度为 550mm,8mm 厚桥面板的最大跨度为 750mm。附录 C 保守地建议最小桥面板厚度为 10mm。这是考虑让维修车辆进入。

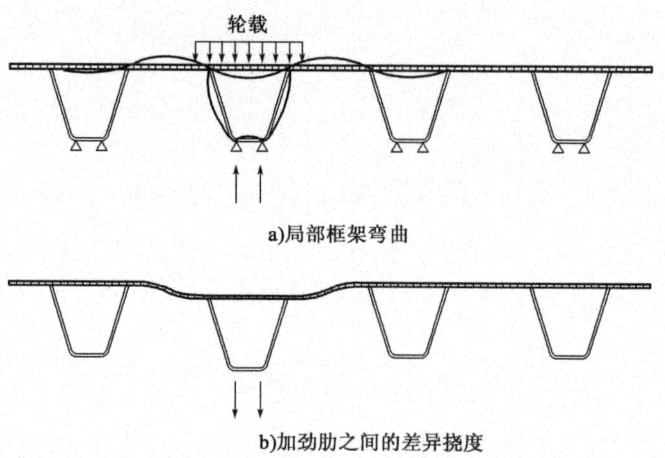

图 C-1 远离横梁位置的局部轮载效应

3-2/条款 C.1.2.2(1)注2

3-2/条款C.1.2.2(1)注2 应谨慎使用。这说明,在满足各种桥面板厚度、加劲肋间距和加劲肋厚度建议时,桥面板的弯矩不需要验算。由于大部分的正交各向异性钢桥面都受到桥梁整体受力的影响,因此仍然需对桥面板和加劲肋进行整体应力和局部应力组合验算。无论如何,这里建议验算所有构造细节的疲劳问题,即便这些细节符合附录 C 的规定。该条注可能仅涉及桥面板中的横向静弯矩作用。

C.1.3 加劲肋

3-2/条款 C.1.3 为纵向加劲肋与桥面板和横梁连接的焊缝设计提供了指导原则。主要问题如下。

(i)桥面板与纵向加劲肋之间的焊缝

3-2/条款 C.1.3.3(1)

3-2/条款C.1.3.3(1) 规定"对于车道下的闭口截面加劲肋,加劲肋与桥面板之间的焊缝应为对接焊缝"。设计师参考表 C.4(3)和(4)得出,条款 C.1.3.3(1)中的"对接焊缝"实际是指部分熔透对接焊缝,其焊喉厚度至少和加劲肋厚度一样大,并且加劲肋背后最大未焊透尺寸为 2mm。如图 C-2 所示,加劲肋与桥面板之间也允许有 2mm 的间隙。这个装配间隙似乎有点大了。目前英国的最佳实践是将桥面板与加劲肋之间的间隙限制在 0.5 mm,而不是图中所示的 2.0 mm,熔透深度通常指定为加劲肋厚度的 80%,而不是标准中的 2.0 mm 未熔透间隙。

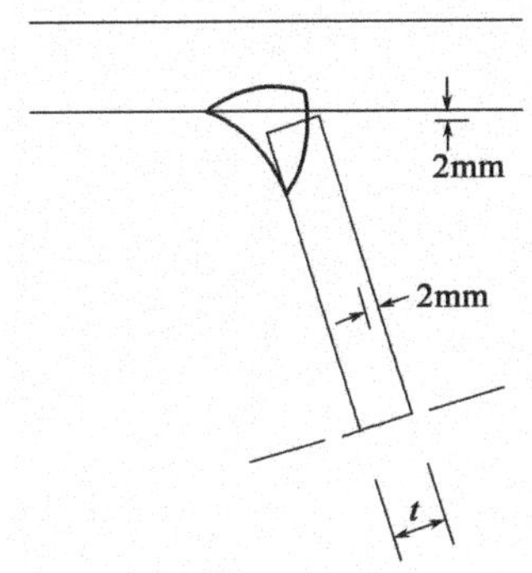

图 C-2　根据 3-2/附录 C 的建议,闭口加劲肋与桥面板之间的典型焊接

3-2/表 C.4(5)允许设计者指定车道外的纵向加劲肋使用角焊缝。在这种情况下,局部轮载没有产生明显的疲劳荷载,焊缝尺寸可以仅考虑静力荷载来确定。

(ii)纵向加劲肋与横梁之间的焊缝

3-2/条款 C.1.3.5 为纵向加劲肋与横梁间的连接构造细节提供了大量的指导,但没有为所需的焊接尺寸提供指南。因此,这些焊接应该根据静力和疲劳作用的最坏情况进行设计,考虑 3-2/条款 C.1.3.5.1 所列效应进行分析。这些效应是:

- 加劲肋的剪力、扭矩和畸变约束。
- 如图 C-3 所示,加劲肋转动受横向构件腹板约束的情况。(泊松比效应也会导致加劲肋截面的横向变形。)
- 横梁上的弯曲和空腹桁架作用,导致加劲肋截面变形,如图 C-4 所示,应力集中发生在所有过焊孔的边缘。焊缝附近的应力可用图 C-5 所示空腹模型估算。

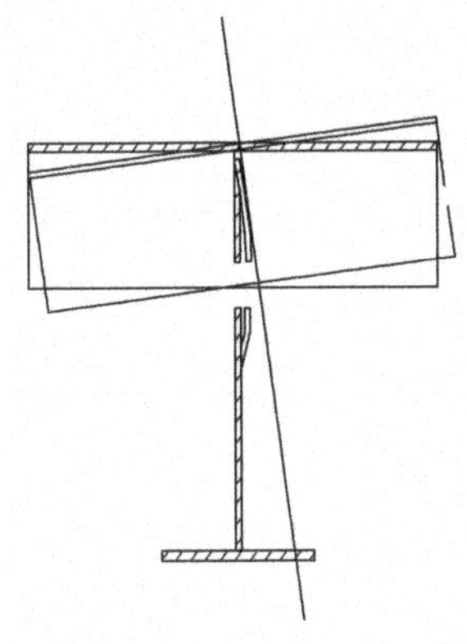

图 C-3　受横梁或横隔板约束的纵向加劲肋旋转

虽然可以使用更简单模型保守地估计上述应力,但通过有限元分析可以得到最接近实际情况的应力。

3-2/条款C.1.3.5.1(3) 建议,纵向加劲肋应通过开孔的方式穿过横梁或横隔板,而不是采用与横向构件紧靠的方式,因为这可以提供更大的疲劳抗力。但根　*3-2/条款 C.1.3.5.1(3)*

3-2/条款
C.1.3.5.3(1)

据***3-2/条款C.1.3.5.3(1)***,当加劲肋不在车道下方时,加劲肋跨度应小于 2.75 m,且应采取措施控制/减小焊接收缩。这种情况可能适用于人行天桥。在这种情况下,加劲肋和横梁之间必须采用对接焊缝。在纵向加劲肋底部有或没有过焊孔都可以形成开孔,这通常是制造商的首选。铁路桥梁桥面一般设置过焊孔,使焊缝远离局部弯曲应力幅最大的加劲肋最低点,从而提高了允许应力范围。

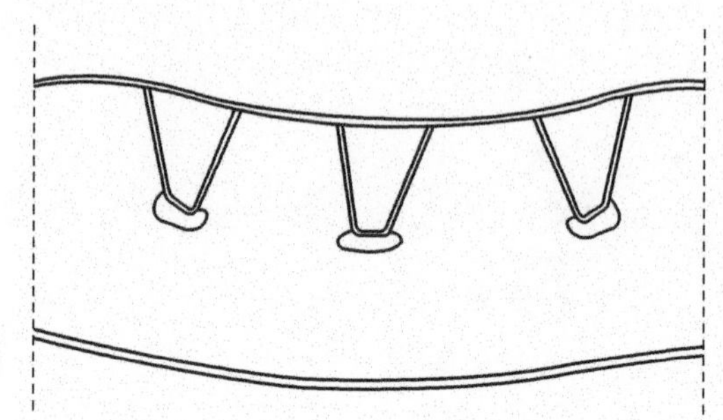

图 C-4　横梁变形造成的纵向加劲肋扭曲和焊接连接中的应力

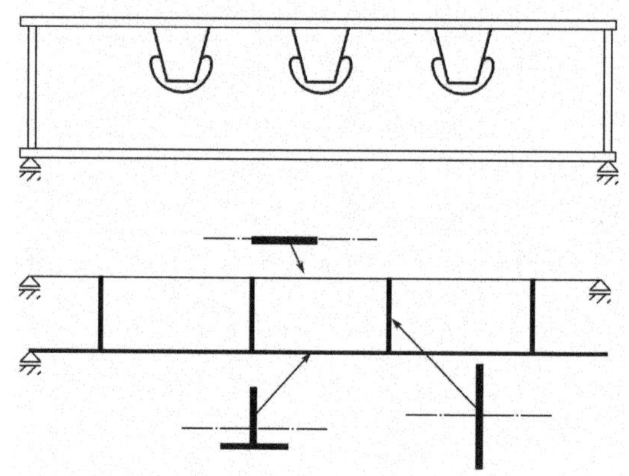

图 C-5　考虑切口周边空腹作用的横梁平面框架建模

C.1.4　横梁

3-2/条款 C.1.4 为设计人员提供了合适的横梁细节构造设计建议。仍然需要对所有部件进行详细的疲劳验算。关于横梁疲劳验算的进一步指导见 3-2/条款 9.4.2.2。由于切口的存在,横梁往往充当空腹框架。因此,横梁应力的计算需要考虑空腹桁架行为,合适的模型如图 C-5 所示。顶部构件包括作用于其弱轴桥面板的附加宽度,底部构件包括,直到切口底部水平位置横梁下翼缘和附加腹板。每一竖直构件包括横梁腹板宽度,该宽度等于切口之间的距离,作用于其强轴。

C.2　铁路桥梁

3-2/条款 C.2 对铁路桥正交异性钢桥面板设计提出了类似的建议。由于3-2/条款 9.1.2 要求对所有主要正交异性桥面板组件进行疲劳验算,因此这些建议只能作为良好构造细节的实践指南。EN 1993-1-9 中的疲劳分类已经假定满足表 C.4 中所有构造细节的制造要求,因此必须遵循这些要求。

附录 D　桥梁构件屈曲长度和几何缺陷的假设(资料性)

D.1　一般规定

如本指南 5.2 节所述,受压构件的二阶(P-Δ)效应可以结合 6.3 节中的构件承载力公式,使用有效长度来处理,也可以通过结构模型中包含初始缺陷的二阶分析来处理。3-2/附录 D 提供了计算桁架构件(包括 U 形框架约束的受压弦杆)和拱有效长度的有用方法。桁架构件的有效长度也可用于类似的情况,如梁与梁之间的支撑构件。有效长度用以下形式表示:

$$L_{cr} = l_k = \beta L \qquad 3\text{-}2/(D.1)$$

式中,β 为屈曲系数;L 为参考长度,通常等于约束间实际的构件长度,除了拱结构的情况外。(术语 L_{cr} 已经在上文中介绍,L_{cr} 和 l_k 在 EN 1993-2 中都用于表示有效长度。)该附录还给出了拱结构二阶分析中所使用初始缺陷的指南。

D.2　桁架

D.2.1　端部固定的竖杆和斜杆

桁架弦杆之间(不包括相互连接的构件)的推荐有效长度由 ***3-2/条款D.2.1(1)*** 给出,平面内屈曲为 $0.9L$,平面外屈曲为 $1.0L$。平面内屈曲涉及两端与其他构件相连的弦杆的弯曲。这些连接提供了转动抗力,因此有效长度小于铰接条件下的有效长度。对于平面外屈曲,唯一的端部转动刚度是由弦杆的扭转刚度提供的,开口截面弦杆的扭转刚度通常较小;连接处的节点板将进一步降低端部刚度。因此,假定端部约束近似于铰接条件。 *3-2/条款D.2.1(1)*

这些有效长度可能相当保守(而且比以往英国的做法更加保守)。如果先确定杆端由弦杆提供的转动刚度,再用本指南 5.2.2.3 中的公式计算有效长度,则可以得到折减后的有效长度。另外,还可以使用计算机进行弹性临界屈曲分析。在任一种情况下,都必须实际估计节点柔度;可以使用 3-1-8/条款 6.3 来实现。

D.2.2　组成框架部分的竖向构件

3-2/表 D.1 给出了有侧移框架竖直支腿的屈曲长度。这些有效长度不仅适用于桁架桥,也适用于框架。这些曲线考虑了当框架变形时,荷载作用朝向或远离一个固定点的情况。这可以有效地表现出:通过框架顶部以下的固定点施加的荷载使框架稳定;通过框架顶部以上的固定点施加的荷载使框架不稳定。

如图 D-1 所示,对于铰接支腿的框架,施加荷载的固定点由高度 h_r 定义。图 D-1 列举了一些不同的可能性,屈曲长度取决于 h/h_r 之比,以及支腿与水平构件的相对刚度,由式 $\eta = EIb/(E_0I_0h)$ 获得。

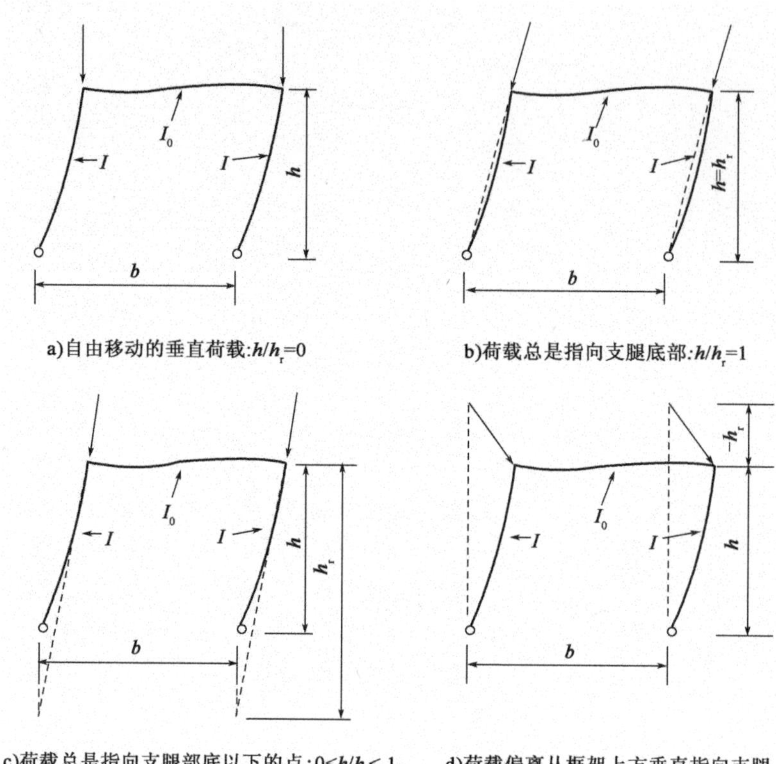

图 D-1 用于 EN 1993-2 表 D.1 中框架有效长度的符号

两种特殊情况是:

(a)荷载保持竖直,但可随结构自由移动。这是最常见的情况,因为荷载没有固定的作用点,所以 h_r 无穷大,$h/h_r = 0$。

(b)荷载始终指向支腿底部,使 $h/h_r = 1.0$。当荷载是由连接到框架顶角的受力缆索引起的,并按照支腿固定在支腿底部的水平面上时,可能出现这种情况。

对于刚性水平构件,其 $\eta = 0$,对如图 D-1 所示的铰接支脚,正如 3-2/表 D.1 所示,情况(a)的有效长度为 $2h$。类似地,对于刚性水平构件,3-2/表 D.1 给出了情况(b)的有效长度为 h。

D.2.3 斜杆的面外屈曲

附录的这一节提供了 3-2/表 D.2 所示的各种不同交叉构件的有效长度。需要注意的关键问题是,一个受压构件的有效长度可以因一个与其相连的受拉构件而折减,但也可以因一个与其相连的受压构件而增加。后者并不总是被设计者或英国标准意识到,因为连接的受压构件会破坏另一个受压构件的稳定性,如图 D-2 所示。这类似于本指南 6.6 节中讨论的腹板受压和横向荷载作用下的腹板加劲肋设计中遇到的问题。

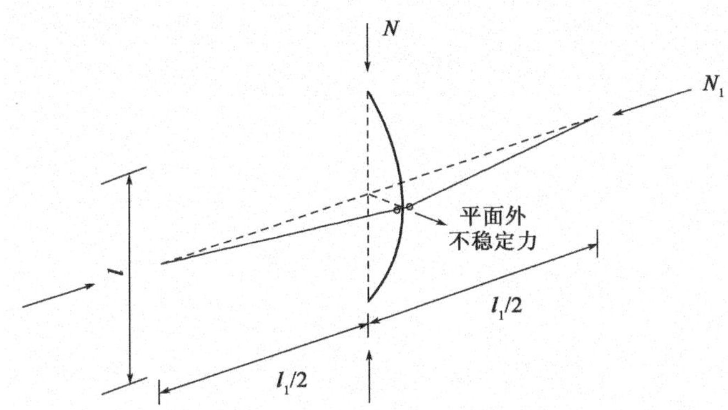

图 D-2 连接构件受压屈曲效应

对于受压的连续构件,如果其相连的受压构件也是连续的,那么它并非总是不稳定的。如果其相连构件是刚性的和/或荷载相对较小,则该构件的有效长度可能减少到小于其实际长度。不过在这种情况下,连续相连构件的有效长度将大于其实际长度。这种相互关系可以通过考虑两个相互连接的连续受压构件来说明,构件上受力为 $N = N_1$、长度为 $l = l_1$ 和惯性矩为 $I = 2I_1$。2-2/表 D.2 情况 2 中的公式如下。

对于惯性矩最大的构件:

$$\beta = \sqrt{\frac{1 + \dfrac{N_1 l}{N l_1}}{1 + \dfrac{I_1 l^3}{I l_1^3}}} = \sqrt{\frac{2}{1.5}} = 1.15$$

对于惯性矩最小的构件:

$$\beta_1 = \sqrt{\frac{1 + \dfrac{N l_1}{N_1 l}}{1 + \dfrac{I l_1^3}{I_1 l^3}}} = \sqrt{\frac{2}{3}} = 0.82$$

因此,较刚的构件会因较柔的构件而丧失稳定。

如相连受压构件在其与连续受压构件的连接处铰接,则该连续受压构件将始终处于不稳定状态。这是因为一个铰接构件不能为主构件提供平面外约束,并会将其推出平面外。

D.2.4 敞式桁架桥的受压弦杆

使用本指南 6.3.4.2 中讨论的弹性地基梁模型,可以验算桁架的受压弦杆是否屈曲。3-2/表 D.3 给出了桁架 U 形框架的相关离散弹簧刚度,也可应用于有加劲肋和横梁的半穿式板梁,如图 6.3-20 所示,其刚度为:

$$C_d = \frac{EI_v}{\frac{h_v^3}{3} + \frac{h^2 b_q I_v}{2I_q}}$$

这种情况也包括倒置的 U 形框架,例如在钢与混凝土组合桥梁中,当横梁刚度基于桥面板和钢筋的短期开裂抗弯刚度以及任何存在的实际横梁时。对于多梁体系,内部梁的约束可能通过替换 C_d 公式中的 $2I_q$ 为 $3I_q$ 来取得。依据 3-1-5/图 9.1,加劲肋截面特性应该使用腹板附加宽度(加劲肋宽度 + $30\varepsilon t_w$)来取得。

上述公式及 3-2/表 D.3 中的其他公式不考虑节点的柔性。节点柔性会显著降低 U 形框架的使用效率。根据 3-1-8/条款 5.2.2,如果节点是"半连续"的,则节点转动柔度 S_j 的影响必须从 3-1-8/条款 6.3 中确定,并包括在 C_d 的计算中。这通常适用于通过未加劲端板进行的连接,但不建议用于桥梁。在 BS 5400:第 3 部分[4] 中对某些通用连接类型的转动刚度提出了建议,但是这些刚度不依赖于尺寸,而是基于相对较浅的构件。因此,它们与 EN 1993-1-8 在一系列不同连接尺寸内的预测没有很好的相关性,而且对于桥梁构件连接,它们通常是保守的(高估了柔度)。

本指南 6.3.4.2 讨论了其他约束系统刚度的推导。

D.3　拱桥

D.3.1　一般规定

3-2/条款 D.3.1 给出了**刚性**桥台的面内屈曲和面外屈曲的有效长度。刚度的假设非常重要,因为基础的柔性将使拱在拱推力作用下展开并变平,如图 D-3 所示。拱的这种扁平化会增加拱的压力和弯矩,从而增加有效长度。这种效应在低矢跨比 f/l 的坦拱中更为关键。

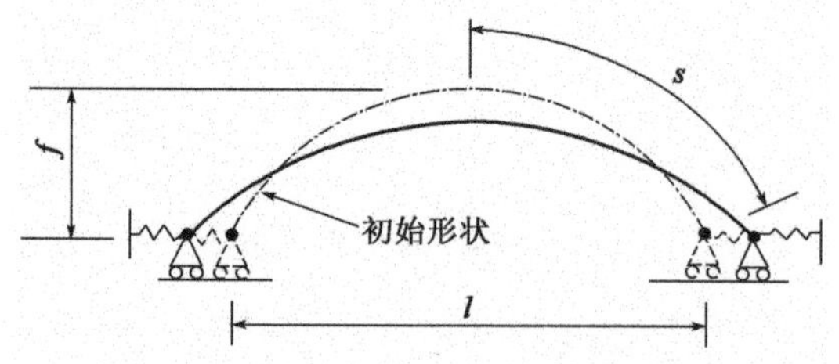

图 D-3　由于桥台移动而使拱变平

D.3.2　面内屈曲

对于不可分离的**刚性**桥台,3-2/表 D.4 给出了具有不同支承和拱顶条件的圆拱、抛物线拱和悬链线拱的有效长度系数。

有效长度由下式可得:

$$L_{cr} = \beta s$$

3-2/条款D.3.1(2)　由 ***3-2/条款 D.3.1(2)*** 可知,在给定荷载情况下,支承处测得的临界屈曲

力为：

$$N_{cr} = \left(\frac{\pi}{\beta s}\right)^2 EI_y$$

式中，s 为拱的半长，如图 D-3 所示；EI_y 为拱的平面内抗弯刚度。根据 3-2/条款 6.3.1，有效长度或临界力可用于构件屈曲校核。此外，需要考虑曲率对单个板件的影响，如本指南 6.10 节所述。在拱截面非等截面的情况下，要么使用 EI_y 的保守值(即屈曲半波长的中间三分之一部分的最小值)，要么从计算机弹性屈曲临界分析中得到弹性临界力。

平面内屈曲的最低模态一般为非对称模态形状，如图 D-4 所示。对于拱顶有铰的拱，对称屈曲模式可能是最低模态。

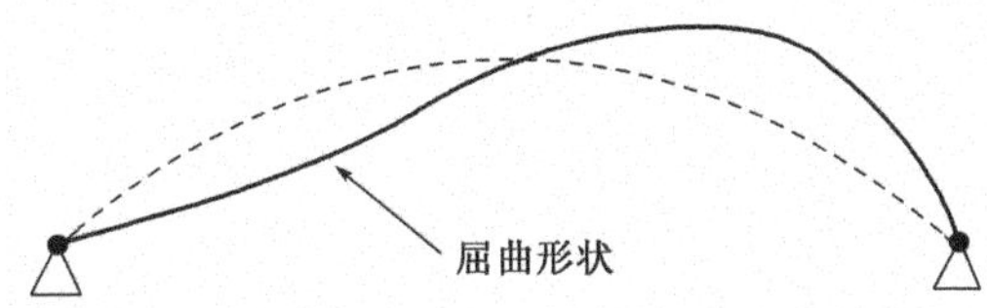

图 D-4　拱的平面内非对称屈曲模态

当桥台在抵抗横向运动时非刚性(或至少与拱相比具有刚性)，且桥台之间可以显著分离时，3-2/表 D.4 低估了有效长度。(刚性支承的弹性临界屈曲分析同样会低估有效长度。)这可能会成为低矢跨比(f/l)拱结构的一个问题。参考文献 31 建议在矢跨比 $f/l < 0.1$ 时应该特别小心。在这种情况下，特别重要的是要考虑拱延展和拱受压压缩后可能增加的拱轴压力和弯矩。

为了评估拱的扁平化的重要性，文献 31 建议，当拱顶的竖直挠度小于矢高的 2.5% 时，采用一阶分析确定内力(用于后续屈曲验算)仍然是合适的。当拱顶的竖直挠度超过矢高的 2.5% 时，应采用能够考虑拱的几何形状的变化(即几何非线性)的二阶大挠度分析，来确定增加的内部作用效应。

当明显的拱扁平化情形发生时，只模拟 P-Δ 效应(如 5.2 中所讨论的)的二阶分析是不够的。图 D-5 给出了一个简单的例子。在图 D-5 中，没有 P-Δ 效应，但由于系统几何形状的扁平化，体系支承挠度会导致轴向荷载的增加。因此，这里描述的二阶大挠度分析必须区别于 5.2 节中描述的将初始缺陷建模在内的二阶(P-Δ)分析。后者只适用于整体拱几何尺寸变化较小的情况，除非分析还可以考虑拱结构变化的影响。如果要用计算机计算能明显变平拱的有效长度，临界屈曲分析本身就必须考虑几何非线性和 P-Δ 效应。

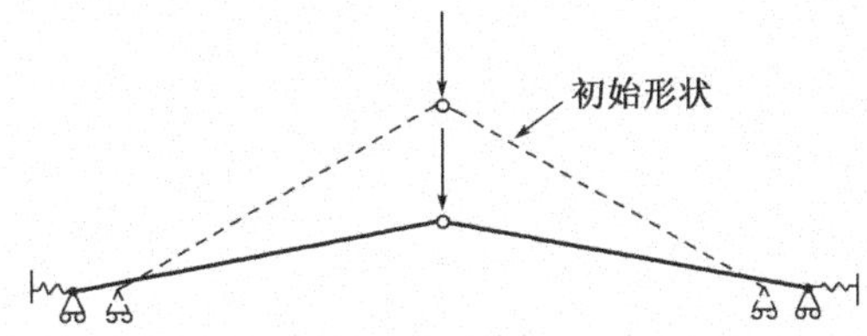

图 D-5　由于桥台运动和弹性缩短，拱的扁平化(理想化为两铰构件)

如果基础刚度对假定的土体刚度敏感,分析时应考虑一系列土体参数。

系杆拱

带吊架系杆拱的屈曲长度见图 3-2。限定矢跨比大于 0.1。

跳跃屈曲

对梁单元进行弹性临界屈曲分析的软件程序中,很多(如果不是大多数)只能处理轴力次生弯矩引起的屈曲,即 P-Δ 效应。当拱在荷载作用下由于弹性缩短或桥台运动而变平时,拱的几何形状发生变化,压力增大,如图 D-5 简化体系所示。跳跃屈曲将有可能发生,且上述软件无法对此进行检测,除非它可以包括几何非线性的影响。

3-2/条款D.3.2(3) 为了防止跳跃屈曲,***3-2/条款D.3.2(3)***规定了将截面特性与跨度和矢高联系起来的极限准则。同样,这个准则只适用于刚性支承,上面关于拱延展的讨论也适用。

D.3.3 无支撑拱的面外屈曲

对于不可分离的**刚性**桥台,3-2/表 D.6 和表 D.7 给出了具有不同支承和拱顶条件的圆拱、抛物线拱和悬链线拱的有效长度系数。对于无支撑拱的面外屈曲,其有效长度如下:

$$L_{cr} = \beta l$$

3-2/条款D.3.1(3) 由 ***3-2/条款D.3.1(3)***可知,在给定荷载情况下,支承处测得的临界屈曲力为:

$$N_{cr} = \left(\frac{\pi}{\beta l}\right)^2 EI_z$$

D.3.4 有风撑和端部桥门架拱的面外屈曲

根据 3-2/条款 D.2.2,可将端部桥门架作为框架,验算各桥门架处拱未支撑

3-2/条款D.3.4(3) 长度的屈曲情况。***3-2/条款D.3.4(3)***对计算中使用的 h_r 值给出指导。

D.3.5 二阶分析中使用的拱初始缺陷

3-2/条款 D.3.5 给出了用于二阶分析的面内和面外屈曲模态的建议初始缺陷形状和大小。这些都是不言自明的,是基于一个具有抵抗拱外展桥台的拱的基本屈曲形状。初始缺陷的大小与 3-1-1/表 5.1 中给出的简单撑杆的缺陷大小相等。缺陷可以从本指南 5.3.2.1 讨论的弹性临界屈曲分析得到的振型中推导出来。

如果桥台不具有抗变位的刚性,或矢跨比较低,则适用本指南D.3.2中关于大挠度分析的讨论。

附录 E　公路桥梁中局部轮载和整体行车的组合效应(资料性)

在有关正常使用极限状态和承载能力极限状态的验算中,应对钢桥面板的整体效应和局部效应进行组合。局部荷载和整体荷载的效应在横梁和横隔板附近尤为显著,在这些地方,车轮荷载会引起额外的局部负弯矩。

3-2/条款E.1(2)提供了一个简化的组合规则,由此可分别确定最大整体效应和最大局部效应,然后进行组合。考虑两种组合方式: ***3-2/条款E.1(2)***

- 全部的整体效应和折减的(通过组合系数 ψ)局部效应。
- 全部的局部效应和折减的(通过组合系数 ψ)整体效应。

3-2/条款 E.1 和条款 E.2 的组合规则用应力表示。对于在整体受压中带有纵向加劲肋的桥面板,在考虑屈曲的情况下,应在进行抗力验算之前进行荷载组合。本指南 6.5 节讨论了桥面板在局部荷载和整体荷载作用下的校核。

EN 1994-2 也参考了 3-2/附录 E,以验算组合桥梁的桥面板。对于钢筋混凝土的验算,在应用组合规则时应当心,因为导致板压缩的峰值整体效应可能会增加板对局部效应的抗力。因此,这种组合通常需要结合局部效应考虑最大和最小的整体效应。国家附件有机会改变所使用组合系数的数值。

参考文献

1. Gulvanessian, H. , Calgaro, J. -A. and Holický, M. (2002) *Designers' Guide to EN 1990, Eurocode: Basis of Structural Design*. Thomas Telford, London.
2. The European Commission (2002) *Guidance Paper L (Concerning the Construction Products Directive-89/106/EEC). Application and Use of Eurocodes*. EC, Brussels.
3. International Organization for Standardization (1997) *Basis of Design for Structures-Notation-General Symbols*. ISO, Geneva, ISO 3898.
4. British Standards Institution (2000) *Design of Steel Bridges. BSI, London*, BS 5400: Part 3.
5. BD 7/01 (2001) *Weathering Steel for Highway Structures*, Highways Agency, London.
6. Hendy, C. R. and Smith, D. A. (2007) *Designers' Guide to EN 1992-2-Eurocode 2, Design of Concrete Structures. Part 2, Concrete Bridges, Design and Detailing Rules*. Thomas Telford, London.
7. Hendy, C. R. and Johnson, R. P. (2006) *Designers' Guide to EN 1994-2-Eurocode 4, Design of Composite Steel and Concrete Structures. Part 2, General Rules and Rules for Bridges*. Thomas Telford, London.
8. Winter, G. (1947) *Strength of Thin Steel Compression Flanges*. Transactions ASCE, Vol. 112, pp. 527-544.
9. Bulson, P. S. (1970) *The Stability of Flat Plates*. Chatto&Windus, London.
10. Inquiry into the Basis of Design and Method of Erection of Steel Box Girder Bridges (1974) *Interim Design and Workmanship Rules*. HMSO, London.
11. Johansson, B. and Veljkovic, M. (2001) *Steel Plated Structures*. Lulea University of Technology, Sweden.
12. Johansson, B. , Maquoi, R. and Sedlacek, G. (2001) New design rules for plated structures in Eurocode 3. *Journal of Constructional Steel Research*, 57, 279-311.
13. Höglund, T. (1981) *Design of Thin Plate I Girders in Shear and Bending, with SpecialReference to Web Buckling*. Bulletin No. 94, Division of Building Statics and Structural Engineering, Royal Institute of Technology, Stockholm.
14. Höglund, T. (1995) *Strength of Steel and Aluminium Plate Girders-Shear Bucklin-*

gand Overall Web Buckling of Plane and Trapezoidal Webs. Comparison with Tests. Department of Structural Engineering, Royal Institute of Technology, Stockholm, Technical Report 1995:4 Steel Structures.

15. Klö ppel, K. and Scheer, J. (1960) *Buckling Coefficients of Stiffened Rectangular Plates*. Verlag, Berlin.
16. Hambly, E. C. (1990) *Bridge Deck Behaviour*. Taylor and Francis, London.
17. Wright, R. N., Abdel-Samad, S. R. and Robinson, A. R. (1968) BEF Analogy for Analysis of Box Girders. Proceedings of the American Society of Civil Engineers, Vol. 94, ST7.
18. Young, W. C. (1989) *Roark's Formulas for Stress and Strain*. McGraw-Hill, Singapo re.
19. British Standards Institution (1992) *Design of Steel Structures. Part* 1-1, *General Rulesand Rules for Buildings*. BSI, London, DD ENV 1993-1-1.
20. Lagerqvist, O. (1994) *Patch Loading, Resistance of Steel Girders Subjected to Concentrated Forces*. Doctoral thesis 1994:159 D, Department of Civil and Mining Engineering, Division of Steel Structures Luleå University of Technology, Sweden.
21. Kuhlmann, U. and Seitz, M. (2004) Longitudinally stiffened girder webs subjected to patch loading. *Proceedings of the Steel Bridge 2004 Conference*, Millau.
22. Veljkovic, M. and Johansson, B. (2001) Design for buckling of plates due to direct stress. *Proceedings of the Nordic Steel Construction Conference*, Helsinki.
23. Lääne, A. (2003) *Post-critical Behaviour of Composite Bridges under Negative Momentand Shear*. Thesis No. 2889, EPFL, Lausanne.
24. Trahair, N. S. (1993) *Flexural Torsional Buckling of Structures*. E&FN Spon, London.
25. Evans, H. R. and Tang, K. H. (1984) An experimental study of the collapse behaviour of a plate girder with closely-spaced transverse web stiffeners. *Journal of the Constructional Steel Research*, 4, 253-280.
26. British Standards Institution (2000) *Structural Use of Steelwork in Building*. BSI, London, BS 5950: Part 1.
27. Owens, G. H. and Cheal, B. D. (1989) *Structural Steelwork Connections*. Butterworths, London.
28. CIDECT Monograph No. 6 (1986) *The Strength and Behaviour of Statically LoadedWelded Connections in Structural Hollow Sections*. British Steel Welded Tubes, London.
29. British Standards Institution (1980) *Steel, Concrete and Composite Bridges-Design of Steel Bridges*. BSI, London, BS 5400: Part 10.

30. Steel Bridge Group (1998) *Guidance Notes on Best Practice in Steel Bridge Construction-SCI Publication* 185. Steel Construction Institute, Berkshire.

31. SCI-P281(2001) *Design of Curved Steel*. Steel Construction Institute, Ascot.